JN125654

教科書ガイド

啓林館版

未来へひろがるサイエンス１　完全準拠

中学理科１年

編集発行
shinko publishing
新興出版社

もくじ

Guide to your text book

※本書に掲載の教科書紙面の一部で，著作権の関係等で掲載できない写真等につきましては，マスク(アミ)をかけておりますがご了承ください。学習に際しては，教科書でその内容をご確認ください。

本書の特長と使い方

本書の特長

1 教科書の内容を詳しく解説！

あなたが使っている理科の教科書にぴったり合わせた問いかけや観察・実験などの詳しい解説を掲載しています。

2 問題の考え方や解答を掲載！

章末の「基本のチェック」や，単元末の「力だめし」の解答・解説を掲載していますので，自習するときのサポートに使うことができます。

3 重要事項やポイントが要約。定期テスト対策にも対応！

上記のような解説に加えて，テストによく出る重要用語や器具・薬品なども掲載していますので，定期テスト前にチェックして学習すれば，得点アップが期待できます。

内容と使い方

テストによく出る **重要用語** テストによく出る **器具・薬品等**	本書に掲載の教科書紙面の横に，重要用語や器具・薬品をまとめて掲載しています。授業の前後や定期テスト前にはチェックして，意味や使い方がわからないものは確認するようにしましょう。
テストによく出る	定期テストによく出る内容です。重要用語や器具・薬品と合わせて確認しておきましょう。
ガイド 1	教科書に出てくる問いかけや観察・実験，「考えてみよう」「話し合ってみよう」「思い出してみよう」「活用してみよう」「表現してみよう」などについてとり上げ，要約や解説をしています。
解説	教科書より詳しい内容，広がる内容を掲載しています。

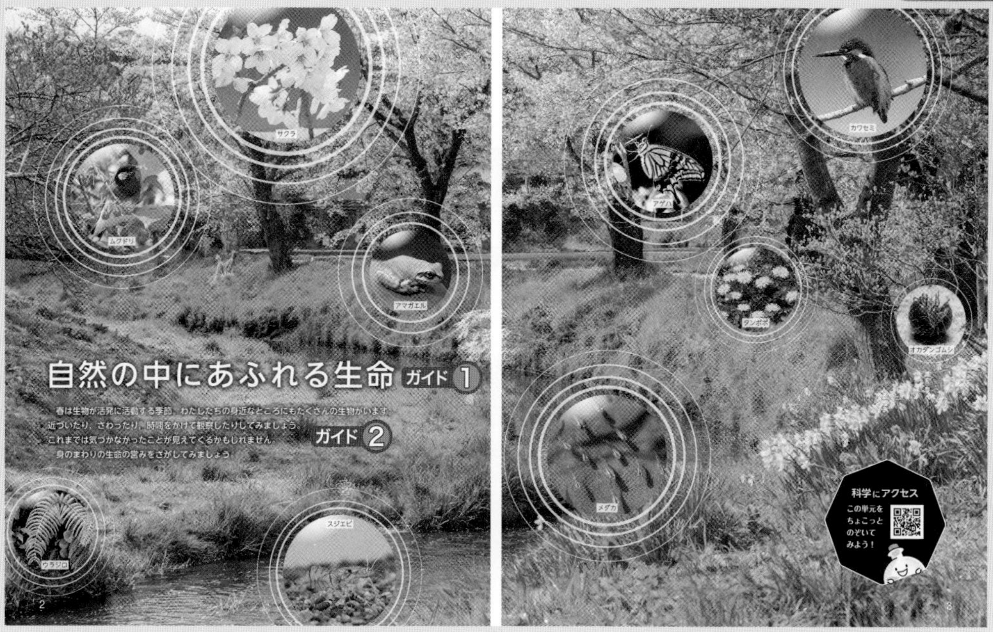

ガイド 1 自然の中にあふれる生命

自然には数えきれないほどたくさんの生命があふれている。中学校の理科は，こうした生命について観察し，どのようななかまがいるのかを学ぶことからはじまる。

冬が終わり，春がはじまると，さまざまな生物が活発に活動するようになる。自然の中でどのような生物が活動しているのか，自分でさがしてみよう。

自然というと何か大きなものをイメージするかもしれないが，まずは身近なところから見ていこう。春になると，サクラの開花が話題になり，花見に行く人も見られるだろう。ウグイスをはじめ，鳥の鳴き声を聞いて，春がきたことを実感する人もいるかもしれない。

足もとにも目を向けてみよう。ダンゴムシやアリといった生物が，地面で活動しているようすが見られるだろう。そのほかにも，タンポポなど，花を咲(さ)かせている植物にも気がつくだろう。植物というと，花に目がいくかもしれないが，花を咲かせない植物も数多く存在(そんざい)する。教科書 p.2 に写真がのっているウラジロも，こうした植物の１つである。

もちろん，生物が見られるのは陸上だけではない。川や池などが近くにあれば，近づいて観察してみよう。水中にもまた，動物や植物がたくさん生活していることが確かめられるだろう。

生物を観察するときには，遠くから見るだけでなく，近づいてみたり，さわってみたりしてみよう。目で見る，手でさわる，においをかぐ，音や声をきくなど，さまざまな感覚を使って観察することで，新たな気づきがあるかもしれない。また，時間をかけて観察することで，生物におこる変化を追うこともできる。観察するときには，自分自身が安全に観察できるようにすること，そして生物を傷(きず)つけないようにすることに気をつけよう。

ガイド 2 観察時の注意

外に出て生物を観察するときには，以下のことに気をつけよう。

- 観察や記録のための道具をあらかじめ確認(かくにん)して，忘れないようにする。
- 植物を手でさわるときには，とげなどに注意する。
- 動物を驚(おどろ)かせたり，危険をあたえたりするような行動はしない。
- むやみに動物や植物を採集(さいしゅう)しない。できるかぎり，観察はその場で行うこと。
- 生物が生活している環境(かんきょう)をこわさないように気をつける。例えば，観察のために石を動かしたときには，観察が終わった後はもとどおりにしておくこと。

教 p.4〜5　生命　自然の中にあふれる生命

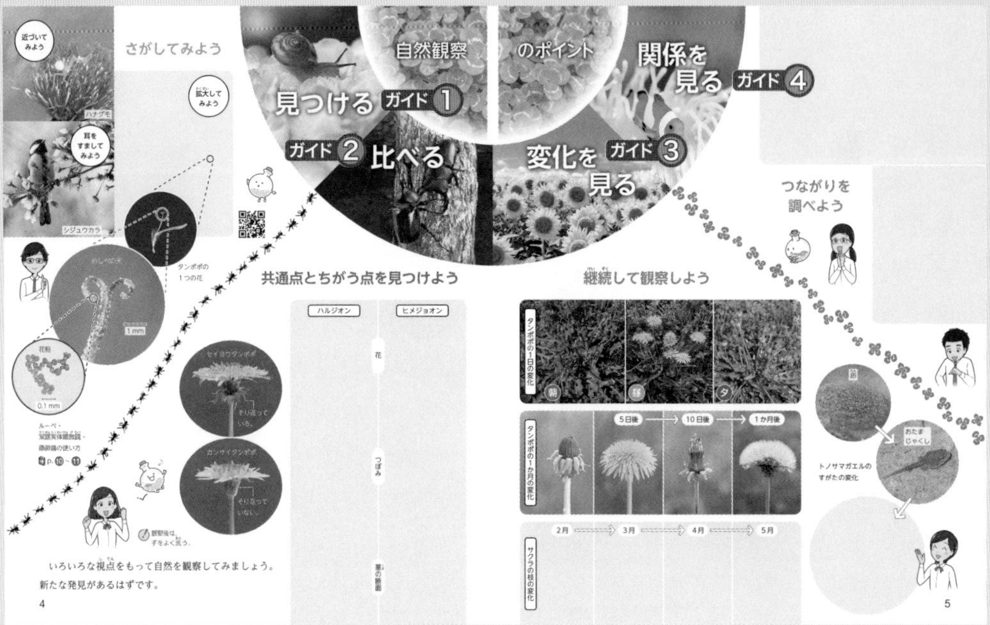

ガイド1　見つける

身のまわりの生物をくわしく観察すると，ふだん気づかないこと，例えばわたしたちが多くの生物とともにくらしていること，生物がさまざまな環境や季節に適応して生きていること，また生物どうしがつながり合って生きていることなどがわかる。

ガイド2　比べる

生物には多くの種類があり，それぞれ色や形，体のつくりなどに特徴がある。目で見るだけでなく，手ざわりやにおいを調べて，その特徴をつかもう。

同じタンポポという名前がついていても，花のつけ根の部分の緑色のもの(総苞片という)がセイヨウタンポポはそり返っているが，カンサイタンポポのがくはそり返っていない。

ハルジオンはつぼみがたれ下がり，茎が中空になっているが，ヒメジョオンはつぼみがたれ下がらず，茎の中はつまっている。

ガイド3　変化を見る

タンポポの花は，朝は閉じているが，日中は開いている。そして，夕方にはまた閉じてしまう。雨の日にも観察してみよう。すると，興味深いことがわかるだろう。タンポポの花が開くか，閉じるかは，そのときの天気により決まる。晴れた日や，うすぐもりの日で，太陽の光がタンポポに当たるときには開くが，雨の日には開かず，くもった日で太陽の光がないときにはほとんど開かない。1か月間継続して，タンポポの花のようすを観察してみよう。

ガイド4　関係を見る

生物はすべて，他の生物とつながりをもっている。ベニシジミは，みつを求めてタンポポの花から花へと移動する。このときに花では受粉が行われる。このベニシジミなどの昆虫を，ヒヨドリやトノサマガエルはえさとして食べる。トノサマガエルの子(幼生)であるおたまじゃくしは，親ガエルとは異なり，水草や藻などをえさとする。

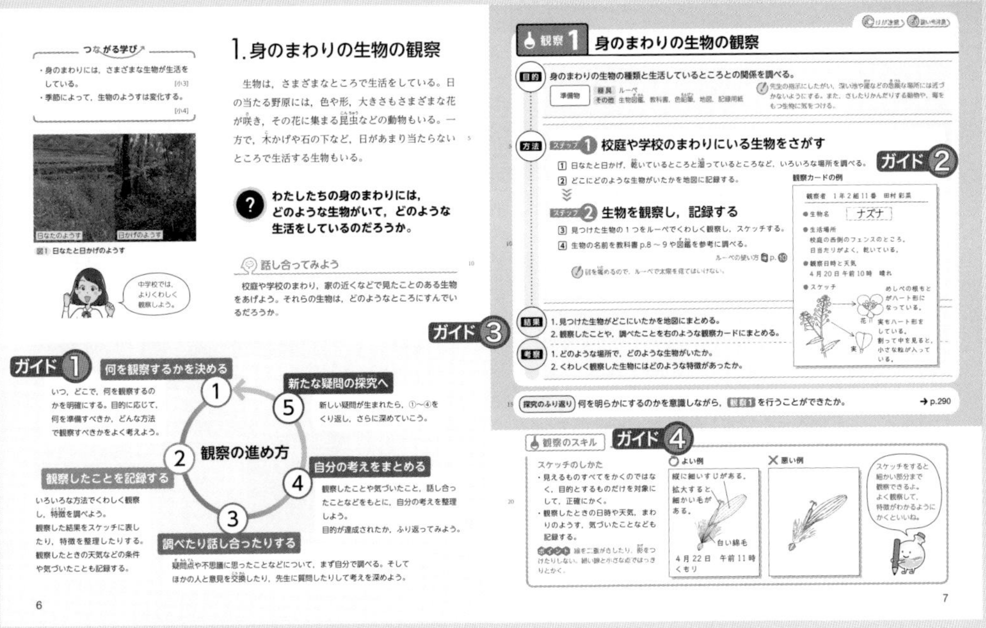

つながる学び
・身のまわりには，さまざまな生物が生活をしている。［小3］
・季節によって，生物のようすは変化する。［小4］

日なたのようす　日かげのようす

図1 日なたと日かげのようす

中学校では，よりくわしく観察しよう。

1.身のまわりの生物の観察

生物は，さまざまなところで生活をしている。日の当たる野原には，色や形，大きさもさまざまな花が咲き，その花に集まる昆虫などの動物もいる。一方で，木かげや石の下など，日があまり当たらないところで生活する生物もいる。

わたしたちの身のまわりには，どのような生物がいて，どのような生活をしているのだろうか。

話し合ってみよう

校庭や学校のまわり，家の近くなどで見たことのある生物をあげよう。それらの生物は，どのようなところにすんでいるだろうか。

ガイド1

観察の進め方

1 何を観察するかを決める
いつ，どこで，何を観察するのかを明確にする。目的に応じて，何を準備すべきか，どんな方法で観察すべきかをよく考えよう。

2 観察したことを記録する
いろいろな方法でくわしく観察し，特徴を調べよう。
観察した結果をスケッチに表したり，特徴を整理したりする。
観察したときの天気などの条件や気づいたことも記録する。

3 調べたり話し合ったりする
疑問点や不思議に思ったことなどについて，まず自分で調べる。そして
ほかの人と意見を交換したり，先生に質問したりして考えを深めよう。

4 自分の考えをまとめる
観察したことや気づいたこと，話し合ったことなどをもとに，自分の考えを整理しよう。
目的が達成されたか，ふり返ってみよう。

5 新たな疑問の探究へ
新しい疑問が生まれたら，①～④をくり返し，さらに深めていこう。

6

観察1　身のまわりの生物の観察

けが注意　扱い方注意

目的　身のまわりの生物の種類と生活しているところとの関係を調べる。

準備物　器具　ルーペ　その他　生物図鑑，教科書，色鉛筆，地図，記録用紙

先生の指示にしたがい，深い池や崖などの危険な場所には近づかないようにする。また，さしたりかんだりする動物や，毒をもつ生物に気をつける。

方法

ステップ1　校庭や学校のまわりにいる生物をさがす
1 日なたと日かげ，乾いているところと湿っているところなど，いろいろな場所を調べる。
2 どこにどのような生物がいたかを地図に記録する。

ステップ2　生物を観察し，記録する
3 見つけた生物の1つをルーペでくわしく観察し，スケッチする。
4 生物の名前を教科書 p.8～9 や図鑑を参考に調べる。

ルーペの使い方 p.10

目を痛めるので，ルーペで太陽を見てはいけない。

ガイド2

観察カードの例

観察者　1年2組11番　田村 彩菜
●生物名　ナズナ
●生活場所
校庭の西側のフェンスのところ。
日当たりがよく，乾いている。
●観察日時と天気
4月20日 午前10時　晴れ
●スケッチ
めしべの根もとがハート形になっている。
花
実もハート形をしている。
割って中を見ると，小さな粒が入っている。
実

ガイド3

結果
1.見つけた生物がどこにいたかを地図にまとめる。
2.観察したことや，調べたことを右のような観察カードにまとめる。

考察
1.どのような場所で，どのような生物がいたか。
2.くわしく観察した生物にはどのような特徴があったか。

探究のふり返り　何を明らかにするのかを意識しながら，観察1を行うことができたか。　→ p.290

観察のスキル　ガイド4

スケッチのしかた
・見えるものすべてをかくのではなく，目的とするものだけを対象にして，正確にかく。
・観察したときの日時や天気，まわりのようす，気づいたことなども記録する。

ポイント　線を二重がきしたり，影をつけたりしない。細い線と小さな点ではっきりとかく。

よい例
縦に細いすじがある。
拡大すると細かい毛がある。
白い綿毛
4月22日　午前11時
くもり

悪い例

スケッチをすると細かい部分まで観察できるよ。
よく観察して，特徴がわかるようにかくといいね。

7

生命

ガイド1　観察の進め方

観察は次の手順で進める。

①何を観察するかを決める

体のつくり，時間や季節による変化，くらしている環境，ほかの生物とのちがいなど，観察する目的をはっきりさせる。そして目的に応じて，いつ，どこで，何を観察するかを明確にし，準備すべきもの，方法を考える。

②観察したことを記録する

観察した結果をスケッチしたり，特徴を整理したりする。その際，観察時の条件や気づいたことも記録する。

③調べたり話し合ったりする

疑問点について自分で調べたり，他の人と意見を交換したりして，考えを深める。

④自分の考えをまとめる

レポートを作り，①で決めた目的に照らして観察の結果やわかったことについて自分の考えを整理する。

⑤新たな疑問の探究へ

新しい疑問を感じたら，①～④をくり返して調べる。

ガイド2　観察カードのつくり方

生物名，観察日時と天気，観察した場所とその特徴，生物のスケッチと気づいたことを記録する。

ガイド3　結果・考察

観察1では，「身のまわりの生物の種類と生活しているところとの関係を調べる」ことが目的である。そのため，結果でまとめる内容には，生物のスケッチと生物の特徴だけでなく，観察した場所とその特徴が必要である。以上の結果に加えて，観察した月日や時刻，天気も参照しながら考察を行う。他の人の観察の結果・考察も参照することで，より深く生物の種類と生活しているところとの関係を探究することができる。

ガイド4　スケッチのしかた

影をつけたり，二重三重になぞったりせず，細い線で生物の形がわかるようにはっきりとかく。暗い部分は小さな点で表現する。また，観察日時や天気，まわりのようすや観察して気づいたことを書いておく。

生命　自然の中にあふれる生命

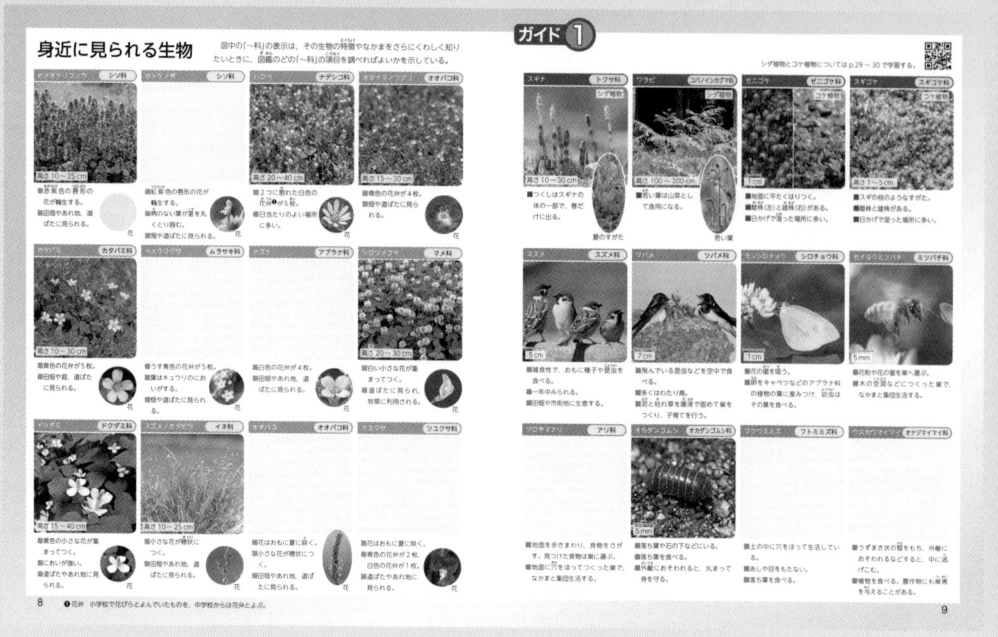

ガイド 1　身近に見られる生物

◎**ヒメオドリコソウ**(シソ科)
田畑やあれ地，道ばたなどに見られる。ホトケノザとよく似ているが，葉のようすが異なる。

◎**ホトケノザ**(シソ科)
ヒメオドリコソウと異なり，対生(2枚の葉が対になってつくこと)する葉が茎をとり囲んでいる。「春の七草」のホトケノザはキク科のコオニタビラコのことで，別の植物である。

◎**ハコベ**(ナデシコ科)
「春の七草」の1つ。日当たりのよいところに見られる。

◎**オオイヌノフグリ**(ゴマノハグサ科)
畑や道ばたに見られる。秋に発芽して越冬し，早春に花を咲かせる。実(果実)はハート形。

◎**カタバミ**(カタバミ科)
田畑，庭，道ばたなどに見られる。葉は，ハート形のものが3枚くっついた形。

◎**キュウリグサ**(ムラサキ科)
茎をつまむとキュウリのにおいがする。花はかなり小さい。

◎**ナズナ**(アブラナ科)
別名ぺんぺん草。「春の七草」の1つ。田畑，あれ地，道ばたなどに見られる。

◎**シロツメクサ**(マメ科)
別名クローバー。葉はふつう3枚。

◎**ドクダミ**(ドクダミ科)
日当たりが悪く，湿ったところに生える。強いにおいがあるが，抗菌作用がある。

◎**スズメノカタビラ**(イネ科)
田畑やあれ地，道ばたなど，どこにでも見られる。季節を問わず，小さな花を穂状に咲かせる。

◎**オオバコ**(オオバコ科)
踏みつけに強く，道ばたによく見られる。漢方薬になる。

◎**ツユクサ**(ツユクサ科)
1年草で，6~9月に小さな青い花をつける。

◎**スギナ**(トクサ科)
つくしはスギナの体の一部で，食用になる。

◎**ワラビ**(コバノイシカグマ科)
若芽は食用になる。

◎**ゼニゴケ**(ゼニゴケ科)
日かげで湿った地面にはりつく。雄株と雌株がある。

◎**スギゴケ**(スギゴケ科)
雄株と雌株があり，雌株には長い突起のようなものがある。

◎**スズメ**(スズメ科)
雑食性で，人家の近くに生息する小鳥。

◎**ツバメ**(ツバメ科)
基本はわたり鳥だが，越冬するものもいる。足は短く，歩行には不向き。

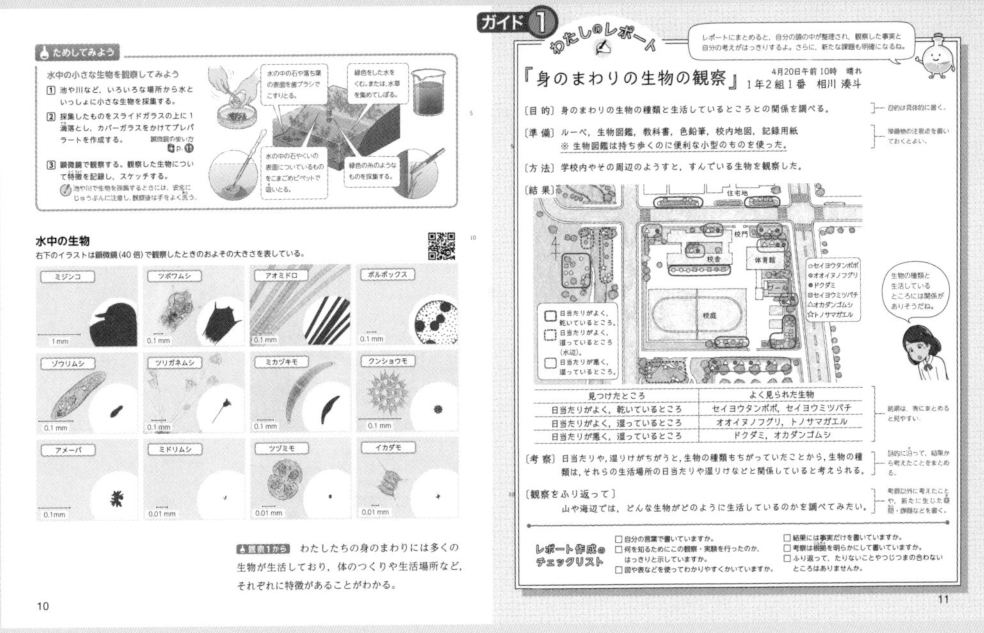

テストによく出る
器具・薬品等

□スライドガラス
□カバーガラス
□プレパラート
□顕微鏡

◎モンシロチョウ
花のみつを吸う。幼虫はアブラナ科の葉を食べる。

◎セイヨウミツバチ
なかまと集団生活をし，花のみつを集める。

◎クロヤマアリ
草原などの地中に巣をつくり，集団生活をする。

◎オカダンゴムシ
落ち葉を食べる。体を丸めて身を守る。

◎フツウミミズ
腐った落ち葉などをふくむ土を食べ，そのフンは土壌を豊かにする。

◎ウスカワマイマイ
マイマイ(カタツムリ)の一種。植物を食べ，農作物に害を与える。

ガイド1 レポートの書き方

レポートには次のような内容を入れる。

- **日時**…観察した日時と天気を書く。
- **目的**…観察しようと思ったきっかけを具体的に書く。
- **準備**…必要な道具の名前，大きさや個数なども書く。
- **方法**…どんな道具を使って，どこでどのように観察したかを具体的に書く。
- **結果**…一目でわかるようにスケッチを入れる。観察の結果わかった生物の種類や数，気づいたことなどは，表にしてまとめておくとよい。
- **考察**…目的に沿って，観察の結果からわかったこと，気づいたことをまとめて書く。
- **感想**…今回の観察の反省点や，新たに感じた疑問，課題，今後の計画などを書く。

教 p.12～13 生命 自然の中にあふれる生命

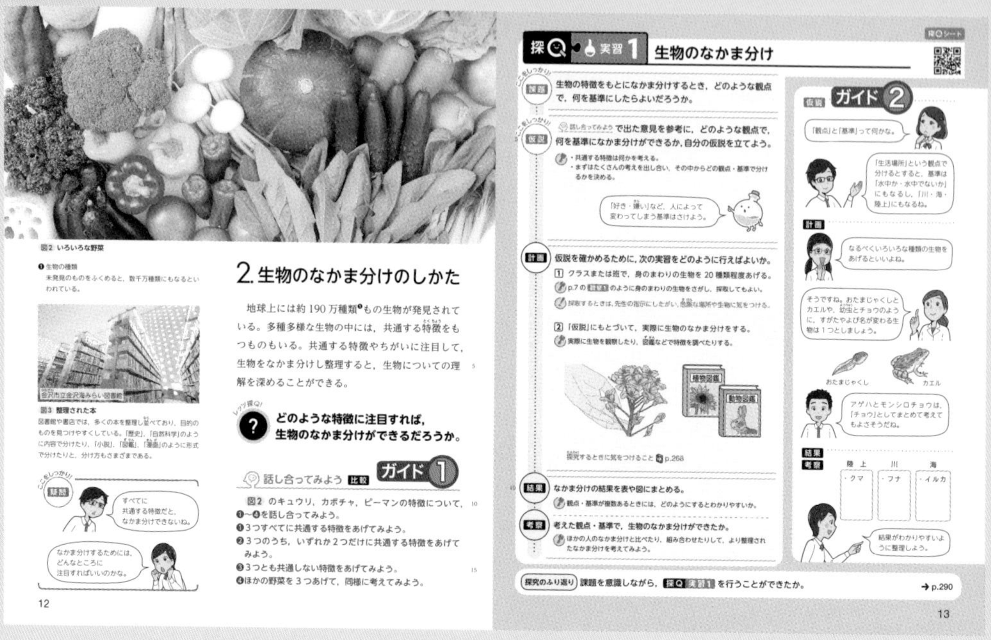

図2 いろいろな野菜

❶ 生物の種類
未発見のものをふくめると，数千万種類にもなるといわれている。

金沢市立金沢海みらい図書館

図3 整理された本
図書館や書店では，多くの本を整理し並べており，目的のものを見つけやすくしている。「歴史」，「自然科学」のように内容で分けたり，「小説」，「図鑑」，「漫画」のように形式で分けたりと，分け方もさまざまである。

ここをしっかり!! 疑問
すべてに
共通する特徴だと，
なかま分けできないね。
なかま分けするためには，
どんなところに
注目すればいいのかな。

2. 生物のなかま分けのしかた

地球上には約 190 万種類❶もの生物が発見されている。多種多様な生物の中には，共通する特徴をもつものもいる。共通する特徴やちがいに注目して，生物をなかま分けし整理すると，生物についての理解を深めることができる。

レッツ探Q!
どのような特徴に注目すれば，生物のなかま分けができるだろうか。

話し合ってみよう 比較 ガイド1

図2 のキュウリ，カボチャ，ピーマンの特徴について，❶～❹を話し合ってみよう。
❶3つすべてに共通する特徴をあげてみよう。
❷3つのうち，いずれか2つだけに共通する特徴をあげてみよう。
❸3つとも共通しない特徴をあげてみよう。
❹ほかの野菜を3つあげて，同様に考えてみよう。

12

探Q 実習1 生物のなかま分け

探Qシート

課題 生物の特徴をもとになかま分けするとき，どのような観点で，何を基準にしたらよいだろうか。

仮説 話し合ってみよう で出た意見を参考に，どのような観点で，何を基準になかま分けができるか，自分の仮説を立てよう。
・共通する特徴は何かを考える。
・まずはたくさんの考えを出し合い，その中からどの観点・基準で分けるかを決める。
「好き・嫌い」など，人によって変わってしまう基準はさけよう。

計画 仮説を確かめるために，次の実習をどのように行えばよいか。
1 クラスまたは班で，身のまわりの生物を 20 種類程度あげる。
p.7 の 観察1 のように身のまわりの生物をさがし，採取してもよい。
採取するときは，先生の指示にしたがい，危険な場所や生物に気をつける。
2 「仮説」にもとづいて，実際に生物のなかま分けをする。
実際に生物を観察したり，図鑑などで特徴を調べたりする。

植物図鑑
動物図鑑

探究するときに気をつけること p.268

結果 なかま分けの結果を表や図にまとめる。
観点・基準が複数あるときには，どのようにするとわかりやすいか。

考察 考えた観点・基準で，生物のなかま分けができたか。
ほかの人のなかま分けと比べたり，組み合わせたりして，より整理されたなかま分けを考えてみよう。

仮説 ガイド2
「観点」と「基準」って何かな。
「生活場所」という観点で分けるとすると，基準は「水中か・水中でないか」にもなるし，「川・海・陸上」にもなるね。

計画
なるべくいろいろな種類の生物をあげるといいよね。
そうですね。おたまじゃくしとカエルや，幼虫とチョウのように，すがたやよび名が変わる生物は１つとしましょう。
おたまじゃくし カエル
アゲハとモンシロチョウは，「チョウ」としてまとめて考えてもよさそうだね。

結果 考察
陸上 ・クマ
川 ・フナ
海 ・イルカ
結果がわかりやすいように整理しよう。

探究のふり返り 課題を意識しながら，探Q 実習1 を行うことができたか。 → p.290

13

ガイド1 話し合ってみよう

(例)

❶ ●花や実(果実)をつける。
●種子によってなかまをふやす。

❷ ●キュウリやカボチャは，ウリのなかまにあたるが，ピーマンはナスのなかまであり，その点が異(こと)なる。

❸ ●実(果実)の色や形がそれぞれちがう。

❹ トマト，ナス，ブロッコリーの3つを考えるとすると，
●3つの共通点は，花をつくることが挙げられる。
●トマトやナスは，同じナスのなかまであるが，ブロッコリーはそうではない。食べる部分も，ブロッコリーのみ花のつぼみや茎(くき)である。
●色が異なる点などが，3つともに共通しない点として考えられる。

野菜の特徴(とくちょう)やなかま分けを考えるときには，私たちがふだん見る部分(食べる部分)だけでなく，全体に意識を向けることもよい方法である。全体を意識して，ふだん見る部分がどこにあたるかを考えると，ちがった見方ができるかもしれない。

ガイド2 仮説

生物をなかま分けするときの観点や基準を考えるときには，生物に見られる特徴をあらかじめたくさん挙げておくとよい。例えば，植物の場合，「花をつくる(つくらない)」「種子でなかまをつくる(つくらない)」といった特徴が考えられるだろう。動物の場合は，「卵を産む(産まない)」といった特徴があるだろう。「時間とともに成長する」のような，どの生物にも共通していえる特徴は，なかま分けにつながらないのでさけよう。

たくさん特徴が挙がった中から，観点や基準を決めていく。このとき，基準は誰(だれ)がなかま分けしても変わらないようなものを選ぼう。「好き・きらい」のように，人によって変わる基準はふさわしくない。以下の例も参考にしてほしい。

(観点) なかまのふやし方
(基準) 植物の場合，種子をつくってなかまをふやしているのか，種子をつくらないでふやしているのか。動物の場合，卵を産んでいるのか，親のからだの中である程度育ったものを産むのか。

(観点) 生活する場所
(基準) 陸上か，水中か。水中をもう少し分けると，川(湖や池もふくむ)と海の2つが考えられる。

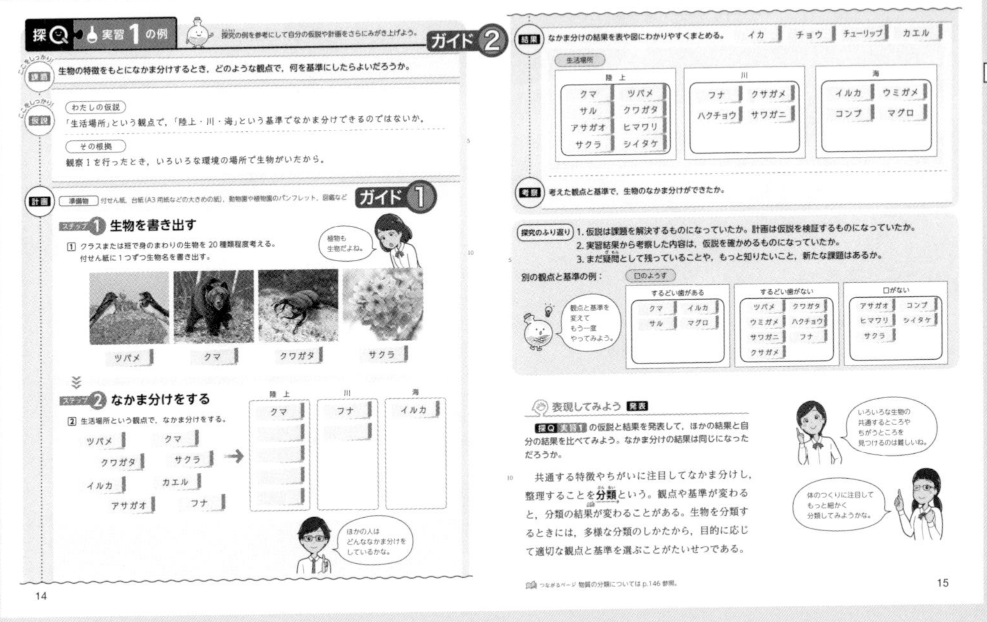
探Q 実習1の例　探究の例を参考にして自分の仮説や計画をさらにみがき上げよう。　ガイド2

課題　生物の特徴をもとになかま分けするとき，どのような観点で，何を基準にしたらよいだろうか。

仮説　わたしの仮説
「生活場所」という観点で，「陸上・川・海」という基準でなかま分けできるのではないか。
その根拠
観察1を行ったとき，いろいろな環境の場所で生物がいたから。

計画　準備物　付せん紙，台紙(A3用紙などの大きめの紙)，動物園や植物園のパンフレット，図鑑など　ガイド1

ステップ1 生物を書き出す
1 クラスまたは班で身のまわりの生物を20種類程度考える。付せん紙に1つずつ生物名を書き出す。

ステップ2 なかま分けをする
2 生活場所という観点で，なかま分けをする。

14

結果　なかま分けの結果を表や図にわかりやすくまとめる。　イカ　チョウ　チューリップ　カエル

考察　考えた観点と基準で，生物のなかま分けができたか。

探究のふり返り　1. 仮説は課題を解決するものになっていたか。計画は仮説を検証するものになっていたか。
2. 実習結果から考察した内容は，仮説を確かめるものになっていたか。
3. まだ疑問として残っていることや，もっと知りたいこと，新たな課題はあるか。

別の観点と基準の例：

表現してみよう　発表
探Q 実習1 の仮説と結果を発表して，ほかの結果と自分の結果を比べてみよう。なかま分けの結果は同じになっただろうか。

共通する特徴やちがいに注目してなかま分けし，整理することを分類という。観点や基準が変わると，分類の結果が変わることがある。生物を分類するときには，多様な分類のしかたから，目的に応じて適切な観点と基準を選ぶことがたいせつである。

つながるページ 物質の分類についてはp.146参照。

15

テストによく出る
重要用語等

□分類

生命

ガイド1 計画

教科書の仮説を見てみよう。この場合，それぞれの生物が生活する場所に注目して，なかま分けしようとしている。観察するときに，さまざまな環境の場所に生物がいることに気づいたので，このような観点になった。もちろん，「観察で，生物によってさまざまな体のつくりが見られたこと」に注目すれば，体に関するなかま分けになるだろう。観点や基準は，仮説の根拠によってちがってくる。

仮説を立てられたら，それを確かめていきたい。この場合，実際になかま分けをやってみることが，仮説を確かめる方法となる。まずは，生物を書き出していこう。植物も生物なので，忘れてはいけない。思いついた生物の名前は，1つずつ付せん紙に書いていこう。こうすることで，付せん紙を自由に動かして，さまざまななかま分けを簡単に試すことができる。

ある程度生物を書き出したら，付せん紙を動かして，基準ごとにグループをつくっていこう。教科書の場合，生活場所によって，陸上，川，海のグループがそれぞれできる。このように，実際になかま分けをしてみよう。

なかま分けが終わると，教科書p.15の上図のようになる。イカ，チョウ，チューリップ，カエルがまだ残っているが，イカは海に，チョウとチューリップは陸上に分けられるだろう。カエルに関しては，子(オタマジャクシ)は川に，親は陸上に分けられる。ただし，オタマジャクシもカエルとして考えるので，カエルは陸上と川の両方にふくまれる生物として，表し方を工夫する必要がある。

ガイド2 結果

生活場所を観点にして，なかま分けをしたとき，動物も植物もある程度それぞれの場所に分類できることがわかる。一方，教科書p.15では，別の観点と基準の例として，口のようすが挙げられている。この分類では，「口がない」にふくまれるものが植物とほぼ重なる。同じ海の生物でも，イルカとマグロは「するどい歯がある」に，ウミガメは「するどい歯がない」にそれぞれ分かれるように，なかま分けの結果が変わることがわかるだろう。

共通する特徴やちがいに注目してなかま分けをして整理することを分類という。そして，観点や基準がちがうと，分類の結果が変わることがある。植物を分類するのに「口があるかどうか」を観点にしても，うまくいかないだろう。どのように分類したいか，目的を考えて観点や基準を決めることが大切である。

ガイド1 学びの見通し

地球上にいる生物の種類は非常に多い。どんな種類の生物にも，それぞれの特徴(とくちょう)があり，見た目だけではどれもちがって見えるかもしれない。しかし，生物には共通点も見られる。どのような共通点があるのかを学んでいこう。

1章では，植物の特徴と分類について学ぶ。まずは，花のつくりに注目する。色や大きさは種類によってちがうが，花のつくりには共通する特徴も見られる。小学校で学んだおしべとめしべも，こうした特徴にふくまれる。このほかにも，花弁(かべん)(花びら)のつき方や，受粉した後の花の変化なども，共通する特徴を考えながら見ていく。

植物によっては，花をつくらないものもある。また，花だけでなく葉や根にもいくつかの特徴が見られるので，植物の分類を整理しながら学んでいこう。

2章では，動物の特徴と分類に目を向ける。小学校でも，昆虫(こんちゅう)の体のつくりや，ヒトの体について学習しているが，ここでは動物全体を見ていく。

ヒトもそうだが，背骨(せぼね)をもつ動物を脊椎(せきつい)動物という。まずは脊椎動物をどのように分類するかを考えていこう。

イカのように，背骨をもたない動物もいる。こうした動物を無脊椎(むせきつい)動物という。最後には，すべての動物の種類を一通り学んだうえで，動物はどのように分類されるのかを整理していく。

身近な生物を観察して，その結果と結びつけながら，学んだことを自分で整理しよう。

ガイド2 学ぶ前にトライ

文章を読むと，見つけた植物の葉に変わった特徴があるという。もちろん，葉も植物を調べる上で重要な特徴になるだろう。

ただし，植物を調べるときには，ほかの部分の特徴にも目を向ける必要がある。

- その植物は花をつくるかどうか。
- 花をつくるとしたら，どのようなつくりになっているのか。
- 花をつくらないとしたら，どのようになかまをふやしているのだろうか。

以上のような点も，重要な特徴になる。葉以外にも，花や根，なかまのふやし方なども手がかりになるのである。

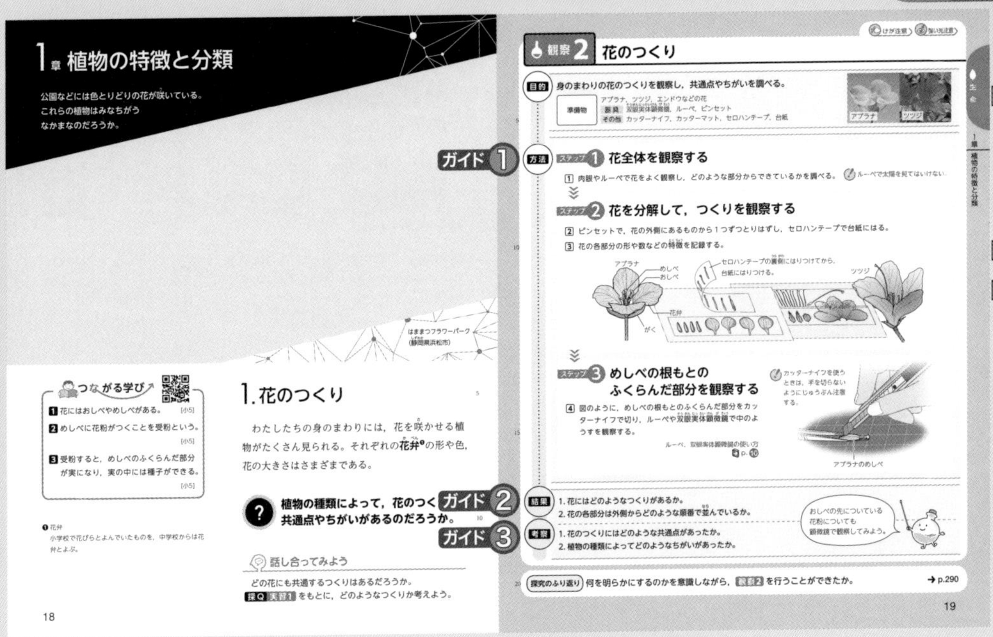

テストによく出る
重要用語等

□花弁

テストによく出る
器具・薬品等

□ルーペ

□双眼実体顕微鏡

生命

ガイド1 方法

花の外観をよく観察する。花の各部分を，ピンセットを使って外側からていねいにはずし，セロハンテープで台紙にはりつけ，特徴を記録する。めしべの根もとのふくらんだ部分を切り，中のようすをルーペや双眼実体顕微鏡で観察する。

ガイド2 結果

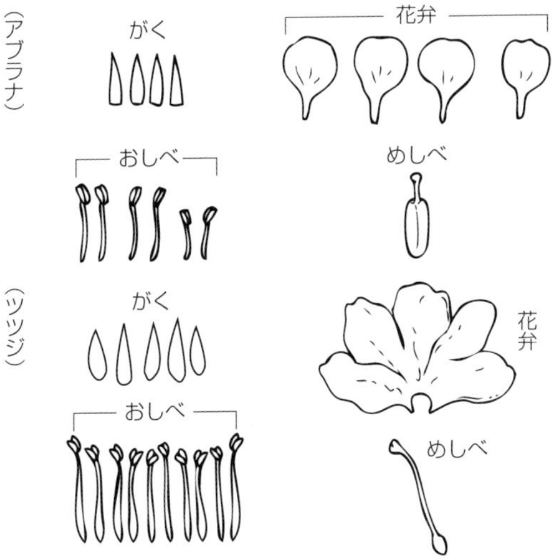

植物名	がくの数	おしべの数	めしべの数	花弁	めしべの根もとのふくらんだ部分の中のようす
アブラナ	4	6	1	1枚1枚離れている。	丸い緑色の粒がいくつもあった。
ツツジ	5	10	1	花弁の根もとでくっついている。	5つの部屋に分かれ，それぞれの部屋に緑色の小さな粒がいくつもあった。

アブラナとツツジの花を外側からはずして並べると，両方とも，がく，花弁，おしべ，めしべの順であることがわかる。

ガイド3 考察

共通点
① めしべの数が1つ。
② それぞれの花で花弁の数とがくの数が同じ。
③ めしべの根もとのふくらんだ部分(子房)の中に緑色の粒がある。

ちがい
① 花弁やがくの数
② おしべの数
③ 花弁のつき方

テストによく出る
重要用語等

- □がく
- □おしべ
- □めしべ
- □柱頭
- □子房
- □胚珠
- □やく
- □離弁花
- □合弁花
- □被子植物

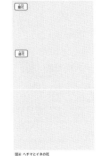

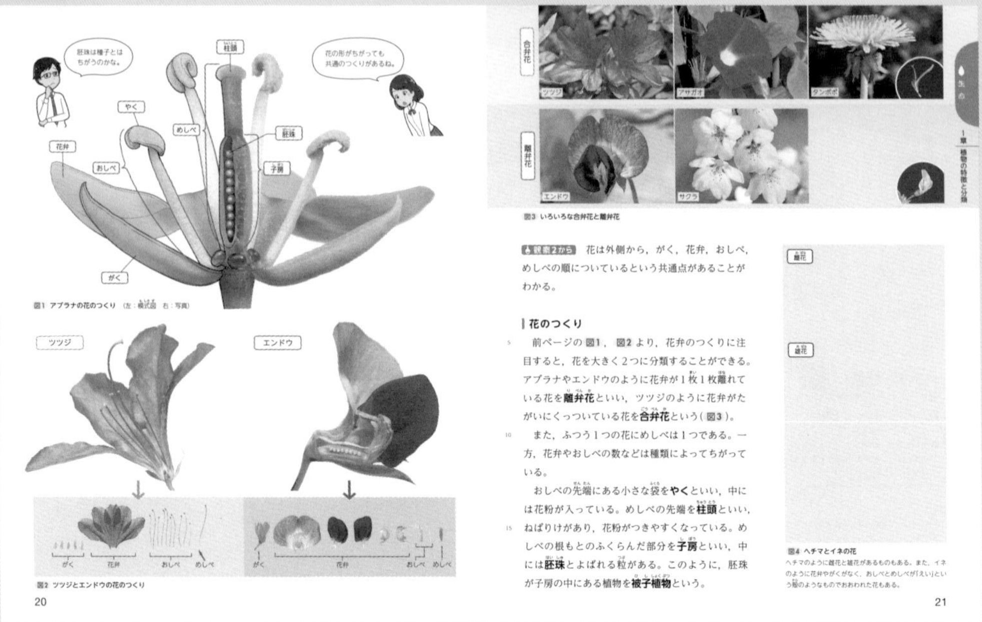

図1 アブラナの花のつくり（左：模式図 右：写真）

図2 ツツジとエンドウの花のつくり

図3 いろいろな合弁花と離弁花

観察2から 花は外側から，がく，花弁，おしべ，めしべの順についているという共通点があることがわかる。

花のつくり

前ページの図1，図2より，花弁のつくりに注目すると，花を大きく2つに分類することができる。アブラナやエンドウのように花弁が1枚1枚離れている花を**離弁花**といい，ツツジのように花弁がたがいにくっついている花を**合弁花**という（図3）。

また，ふつう1つの花にめしべは1つである。一方，花弁やおしべの数などは種類によってちがっている。

おしべの先端にある小さな袋を**やく**といい，中には花粉が入っている。めしべの先端を**柱頭**といい，ねばりけがあり，花粉がつきやすくなっている。めしべの根もとのふくらんだ部分を**子房**といい，中には**胚珠**とよばれる粒がある。このように，胚珠が子房の中にある植物を**被子植物**という。

図4 ヘチマとイネの花
ヘチマのように雌花と雄花があるものもある。また，イネのように花弁やがくがなく，おしべとめしべが「えい」という殻のようなものでおおわれた花もある。

20 21

解説 花のつくりのちがい

サクラの花弁は基本的に5枚だが，ヤエザクラのように多数の花弁をもつものもある。

アブラナやサクラなどの花弁は1枚1枚ばらばらになるが，アサガオやツツジなどの花弁はくっついていてばらばらにならない。

多数の花弁をもつように見えるタンポポやヒマワリでは，1枚の花弁のようなものが，1つの花なのである。

がくは花弁を支えるのが役割なので，基本的には花弁と同じ枚数である。ただし，タンポポにはがくはなく（がくが変形した冠毛がある），ヤエザクラではがくの枚数は花弁の数よりはるかに少ない。

テストによく出る

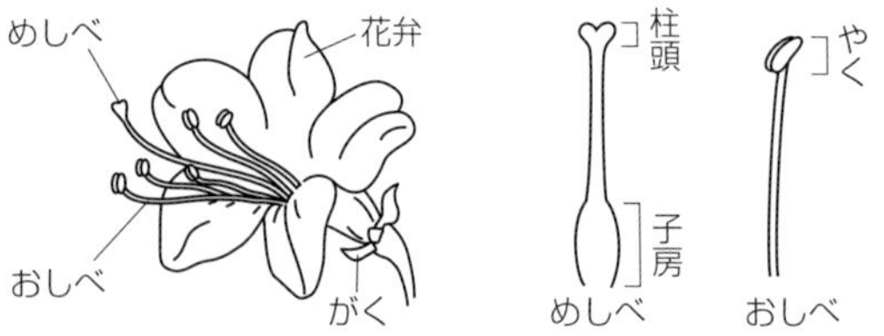

- **めしべ** めしべの先端の柱頭は，べたべたしていて，花粉がつきやすくなっている。めしべの根もとのふくらんだ部分を子房といい，中には粒状の胚珠があり，受粉して，やがて種子になる。胚珠の数は植物の種類によって異なる。サクラやタンポポでは1個，エンドウやソラマメでは数個，アブラナやアヤメでは多数である。
- **おしべ** おしべの先端には，花粉が入っているやくがある。おしべの数は植物の種類によって異なる。アブラナやユリでは6本，エンドウでは10本，ツツジでは10本または5本である。
- **花弁** ふつう，めしべとおしべをとり囲むようについている。アブラナのように花弁が離れている花を離弁花，ツツジのように花弁がくっついている花を合弁花という。
- **がく** 花弁を支える役目をする。アヤメ・チューリップなどのがくは花弁と同じような色・形をしている。

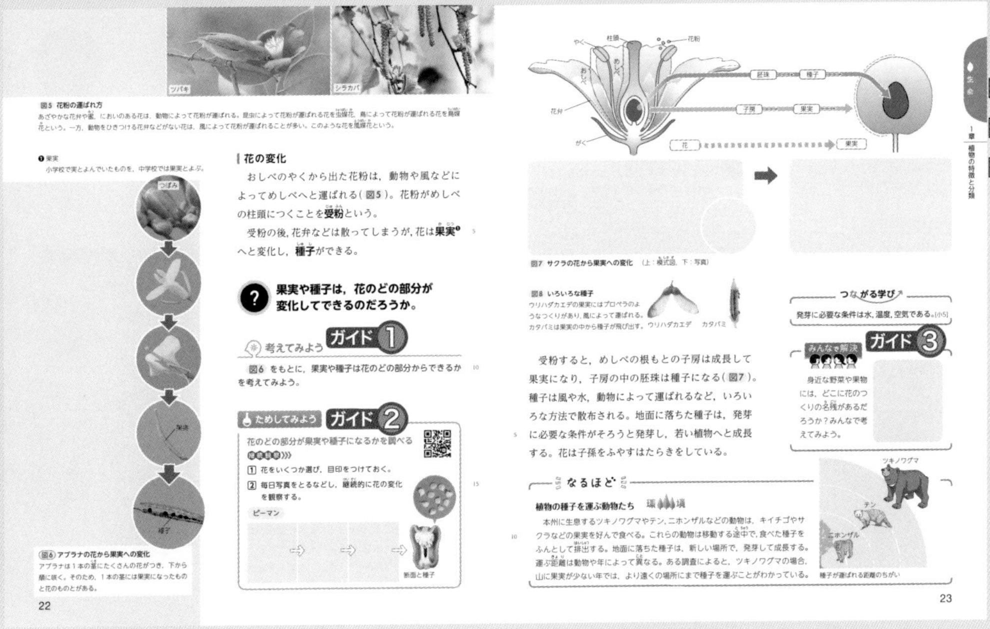
図5 花粉の運ばれ方
あざやかな花弁や蜜，においのある花は，動物によって花粉が運ばれる。昆虫によって花粉が運ばれる花を虫媒花，鳥によって花粉が運ばれる花を鳥媒花という。一方，動物をひきつける花弁などがない花は，風によって花粉が運ばれることが多い。このような花を風媒花という。

❶果実
小学校で実とよんでいたものを，中学校では果実とよぶ。

花の変化

おしべのやくから出た花粉は，動物や風などによってめしべへと運ばれる（図5）。花粉がめしべの柱頭につくことを**受粉**という。

受粉の後，花弁などは散ってしまうが，花は**果実**❶へと変化し，**種子**ができる。

果実や種子は，花のどの部分が変化してできるのだろうか。

考えてみよう　ガイド1

図6 をもとに，果実や種子は花のどの部分からできるかを考えてみよう。

ためしてみよう　ガイド2

花のどの部分が果実や種子になるかを調べる

1 花をいくつか選び，目印をつけておく。
2 毎日写真をとるなどし，継続的に花の変化を観察する。

ピーマン　断面と種子

図6 アブラナの花から果実への変化
アブラナは1本の茎にたくさんの花がつき，下から順に咲く。そのため，1本の茎には果実になったものと花のものとがある。

22

図7 サクラの花から果実への変化　（上：模式図，下：写真）

図8 いろいろな種子
ウリハダカエデの果実にはプロペラのようなつくりがあり，風によって運ばれる。カタバミは果実の中から種子が飛び出す。

受粉すると，めしべの根もとの子房は成長して果実になり，子房の中の胚珠は種子になる（図7）。種子は風や水，動物によって運ばれるなど，いろいろな方法で散布される。地面に落ちた種子は，発芽に必要な条件がそろうと発芽し，若い植物へと成長する。花は子孫をふやすはたらきをしている。

つながる学び
発芽に必要な条件は水，温度，空気である。[小5]

みんなで解決　ガイド3
身近な野菜や果物には，どこに花のつくりの名残があるだろうか？みんなで考えてみよう。

なるほど
植物の種子を運ぶ動物たち　環境
本州に生息するツキノワグマやテン，ニホンザルなどの動物は，キイチゴやサクラなどの果実を好んで食べる。これらの動物は移動する途中で，食べた種子をふんとして排出する。地面に落ちた種子は，新しい場所で，発芽して成長する。運ぶ距離は動物や年によって異なる。ある調査によると，ツキノワグマの場合，山に果実が少ない年では，より遠くの場所にまで種子を運ぶことがわかっている。

種子が運ばれる距離のちがい

23

テストによく出る
重要用語等

□受粉
□果実
□種子

ガイド 1 考えてみよう

教科書 p.22 図 6 から分かるように，つぼみが開いて花が咲く。しばらくすると，花弁が散って，めしべだけが残る。残っためしべをよく見ると，根もとが少しふくらんで見える。教科書 p.21 に書かれているように，このふくらんだ部分を子房という。

図 6 で花から果実への変化を見ることができるが，果実は子房からできると考えられる。

図 6 を見ると，最後に果実がわれて，その中にいくつかの種子ができていることがわかる。果実がもともと子房であったことを考えると，種子は子房の中の粒，つまり胚珠からできていると考えられる（教科書 p.21 も参照）。

ガイド 2 ためしてみよう

教科書 p.22「考えてみよう」では，果実が子房から，種子が胚珠からできると考えてみた。この考えが正しいかどうかは，花の変化を観察することで確かめられる。ここでは，ピーマンの花を使って説明する。

ピーマンの花は，花弁が散った後，めしべが残る。すると，教科書 p.22 の「若い果実」や「果実」の写真から分かるように，めしべのふくらんでいる部分，つまり子房がしだいにふくらんでいき，果実になることがわかる。そして，果実の中を見てみると，種子がいくつか入っていることがわかる。果実の中にあったということは，種子が胚珠からできたことを示している。よって，果実は子房から，種子は胚珠からできることが確かめられるのである。

ガイド 3 みんなで解決

エンドウの場合，さやといわれている部分が，種子が入っている果実にあたる。つまり，さやは花のつくりでいう子房であった部分である。花のつくりの名残として，エンドウのさやには，がく，柱頭にあたる部分もついていることが多い。

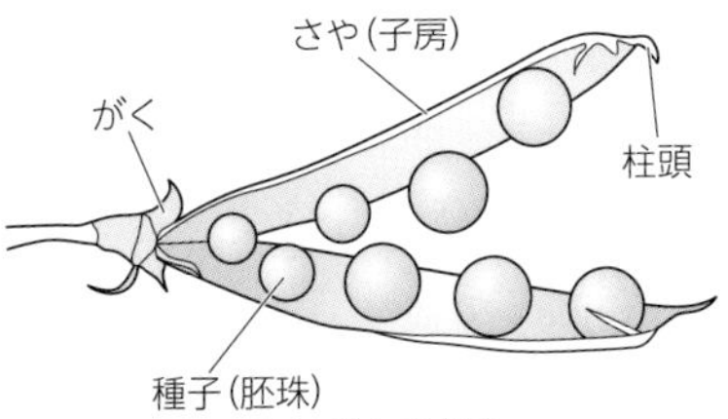

エンドウのさや

テストによく出る
重要用語等

- □雌花
- □雄花
- □りん片
- □花粉のう
- □まつかさ
- □裸子植物
- □種子植物

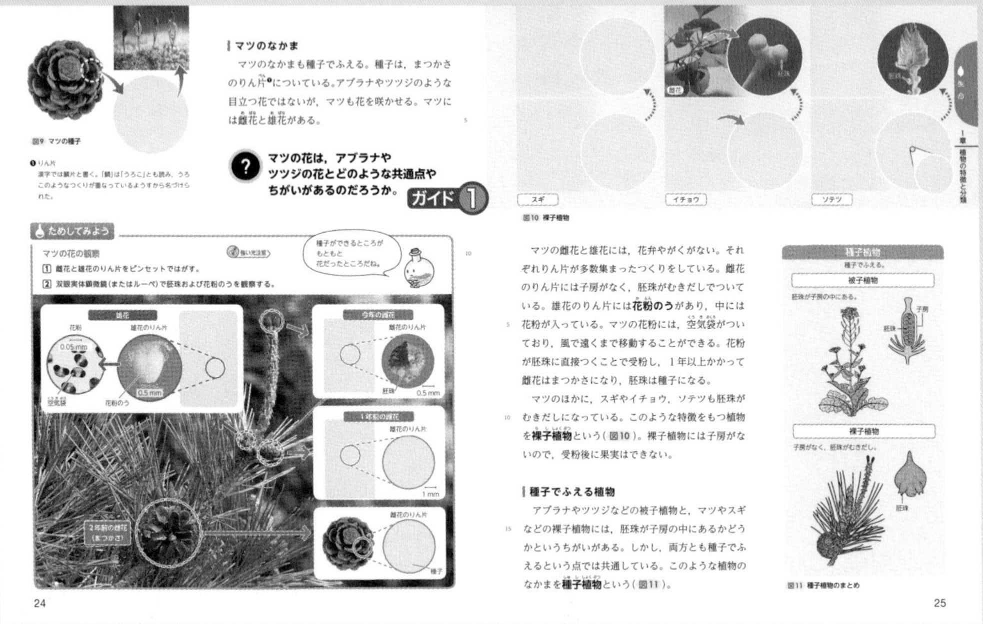
図9 マツの種子

❶りん片
漢字では鱗片と書く。「鱗」は「うろこ」とも読み，うろこのようなつくりが重なっているようすから名づけられた。

マツのなかま

マツのなかまも種子でふえる。種子は，まつかさのりん片❶についている。アブラナやツツジのような目立つ花ではないが，マツも花を咲かせる。マツには雌花と雄花がある。

マツの花は，アブラナやツツジの花とどのような共通点やちがいがあるのだろうか。 ガイド1

ためしてみよう
マツの花の観察　強い光注意
1 雌花と雄花のりん片をピンセットではがす。
2 双眼実体顕微鏡(またはルーペ)で胚珠および花粉のうを観察する。

24

図10 裸子植物

マツの雌花と雄花には，花弁やがくがない。それぞれりん片が多数集まったつくりをしている。雌花のりん片には子房がなく，胚珠がむきだしでついている。雄花のりん片には**花粉のう**があり，中には花粉が入っている。マツの花粉には，空気袋がついており，風で遠くまで移動することができる。花粉が胚珠に直接つくことで受粉し，1年以上かかって雌花はまつかさになり，胚珠は種子になる。

マツのほかに，スギやイチョウ，ソテツも胚珠がむきだしになっている。このような特徴をもつ植物を**裸子植物**という(図10)。裸子植物には子房がないので，受粉後に果実はできない。

種子でふえる植物

アブラナやツツジなどの被子植物と，マツやスギなどの裸子植物には，胚珠が子房の中にあるかどうかというちがいがある。しかし，両方とも種子でふえるという点では共通している。このような植物のなかまを**種子植物**という(図11)。

図11 種子植物のまとめ

25

ガイド1 学習の課題

マツは，同じ枝に雌花(めばな)と雄花(おばな)をつける。若(わか)い枝の先端(せんたん)にあるのが雌花であり，枝の根もとにかたまってついているのが雄花である。雌花，雄花とも，花弁(かべん)やがくはなく，うろこのようなりん片(ぺん)からなる。

雌花のりん片には子房(しぼう)はなく，胚珠(はいしゅ)がむきだしでついている。この胚珠に花粉がつくことで受粉し，やがて雌花はまつかさになる。

雄花のりん片には花粉のうがあり，中に花粉が入っている。この花粉には空気袋(くうきぶくろ)がついており，風によって遠くまで運ばれやすくなっている。

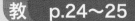

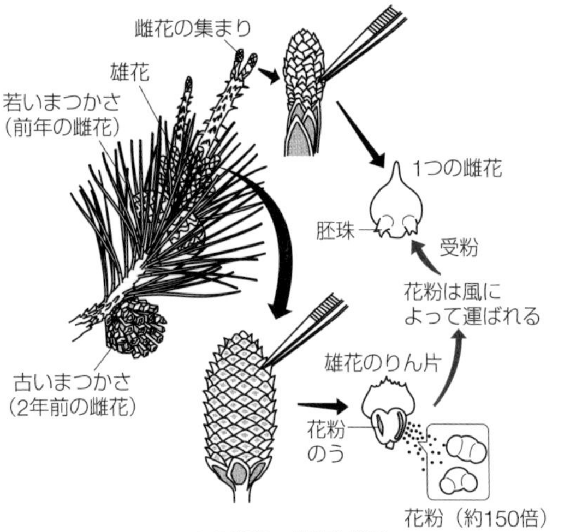

マツの雄花・雌花と花粉

テストによく出る

- **種子植物**　花を咲(さ)かせ，種子をつくる植物を種子植物という。種子植物は裸子(らし)植物と被子(ひし)植物とに分かれる。
- **裸子植物**　子房がなく，胚珠がむきだしになっている植物のなかまを裸子植物という。マツのほかに，スギ，イチョウ，ソテツ，ヒノキなどがある。イチョウやソテツには，雄株(おかぶ)と雌株(めかぶ)の区別があり，雄株には雄花，雌株には雌花が咲く。イチョウでは，ぎんなん(種子)のできるほうが，雌株である。裸子植物には花弁がない。おもに風によって花粉が運ばれ，受粉が行われる(風媒花(ふうばいか))。
- **被子植物**　アブラナやエンドウなどのように，胚珠が子房の中にある植物のなかまを被子植物という。被子植物にはよく目立つ花弁をもつものが多いが，イネ科の植物のように花弁をもたないものもある。目立つ花弁をもつ植物では，昆虫(こんちゅう)によって受粉が行われるものが多い(虫媒花(ちゅうばいか))。花弁のないイネ科の植物では，風によって受粉が行われる。

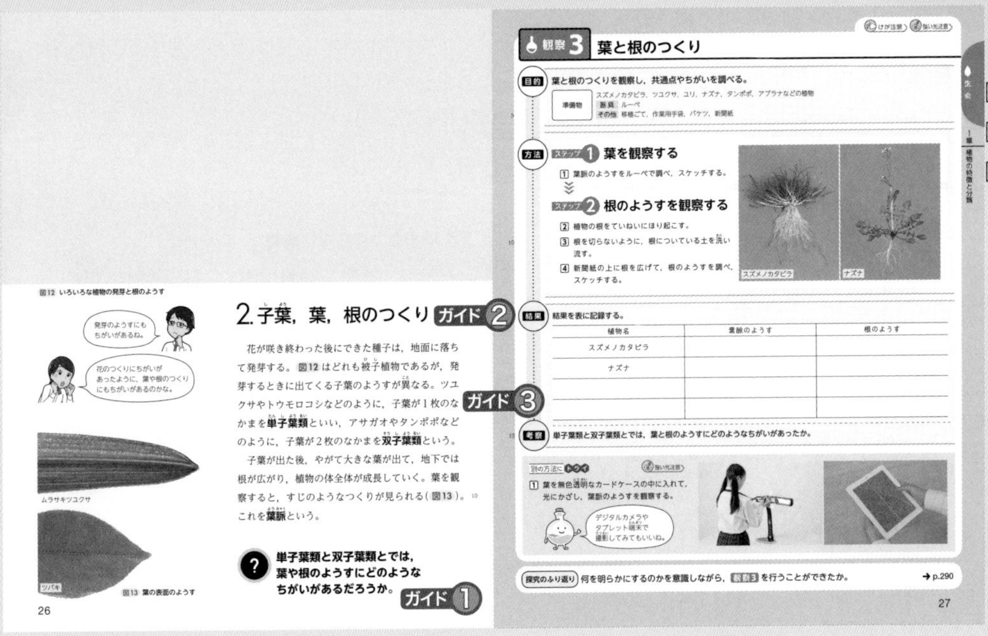

図12 いろいろな植物の発芽と根のようす

2. 子葉，葉，根のつくり ガイド2

花が咲き終わった後にできた種子は，地面に落ちて発芽する。図12 はどれも被子植物であるが，発芽するときに出てくる子葉のようすが異なる。ツユクサやトウモロコシなどのように，子葉が1枚のなかまを**単子葉類**といい，アサガオやタンポポなどのように，子葉が2枚のなかまを**双子葉類**という。ガイド3

子葉が出た後，やがて大きな葉が出て，地下では根が広がり，植物の体全体が成長していく。葉を観察すると，すじのようなつくりが見られる（図13）。これを**葉脈**という。

図13 葉の表面のようす

? 単子葉類と双子葉類とでは，葉や根のようすにどのようなちがいがあるだろうか。 ガイド1

26

けが注意　強い光注意

観察3 葉と根のつくり

目的　葉と根のつくりを観察し，共通点やちがいを調べる。

準備物　スズメノカタビラ，ツユクサ，ユリ，ナズナ，タンポポ，アブラナなどの植物
器具　ルーペ
その他　移植ごて，作業用手袋，バケツ，新聞紙

方法

ステップ1 葉を観察する

1 葉脈のようすをルーペで調べ，スケッチする。

ステップ2 根のようすを観察する

2 植物の根をていねいにほり起こす。
3 根を切らないように，根についている土を洗い流す。
4 新聞紙の上に根を広げて，根のようすを調べ，スケッチする。

結果　結果を表に記録する。ガイド2

植物名	葉脈のようす	根のようす
スズメノカタビラ		
ナズナ		

考察　単子葉類と双子葉類とでは，葉と根のようすにどのようなちがいがあったか。ガイド3

別の方法にトライ　強い光注意

1 葉を無色透明なカードケースの中に入れて，光にかざし，葉脈のようすを観察する。

探究のふり返り　何を明らかにするのかを意識しながら，観察3 を行うことができたか。　→ p.290

27

テストによく出る
重要用語等

- □単子葉類
- □双子葉類
- □葉脈

ガイド1 学習の課題

教科書 p.26 図 12 の写真を見てみよう。発芽したときに出てくる子葉のようすである。アサガオやタンポポの写真を見ると，子葉が 2 枚あることがわかる。一方，ツユクサやトウモロコシの写真を見ると，子葉は 1 枚である。このように，同じ被子植物であっても，子葉のようすにちがいが見られる。

被子植物の中で，子葉が 1 枚のなかまを単子葉類，子葉が 2 枚のなかまを双子葉類という。

ここで，もう一度図 12 の写真を見てみよう。ツユクサとタンポポの根の写真がある。ツユクサは単子葉類，タンポポは双子葉類であるが，それぞれ根のつくりがちがうことがわかる。

教科書 p.26 図 13 には，葉の写真がある。葉にはすじのようなつくりが見られるが，これを葉脈という。図 13 にある，ムラサキツユクサは単子葉類，ツバキは双子葉類であるが，よく見ると葉脈のようすもちがうことがわかる。これらのことから，単子葉類と双子葉類のちがいは，子葉だけにとどまらず，葉や根にも見られることがわかる。具体的にどのようなちがいがあるのかを，教科書 p.27 観察 3 を通して，考えていこう。

ガイド2 結果

葉脈に関しては，すじののびている向きにちがいが見られる。また，根に関しては，太さを手がかりにちがいを見いだすことができる。

- 葉脈のようす
  スズメノカタビラは，葉脈が平行に並んでいる。
  一方で，ナズナの葉脈は網の目のように広がっている。
- 根のようす
  スズメノカタビラは，細い根がたくさん見られる。
  ナズナは，太い根が 1 本あり，そこから細い根が枝分かれしてのびている。

ガイド3 考察

スズメノカタビラは単子葉類，ナズナは双子葉類である。このことをふまえると，以下のように考察することができる。

単子葉類については，葉脈は平行に並んでおり，根は細い根がたくさんのびている。双子葉類については，葉脈は網の目のように広がっており，根は太いものが 1 本あり，そこから細い根が枝分かれしてのびている。

以上のように，単子葉類と双子葉類で，葉や根にそれぞれの特徴が現れると考えられる。

教 p.28〜29 生命 1章 植物の特徴と分類

テストによく出る
重要用語等

- □平行脈
- □網状脈
- □ひげ根
- □主根
- □側根
- □根毛
- □シダ植物
- □コケ植物
- □胞子のう
- □胞子

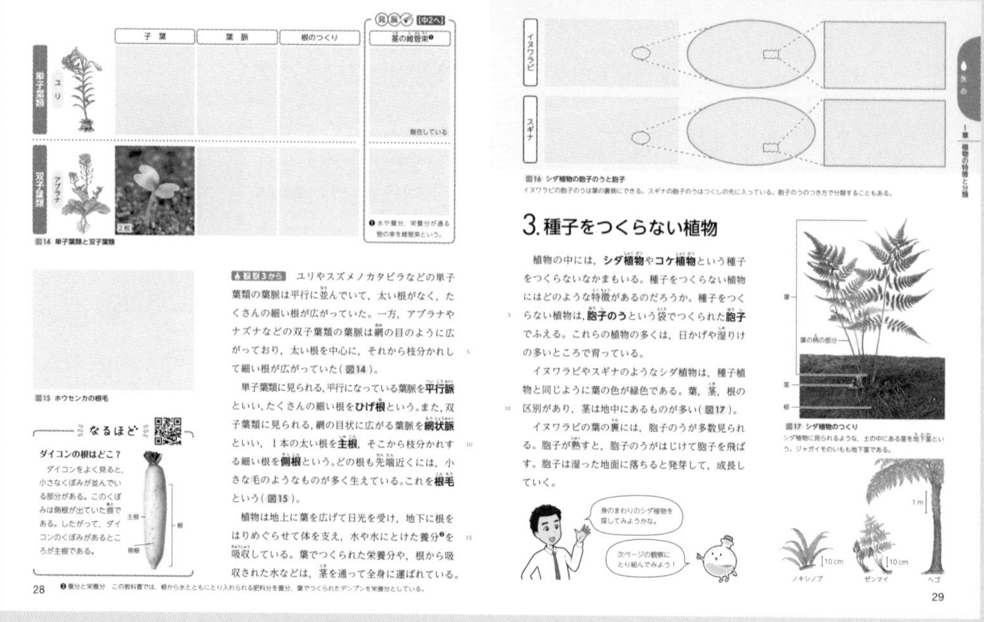

	子葉	葉脈	根のつくり	茎の維管束❶
単子葉類 ユリ				散在している
双子葉類 アブラナ	2枚			

発展 中2へ
❶ 水や養分、栄養分が通る管の束を維管束という。

図14 単子葉類と双子葉類

図15 ホウセンカの根毛

観察3から　ユリやスズメノカタビラなどの単子葉類の葉脈は平行に並んでいて，太い根がなく，たくさんの細い根が広がっていた。一方，アブラナやナズナなどの双子葉類の葉脈は網の目のように広がっており，太い根を中心に，それから枝分かれして細い根が広がっていた(図14)。

単子葉類に見られる，平行になっている葉脈を**平行脈**といい，たくさんの細い根を**ひげ根**という。また，双子葉類に見られる，網の目状に広がる葉脈を**網状脈**といい，1本の太い根を**主根**，そこから枝分かれする細い根を**側根**という。どの根も先端近くには，小さな毛のようなものが多く生えている。これを**根毛**という(図15)。

植物は地上に葉を広げて日光を受け，地下に根をはりめぐらせて体を支え，水や水にとけた養分❷を吸収している。葉でつくられた栄養分や，根から吸収された水などは，茎を通って全身に運ばれている。

なるほど
ダイコンの根はどこ？
ダイコンをよく見ると，小さなくぼみが並んでいる部分がある。このくぼみは側根が出ていた痕である。したがって，ダイコンのくぼみがあるところが主根である。
主根　側根　根

28　❷養分と栄養分　この教科書では，根から水とともにとり入れられる肥料分を養分，葉でつくられたデンプンを栄養分としている。

イヌワラビ　スギナ

図16 シダ植物の胞子のうと胞子
イヌワラビの胞子のうは葉の裏側にできる。スギナの胞子のうはつくしの先に入っている。胞子のうのつき方で分類することもある。

3. 種子をつくらない植物

植物の中には，**シダ植物**や**コケ植物**という種子をつくらないなかまもいる。種子をつくらない植物にはどのような特徴があるのだろうか。種子をつくらない植物は，**胞子のう**という袋でつくられた**胞子**でふえる。これらの植物の多くは，日かげや湿りけの多いところで育っている。

イヌワラビやスギナのようなシダ植物は，種子植物と同じように葉の色が緑色である。葉，茎，根の区別があり，茎は地中にあるものが多い(図17)。

イヌワラビの葉の裏には，胞子のうが多数見られる。胞子が熟すと，胞子のうがはじけて胞子を飛ばす。胞子は湿った地面に落ちると発芽して，成長していく。

身のまわりのシダ植物を探してみようかな。
次ページの観察にとり組んでみよう！

葉　葉の柄の部分　茎　根

図17 シダ植物のつくり
シダ植物に見られるような，土の中にある茎を地下茎という。ジャガイモのいもも地下茎である。

1 m　10 cm　10 cm
ノキシノブ　ゼンマイ　ヘゴ

29

1章 植物の特徴と分類

テストによく出る

葉脈　葉に見られるすじのようなつくりを葉脈という。1本の太い葉脈が葉の中央を通り，そこから枝分かれした細い葉脈が葉全体に走っている。葉脈の中は根から吸収した水分や葉でつくられた栄養分が通る。また，葉脈は，うすい葉を支える役割も果たしている。

平行脈　細い葉脈が平行に走っているものを平行脈という。平行脈は，子葉が1枚の単子葉類の特徴であり，平行脈をもつものとしては，ムラサキツユクサ，イネ，ユリ，チューリップ，トウモロコシなどがある。

網状脈　太い葉脈から枝分かれした細い葉脈が網の目のように広がっているものを網状脈という。網状脈は，子葉が2枚の双子葉類の特徴であり，網状脈をもつものとしては，ホウセンカ，アブラナ，サクラ，ツバキ，アサガオなどがある。

主根，側根，ひげ根　タンポポ，アブラナ，エンドウ，サクラなどの根は，茎から太い根がのび，そこからたくさんの細い根が枝分かれしている。この太い根を主根，枝分かれした根を側根という。一方，スズメノカタビラ，イネ，ススキ，ユリなどの根は，主根がなく，茎の下から細い根がたくさん出ている。これをひげ根という。

根毛　側根やひげ根の先端近くには，小さな毛のようなものが無数に生えている。これを根毛という。根毛は，土の粒の間に入りこんで粒と密着し，根が土からぬけにくくするのに役立っている。また，土の中の水や水にとけた養分を吸収するはたらきをしている。

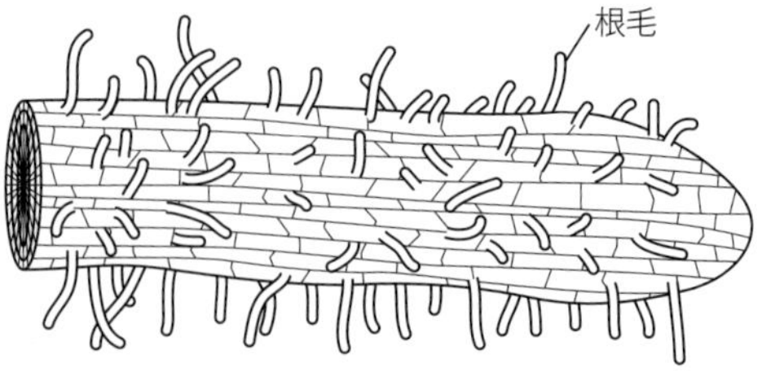

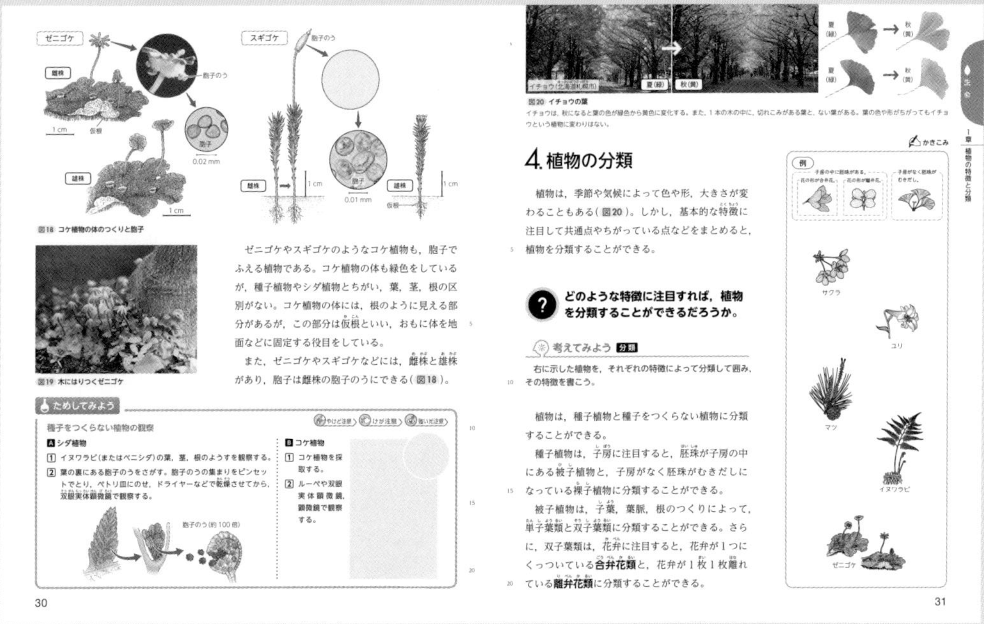

ゼニゴケ　雌株　雄株　胞子のう　胞子　0.02 mm　1 cm　仮根

スギゴケ　胞子のう　雌株　雄株　胞子　0.01 mm　1 cm　仮根

図18 コケ植物の体のつくりと胞子

図19 木にはりつくゼニゴケ

ゼニゴケやスギゴケのようなコケ植物も，胞子でふえる植物である。コケ植物の体も緑色をしているが，種子植物やシダ植物とちがい，葉，茎，根の区別がない。コケ植物の体には，根のように見える部分があるが，この部分は仮根といい，おもに体を地面などに固定する役目をしている。

また，ゼニゴケやスギゴケなどには，雌株と雄株があり，胞子は雌株の胞子のうにできる（図18）。

ためしてみよう

種子をつくらない植物の観察

A シダ植物

1 イヌワラビ（またはベニシダ）の葉，茎，根のようすを観察する。

2 葉の裏にある胞子のうをさがす。胞子のうの集まりをピンセットでとり，ペトリ皿にのせ，ドライヤーなどで乾燥させてから，双眼実体顕微鏡で観察する。

胞子のう（約100倍）

B コケ植物

1 コケ植物を採取する。

2 ルーペや双眼実体顕微鏡，顕微鏡で観察する。

30

イチョウ（北海道札幌市）　夏（緑）　秋（黄）

図20 イチョウの葉

イチョウは，秋になると葉の色が緑色から黄色に変化する。また，1本の木の中に，切れこみがある葉と，ない葉がある。葉の色や形がちがってもイチョウという植物に変わりはない。

4. 植物の分類

植物は，季節や気候によって色や形，大きさが変わることもある（図20）。しかし，基本的な特徴に注目して共通点やちがっている点などをまとめると，植物を分類することができる。

？ どのような特徴に注目すれば，植物を分類することができるだろうか。

考えてみよう 分類

右に示した植物を，それぞれの特徴によって分類して囲み，その特徴を書こう。

植物は，種子植物と種子をつくらない植物に分類することができる。

種子植物は，子房に注目すると，胚珠が子房の中にある被子植物と，子房がなく胚珠がむきだしになっている裸子植物に分類することができる。

被子植物は，子葉，葉脈，根のつくりによって，単子葉類と双子葉類に分類することができる。さらに，双子葉類は，花弁に注目すると，花弁が1つにくっついている**合弁花類**と，花弁が1枚1枚離れている**離弁花類**に分類することができる。

例　サクラ　ユリ　マツ　イヌワラビ　ゼニゴケ

31

テストによく出る
重要用語等

□合弁花

□離弁花

生命

解説 種子をつくらない植物

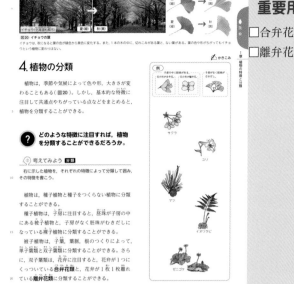

イヌワラビ，ゼンマイ，ベニシダ，スギナのようなシダ植物，ゼニゴケ，スギゴケ，ミズゴケのようなコケ植物は種子をつくらず，胞子のうという袋でつくられる胞子でふえる。

シダ植物の葉の裏に見られるいくつもの粒々が胞子のうである。

シダ植物は，根，茎，葉の区別がある。根から吸収した水は茎の中を通って葉に運ばれる。

コケ植物では，根のように見える部分（仮根）には水分を吸収するはたらきはなく，水分は体の表面全体で吸収する。コケ植物は，乾燥をさけて，うす暗い湿った場所に生育する。

植物は日光が当たることでデンプンをつくることを小学校で学んだ。このはたらきは，植物の体の中の葉緑体という緑色の粒で行なわれる。緑色の植物は，この葉緑体を多数もつために緑色をしている。

シダ植物もコケ植物も葉緑体をもち，日光によりデンプンをつくる。シダ植物の中には食用になるものもある。ワラビ，ゼンマイ，スギナなどの新芽が食用になる。なお，つくしはスギナの胞子をつける茎である。

解説 シダ植物

シダ植物は，世界に約1万種，日本には約900種あるといわれる。熱帯や亜熱帯，温帯の一部には，数メートルもの高さになる，樹木のようなシダ（木生シダ）がある。沖縄諸島などの森林部でよく見られるヒカゲヘゴは，高さが15メートルになることもあるという。

約3億年前の古生代末期の石炭紀にシダ植物は大繁栄し，高さ20〜30メートルもの巨木となって森林をつくっていたと考えられている。現在産出する石炭の中でも良質の石炭（無煙炭）は，このころのシダ植物がもとになってできたという。

解説 コケ植物

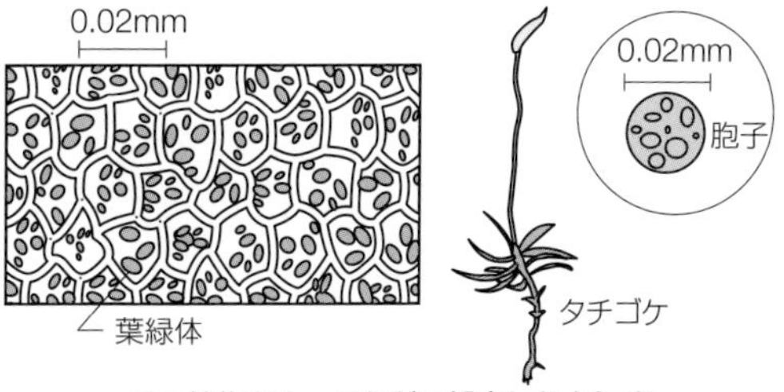

コケ植物をルーペなどで観察したようす

コケ植物は，世界中で約2万5000種が知られ，日本には約2400種がある。ルーペや双眼実体顕微鏡で観察すると，コケには図のような多数の葉緑体があり，日光が当たることでデンプンをつくっていることがわかる。

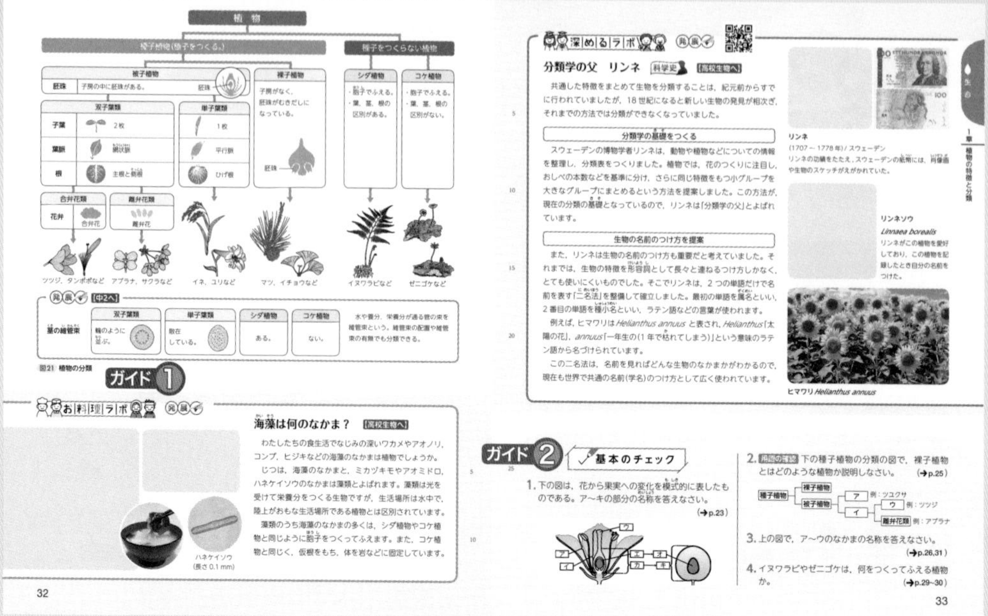

ガイド 1 植物の分類

教科書 p.32 図 21 に見られるような植物の分類を整理すると，ある植物が何のなかまであるかを調べるには，以下のポイントを次のような順番で確かめるとよいということがわかる。

① その植物は種子をつくるか，つくらないか。
→つくるなら②へ，つくらないなら⑤へ。

② 胚珠は子房に入っているか，むきだしか。
→子房に入っていれば③へ，むきだしなら裸子植物である。

③ 子葉の数は 1 枚か，2 枚か。
→ 2 枚であれば④へ。1 枚のものは被子植物の単子葉類である。

④ 花弁はつながっているか，複数に分かれているか。
→ 1 つにつながっていれば，被子植物－双子葉類－合弁花類。複数に分かれていれば，被子植物－双子葉類－離弁花類である。

なお，②～④に入るものはすべて種子植物である。

⑤ 葉，茎，根の区別があるか，ないか。
→あればシダ植物。なければコケ植物である。これらの植物は胞子によって，なかまをふやす。

ガイド 2 基本のチェック

1. ア：おしべ
   イ：めしべ
   ウ：柱頭
   エ：胚珠
   オ：種子
   カ：子房
   キ：果実
2. 子房がなく，胚珠がむき出しになっている植物。
3. ア：単子葉類
   イ：双子葉類
   ウ：合弁花類
4. 胞子

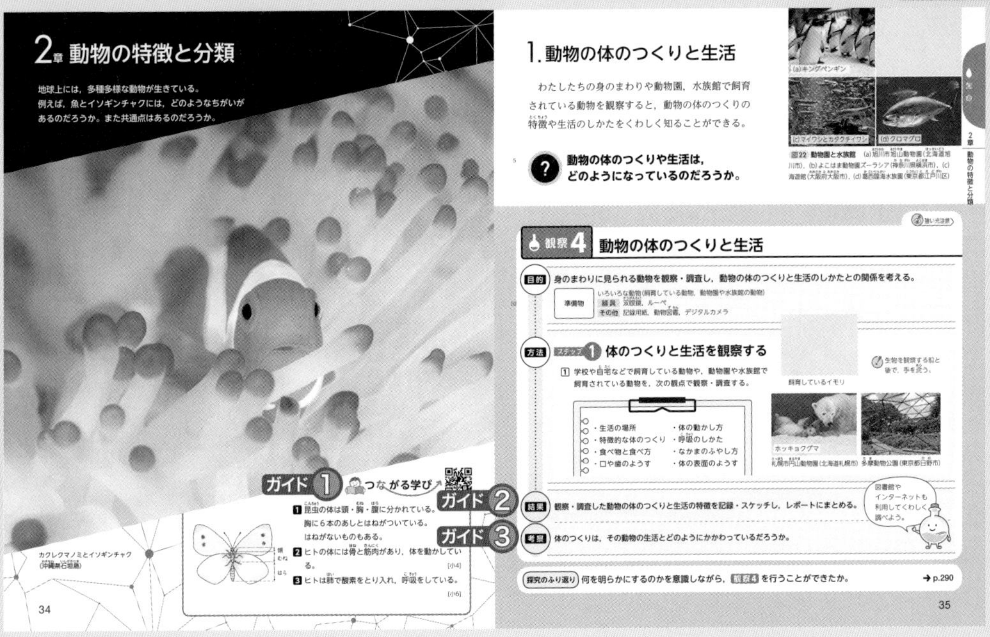

2章 動物の特徴と分類

地球上には，多種多様な動物が生きている。
例えば，魚とイソギンチャクには，どのようなちがいがあるのだろうか。また共通点はあるのだろうか。

カクレクマノミとイソギンチャク（沖縄県石垣島）

ガイド1 つながる学び

1 昆虫の体は頭・胸・腹に分かれている。胸に6本のあしとはねがついている。はねがないものもある。

2 ヒトの体には骨と筋肉があり，体を動かしている。［小4］

3 ヒトは肺で酸素をとり入れ，呼吸をしている。［小6］

34

1. 動物の体のつくりと生活

わたしたちの身のまわりや動物園，水族館で飼育されている動物を観察すると，動物の体のつくりの特徴や生活のしかたをくわしく知ることができる。

? 動物の体のつくりや生活は，どのようになっているのだろうか。

(a)キングペンギン　(c)マイワシとカタクチイワシ　(d)クロマグロ

図22 動物園と水族館　(a)旭川市旭山動物園（北海道旭川市），(b)よこはま動物園ズーラシア（神奈川県横浜市），(c)海遊館（大阪府大阪市），(d)葛西臨海水族園（東京都江戸川区）

観察4 動物の体のつくりと生活

目的　身のまわりに見られる動物を観察・調査し，動物の体のつくりと生活のしかたとの関係を考える。

準備物　いろいろな動物（飼育している動物，動物園や水族館の動物）
器具　双眼鏡，ルーペ
その他　記録用紙，動物図鑑，デジタルカメラ

方法　ステップ1 体のつくりと生活を観察する

1 学校や自宅などで飼育している動物や，動物園や水族館で飼育されている動物を，次の観点で観察・調査する。

・生活の場所　・体の動かし方
・特徴的な体のつくり　・呼吸のしかた
・食べ物と食べ方　・なかまのふやし方
・口や歯のようす　・体の表面のようす

飼育しているイモリ

生物を観察する前と後で，手を洗おう。

ホッキョクグマ　札幌市円山動物園（北海道札幌市）　多摩動物公園（東京都日野市）

ガイド2 結果　観察・調査した動物の体のつくりと生活の特徴を記録・スケッチし，レポートにまとめる。

図書館やインターネットも利用してくわしく調べよう。

ガイド3 考察　体のつくりは，その動物の生活とどのようにかかわっているだろうか。

探究のふり返り　何を明らかにするのかを意識しながら，観察4を行うことができたか。　→ p.290

35

ガイド1 つながる学び

■1 昆虫の成虫の体は，頭，胸，腹の3つに分かれている。頭には目や触角，口があり，胸に6本のあしがついている。チョウ，トンボのように胸に羽がついているものもいる。腹はいくつかの節からできている。

■2 ヒトの体には，骨と筋肉があり，体を動かしている。たいてい，1本の骨の両側に2つ以上筋肉がついている。筋肉は，縮んだりゆるんだりすることによって，骨の動きを調節している。また，体の各部には曲がるところと曲がらないところがあり，曲がるところを関節という。関節もはたらくことによって，体を動かすことができる。

■3 ヒトは呼吸している。肺では，吸いこまれた空気から酸素が血液へととり入れられる。なお，このとき血液が運んできた二酸化炭素は，空気に出ていく。そのため，呼吸では酸素をとり入れて，二酸化炭素をはき出すことになる。

ガイド2 結果（例）

水中で生活するキンギョやおたまじゃくし（カエルが子である時期）は，うろこや湿った皮膚で体の表面がおおわれ，呼吸はえらでする。尾やひれを使って泳ぐ。

おたまじゃくしは成長すると，水辺で生活するようになり，肺で呼吸する。カエルは，やわらかい寒天質に包まれた卵を水中などに産んでなかまをふやす。

陸上で生活するカメやネコは，乾燥や温度変化にたえられるように，甲羅や毛があり，肺で呼吸し，あしを使って移動する。スズメは羽毛でおおわれ，肺で呼吸し，翼を使って飛ぶ。カメやスズメはかたい殻をもった卵を産む。ネコは母親の体内である程度まで育ててから子を産み，乳を飲ませて育てる。

ガイド3 考察

動物の体のつくりや生活のようすは，その動物が生活している場所に適したものになっている。

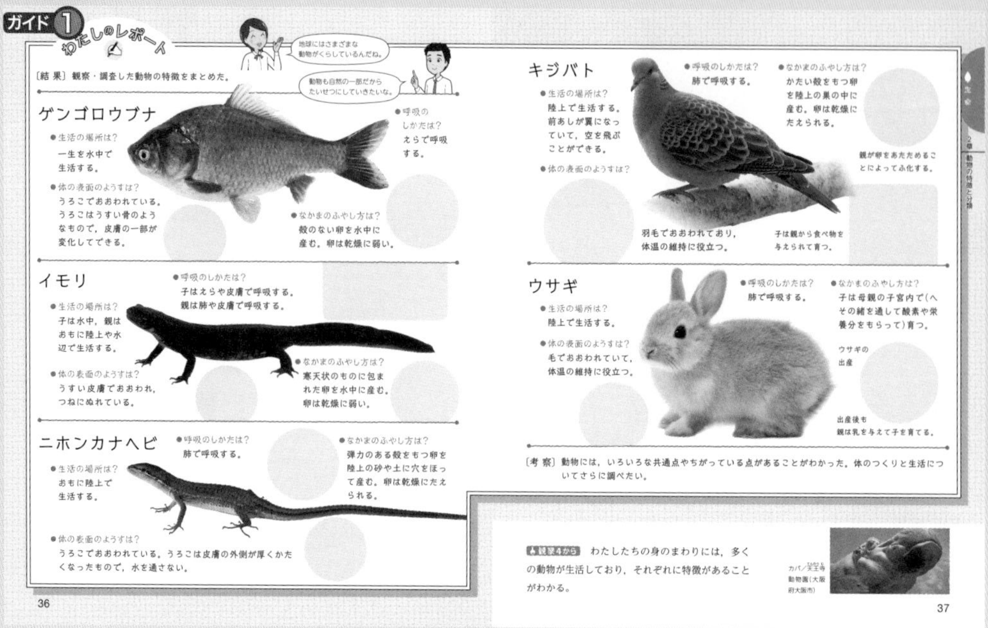

ガイド 1　脊椎動物のなかま分け

◎魚類の特徴

① 卵を産む(卵生)。
② 卵はふ化してかえる。
③ 体表はうろこでおおわれている。
④ えらで呼吸する。

タツノオトシゴ，ウナギなども魚類である。

◎両生類の特徴

① 卵を産む(卵生)。
② 卵はふ化してかえる。
③ 体表は，うすい皮膚でつねにしめっている。
④ 子はえらで呼吸し，親は肺で呼吸する。

カエル・イモリ・サンショウウオなどがいる。

◎は虫類の特徴

① 卵を産む(卵生)。
② 親は卵をあたためず，卵がふ化してかえる。
③ 体表はうろこや甲羅でおおわれている。
④ 肺で呼吸する。

1〜2 億年前の恐竜も，大形のは虫類である。

◎鳥類の特徴

① 卵を産む(卵生)。
② 親が卵をあたためてかえす。
③ 体表は羽毛でおおわれ，前あしにあたる部分は，翼になっている。
④ 肺で呼吸する。

空を飛べないペンギンやダチョウも鳥類である。

◎哺乳類の特徴

① 子は母親の子宮内で育ち，生まれてくる(胎生)。
② 乳を飲ませて子を育てる。
③ 体表は毛でおおわれている。
④ 肺で呼吸する。

胎盤をもたず，母親のおなかにある袋(育児のう)で子を育てるカンガルーなどの有袋類や，空を飛ぶコウモリや，水中にすむイルカ・クジラ・シャチなども哺乳類である。

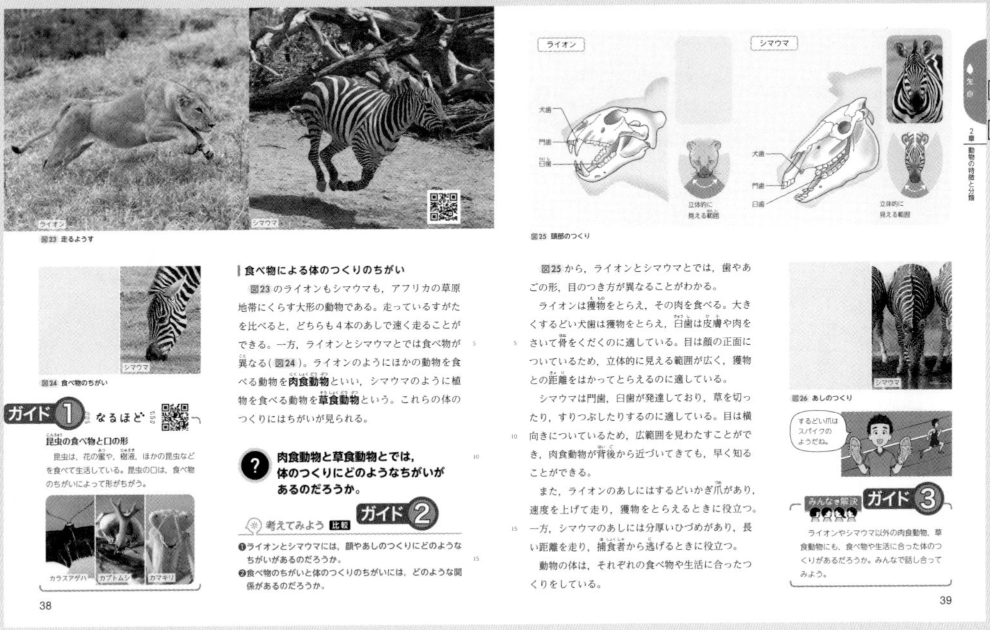

図23 走るようす

図24 食べ物のちがい

図25 頭部のつくり

図26 あしのつくり

食べ物による体のつくりのちがい

図23のライオンもシマウマも，アフリカの草原地帯にくらす大形の動物である。走っているすがたを比べると，どちらも４本のあしで速く走ることができる。一方，ライオンとシマウマとでは食べ物が異なる(図24)。ライオンのようにほかの動物を食べる動物を**肉食動物**といい，シマウマのように植物を食べる動物を**草食動物**という。これらの体のつくりにはちがいが見られる。

肉食動物と草食動物とでは，体のつくりにどのようなちがいがあるのだろうか。

考えてみよう 比較 ガイド2

❶ライオンとシマウマには，顔やあしのつくりにどのようなちがいがあるのだろうか。
❷食べ物のちがいと体のつくりのちがいには，どのような関係があるのだろうか。

図25から，ライオンとシマウマとでは，歯やあごの形，目のつき方が異なることがわかる。

ライオンは獲物をとらえ，その肉を食べる。大きくするどい犬歯は獲物をとらえ，臼歯は皮膚や肉をさいて骨をくだくのに適している。目は顔の正面についているため，立体的に見える範囲が広く，獲物との距離をはかってとらえるのに適している。

シマウマは門歯，臼歯が発達しており，草を切ったり，すりつぶしたりするのに適している。目は横向きについているため，広範囲を見わたすことができ，肉食動物が背後から近づいてきても，早く知ることができる。

また，ライオンのあしにはするどいかぎ爪があり，速度を上げて走り，獲物をとらえるときに役立つ。一方，シマウマのあしには分厚いひづめがあり，長い距離を走り，捕食者から逃げるときに役立つ。

動物の体は，それぞれの食べ物や生活に合ったつくりをしている。

ガイド1 なるほど

昆虫の食べ物と口の形

昆虫は，花の蜜や，樹液，ほかの昆虫などを食べて生活している。昆虫の口は，食べ物のちがいによって形がちがう。

カラスアゲハ　カブトムシ　カマキリ

みんなで解決 ガイド3

ライオンやシマウマ以外の肉食動物，草食動物にも，食べ物や生活に合った体のつくりがあるだろうか。みんなで話し合ってみよう。

38　39

テストによく出る
重要用語等

□肉食動物
□草食動物

生命

ガイド1 なるほど

昆虫の口の形は，それぞれの昆虫の食べ物によってちがう。たとえば，木や草の汁を吸う昆虫(セミ，アブラムシ，カメムシなど)は，針のような形の口をもつ。これは，植物に穴をあけて，そこから汁を吸うことができるようにするためである。

また，成長するにつれて口の形が変わるものもいる。チョウやガのなかまは，幼虫のときには植物の葉を食べるために，葉をかじりやすいような口の形になっている。しかし，成虫になってからは，花から蜜を吸いやすいように，ストローのような口をもつようになる。

ガイド2 考えてみよう

❶ 歯に注目すると，ライオンには大きくするどい犬歯や，骨などをくだけるようにできた臼歯が見られる。一方，シマウマは，門歯や臼歯が発達しているのが見られる。

　また，目のつき方を見ると，ライオンの目は顔の正面についている。シマウマの目は顔の側面に，横向きについている。

　あしのつくりについては，ライオンにはするどいかぎ爪がある。一方で，シマウマには分厚いひづめがある。

❷ 食べ物のちがいが関係する部分として，考えやすいのは歯の形だろう。肉食動物であるライオンは，ほかの動物の肉を食べる。そのため，大きくするどい犬歯は，獲物をとらえるのに適した形であり，臼歯は皮膚や肉をさいて，骨をくだくのに適した形になっている。

　一方，草食動物であるシマウマの門歯や臼歯は，草を切り，すりつぶすのに適した形になっている。このように，食べ物がちがえば，食べるのに適した歯の形もちがってくる。このことが，体のつくりのちがいとして表れてくる。

　ちなみに，門歯とは歯の最前列にあり，食べ物を口の中にとりこむはたらきをもつ歯である。門歯と犬歯を合わせて前歯，臼歯を奥歯ということが多い。

ガイド3 みんなで解決

(例)草食動物であるウシには，食べ物に関係する特徴的な体のつくりが見られる。

ウシの舌は長く，これを使って食べ物を口の中に運び入れるかたちになっている。また，ウシの胃は４つあり，口に近い方から第１胃，第２胃…というふうによばれている。これらの胃の中で，ヒトの胃と同じはたらきをするのは最後に通る第４胃である。ウシは，口と第１胃の間で食べ物を行ったり来たりさせることで，消化しやすくする。

テストによく出る
重要用語等

- □骨格
- □脊椎動物

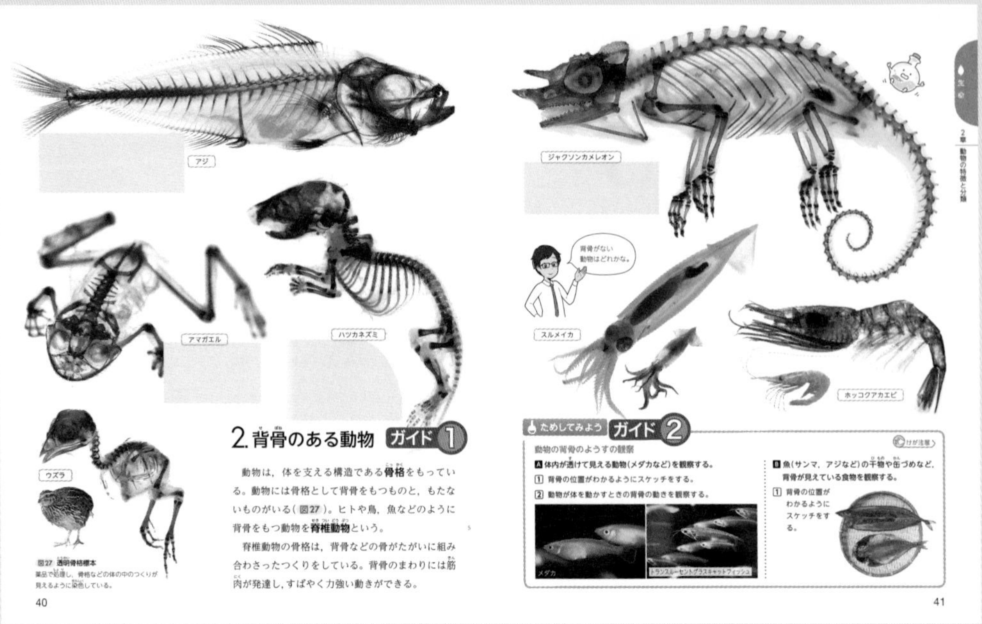
アジ
ジャクソンカメレオン
アマガエル
ハツカネズミ
ウズラ
背骨がない動物はどれかな。
スルメイカ
ホッコクアカエビ

2. 背骨のある動物　ガイド1

動物は，体を支える構造である**骨格**をもっている。動物には骨格として背骨をもつものと，もたないものがいる(図27)。ヒトや鳥，魚などのように背骨をもつ動物を**脊椎動物**という。

脊椎動物の骨格は，背骨などの骨がたがいに組み合わさったつくりをしている。背骨のまわりには筋肉が発達し，すばやく力強い動きができる。

図27　透明骨格標本
薬品で処理し，骨格などの体の中のつくりが見えるように染色している。

ためしてみよう　ガイド2

けが注意

動物の背骨のようすの観察

A 体内が透けて見える動物(メダカなど)を観察する。
1 背骨の位置がわかるようにスケッチをする。
2 動物が体を動かすときの背骨の動きを観察する。

メダカ
トランスルーセントグラスキャットフィッシュ

B 魚(サンマ，アジなど)の干物や缶づめなど，背骨が見えている食物を観察する。
1 背骨の位置がわかるようにスケッチをする。

40
41

ガイド1　背骨のある動物

脊椎動物の「脊椎」とは，背骨のことをさす。似たような言葉に「脊髄」があるが，これは脊椎の中にある神経の名前であるので，脊椎とは別のものである。まちがえないようにしよう。

ヒトの脊椎を思いうかべるとわかりやすいが，脊椎には以下のようなはたらきがある(ヒトの場合)。

- 上半身を支え，動かす。
- 脊髄などの大切な神経を守る。
- ろっ骨との組み合わせで内臓を守る。

以上からわかるように，脊椎には，単に体を支えて動かすだけでなく，生物にとって重要な神経や内臓を守るはたらきもある。

教科書 p.40–41 に見られる「透明骨格標本」とは，薬品によって骨格などの体の中のつくりが見えるように染色された標本である。具体的に言うと，かたい骨は赤く，やわらかい骨(軟骨)は青く染められて，筋肉などは透明にされる。魚類だけでなく，小型の脊椎動物にも利用できる標本のつくり方である。

教科書にある透明骨格標本の写真を見てみよう。p.40 を見ると，どの動物にも骨格が見られ，体の中に背骨が通っていることがわかるだろう。p.40 の動物はすべて脊椎動物である。

それでは，p.41 の動物たちはどうであろう。ジャクソンカメレオンには骨格が見られる一方，スルメイカやホッコクアカエビには同じような骨格が見られない。つまり，背骨が見られないのである。イカやエビには脊椎がない。このように，背骨(脊椎)をもたない動物もいる。

ガイド2　ためしてみよう

実際に，体内の中のつくりが見える動物を見ることで，背骨の動きを観察してみよう。メダカなどの魚を観察するとわかりやすい。以下はスケッチの例である。

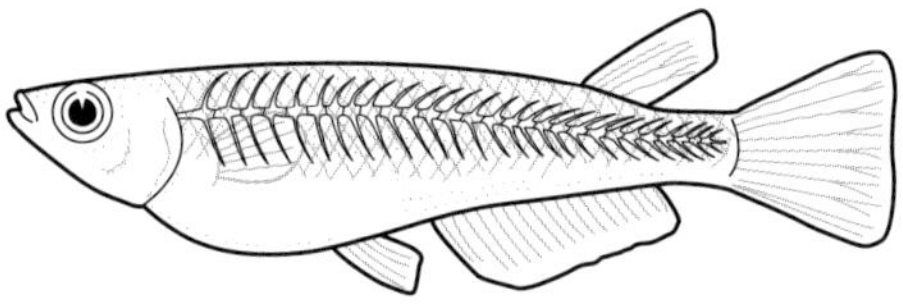

魚は泳ぐときには，背骨を中心にして体を左右に動かしている。こうした動きが，観察で見られただろうか。

ウサギ
イヌワシ
ケープペンギン
ニホンカナヘビ
オオイタサンショウウオ
図28 脊椎動物
42
図28の動物は，すべて脊椎動物である。これらの動物は，背骨をもつこと以外に，体のつくりや生活のしかたに共通点やちがっている点がある。
脊椎動物は，どのような特徴をもとに分類できるだろうか。
話し合ってみよう 予想 ガイド1
脊椎動物はどのような特徴で分類できるか，話し合ってみよう。
p.13〜15の 探Q実習1 で行った「生物のなかま分け」を思い出して進めるといいね。
生活場所と体のつくり ガイド2
動物の中には，一生を水中で生活するものや，一生を陸上で生活するもの，一生の中で生活場所が変わるものがいる。水中で生活するものの多くは，ひれがあり，泳いで移動をする。陸上で生活するものはあしで体を支えて移動する。ワシのように翼があり，空を飛んで移動するものもいる。
呼吸のしかた
一生を水中で生活する動物の多くは，えらで呼吸する。おもに陸上で生活する動物の多くは，肺で呼吸する。カエルのように，子はえらや皮膚で呼吸し，親は肺や皮膚で呼吸するものもいる。
❶幼生
親とは形が大きく異なる時期があるとき，その時期のものを幼生という。
43

ガイド1 話し合ってみよう

教科書 p.13〜15 でとり組んだ生物のなかま分けを思い出してみよう。教科書にとり上げられた観点と基準の例に，「生活する場所が陸上か，川か，海か」があった。脊椎動物を見ても，生活している環境や場所がさまざまであることは，魚や鳥を思いうかべるとわかりやすいだろう。生活する場所は，脊椎動物の分類にも重要な観点になりそうだ。

もちろん，脊椎動物を分類するための観点は１つとはかぎらない。例えば，魚や鳥は卵を産む。しかし，ヒトは卵を産まないし，同じような脊椎動物はたくさんいる。卵を産まない脊椎動物は，親の体の中である程度育ってから生まれる。こうしたなかまのふやし方も分類するときの観点になりそうである。

また，魚はえらで呼吸しているが，陸上の動物の多くは肺で呼吸している。呼吸のしかたも分類の観点になるだろう。ほかの観点の例としては，体表(体の表面)のつくりもある。観点を考えるときに，「○○か，△△か」というふうに基準も考えると思うが，実際にどのような基準で分類できるのか，これからのページで学んでいこう。

ガイド2 生活の場所と体のつくり

生活場所については，ここでは３つの基準が考えられる。一生陸上で生活するもの，一生水中で生活するもの(ここでは川か海かは考えない)，一生の中で生活場所が変わるものの３つである。ここで，「一生の中で生活場所が変わるもの」に当てはまるものとして，カエルが挙げられる。カエルは幼生(おたまじゃくし)のときには水中で生活するが，成長すると陸上で生活するようになる。今回の分類では，おたまじゃくしとカエルは同じ１つの生物として考える。そのため，生活場所が途中で変わる生物も出てくることをおさえておこう。

ここでいう「体のつくり」とは，生活する場所に応じた体のつくりをいう。水中で生活するものの多くには，ひれが見られる。ひれを使うことで，水中を泳いで移動するのである。陸上で生活するものには，あしで体を支えながら地表を移動するものもいれば，鳥のように翼を使って，空を飛んで移動するものもいる。

また，カエルのように成長することで，一生の中で体のつくりが変わるものもいる。生活場所が変わることをふまえると，体のつくりが大きく変わるのも理解できるだろう。

テストによく出る
重要用語等

□卵生
□胎生

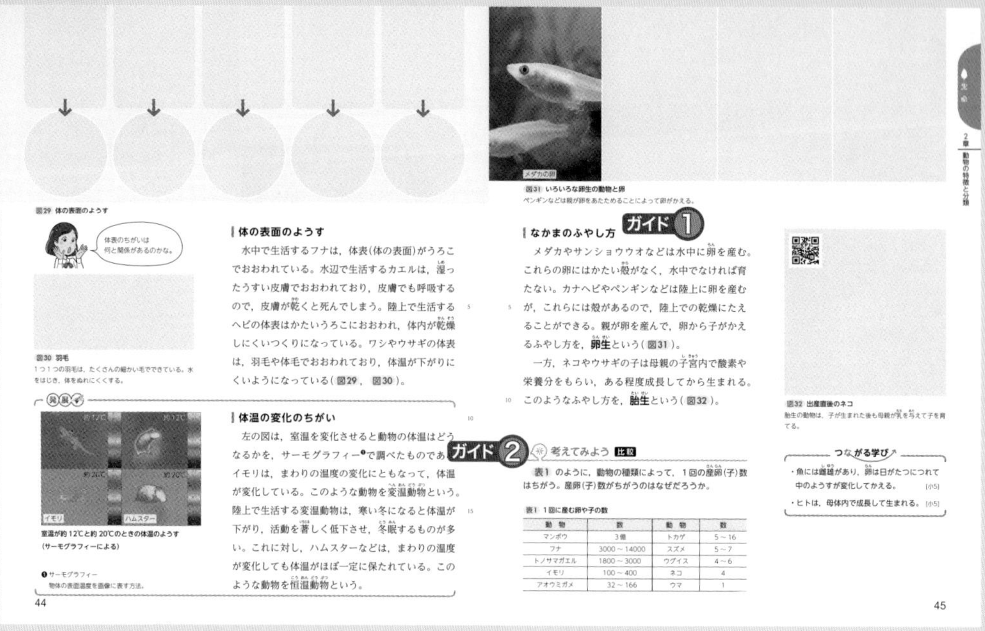
図29 体の表面のようす

図30 羽毛
1つ1つの羽毛は，たくさんの細かい毛でできている。水をはじき，体をぬれにくくする。

体の表面のようす

水中で生活するフナは，体表(体の表面)がうろこでおおわれている。水辺で生活するカエルは，湿ったうすい皮膚でおおわれており，皮膚でも呼吸するので，皮膚が乾くと死んでしまう。陸上で生活するヘビの体表はかたいうろこにおおわれ，体内が乾燥しにくいつくりになっている。ワシやウサギの体表は，羽毛や体毛でおおわれており，体温が下がりにくいようになっている(図29，図30)。

発展

室温が約12℃と約20℃のときの体温のようす
(サーモグラフィーによる)

体温の変化のちがい

左の図は，室温を変化させると動物の体温はどうなるかを，サーモグラフィー[1]で調べたものである。イモリは，まわりの温度の変化にともなって，体温が変化している。このような動物を変温動物という。陸上で生活する変温動物は，寒い冬になると体温が下がり，活動を著しく低下させ，冬眠するものが多い。これに対し，ハムスターなどは，まわりの温度が変化しても体温がほぼ一定に保たれている。このような動物を恒温動物という。

[1] サーモグラフィー
物体の表面温度を画像に表す方法。

44

図31 いろいろな卵生の動物と卵
ペンギンなどは親が卵をあたためることによって卵がかえる。

なかまのふやし方 ガイド1

メダカやサンショウウオなどは水中に卵を産む。これらの卵にはかたい殻がなく，水中でなければ育たない。カナヘビやペンギンなどは陸上に卵を産むが，これらには殻があるので，陸上での乾燥にたえることができる。親が卵を産んで，卵から子がかえるふやし方を，**卵生**という(図31)。

一方，ネコやウサギの子は母親の子宮内で酸素や栄養分をもらい，ある程度成長してから生まれる。このようなふやし方を，**胎生**という(図32)。

ガイド2 考えてみよう 比較

表1 のように，動物の種類によって，1回の産卵(子)数はちがう。産卵(子)数がちがうのはなぜだろうか。

表1 1回に産む卵や子の数

動物	数	動物	数
マンボウ	3億	トカゲ	5～16
フナ	3000～14000	スズメ	5～7
トノサマガエル	1800～3000	ウグイス	4～6
イモリ	100～400	ネコ	4
アオウミガメ	32～166	ウマ	1

図32 出産直後のネコ
胎生の動物は，子が生まれた後も母親が乳を与えて子を育てる。

つながる学び
・魚には雌雄があり，卵は日がたつにつれて中のようすが変化してかえる。 [小5]
・ヒトは，母体内で成長して生まれる。 [小5]

2章 動物の特徴と分類

45

解説 体温

イモリの体温は，室温と同じように変化するが，ハムスターの体温は室温が変化しても変わらない。

魚類・両生類・は虫類は，まわりの温度が変化するにつれて体温が変わる変温動物，鳥類と哺乳類は，まわりの温度が変わっても体温がほぼ一定に保たれる恒温動物である。変温動物は，(まわりの)温度が下がると体温が低くなるため，体内のしくみのはたらきが低下し，活動がにぶり，低温の期間は冬眠(休眠)する。

恒温動物は温度にかかわらず，体温をほぼ一定に保つことができるので，季節的な変化に左右されずに活動できる。体温を保つための熱はおもに筋肉の運動から発生し，呼吸器や体表から熱が放出されて冷やされるが，体内の調節機能のはたらきによって，体温が一定に保たれる。また，鳥類の羽毛や哺乳類の毛や皮下脂肪なども，体温を保つのに重要なはたらきをしている。いっぱんに，鳥類のほうが哺乳類より体温が高い。

哺乳類と鳥類の体温

哺乳類	体温〔℃〕	鳥類	体温〔℃〕
カイウサギ	39～40	ハト	41～43
ウマ	38	ニワトリ	41～42
ゾウ	36	カラス	41～42
ヒト	37	ガン	40～41

ガイド1 なかまのふやし方

◎卵生

ハト・トカゲ・カエル・フナなどのように，卵を産んでなかまをふやすふやし方を卵生という。

子は卵の栄養分を使って成長し，殻をやぶって出てくる。卵生でふえる脊椎動物には，鳥類・は虫類・両生類・魚類がある。

◎胎生

ヒト・イヌ・ネコなどの哺乳類の母親は，子を子宮内である程度育ててから産んで，なかまをふやす。このようなふやし方を胎生という。子宮内にいる間，子は親から酸素や栄養分をもらう。

ガイド2 考えてみよう

魚類，両生類は産卵数が多い。鳥類，哺乳類は産卵(子)数が少ない。

は虫類では，アオウミガメのように産卵数が多いものと，トカゲのように産卵数が少ないものがある。卵からふ化したあと，水中で生活する生物の種は，ほかの生物におそわれる危険が大きいので産卵数が多いと考えられる。

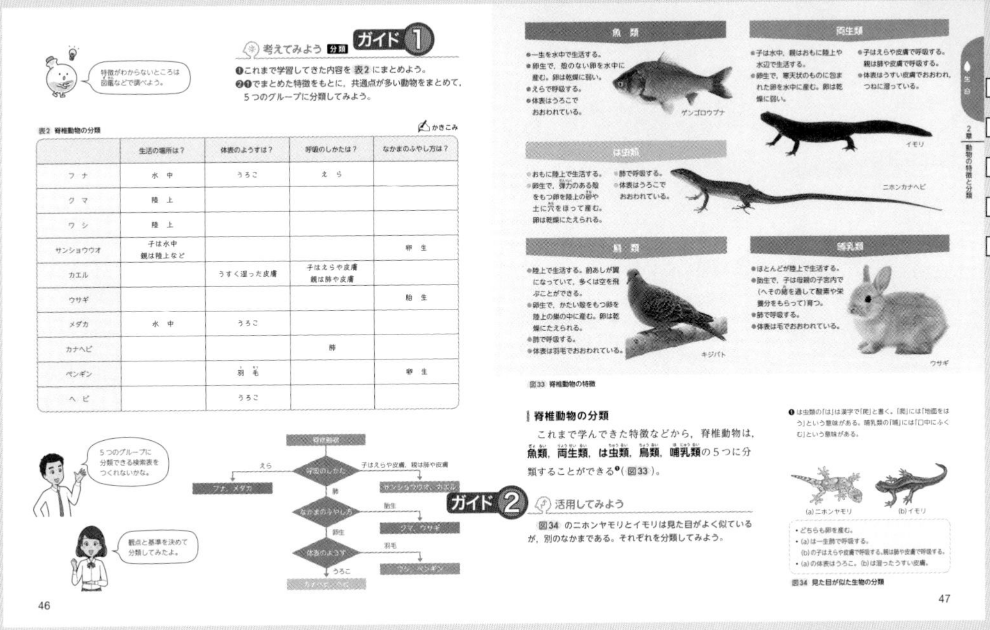

考えてみよう 分類 ガイド1

❶これまで学習してきた内容を 表2 にまとめよう。
❷❶でまとめた特徴をもとに，共通点が多い動物をまとめて，５つのグループに分類してみよう。

特徴がわからないところは図鑑などで調べよう。

表2 脊椎動物の分類　かきこみ

	生活の場所は？	体表のようすは？	呼吸のしかたは？	なかまのふやし方は？
フ ナ	水 中	うろこ	え ら	
ク マ	陸 上			
ワ シ	陸 上			
サンショウウオ	子は水中 親は陸上など			卵 生
カエル		うすく湿った皮膚	子はえらや皮膚 親は肺や皮膚	
ウサギ				胎 生
メダカ	水 中	うろこ		
カナヘビ			肺	
ペンギン		羽 毛		卵 生
ヘ ビ		うろこ		

46

魚類
●一生を水中で生活する。
●卵生で，殻のない卵を水中に産む。卵は乾燥に弱い。
●えらで呼吸する。
●体表はうろこでおおわれている。
ゲンゴロウブナ

両生類
●子は水中，親はおもに陸上や水辺で生活する。
●卵生で，寒天状のものに包まれた卵を水中に産む。卵は乾燥に弱い。
●子はえらや皮膚で呼吸する。親は肺や皮膚で呼吸する。
●体表はうすい皮膚でおおわれ，つねに湿っている。
イモリ

は虫類
●おもに陸上で生活する。
●卵生で，弾力のある殻をもつ卵を陸上の砂や土に穴をほって産む。卵は乾燥にたえられる。
●肺で呼吸する。
●体表はうろこでおおわれている。
ニホンカナヘビ

鳥類
●陸上で生活する。前あしが翼になっていて，多くは空を飛ぶことができる。
●卵生で，かたい殻をもつ卵を陸上の巣の中に産む。卵は乾燥にたえられる。
●肺で呼吸する。
●体表は羽毛でおおわれている。
キジバト

哺乳類
●ほとんどが陸上で生活する。
●胎生で，子は母親の子宮内で(へその緒を通して酸素や栄養分をもらって)育つ。
●肺で呼吸する。
●体表は毛でおおわれている。
ウサギ

図33 脊椎動物の特徴

脊椎動物の分類

これまで学んできた特徴などから，脊椎動物は，魚類，両生類，は虫類，鳥類，哺乳類の５つに分類することができる❶(図33)。

❶は虫類の「は」は漢字で「爬」と書く。「爬」には「地面をはう」という意味がある。哺乳類の「哺」には「口中にふくむ」という意味がある。

ガイド2 活用してみよう

図34 のニホンヤモリとイモリは見た目がよく似ているが，別のなかまである。それぞれを分類してみよう。

(a)ニホンヤモリ　(b)イモリ
・どちらも卵を産む。
・(a)は一生肺で呼吸する。
(b)の子はえらや皮膚で呼吸する。親は肺や皮膚で呼吸する。
・(a)の体表はうろこ。(b)は湿ったうすい皮膚。

図34 見た目が似た生物の分類

47

テストによく出る
重要用語等

- □魚類
- □両生類
- □は虫類
- □鳥類
- □哺乳類

ガイド1 考えてみよう

❶

	生活の場所は？	体表のようすは？	呼吸のしかたは？	なかまのふやし方は？
フ ナ	水中	うろこ	えら	卵生(らんせい)
ウ マ	陸上	毛	肺(はい)	胎生(たいせい)
ワ シ	陸上	羽毛(うもう)	肺	卵生
サンショウウオ	子は水中 親は陸上など	うすく湿(しめ)った皮膚(ひふ)	子はえらや皮膚 親は肺や皮膚	卵生
カエル	子は水中 親は陸上など	うすく湿った皮膚	子はえらや皮膚 親は肺や皮膚	卵生
ウサギ	陸上	毛	えら	胎生
メダカ	水中	うろこ	肺	卵生
カナヘビ	陸上	うろこ	肺	卵生
ペンギン	陸上 えさは水中で	羽毛	肺	卵生
ヘビ	陸上	うろこ	肺	卵生

❷

- フナ，メダカ…魚類
- サンショウウオ，カエル…両生類
- カナヘビ，ヘビ…は虫類
- ワシ，ペンギン…鳥類
- ウマ，ウサギ…哺乳類(ほにゅうるい)

ガイド2 活用してみよう

呼吸(こきゅう)のしかたと体表のようすから，ニホンヤモリはは虫類，イモリは両生類に分類できる。ヤモリは家屋などの周辺を生活の場所としており，イモリは水辺を生活の場所としている。

テストによく出る
重要用語等

- □無脊椎動物
- □外骨格
- □節足動物
- □昆虫類
- □甲殻類

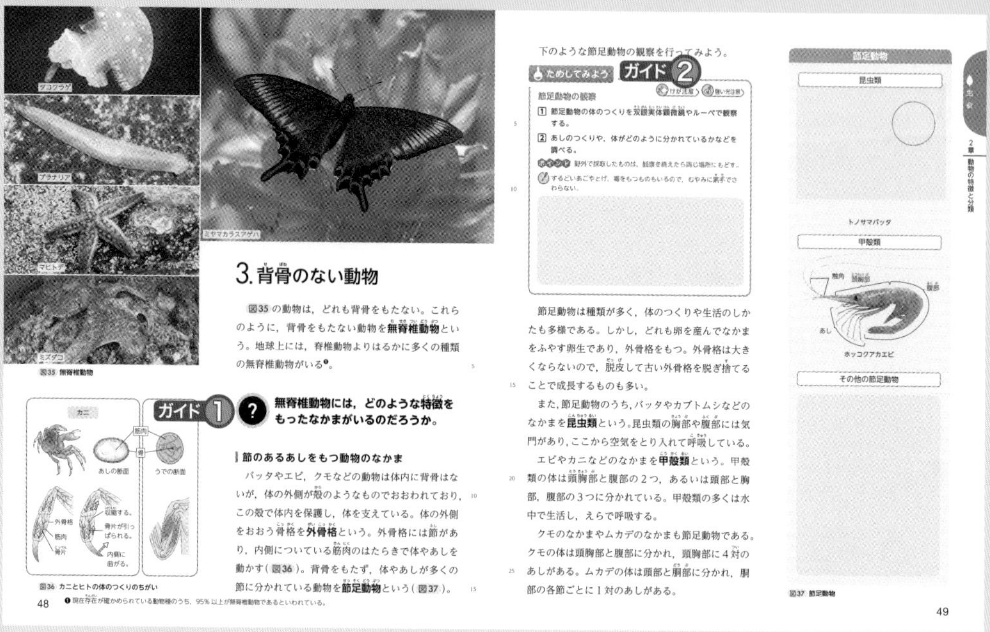

図35 無脊椎動物

3. 背骨のない動物

図35の動物は，どれも背骨をもたない。これらのように，背骨をもたない動物を**無脊椎動物**という。地球上には，脊椎動物よりはるかに多くの種類の無脊椎動物がいる❶。

ガイド1 ? 無脊椎動物には，どのような特徴をもったなかまがいるのだろうか。

節のあるあしをもつ動物のなかま

バッタやエビ，クモなどの動物は体内に背骨はないが，体の外側が殻のようなものでおおわれており，この殻で体内を保護し，体を支えている。体の外側をおおう骨格を**外骨格**という。外骨格には節があり，内側についている筋肉のはたらきで体やあしを動かす（図36）。背骨をもたず，体やあしが多くの節に分かれている動物を**節足動物**という（図37）。

図36 カニとヒトの体のつくりのちがい

48 ❶現在存在が確かめられている動物種のうち，95％以上が無脊椎動物であるといわれている。

下のような節足動物の観察を行ってみよう。

ためしてみよう ガイド2 けが注意 強い光注意

節足動物の観察

1 節足動物の体のつくりを双眼実体顕微鏡やルーペで観察する。

2 あしのつくりや，体がどのように分かれているかなどを調べる。

ポイント 野外で採取したものは，観察を終えたら同じ場所にもどす。

するどいあごやとげ，毒をもつものもいるので，むやみに素手でさわらない。

節足動物は種類が多く，体のつくりや生活のしかたも多様である。しかし，どれも卵を産んでなかまをふやす卵生であり，外骨格をもつ。外骨格は大きくならないので，脱皮して古い外骨格を脱ぎ捨てることで成長するものも多い。

また，節足動物のうち，バッタやカブトムシなどのなかまを**昆虫類**という。昆虫類の胸部や腹部には気門があり，ここから空気をとり入れて呼吸している。

エビやカニなどのなかまを**甲殻類**という。甲殻類の体は頭胸部と腹部の2つ，あるいは頭部と胸部，腹部の3つに分かれている。甲殻類の多くは水中で生活し，えらで呼吸する。

クモのなかまやムカデのなかまも節足動物である。クモの体は頭胸部と腹部に分かれ，頭胸部に4対のあしがある。ムカデの体は頭部と胴部に分かれ，胴部の各節ごとに1対のあしがある。

図37 節足動物

49

ガイド1 学習課題

教科書 p.41 の透明骨格標本の写真では，背骨（脊椎）をもたない動物もいることを確認した。このように，背骨をもたない動物を無脊椎動物という。地球上には，脊椎動物よりもはるかに多くの種類の無脊椎動物が生活している。昆虫類や，イカ，エビといったよく知られている動物にも，無脊椎動物が多くいることがわかるだろう。

しかし，昆虫類と，イカやエビでは同じ無脊椎動物でも，体のつくりにちがいが見られそうである。例えば，エビやカニにはかたい殻が見られるが，イカやタコにはかたい殻は見られない。ヒトデやウニのように，ほかの無脊椎動物に見られるような特徴が見られず，分類がむずかしいものもいる。

以上のように，無脊椎動物の中にもさまざまななかまがいることが予想できる。実際に，どのようななかまがいるのか，1つ1つ見ていき，その特徴を整理していこう。

ガイド2 ためしてみよう

背骨をもたず，体やあしが多くの節に分かれている動物を節足動物という。オカダンゴムシやヌマエビのように，節足動物の中には身近に見られるものも少なくない。実際に，節足動物を観察して，その特徴を確かめてみよう。

観察するときには，動物を採取して，双眼実体顕微鏡やルーペを使って見る。ただし，採取した動物は，観察が終わったら，もとの場所にもどすことが大切である。これは，生物を観察するとき全体に言える基本のことなので，意識しておきたい。また，動物の中には，するどいあごやとげ，毒をもつものもある。今回の観察にかぎらず，動物をむやみに素手でさわるのは危険なことなので，やってはいけない。

実際に節足動物を観察すると，それぞれの種類に応じた特徴が見られるだろう。例えば，オカダンゴムシの体は14の節からなっている。そのうち，胸部は7つの節からできており，1つの節の両側にあしがついている。

一方，ヌマエビの頭部と胸部は1つになっており，頭胸部とよばれる。この部分は8つの節からなっている。

同じ節足動物でも，体のつくりは種類によってちがうことがわかるだろう。

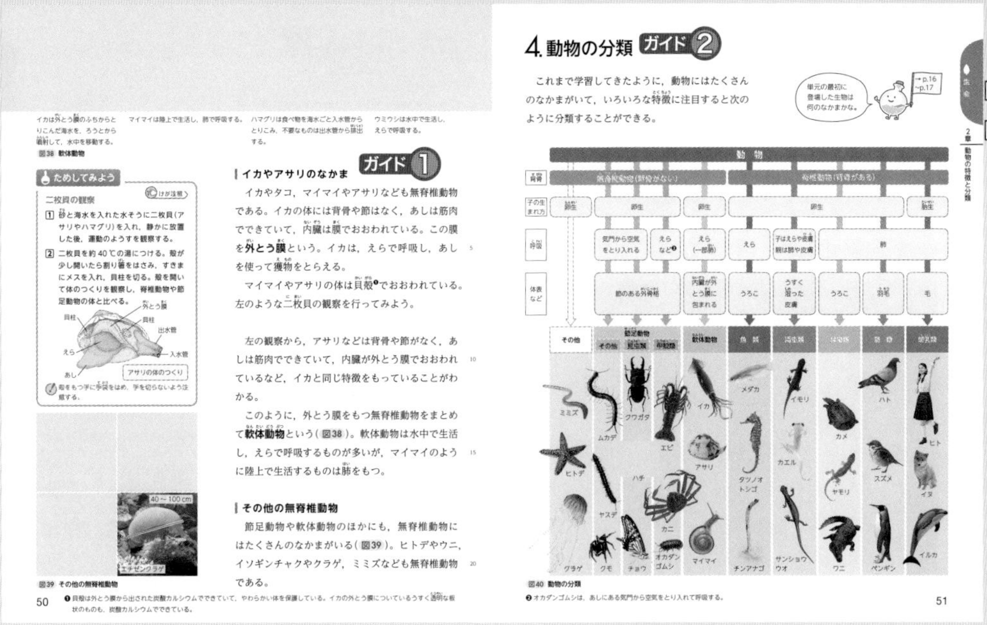
イカは外とう膜のふちからとりこんだ海水を，ろうとから噴射して，水中を移動する。
マイマイは陸上で生活し，肺で呼吸する。
ハマグリは食べ物を海水ごと入水管からとりこみ，不要なものは出水管から排出する。
ウミウシは水中で生活し，えらで呼吸する。
図38 軟体動物

ためしてみよう
二枚貝の観察　けが注意
1 砂と海水を入れた水そうに二枚貝(アサリやハマグリ)を入れ，静かに放置した後，運動のようすを観察する。
2 二枚貝を約40℃の湯につける。殻が少し開いたら割り箸をはさみ，すきまにメスを入れ，貝柱を切る。殻を開いて体のつくりを観察し，脊椎動物や節足動物の体と比べる。
殻をもつ手に手袋をはめ，手を切らないよう注意する。

イカやアサリのなかま　ガイド1

イカやタコ，マイマイやアサリなども無脊椎動物である。イカの体には背骨や節はなく，あしは筋肉でできていて，内臓は膜でおおわれている。この膜を**外とう膜**という。イカは，えらで呼吸し，あしを使って獲物をとらえる。

マイマイやアサリの体は貝殻[1]でおおわれている。左のような二枚貝の観察を行ってみよう。

左の観察から，アサリなどは背骨や節がなく，あしは筋肉でできていて，内臓が外とう膜でおおわれているなど，イカと同じ特徴をもっていることがわかる。

このように，外とう膜をもつ無脊椎動物をまとめて**軟体動物**という(図38)。軟体動物は水中で生活し，えらで呼吸するものが多いが，マイマイのように陸上で生活するものは肺をもつ。

その他の無脊椎動物

節足動物や軟体動物のほかにも，無脊椎動物にはたくさんのなかまがいる(図39)。ヒトデやウニ，イソギンチャクやクラゲ，ミミズなども無脊椎動物である。

図39 その他の無脊椎動物

50

[1] 貝殻は外とう膜から出された炭酸カルシウムでできていて，やわらかい体を保護している。イカの外とう膜についているうすく透明な板状のものも，炭酸カルシウムでできている。

4. 動物の分類　ガイド2

これまで学習してきたように，動物にはたくさんのなかまがいて，いろいろな特徴に注目すると次のように分類することができる。

図40 動物の分類

[2] オカダンゴムシは，あしにある気門から空気をとり入れて呼吸する。

51

テストによく出る
重要用語等
□外とう膜
□軟体動物

ガイド1 軟体動物

タコやイカは，かたい貝殻がなく，内臓を外とう膜がおおっている。あしには骨がなく，おもに筋肉でできていて，直接頭についている。このようななかまを頭足類という。

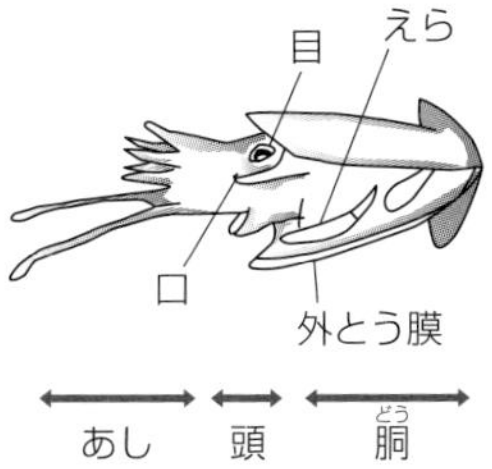

無脊椎動物のうち，アサリやハマグリなどの2枚の貝をもつオノ足類，サザエ・マイマイなどの巻貝をもつ腹足類，タコやイカなどの頭足類をまとめて軟体動物という。

軟体動物は水中で生活するものが多く，変温動物で，卵生である。

ガイド2 動物の分類

動物は，右の表のようになかま分けできる。この地球上の動物の大部分が無脊椎動物であり，地球上のさまざまな環境に適応して，いたるところにすんでいる。

恒温動物は，鳥類と哺乳類だけであり，ほかはすべて変温動物である。

<table>
<tr><td rowspan="5">脊椎動物</td><td rowspan="5">背骨をもつ</td><td colspan="3">胎生</td><td>哺乳類
ヒト・ウマ</td></tr>
<tr><td rowspan="17">卵生</td><td rowspan="2">殻のある卵を産む</td><td>羽毛が体表をおおう</td><td>鳥類
ハト・スズメ</td></tr>
<tr><td>うろこが体表をおおう</td><td>は虫類
トカゲ</td></tr>
<tr><td rowspan="15">殻のない卵を産む</td><td>子はえら，親は肺と皮膚で呼吸</td><td>両生類
イモリ</td></tr>
<tr><td>一生えら呼吸</td><td>魚類
キンギョ</td></tr>
<tr><td rowspan="14">無脊椎動物</td><td rowspan="4">体に節がある外骨格をもつ</td><td rowspan="4">節足動物</td><td>昆虫類
カブトムシ</td></tr>
<tr><td>甲殻類
エビ・カニ</td></tr>
<tr><td>クモ類
クモ</td></tr>
<tr><td>多足類
ムカデ・ヤスデ</td></tr>
<tr><td rowspan="10">体に節がない。骨もない。</td><td rowspan="3">軟体動物</td><td>頭足類
イカ・タコ</td></tr>
<tr><td>腹足類
マイマイ</td></tr>
<tr><td>オノ足類
アサリ</td></tr>
<tr><td colspan="2">きょく皮動物
ヒトデ・ウニ</td></tr>
<tr><td colspan="2">刺胞動物　クラゲ</td></tr>
<tr><td colspan="2">線形動物　カイチュウ</td></tr>
<tr><td colspan="2">へん形動物　ジストマ</td></tr>
<tr><td colspan="2">かん形動物　ミミズ</td></tr>
<tr><td colspan="2">海綿動物　カイメン</td></tr>
<tr><td colspan="2">細胞分裂でなかまをふやす</td><td colspan="2">原生動物　アメーバ</td></tr>
</table>

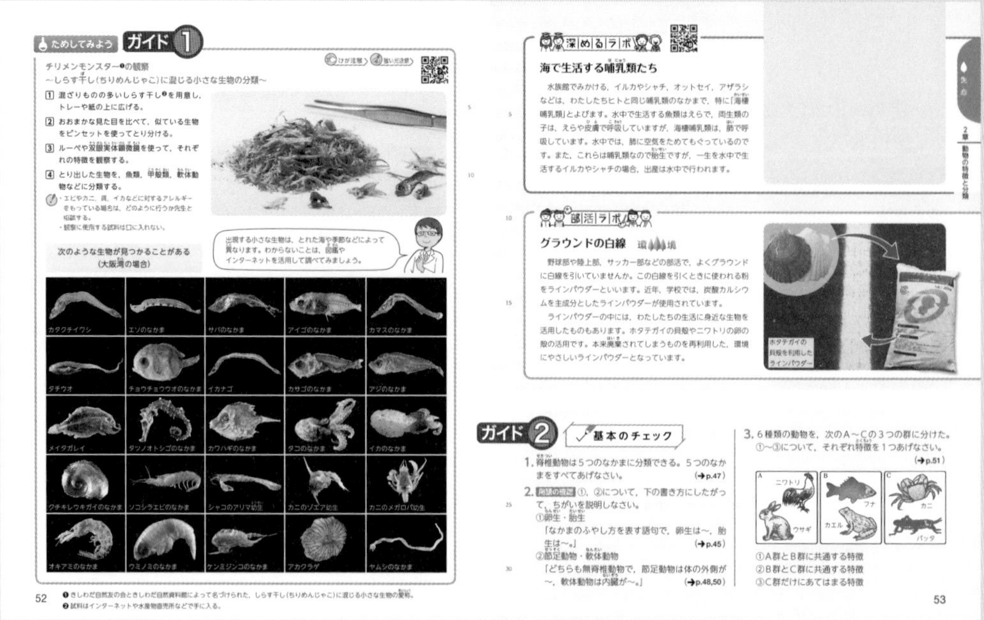

ガイド1 ためしてみよう

チリメンモンスターとは，きしわだ自然友の会ときしわだ自然資料館によって名づけられた，しらす干し(ちりめんじゃこ)に混ざった小さな生物の愛称である。「チリモン」と略してよばれることもある。

観察を行う際には，混ざりものの多いしらす干しを選ぶことが重要である。店で売られているしらす干しは，混ざりものがとりのぞかれたものが多いので，インターネットでチリメンモンスターの観察に適したしらす干しを探すか，水産物直売所に行って手に入れるかのどちらかが確実である。

また，しらす干しを手に入れる際には，産地と集めた時期の2つを聞いておくとよい。なぜなら，観察で見つかる小さな生物は，とれた海や季節によって変わるためである。これらは，観察結果を考察するうえでの重要な手がかりになる。もちろん，観察の途中で見つけたものについて，図鑑やインターネットで調べてもよい。

実際に観察して分類すると，魚の子ども，タコやイカ，貝のなかま，エビやカニ，クラゲやヒトデなど，さまざまな海の生物が見られる。

ガイド2 基本のチェック

1. 哺乳類，鳥類，魚類，は虫類，両生類
2. (例)
   ① 「なかまのふやし方を表す語句で，卵生は親が卵を産んで，卵から子がかえるふやし方をいい，胎生は子が母親の子宮内で酸素や栄養分をもらい，ある程度成長してから生まれるふやし方をいう。」
   ② 「どちらも無脊椎動物で，節足動物は体の外側が外骨格でおおわれており，軟体動物は内臓が外とう膜でおおわれている。」
3.
   ① (例)背骨をもっている。
   ② (例)卵生である。
   ③ (例)背骨をもたない。

1 下の図1はエンドウの花，図2はタンポポの花の
つくりを，図3のAはカキノキの花のつくり，Bは
カキノキの果実の断面をそれぞれ模式的に示したも
のである。これらについて，次の問いに答えなさい。

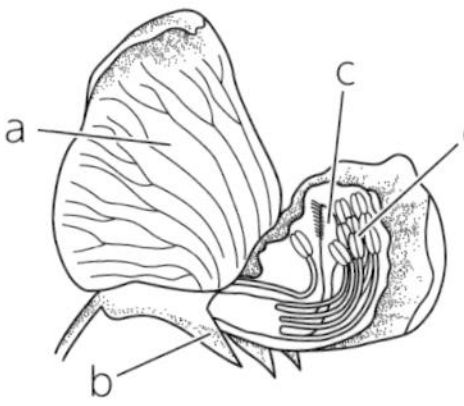

図1　　図2

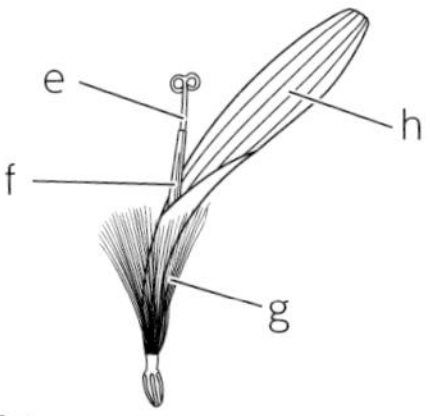

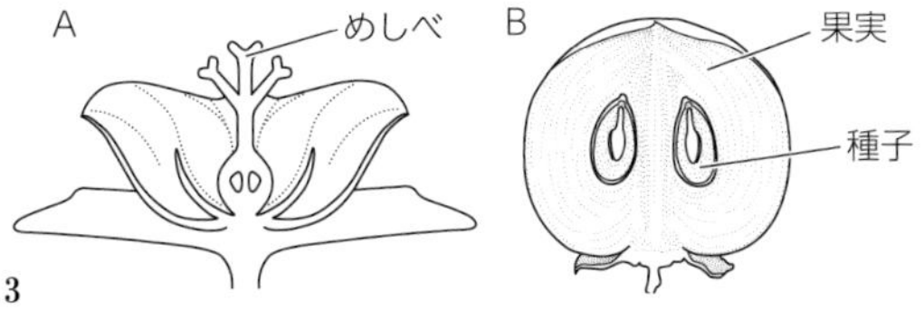

図3

【解答・解説】

(1)　① c　② 胚珠
　　cはめしべの柱頭である。

(2)　③ h　④ e
　　aとhは花弁，cとeはめしべである。

(3)　エンドウ　離弁花
　　タンポポの花は，花弁がたがいにくっついてい
　る。このような花を合弁花という。

(4)　右図

　　　　　　　　　　　　　　めしべ

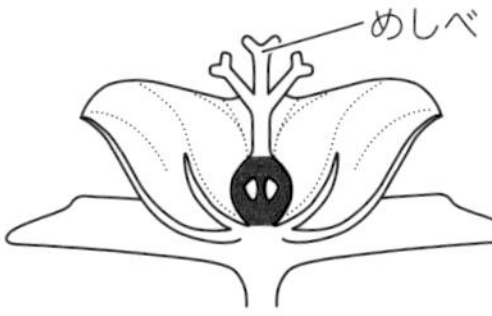

(5)　被子
　　被子植物は子房をもち，果実をつくる植物であ
　るのに対し，裸子植物には子房がないので，受粉
　後に果実はできない。

(6)　ウ
　　受粉すると，めしべの根元にある子房は成長し
　て果実になり，子房の中にある胚珠は種子になる。
　そのため，種子が8個あるならば，胚珠は8個以
　上あったといえる。

2 マツの花について，次のような観察を行った。次
の問いに答えなさい。

観察1 図1のような，葉以外にいろいろなものがつ
いているマツの枝を観察した。

観察2 雌花のりん片をとって，ルーペで観察したと
ころ，図2のようになっていた。

観察3 一昨年のまつかさの一部を観察したところ，

図3のように種子が2個ついていることがわかった。

観察4 マツの花と比較するために，アブラナの花の
つくりを調べたところ，図4の模式図のようなつく
りだった。

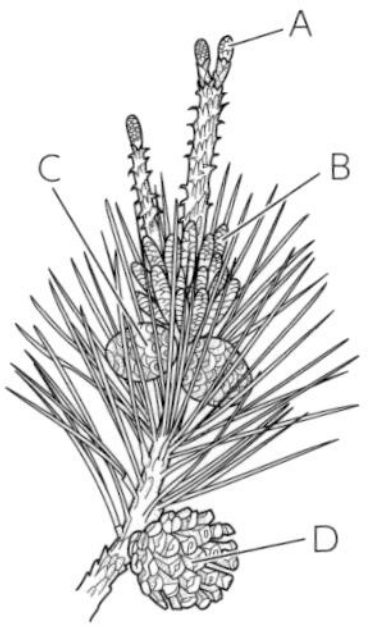

図1　　図4

【解答・解説】

(1)　B
　　マツの雄花のりん片には花粉のうがあり，中に
　は花粉が入っている。Bが雄花であり，A，C，
　Dは雌花である。

(2)　名称…胚珠　記号…ウ
　　マツは裸子植物であり，アブラナは被子植物で
　ある。裸子植物の雌花には子房がなく胚珠がむき
　だしになっている。被子植物の胚珠は子房の中に
　ある。

(3)　風
　　マツの花粉は風によって運ばれる。マツの種子
　は，まつかさのりん片についており，風によって
　離れたところまで運ばれる。

(4)　子房
　　種子植物には，子房があり胚珠が子房の中にあ
　る被子植物と，子房がなく，胚珠がむきだしにな
　っている裸子植物に分けられる。マツは子房がな
　い裸子植物である。

(5)　イ，エ，カ
　　マツは子房がない裸子植物である。また，ソテ
　ツ・スギ・イチョウも同じ裸子植物である。それ
　以外の植物は被子植物である。さらに被子植物は，
　双子葉類(ツツジ・オシロイバナ・カラスノエン
　ドウ)と単子葉類(イネ・ユリ)に分類できる。

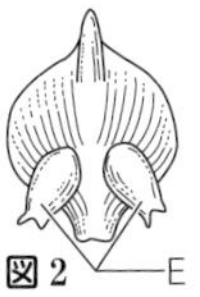

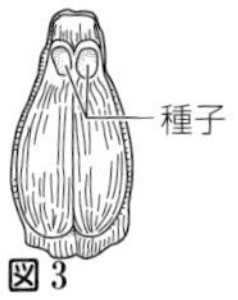

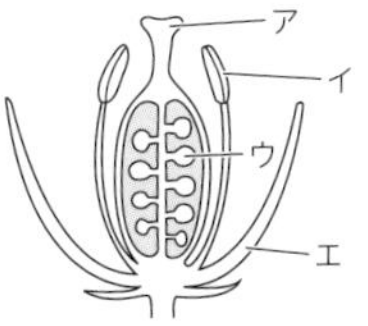

3 下図は，植物の分類を示したものである。これについて，次の問いに答えなさい。

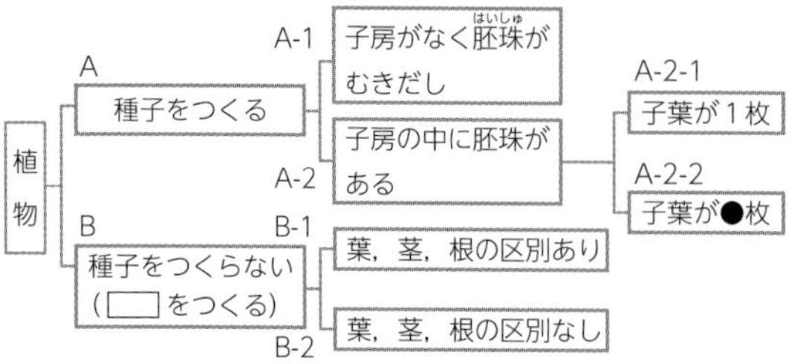

【解答・解説】

⑴ **胞子**

植物は，種子をつくる種子植物(A)と，種子をつくらないで胞子によって子孫をふやす植物に分けることができる。

⑵ **A-1…裸子植物　B-1…シダ植物**

種子をつくらない植物は，葉，茎，根の区別があるシダ植物と，葉，茎，根の区別がないコケ植物に分類される。シダ植物の例として，イヌワラビやスギナが，コケ植物の例として，ゼニゴケやスギゴケがあげられる。

⑶ **2**

双子葉類と単子葉類は，子葉，葉脈，根の特徴によって分類される。双子葉類には子葉が2枚あり，単子葉類は子葉が1枚ある植物である。これが分類名に反映されている。

⑷ **(葉脈が)平行脈か網状脈か。**

双子葉類と単子葉類は，子葉，葉脈，根の特徴によって分類される。葉に見えるすじのようなつくりが葉脈である。単子葉類の葉脈は平行に並んでいて，双子葉類の葉脈は網の目のように広がっている。

⑸ **A-2-2**

新しい符号…**A-2-2-1** と **A-2-2-2**

A-2-2 の双子葉類は，アブラナやエンドウのように花弁が1枚1枚離れている離弁花と，ツツジのように花弁がたがいにくっついている合弁花に分類することができる。

4 下図は，シマウマとチーターの頭部の骨を示したものである。図を見て話をしている，はるかさんとしんごさんの会話から，次の問いに答えなさい。

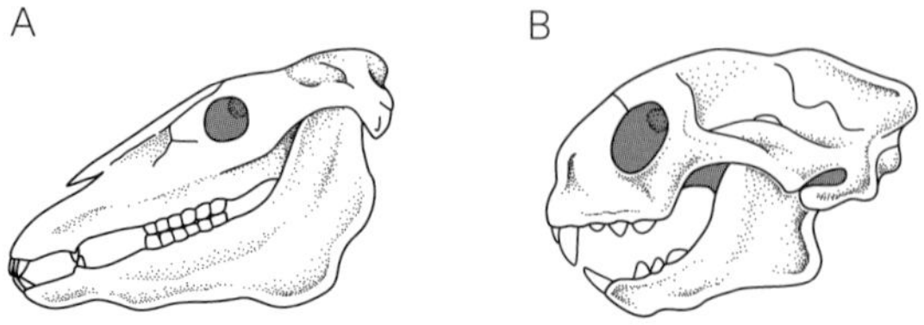

はるか：シマウマとチーターでは頭部の骨の形はずいぶんとちがうんだね。

しんご：ほんとうだね。歯の形もちがうね。黒っぽいところは目の位置なのかな。

はるか：そうだと思う。図は頭部の骨を横から見たようにかいてあるからあまりわからないけれども，前から見るとどうなのかな。

【解答・解説】

⑴ **A**

シマウマは草食動物である。シマウマは門歯，臼歯が発達しており，これらは草を切ったり，すりつぶしたりするのに適している。目は横向きについているため，広い範囲を見わたすことができ，肉食動物が背後から近づいてきたとき，早く知ることができる。

⑵ **ほかの動物(の肉)**

チーターは肉食動物である。チーターはほかの動物をとらえ，その肉を食べる。大きくするどい犬歯は獲物をとらえ，臼歯は皮膚や肉をさいて骨をくだくのに適している。目は顔の正面についているため，立体的に見える範囲が広く，獲物との距離をはかってとらえるのに適している。

⑶ **犬歯**

肉食動物の犬歯は，大きくするどく，獲物をとらえるのに用いられる。草食動物は門歯と臼歯が発達しており，草を切ったり，すりつぶしたりするのに適している。

⑷ **右図**

Bは肉食動物のチーターなので，目は顔の正面についている。

⑸　わかりやすくなる。

目が顔の正面についていると，立体的に見える範囲が広く，獲物との距離はわかりやすくなる。肉食動物であるチーターは獲物をとらえるのに適するように，目は顔の正面についている。逆に草食動物であるシマウマは，目は横向きについており，立体的に見える範囲はせまい。そのかわりに，広い範囲を見わたすことができ，肉食動物が背後から近づいてきたとき，早く知ることができる。このようにシマウマは捕食者から逃げやすいような目の位置になっている。

5　下の□内に示した5種類の動物について，次の問いに答えなさい。

A　ウサギ	B　カナヘビ	C　フナ
D　イモリ	E　ペンギン	

【解答・解説】

脊椎動物の特徴

○哺乳類：A ウサギ

- ほとんどが陸上で生活する。
- 胎生で，子は母親の子宮内で育つ。
- 肺で呼吸する。
- 体表は毛でおおわれている。

○鳥類：E ペンギン

- ほとんどが陸上で生活する。前あしが翼になっていて，多くは空を飛ぶことができる。
- 卵生で，かたい殻をもつ卵を陸上の巣の中に産む。卵は乾燥にたえられる。
- 肺で呼吸する。
- 体表は羽毛でおおわれている。

○は虫類：B カナヘビ

- おもに陸上で生活する。
- 卵生で，弾力のある殻をもつ卵を陸上の砂や土に穴をほって産む。卵は乾燥にたえられる。
- 肺で呼吸する。
- 体表はうろこでおおわれている。

○両生類：D イモリ

- 子は水中，親はおもに陸上や水辺で生活する。
- 卵生で，寒天状のものに包まれた卵を水中に産む。卵は乾燥に弱い。
- 子はえらや皮膚で呼吸する。親は肺や皮膚で呼吸する。
- 体表はうすい皮膚でおおわれ，つねに湿っている。

○魚類：C フナ

- 一生を水中で生活する。
- 卵生で，殻のない卵を水中に産む。卵は乾燥に弱い。
- えらで呼吸する。
- 体表はうろこでおおわれている。

⑴　①　D　②　B，C

両生類は，子は水中，親はおもに陸上や水辺で生活する。子のときはえらや皮膚で呼吸するが，親になると肺や皮膚で呼吸する。また，魚類とは虫類の体表はうろこでおおわれている。

⑵　①　B，E　②　C，D　③　A

鳥類とは虫類は，陸上に卵を産む。両生類と魚類は，水中に卵を産む。哺乳類の子は，母親の子宮内である程度成長してから生まれる。

⑶　ふやし方…卵生　記号…E

卵から子がかえるふやし方を卵生という。鳥類，は虫類，両生類，魚類は卵生である。その中でも，鳥類のペンギンは親が卵をあたためることによって卵がかえる。

⑷　胎生

哺乳類の子は母親の子宮内で酸素や栄養分をもらい，ある程度成長してから生まれる。このような子孫のふやし方を，胎生という。

⑸　C

両生類よりも魚類のほうが1回に産む卵の数が多い。

6 下図は，たかしさんがいくつかの特徴をもとに動物を分類したものである。これについて，次の問いに答えなさい。

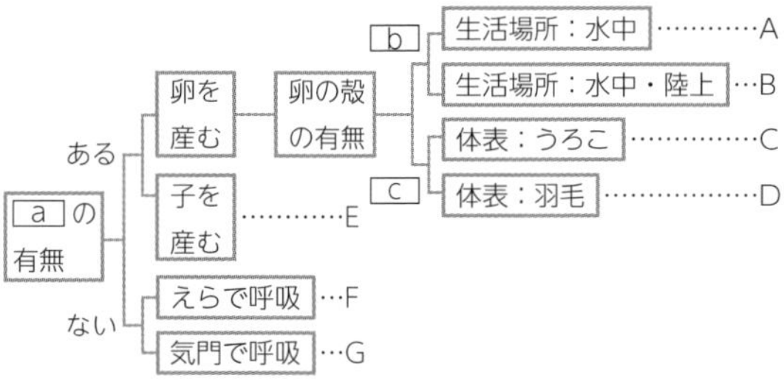

【解答・解説】

(1) 背骨

動物は，体を支える構造である骨格をもっている。動物には骨格として背骨をもつものと，もたないものがいる。

(2) 脊椎動物

背骨をもつ動物を脊椎動物という。脊椎動物の骨格は，背骨などの骨がたがいに組み合わさったつくりをしている。背骨のまわりには筋肉が発達し，すばやく力強い動きができる。

背骨をもたない動物を無脊椎動物という。地球上には，脊椎動物よりはるかに多くの種類の無脊椎動物がいる。

(3) b…ない c…ある

魚類(A)は，殻のない卵を水中に産む。卵は乾燥に弱い。両生類(B)は，寒天状のものに包まれた卵を水中に産む。卵は乾燥に弱い。

は虫類(C)は，弾力のある殻をもつ卵を陸上の砂や土に穴をほって産む。卵は乾燥にたえられる。鳥類(D)は，かたい殻をもつ卵を陸上の巣の中に産む。卵は乾燥にたえられる。

は虫類や鳥類は卵の殻があることで，陸上での乾燥にたえることができる。

(4) B

サンショウウオは，水中に卵を産み，子は水中で生活するが，親は陸上や水辺で生活する。このような特徴から，サンショウウオは両生類と分けることができる。

(5) 体温が下がりにくい。

鳥類の体表は羽毛でおおわれている。1つ1つの羽毛は，たくさんの細かい毛でできており，水をはじき，体をぬれにくくする。また外気から体表をおおうことで体温が下がりにくいようになっている。鳥類の多くは恒温動物であり，周囲の温度が変化しても体温がほぼ一定に保たれている。羽毛で体表がおおわれることで適度な体温に保つ役割もある。

哺乳類や鳥類は，一部の例外はあるが多くは恒温動物である。

(6) 外骨格

バッタやエビ，クモなどの動物は体内に背骨はないが，体の外側が殻のような骨格でおおわれており，これで体内を保護し，体を支えている。体の外側をおおう骨格を外骨格という。外骨格には節があり，中側についている筋肉のはたらきで体やあしを動かす。背骨をもたず体やあしが多くの節に分かれている動物を節足動物という。節足動物は卵生で外骨格をもつという共通の特徴をもつ。節足動物の中には，脱皮して古い外骨格を脱ぎ捨てることで成長する動物も多くいる。

(7) F

エビやカニは，卵生で背骨をもたず，体やあしが多くの節に分かれている節足動物である。さらに節足動物は，甲殻類と昆虫類に分類できる。エビやカニなどの甲殻類(F)の体は頭胸部と腹部の2つ，あるいは頭部と胸部，腹部の3つに分かれている。甲殻類の多くは水中で生活し，えらで呼吸する。また，バッタやカブトムシなどの昆虫類の胸部や腹部には気門があり，ここから空気をとり入れて呼吸している。

大問6のたかしさんの分類表では，イカやアサリなど，無脊椎動物の中でも節がなく内臓が外とう膜でおおわれているという特徴をもつ軟体動物や，ミミズ，ヒトデなどのその他の無脊椎動物のなかまは記されていない。

7 はるとさんとみさきさんは，二枚貝のアサリの体について次の方法で観察し，わかったことや調べたことについて話をした。次の問いに答えなさい。

方法1 海水と砂を入れた水そうにアサリを入れ，しばらく静かに放置した後，どのように運動するかを観察する。

方法2 アサリを約 40℃の湯につける。貝殻が少し開いたら割り箸をはさみ，すきまにメスを入れて，貝柱を切る。

方法3 貝殻を開いて体のつくりを観察し，スケッチする。下図は，片側の貝殻をはずしてスケッチしたものである。

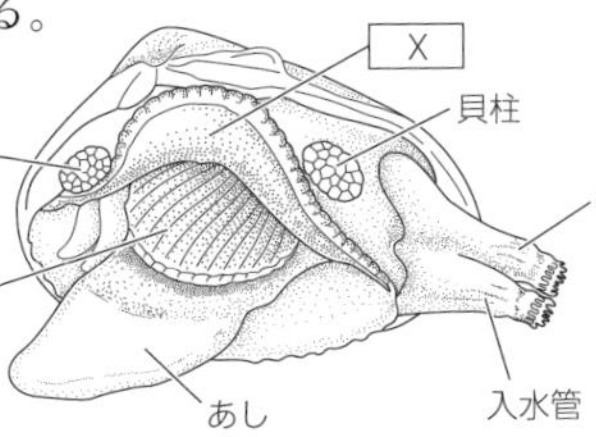

〈はるとさんとみさきさんの会話〉

はると：方法1 で，アサリは[a]あしを出し，そのあしを砂にさしこんで，砂の中にもぐっていったよ。

みさき：アサリが動くのをはじめて見たので感動したよ。ところで，[b]アサリはイカやタコ，マイマイなどと同じなかまだよね。

はると：そうそう。このなかまは共通の体のつくりとして X をもっていて，この膜で内臓をおおっているんだ。

みさき：機会があったら，[c]イカの体のつくりについても調べてみたいな。

【解答・解説】

(1) 筋肉

アサリはイカやタコ，マイマイと同様に軟体動物に分けられる。軟体動物は，外とう膜をもち，背骨や節がない。アサリのあしは，イカと同様に筋肉でできている。

(2) マイマイ

軟体動物は水中で生活し，えらで呼吸するものが多いが，マイマイのように陸上で生活するものは肺をもつ。

(3) 軟体動物

外とう膜をもつ無脊椎動物を軟体動物という。(2)で見たように，呼吸の方法は軟体動物の中でもえらで呼吸する動物と肺で呼吸する動物がいる。

(4) 外とう膜

軟体動物の内臓は膜でおおわれており，この膜を外とう膜という。

(5) ウ

イカは外とう膜のふちからとりこんだ海水を，ろうとから噴射して水中を移動する。

(6) 無脊椎動物

現在存在が確かめられている動物種のうち，95%以上が無脊椎動物であるといわれている。

8 思考力UP ゆうじさんとちあきさんは，植物や動物の分類について学習した後に話をしていた。次の問いに答えなさい。

ゆうじ：植物と動物について分類する観点をいろいろと学んだね。分類するときには，まずは同じ特徴をもつ生物どうしに大きく分けて，その中でさらに同じ特徴をもつ生物どうしに細かく分けていくといいね。

ちあき：植物の場合は，最初に A をつくるか，つくらないかで大きく分けたね。

ゆうじ：そうだったね。ところで，分類することで異なるグループに入るのに，似たような特徴をもつ植物があることに気がついて，おもしろいなあと思ったよ。

ちあき：それはどういうことなの。

ゆうじ：たとえば，[a]ススキもマツも，B がないから花は目立たないし，花粉は風で運ばれるみたいだね。動物では，[b]ウナギとヘビはどちらも体が細長いという点は似ているし，[c]イモリとヤモリは全体を見たときの形が似ているので同じなかまかと思っていたよ。

ちあき：なるほどね。ところで，昨日はお寿司屋さんに行ったんだけど，頼んだ寿司のセットが出てきたときに，小学生の弟に「この中で魚ではないネタはどれかわかる？」と聞いたの。弟は「[d]ここにあるものはみんな魚じゃないの？」と意外な顔をして考えていたよ。

ゆうじ：学習したことを生かして，中学生らしいところを見せたんだね。

教 p.59 生命 力だめし

【解答・解説】

⑴ **A…種子　B…花弁**

植物を分類するとき，まず種子をつくる種子植物か，種子をつくらない植物かに分けることができる。

ススキは被子植物で，マツは裸子植物である。これは胚珠が子房の中にあるか，子房がなく胚珠がむきだしでついているかによって分類しているが，花弁の有無で分類すれば，異なる分類を考えることができる。

⑵ **①(例)胚珠が子房の中にあるか，子房がなく胚珠がむきだしでついているか。**

ススキとイネは被子植物で，マツは裸子植物である。この分類は胚珠が子房の中にあるか，子房がなく胚珠がむきだしでついているかによって分類される。

②単子葉類

ススキ，チューリップ，ユリは単子葉類である。単子葉類と双子葉類は，子葉，葉脈，根の特徴によって分類することができる。

⑶ **ウナギ…えら　ヘビ…肺**

ウナギは魚類であり，えらで呼吸する。ヘビはは虫類であり，肺で呼吸する。

⑷ **イモリ**

ヤモリはは虫類で，おもに陸上で生活する。肺で呼吸し，体表はうろこでおおわれている。イモリは両生類で，子は水中，親はおもに陸上や水辺で生活する。子はえらや皮膚で呼吸し，親は肺や皮膚で呼吸する。体表はうすい皮膚でおおわれ，つねに湿っている。

⑸ **①ア，ウ，エ，カ**

ホタテガイは軟体動物，カニは節足動物の甲殻類，イカは軟体動物，エビは節足動物の甲殻類

②殻がない

魚類や両生類は水中に卵を産み，卵に殻はない。は虫類や鳥類は殻がある卵を生み，哺乳類は子を陸上で産む。

⑹ **(例)ニワトリは卵生で，イヌは胎生なので，ちがうなかまです。**

ニワトリは鳥類，イヌは哺乳類である。鳥類と哺乳類では，卵生か胎生かという点で異なる。

解答はこのようになるが，問題設定では，ちあきさんの弟の質問に対してあなたはどのように答えるかを問うている。そのため，「胎生」「卵生」という用語を用いて説明しても，ちあきさんの弟が意味を理解できるとは考えにくい。問題文には「理由と結論を合わせて簡単に答えなさい」とあるが，少なくとも胎生と卵生のちがいを「卵を産んで，ひなが卵から生まれるのか，母親の子宮内(おなかのなか)である程度育ってから生まれるのかというように具体的に説明する必要があるかも知れない。

また，結論自体もニワトリとイヌは「ちがうなかま」とせずに，「おなじなかま」と結論づけることも可能であろう。ゆうじさんとちあきさんの会話でも，「分類するときには，まずは同じ特徴をもつ生物どうしに大きく分けて，その中でさらに同じ特徴をもつ生物どうしに細かく分けていく」と語られていた。イヌもニワトリも脊椎動物である点では共通しているし，陸上で生活し子どもを育てる点は共通しており，同じなかまと考えることもできる。また，会話ではススキとマツは分類すると異なるグループに入るのに，花弁がない点で共通していることも語られている。教科書であつかわれている分類は特定の特徴に着目した分類であり，異なる分類を構想することは可能である。そう考えれば，教科書 p.14・15 の実習で行ったように，なかま分けの観点として生活場所を採用すれば，ニワトリもイヌも同じ陸上で生活しているため，おなじなかまであると結論づけることもできる。このように，なかま分けをする上では観点を明らかにすることが大切である。

中学３年生で生物の変化(進化)を習うが，生物の分類は生物がどのように進化したのかを明らかにするためにも重要になる。○○と××が共通のなかま，ということは，両者の祖先をたどると，同じ祖先がいることが予想できる。分類の目的を考えると，教科書で習う分類は，素朴な分類に比べて研究に有意義であるということはできる。鳥類や哺乳類のちがいは進化の過程を基準とした分類であるといえる。

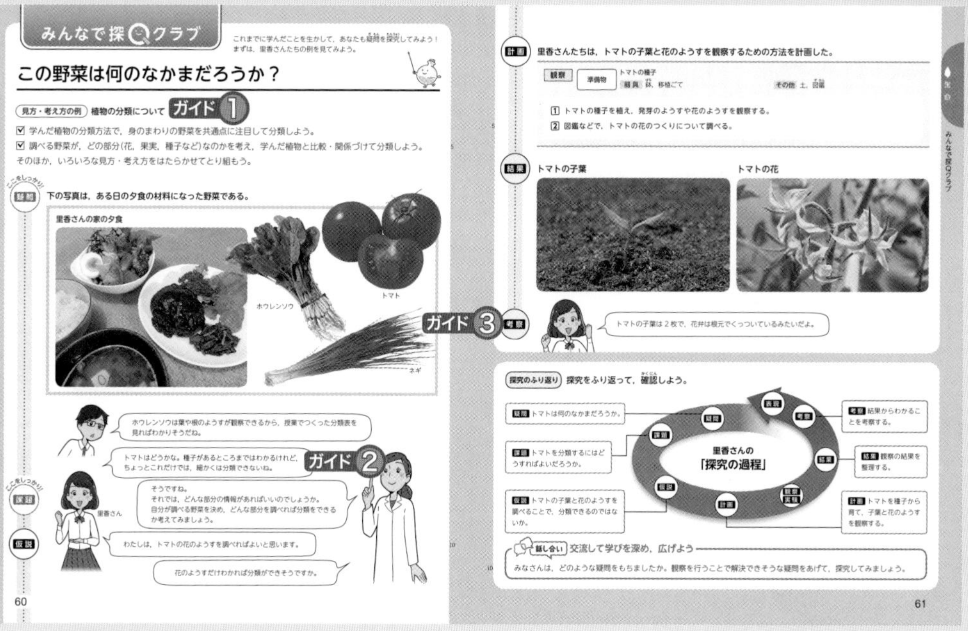
みんなで探Qクラブ

これまでに学んだことを生かして，あなたも疑問を探究してみよう！
まずは，里香さんたちの例を見てみよう。

この野菜は何のなかまだろうか？

見方・考え方の例　植物の分類について　ガイド1

☑ 学んだ植物の分類方法で，身のまわりの野菜を共通点に注目して分類しよう。
☑ 調べる野菜が，どの部分(花，果実，種子など)なのかを考え，学んだ植物と比較・関係づけて分類しよう。
そのほか，いろいろな見方・考え方をはたらかせてとり組もう。

ここをしっかり!!　疑問　下の写真は，ある日の夕食の材料になった野菜である。

里香さんの家の夕食

ホウレンソウ

トマト

ネギ

ホウレンソウは葉や根のようすが観察できるから，授業でつくった分類表を見ればわかりそうだね。

トマトはどうかな。種子があるところまではわかるけれど，ちょっとこれだけでは，細かくは分類できないね。　ガイド2

ここをしっかり!!　課題　そうですね。
それでは，どんな部分の情報があればいいのでしょうか。
自分が調べる野菜を決め，どんな部分を調べれば分類をできるか考えてみましょう。

里香さん

仮説　わたしは，トマトの花のようすを調べればよいと思います。

花のようすだけわかれば分類ができそうですか。

60

計画　里香さんたちは，トマトの子葉と花のようすを観察するための方法を計画した。

観察　準備物　トマトの種子　器具 鉢，移植ごて　その他 土，図鑑

1 トマトの種子を植え，発芽のようすや花のようすを観察する。
2 図鑑などで，トマトの花のつくりについて調べる。

結果　トマトの子葉　トマトの花

ガイド3　考察　トマトの子葉は2枚で，花弁は根元でくっついているみたいだよ。

探究のふり返り　探究をふり返って，確認しよう。

里香さんの「探究の過程」

疑問 トマトは何のなかまだろうか。

課題 トマトを分類するにはどうすればよいだろうか。

仮説 トマトの子葉と花のようすを調べることで，分類できるのではないか。

計画 トマトを種子から育て，子葉と花のようすを観察する。

結果 観察の結果を整理する。

考察 結果からわかることを考察する。

表現

観察 実験

話し合い　交流して学びを深め，広げよう
みなさんは，どのような疑問をもちましたか。観察を行うことで解決できそうな疑問をあげて，探究してみましょう。

61

ガイド 1　植物の分類について

これまで学習した植物の分類方法を使って，身のまわりの野菜が何のなかまか，考えてみよう。どのような流れで分類すればよいか，確認したい人は教科書 p.32 を見よう。

ここでは，写真をもとに野菜の分類を考えていく。ホウレンソウは葉から根まで全体のようすがわかるが，トマトは一部しか観察することができない。トマトの分類を考える上で，まず観察できる部分が，どの部分(花，果実など)にあたるのかを確かめておく必要がある。

ガイド 2　トマトを分類するのに何が必要か

まず，写真からわかるトマトの情報を整理しよう。写っているのは，果実とその中に入っている種子である。このことから，トマトが種子植物であり，その中の被子(ひし)植物であることがわかる。(果実はもともと子房(しぼう)であり，種子はもともと胚珠(はいしゅ)であった。つまり，胚珠が子房で包まれている被子植物にわけられる，と判断できる。)

被子植物は，その形によって，単子葉類か双子葉(そうしよう)類(るい)か(子葉の数による)，双子葉類の場合は離弁花類(りべんかるい)か合弁花類(ごうべんかるい)か(花弁のつくりによる)，それぞれどちらかに分類できる。しかし，果実と種子だけでは，これらの分類はできない。そのため，トマトについて，別の部分の情報を集める必要がある。

教科書 p.60 では，里香さんが，トマトの花のようすを調べればよいと発言している。花のようす(つくり)を調べれば，その植物が離弁花類か合弁花類のどちらかを知ることができる。

これに対して，先生は「花のようすだけわかれば分類ができそうですか」と聞いている。答えは「いいえ」である。単子葉類か双子葉類かを知るためには，子葉のようす(枚数)も合わせて調べなければならない。

整理すると，トマトの分類にかかわる情報は次の通りである。

〈すでにわかっている情報〉

- 果実　• 種子

〈調べなければならない情報〉

- 花のようす　　• 子葉のようす

ガイド 3　考察

ガイド 2 で整理したことから，里香さんたちは，花のようすに加えて，子葉のようすも調べることにした。観察すると，里香さんが発言しているように，

- 子葉は 2 枚ある　　• 花弁は根元でくっつく

以上のことがわかる。このことから，トマトは「種子植物―被子植物―双子葉類―合弁花類」とわかる。

細かな分類では，トマトは「ナス科」に分類され，ナスやジャガイモと同じなかまである。

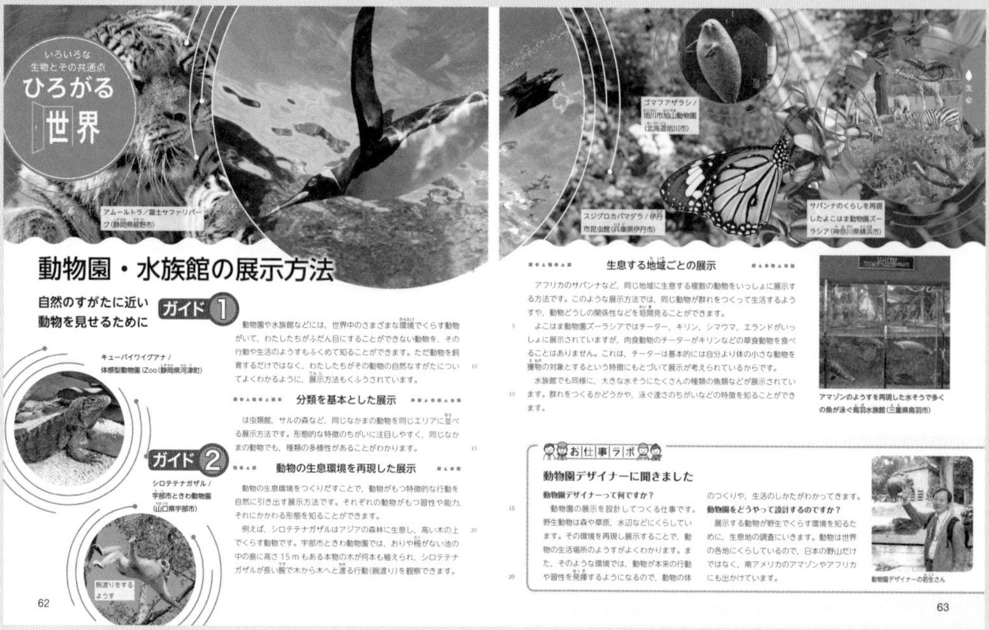
いろいろな生物とその共通点
ひろがる世界

アムールトラ／富士サファリパーク（静岡県裾野市）

ゴマフアザラシ／旭川市旭山動物園（北海道旭川市）

スジグロカバマダラ／伊丹市昆虫館（兵庫県伊丹市）

サバンナのくらしを再現したよこはま動物園ズーラシア（神奈川県横浜市）

動物園・水族館の展示方法

自然のすがたに近い動物を見せるために ガイド1

動物園や水族館などには，世界中のさまざまな環境でくらす動物がいて，わたしたちがふだん目にすることができない動物を，その行動や生活のようすもふくめて知ることができます。ただ動物を飼育するだけではなく，わたしたちがその動物の自然なすがたについてよくわかるように，展示方法もくふうされています。

キューバイワイグアナ／体感型動物園 iZoo（静岡県河津町）

分類を基本とした展示

は虫類館，サルの森など，同じなかまの動物を同じエリアに並べる展示方法です。形態的な特徴のちがいに注目しやすく，同じなかまの動物でも，種類の多様性があることがわかります。

ガイド2 動物の生息環境を再現した展示

動物の生息環境をつくりだすことで，動物がもつ特徴的な行動を自然に引き出す展示方法です。それぞれの動物がもつ習性や能力，それにかかわる形態を知ることができます。

例えば，シロテテナガザルはアジアの森林に生息し，高い木の上でくらす動物です。宇部市ときわ動物園では，おりや柵がない池の中の島に高さ15mもある本物の木が何本も植えられ，シロテテナガザルが長い腕で木から木へと渡る行動（腕渡り）を観察できます。

シロテテナガザル／宇部市ときわ動物園（山口県宇部市）

腕渡りをするようす

62

生息する地域ごとの展示

アフリカのサバンナなど，同じ地域に生息する複数の動物をいっしょに展示する方法です。このような展示方法では，同じ動物が群れをつくって生活するようすや，動物どうしの関係性などを垣間見ることができます。

よこはま動物園ズーラシアではチーター，キリン，シマウマ，エランドがいっしょに展示されていますが，肉食動物のチーターがキリンなどの草食動物を食べることはありません。これは，チーターは基本的には自分より体の小さな動物を獲物の対象とするという特徴にもとづいて展示が考えられているからです。

水族館でも同様に，大きな水そうにたくさんの種類の魚類などが展示されています。群れをつくるかどうかや，泳ぐ速さのちがいなどの特徴を知ることができます。

アマゾンのようすを再現した水そうで多くの魚が泳ぐ鳥羽水族館（三重県鳥羽市）

お仕事ラボ

動物園デザイナーに聞きました

動物園デザイナーって何ですか？

動物園の展示を設計してつくる仕事です。野生動物は森や草原，水辺などにくらしています。その環境を再現し展示することで，動物の生活場所のようすがよくわかります。また，そのような環境では，動物が本来の行動や習性を発揮するようになるので，動物の体のつくりや，生活のしかたがわかってきます。

動物園をどうやって設計するのですか？

展示する動物が野生でくらす環境を知るために，生息地の調査にいきます。動物は世界の各地にくらしているので，日本の野山だけではなく，南アメリカのアマゾンやアフリカにも出かけています。

動物園デザイナーの若生さん

63

ガイド1 動物園・水族館の役割

動物園や水族館では，私たちがふだん目にすることがない動物について知ることができる。展示の方法にもさまざまな工夫がされていることが，教科書p.62・63で解説されているが，そもそも動物園や水族館はどのような役割を持っているのだろうか。

① 種の保存

動物園や水族館では，めずらしい動物を見ることもできる。このようなめずらしい，つまり数が少なくて絶滅の危機にあるような動物のために，生きていくことのできる場所を用意することが，1つの役割だと考えられている。

② 教育・環境教育

実際に動物を見ることで，本や映像では知ることのできない，においや鳴き声などを体験することができる。また，動物園や水族館では，ガイドによる説明や動物教室をおこなっているところもある。訪れた人に，動物がどのように生活するかを知ってもらい，環境教育につなげることも役割の1つである。

③ 調査・研究

最近の動物園や水族館では，動物を野生から連れてくるのではなく，飼育している動物をふやすように努力している。そのために，動物の研究にも力を入れている。

④ レクリエーション

動物を見に行くことが楽しいと思う人も多いだろう。訪れた人に楽しい時間を過ごしてもらうことも役割の1つである。動物園や水族館の場合，楽しさとともに，命や生きることの大切さ，美しさを感じ取ってもらう役割もある。

訪れた人に楽しんでもらう一方で，見られる動物たちが快適に過ごせるように，気を配ることも欠かせない。

ガイド2 「行動展示」という考え方

最近注目されている動物園の展示方法に，「行動展示」とよばれるものがある。これは，動物が動く姿を重視した展示方法である。

行動展示は，飼育員が動物に何かをさせるのではなく，動物が本来やりたいことをさせてあげる，動物の持っている力が出せるような環境をつくってあげるという考え方で行われる。この方法が上手くいくことで，動物のストレスを発散させることができ，動物の筋力低下を防ぐことにもつながる。

一方で，動物が活発に動くための施設を用意する必要があり，観客が安全に見ることのできる設計も求められるため，実現するのが難しい展示方法でもある。

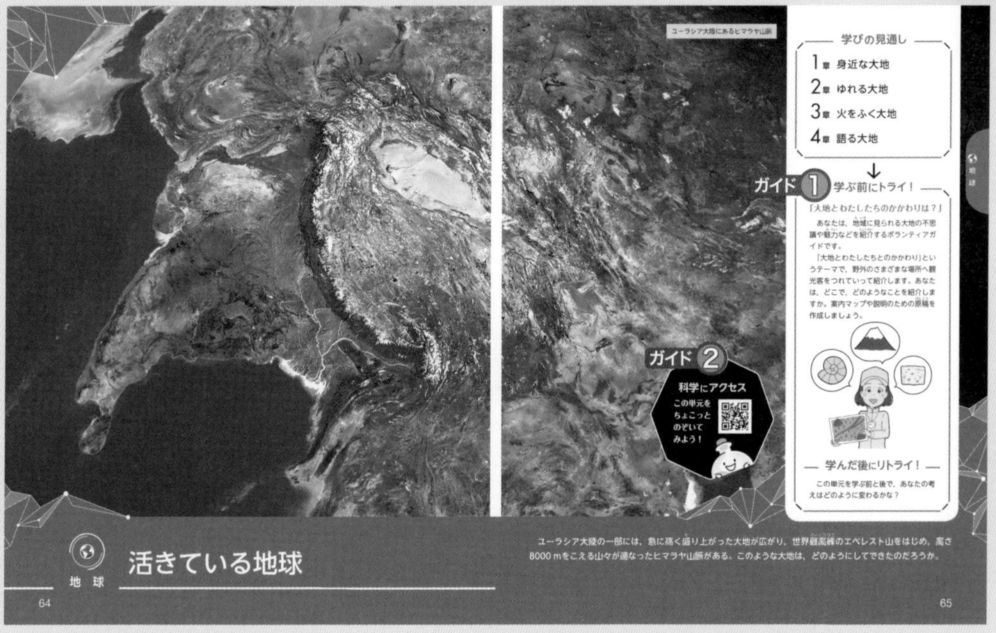
ユーラシア大陸にあるヒマラヤ山脈
学びの見通し
1章 身近な大地
2章 ゆれる大地
3章 火をふく大地
4章 語る大地
ガイド 1 学ぶ前にトライ！
「大地とわたしたちのかかわりは？」
あなたは，地域に見られる大地の不思議や魅力などを紹介するボランティアガイドです。
「大地とわたしたちとのかかわり」というテーマで，野外のさまざまな場所へ観光客をつれていって紹介します。あなたは，どこで，どのようなことを紹介しますか。案内マップや説明のための原稿を作成しましょう。
学んだ後にリトライ！
この単元を学ぶ前と後で，あなたの考えはどのように変わるかな？
ガイド 2
科学にアクセス
この単元をちょこっとのぞいてみよう！
活きている地球
地球
ユーラシア大陸の一部には，急に高く盛り上がった大地が広がり，世界最高峰のエベレスト山をはじめ，高さ8000 mをこえる山々が連なったヒマラヤ山脈がある。このような大地は，どのようにしてできたのだろうか。
64
65

ガイド 1 学ぶ前にトライ！

この単元では，大地の成り立ちと変化について学ぶ。大地の成り立ちと変化について，観察・実験などを通して，地層(ちそう)の重なり方や広がり方の規則性，地下のマグマの性質と火山の形との関係性などを理解することが目的である。

ここでは自分自身がボランティアガイドになったつもりで「大地とわたしたちのかかわり」というテーマで，この単元を学ぶ前と，学んだ後に観光客に案内や説明をする原稿(げんこう)を，それぞれつくってみようという問いかけになっている。

まず学ぶ前に，もし自分自身がボランティアガイドになるとしたら，身近な地域(ちいき)やこれまでに訪(おとず)れたことのある場所のうち，どんなところに案内し，どのようなことを説明できるだろうかと考えてみよう。そして，簡単(かんたん)な案内マップや，説明文やメモなどをつくってみよう。学ぶ前なのだから，無理に深い内容のあるものをつくろうとしなくてよい。

この単元を学んだ後で，もう一度，ガイドのための資料をまとめてみよう。日常の中では見過ごしがちだが，いろいろな場所についてよく調べると，河川や山，海岸などに大地のはたらきによるさまざまな地形があったり，自然災害に備えるための人々の知恵(ちえ)がこめられた歴史的なものが残っていたりする。この単元の学習を通して，こうしたことを見つめる視点(してん)や，その内容を考える姿勢(しせい)，それらを支える知識などが身についたことが実感できるようになることだろう。

ガイド 2 科学にアクセス

大地はさまざまな特徴(とくちょう)をわたしたちに見せてくれる。激(はげ)しくふき上がるマグマ，縦(たて)に切りとられた岩石の並(なら)ぶ景色(けしき)，空から見てはっきりわかる扇(おうぎ)の形をした地形，規則的な模様(もよう)を見せる崖(がけ)…，これらは大地が長い年月をかけてつくりだしたものである。

また，ユーラシア大陸の一部には，急に高く盛(も)り上がった大地が広がり，世界で最も高い山，エベレスト山をはじめ，高さ 8000 m をこえる山々が連なるヒマラヤ山脈がある。このような大地は，どのようにして生まれたのか。この単元を通じて学んでいく。

テストによく出る
重要用語等

□プレート

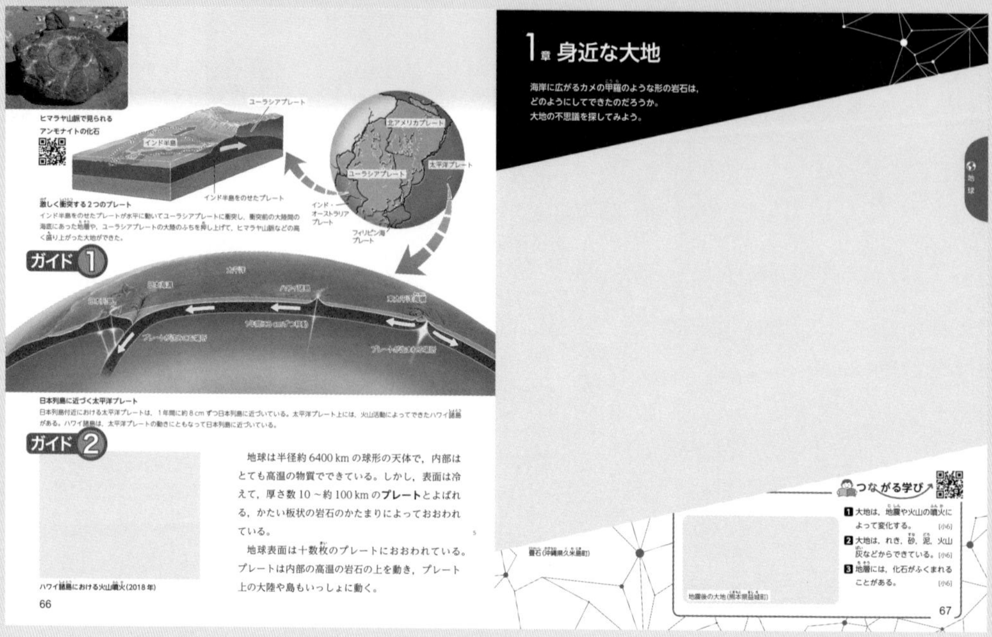

ガイド1 衝突する2つのプレート

インドは，7100万年前ごろには，現在のインド洋の中央部にあり，インドをのせたプレートが1年に約10 cmの速さで北上して，4000万年前ごろにアジア大陸をのせたユーラシアプレートに衝突した。これによって，インドとアジア大陸との間の地層が隆起し，ヒマラヤ山脈ができたと考えられている。その証拠として，ヒマラヤ山脈の高いところの地層の中に，海にすんでいた生物の化石がふくまれている。

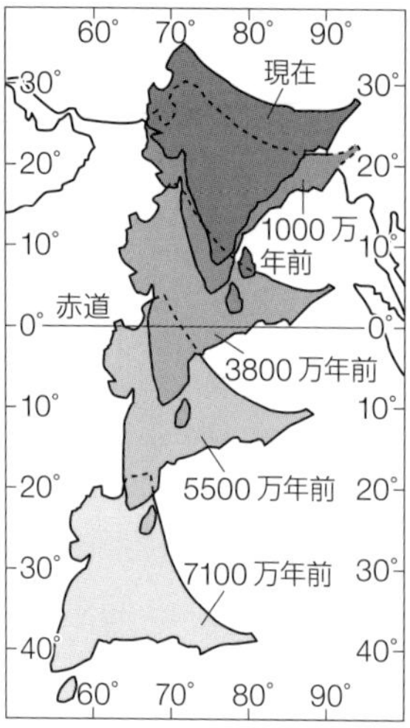

インド半島の衝突

ガイド2 日本列島に近づく太平洋プレート

南アメリカ大陸の西の沖合にある東太平洋海嶺で生まれた太平洋プレートは，1年間に約8 cmという速さで，日本の方向へ移動しながら古くなっていく。

太平洋プレートは，ユーラシア大陸の下に沈みこむ。それによって大陸プレートには，下に引きずりこまれる力と，それに反発しようとする力がはたらく。大陸プレートが，引きずりこまれる力にたえきれなくなると，反発してはね上がる。このとき，2つのプレートの境界で，大陸プレートがこわれ，断層ができる。この衝撃が地中を伝わるのが地震である。このようなしくみで地震が起こるので，日本海溝付近から日本列島がのっている大陸側にかけて震源が多く分布する。

沈みこんだ太平洋プレートが100～150 kmの深さに達するところでは，大陸プレートの岩石の一部がとけてマグマができる。このマグマの生成には，太平洋プレートからしぼりだされた水分が大きくかかわっていると考えられている。とけたマグマが上昇して地表で噴出するのが火山の噴火である。そのため，日本海溝よりも大陸プレート側に火山が分布している。

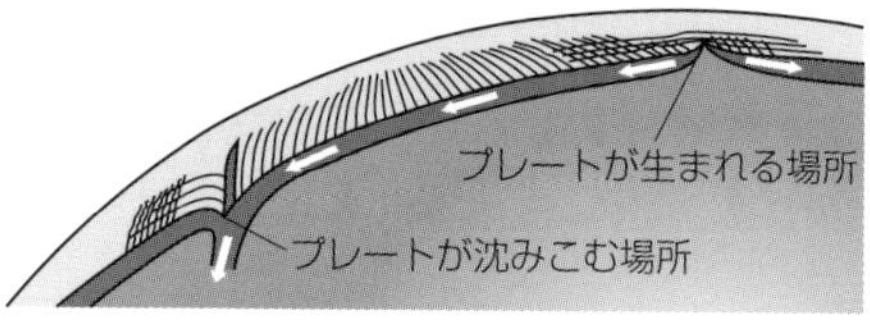

地表をおおうプレートのようす

現在の昭和新山　昭和新山ができる前のようす

図1 盛り上がった大地(北海道壮瞥町) 1943年からはじまった火山活動によって昭和新山ができた。

地震前　地震後

図2 沈んだ海岸周辺の大地(福島県相馬市)
2011年の東北地方太平洋沖地震のときに，大地の一部が沈んだ。

1.身近な大地の変化

図1は，畑で平らだったところが，火山活動によって盛り上がってできた火山である。図2は，地震によって，海岸の一部が沈んだようすである。

? 大地の変化は，どのようなことからわかるのだろうか。 ガイド1

地形の変化から読みとく大地の変化

大地の変化は，地形の変化として現れることがある。大地がもち上がることを**隆起**，大地が沈むことを**沈降**という。また，大地の変化は地層や岩石の変化として見られることがある(図3)。長期間大きな力を受けた大地は，波打つように曲 ガイド2 **しゅう曲**という。また，大きな力によって大地が割れてずれ動くことがある。このずれを**断層**という。ガイド3

68

曲がった大地

しゅう曲(宮城県牡鹿半島)
水平な地層に長期間大きな力がはたらき続け，波打つように曲がった(2015年撮影)。

割れてずれ動いた大地

断層(神奈川県三浦市)　断層(千葉県南房総市)
横につながって広がっていた地層に大きな力がはたらき，地層の途中で割れてずれ動いた。

大規模な大地のずれによってできた地形

断層(模式図)

石廊崎断層(静岡県南伊豆町)
矢印の間の青い破線を境に，山の高いところの連なり(白い破線部分)が約200～300mほど，同じ向きにずれている。この青い破線部分は，1974年の伊豆半島沖地震で，水平方向に約50cmずれ動いた断層である。この断層は過去からくり返して動いたことで，現在のような大きなずれになった。

上町台地と断層(大阪府大阪市)
南北約12kmにわたって広がる上町台地は，数万年前に活動した断層によって，東側が西側に対して隆起したと考えられている。台地の西側の斜面は，風雨などによってけずられながらも，現在も急な坂として残っている。

図3 大地の変化

69

テストによく出る
重要用語等

□隆起
□沈降
□しゅう曲
□断層

ガイド1 隆起と沈降

大地の変化の中には，高さが上下するような変化もある。大地がもち上がることを隆起(りゅうき)といい，大地が沈む(しず)ことを沈降(ちんこう)という。

ガイド2 しゅう曲のでき方

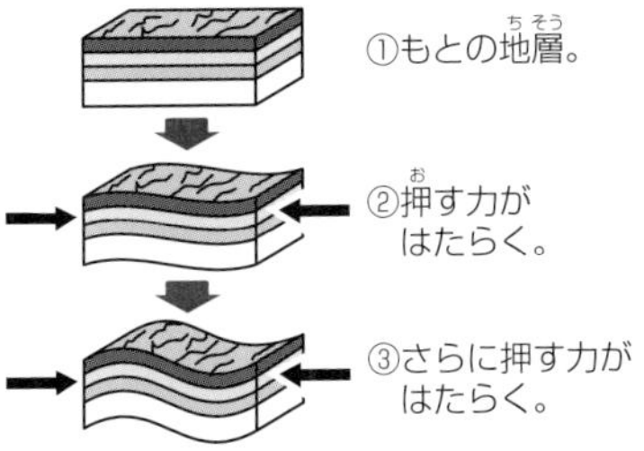

しゅう曲のでき方

プレートの移動などによって，長時間強い力を受け続けたために，水平に堆積(たいせき)した地層が，曲がりくねるように変形したつくりをしゅう曲という。

かたい岩盤(がんばん)の場合には，力にたえられずに，途中(とちゅう)で断層(だんそう)になることもある。

ガイド3 断層

ある境目から，地層にずれが生じたものを断層という。地下の岩石に，一定の方向から，急激(きゅうげき)に大きな力が加わり，大きく破壊(はかい)されたときに断層ができ，地震が発生する。

断層には，下の図に示すように，いくつかの種類があり，日本列島には，逆断層が多い。

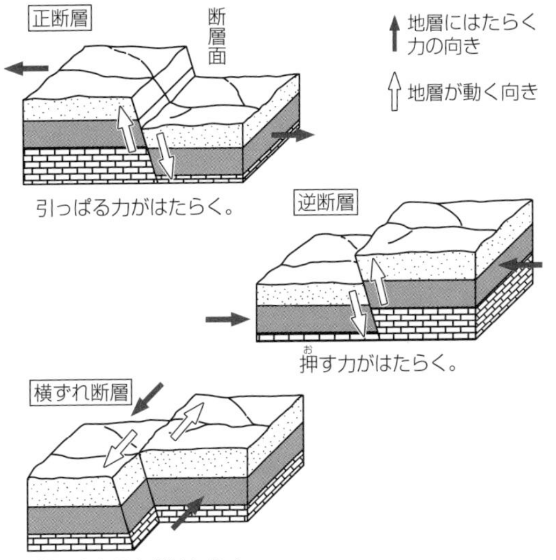

断層のでき方

テストによく出る
重要用語等

- □露頭
- □れき
- □砂
- □泥
- □化石
- □ボーリング(調査)

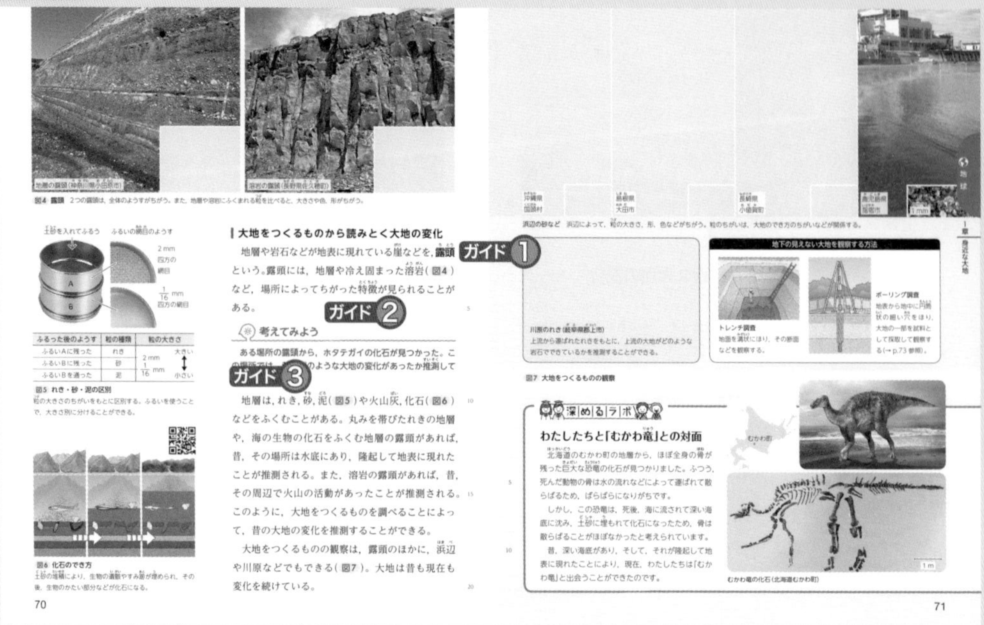

ガイド 1 露頭

地層や岩石などが地表に現れている崖などを，露頭という。露頭には，地層だけでなく冷えて固まった溶岩も現れることがあり，場所によってちがった特徴をもっている。

断層ができて大地にくいちがいができたときや，崖がくずれたりしたときに見られる。ほかに，海や川，氷河などの水や氷の作用でけずられる侵食によるものや，道路をつくるために人工的に切りひらいた切り通しなどにも見られる。

ガイド 2 考えてみよう

ホタテは寒冷な海にみられる生物である。その化石が見つかったということは，この場所はかつて寒冷な海だったことを表している。海底だったところが隆起して陸地となり，今のようなすがたになったと考えられる。

ガイド 3 地層や露頭からわかること

地層は，れき，砂，泥や火山灰，化石などをふくむことがある。丸みを帯びたれきの地層や，海の生物の化石をふくむ地層の露頭があれば，その場所が昔，水底にあり，隆起して地表に現れたと，推測することができる。また，溶岩があれば，以前その周辺で火山活動があったことが推測される。このように，大地をつくるものを調べることで，その場所における昔の大地の変化を推測することができる。

大地をつくるものの観察は，露頭だけでなく，浜辺や川原などでもできる。ちなみに，地下の見えない部分については，トレンチ調査(深さ数 m～10 m ほどの溝を掘る)やボーリング調査(深さ 10 m～数 10 m の縦穴を掘って，その部分の地層をつくる土砂などを円筒形に切り出す)によって調べる。

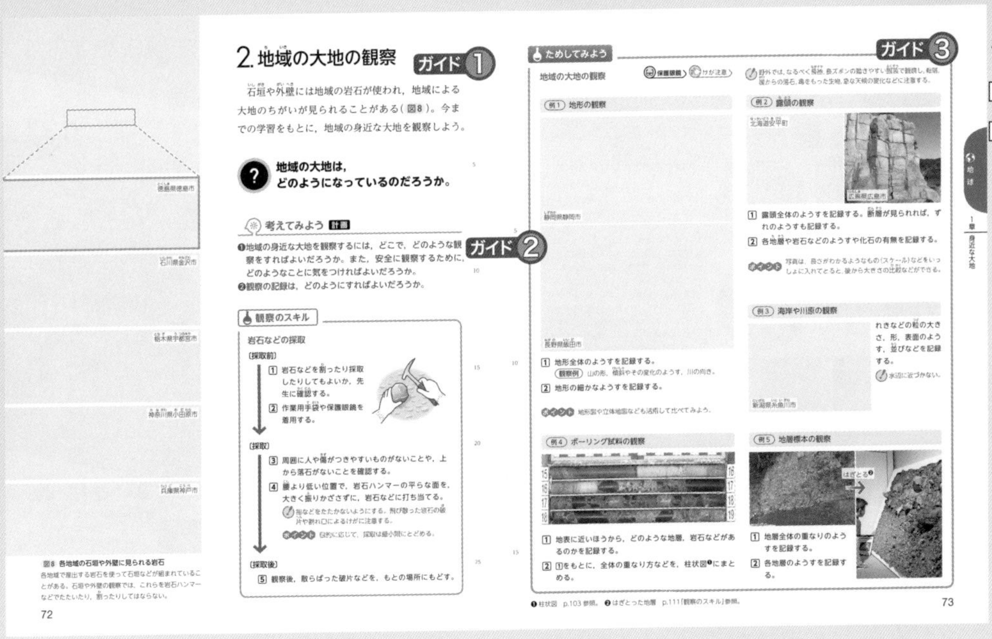

ガイド1　学習の課題

大地をつくっているものは，露頭，浜辺や川原のような場所から観察することができる。また，石垣や外壁には，その地域の岩石が用いられることが多いので，そこから身近な大地の観察をすることもできる。これらの場所を通じて，身近な地域の大地がどのようになっているのかを学ぼう。

ガイド2　考えてみよう

❶ 地域の身近な大地を観察するには，露頭となる崖や，浜辺，川原，石垣，外壁などをさがして，実際に見て観察を進めることが大切である。安全に観察するためには，動きやすい服装にして肌を出さないようにすること，事前に観察する場所を調べておくことが大切である。岩石を採取する際には，事前に先生や責任者に確認をとること，素手でハンマーを扱わないこと，飛び散る岩石の破片に十分注意し，安全眼鏡をかけることも重要である。そして，岩石の採取は最小限にとどめることも求められる。石垣や外壁では，岩石を採取してはならない。

❷ 観察するときには，ノートに記録をとる，露頭などの様子をスケッチしておくことが大切である。また，スケッチのほかにも写真をとる方法もある。

ガイド3　地域の大地の観察

露頭，浜辺や川原のほかにも，地域の大地を観察する方法がある。

1つ目は地形を観察することである。山や川，傾斜の変化などから地域の大地をみることができる。場合によっては，航空写真を使うこともある。地形全体を観察してから，細かなようすを見ていく方法がのぞましい。

2つ目はボーリング試料を観察することである。ボーリング調査とは，地盤の強さを知るために行う調査であり，地面を円筒状に掘っていく。そのときにとれた試料を観察することで，地層の重なり方や岩石を調べることができる。

3つ目は地層標本を観察することである。地層標本は地層の一部をはぎとったものであり，そこから地層の重なり方を調べることができる。

前ページの観察によってわからなかったことや，疑問に思ったことなどは，２章以降の学習によって解決できるように挑戦してみよう。

表現してみよう　発表

地域の大地の観察を行った結果をもとに，大地の成り立ちや変化について，わかったこと，わからなかったこと，疑問に思ったことなどをまとめ，発表しよう。

お料理ラボ

ジオパークで出合う大地と食材のかかわり　環境

日本をはじめ，世界には「ジオパーク(大地の公園)」に指定されている地域があります。大地の成り立ちをはじめ，そこにすむ生物，わたしたち人間が築いてきた文化や歴史，産業などを丸ごと学ぶことを目的としています。

例えば，山陰海岸ジオパークに指定されている鳥取県，兵庫県，京都府の 120 km にわたる日本海沿岸には，日本海の形成を語る地形や岩石などが見られます。また，日本海の浅いところは，南からあたたかい海水の流れがあり，とても深いところは，冷たい海水が閉じこめられています。そのため，日本海には，冷たい海水にすむ生物，あたたかい海水にすむ生物の両方が生息しており，豊富な食材をもたらします。

あなたの近くのジオパークを調べてみましょう。

山陰海岸ジオパークエリア

浦富海岸　マグマ(p.87)が冷えてできた岩石が波によってけずられてできた。

鳥取砂丘　川と海流が運んだ砂が波と風によって集まってできた。

ガイド1

基本のチェック

1. 用語の確認 次の(1)～(4)の用語について説明しなさい。 (➔p.68～69)
(1) 隆起　(2) 沈降　(3) しゅう曲　(4) 断層

2. 地層や岩石などが地表に現れている崖などを何というか。 (➔p.70)

3. れき・泥・砂を粒の大きさの大きいものから小さいものの順に並べなさい。 (➔p.70～71)

4. 岩石ハンマーで岩石をたたくとき，どの部分でたたくのが適切か。その部分を○で囲みなさい。 (➔p.72)

74

2章 ゆれる大地

地震後に畑の畝が一方向にずれてしまった。このような大地の変化は，どのようにして起こったのだろうか。

畑に現れた断層(兵庫県淡路市)

津波注意の看板(千葉県南房総市)

つながる学び

❶ 大きな地震によって，地割れができたり，断層が地表に現れたり，崖がくずれたりするなどの大地の変化が生じる。 [小6]

❷ 地震が起こると，津波が発生することがある。 [小6]

ガイド2

75

ガイド1 基本のチェック

1. (1) 大地がもち上がること。
   (2) 大地が沈むこと。
   (3) 大地が波打つように曲がったつくり。
   (4) 大きな力を受けた大地が割れて動いたずれ。
2. 露頭
3. (大きいものから)れき・砂・泥
4.

ガイド2 つながる学び

大地のゆれについて学んでいく上で，次のような小学校６年で習った内容が関係する。

❶ 断層ができることで地震が起こり，山くずれや地割れなどが生じて，大地が変化することがある。

❷ 地震が海底の地下で起こると，津波が発生することがある。

身近な地域の大地の観察をして，疑問に思ったことがあれば，ここから学ぶ内容に関係があるかを考えて，疑問を解決することに挑戦してほしい。

大地のゆれに関しては，畑を２つに分けるように，断層が地表に現れる現象が挙げられる。また，地震による津波に対するそなえとして，電柱などに，その場所の土地の高さを知らせる看板がつけられている場合もある。

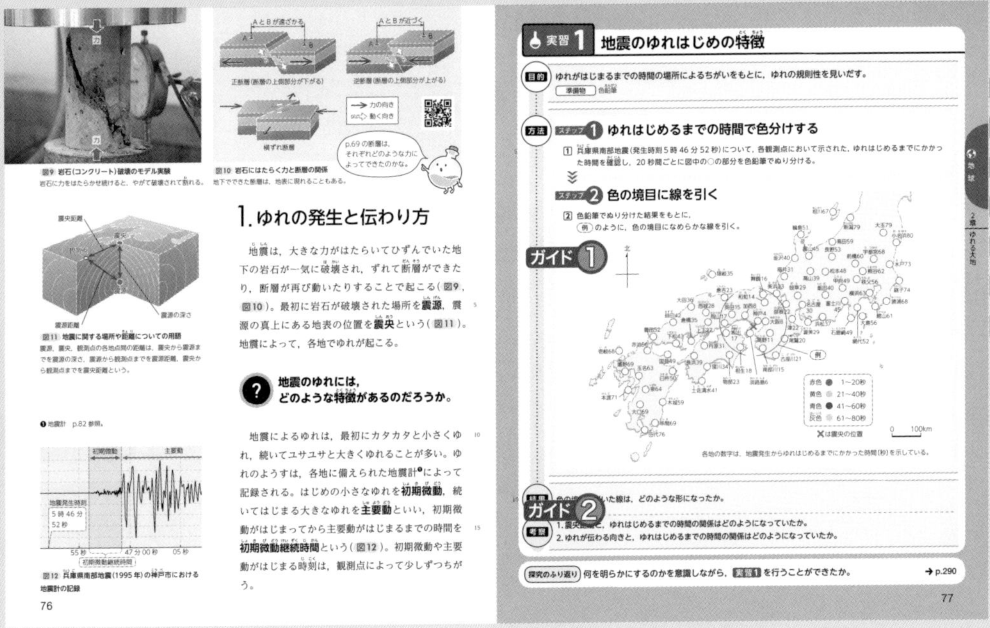
1. ゆれの発生と伝わり方

地震は，大きな力がはたらいてひずんでいた地下の岩石が一気に破壊され，ずれて断層ができたり，断層が再び動いたりすることで起こる（図9，図10）。最初に岩石が破壊された場所を震源，震源の真上にある地表の位置を震央という（図11）。地震によって，各地でゆれが起こる。

地震のゆれには，どのような特徴があるのだろうか。

地震によるゆれは，最初にカタカタと小さくゆれ，続いてユサユサと大きくゆれることが多い。ゆれのようすは，各地に備えられた地震計❶によって記録される。はじめの小さなゆれを初期微動，続いてはじまる大きなゆれを主要動といい，初期微動がはじまってから主要動がはじまるまでの時間を初期微動継続時間という（図12）。初期微動や主要動がはじまる時刻は，観測点によって少しずつちがう。

図9 岩石（コンクリート）破壊のモデル実験　岩石に力をはたらかせ続けると，やがて破壊されて割れる。

図10 岩石にはたらく力と断層の関係　地下でできた断層は，地表に現れることもある。

図11 地震に関する場所や距離についての用語　震源，震央，観測点の各地点間の距離は，震央から震源までを震源の深さ，震源から観測点までを震源距離，震央から観測点までを震央距離という。

図12 兵庫県南部地震（1995年）の神戸市における地震計の記録

❶地震計　p.82参照。

76

実習1 地震のゆれはじめの特徴

目的　ゆれがはじまるまでの時間の場所によるちがいをもとに，ゆれの規則性を見いだす。　準備物　色鉛筆

方法　ステップ1 ゆれはじめるまでの時間で色分けする
1 兵庫県南部地震（発生時刻5時46分52秒）について，各観測点において示された，ゆれはじめるまでにかかった時間を確認し，20秒ごとに図中の○の部分を色鉛筆でぬり分ける。

ステップ2 色の境目に線を引く
2 色鉛筆でぬり分けた結果をもとに，例のように，色の境目になめらかな線を引く。

各地の数字は，地震発生からゆれはじめるまでにかかった時間（秒）を示している。

結果 …いた線は，どのような形になったか。

考察 1. 震央から…，ゆれはじめるまでの時間の関係はどのようになっていたか。
2. ゆれが伝わる向きと，ゆれはじめるまでの時間の関係はどのようになっていたか。

探究のふり返り　何を明らかにするのかを意識しながら，実習1を行うことができたか。 → p.290

77

テストによく出る
重要用語等

- □震源
- □震央
- □震源の深さ
- □震源距離
- □震央距離
- □初期微動
- □主要動

地球

テストによく出る

震源
地震が最初に起った地下の場所

震央
震源の真上にある地表の位置

初期微動
地震が起きたときのはじめの小さなゆれのことで，伝わる速さが速い波(P 波)が届くとはじまる。

主要動
初期微動に続く大きなゆれのことで，伝わる速さが遅い波(S 波)が届くとはじまる。

初期微動継続時間
初期微動がはじまってから次に主要動が始まるまでの時間のことで，PS 時間ともいう。震源から離れる(震源距離が長い)ほど，この時間が長くなる。

ガイド1 方法

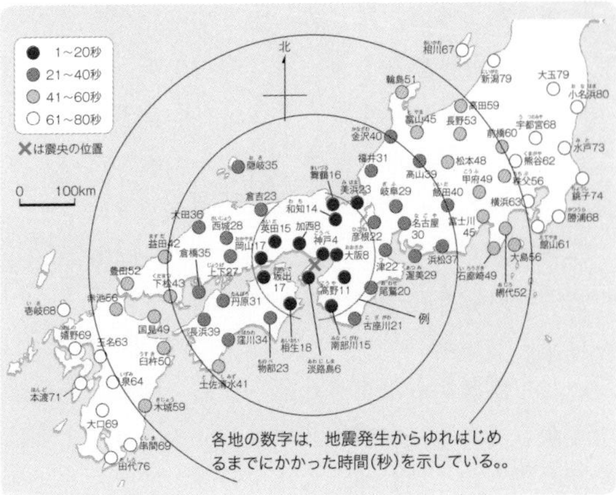

ガイド2 考察

1. 震央から遠くなるほど，地震が発生してからゆれはじめるまでの時間は長くなる。
【注】 地震の波は，震央ではなく震源から伝わってくるので，ゆれはじめるまでの時間が 2 倍，3 倍になっても，震央からの平面上での距離が 2 倍，3 倍になるわけではない。
2. どの方向にも，ほぼ一定の速さで伝わる。

テストによく出る
重要用語等

□P波
□S波

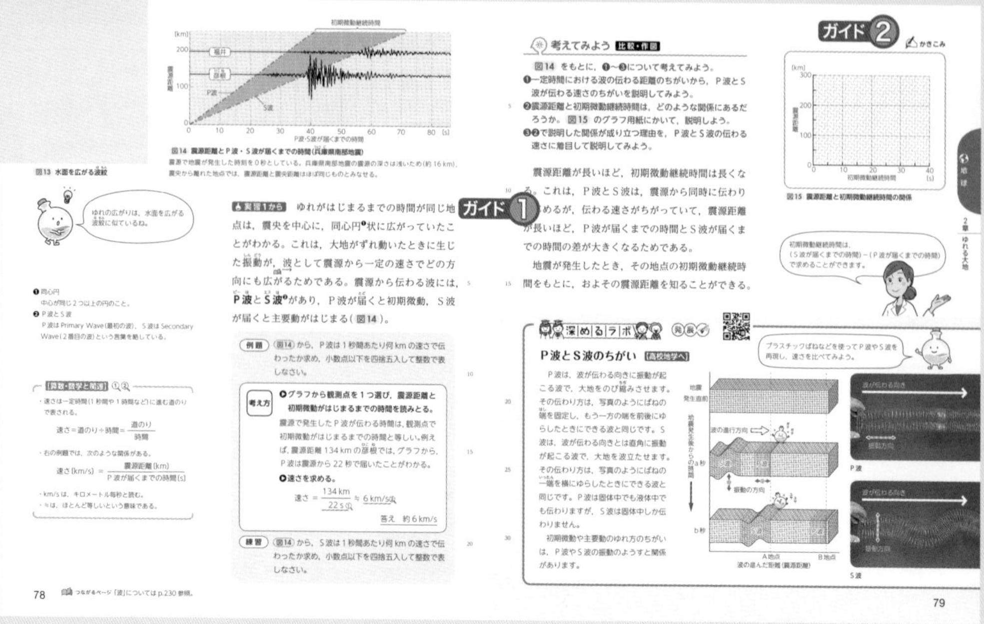

図14 震源距離とP波・S波が届くまでの時間(兵庫県南部地震)
震源で地震が発生した時刻を0秒としている。兵庫県南部地震の震源の深さは浅いため(約16 km)，震央から離れた地点では，震源距離と震央距離はほぼ同じものとみなせる。

図13 水面を広がる波紋

実習1から　ゆれがはじまるまでの時間が同じ地点は，震央を中心に，同心円❶状に広がっていたことがわかる。これは，大地がずれ動いたときに生じた振動が，波として震源から一定の速さでどの方向にも広がるためである。震源から伝わる波には，P波とS波❷があり，P波が届くと初期微動，S波が届くと主要動がはじまる(図14)。

❶同心円
中心が同じ2つ以上の円のこと。
❷P波とS波
P波はPrimary Wave(最初の波)，S波はSecondary Wave(2番目の波)という言葉を略している。

[算数・数学と関連]
・速さは一定時間(1秒間や1時間など)に進む道のりで表される。
速さ＝道のり÷時間＝道のり/時間
・右の例題では，次のような関係がある。
速さ[km/s]＝震源距離[km]/P波が届くまでの時間[s]
・km/sは，キロメートル毎秒と読む。
・≒は，ほとんど等しいという意味である。

例題　図14から，P波は1秒間あたり何kmの速さで伝わったか求め，小数点以下を四捨五入して整数で表しなさい。

考え方
❶グラフから観測点を1つ選び，震源距離と初期微動がはじまるまでの時間を読みとる。
震源で発生したP波が伝わる時間は，観測点で初期微動がはじまるまでの時間と等しい。例えば，震源距離134 kmの彦根では，グラフから，P波は震源から22秒で届いたことがわかる。
❷速さを求める。
速さ＝134 km/22 s ≒ 6 km/s
答え　約6 km/s

練習　図14から，S波は1秒間あたり何kmの速さで伝わったか求め，小数点以下を四捨五入して整数で表しなさい。

78　つながるページ「波」についてはp.230参照。

考えてみよう　比較・作図
図14をもとに，❶～❸について考えてみよう。
❶一定時間における波の伝わる距離のちがいから，P波とS波が伝わる速さのちがいを説明してみよう。
❷震源距離と初期微動継続時間は，どのような関係にあるだろうか。図15のグラフ用紙にかいて，説明しよう。
❸❷で説明した関係が成り立つ理由を，P波とS波の伝わる速さに着目して説明してみよう。

ガイド2　かきこみ

図15 震源距離と初期微動継続時間の関係

ガイド1　震源距離が長いほど，初期微動継続時間は長くなる。これは，P波とS波は，震源から同時に伝わりはじめるが，伝わる速さがちがっていて，震源距離が長いほど，P波が届くまでの時間とS波が届くまでの時間の差が大きくなるためである。
地震が発生したとき，その地点の初期微動継続時間をもとに，およその震源距離を知ることができる。

深めるラボ　発展
P波とS波のちがい　高校地学へ

P波は，波が伝わる向きに振動が起こる波で，大地をのび縮みさせます。その伝わり方は，写真のようにばねの端を固定し，もう一方の端を前後にゆらしたときにできる波と同じです。S波は，波が伝わる向きとは直角に振動が起こる波で，大地を波立たせます。その伝わり方は，写真のようにばねの一端を横にゆらしたときにできる波と同じです。P波は固体中でも液体中でも伝わりますが，S波は固体中しか伝わりません。
初期微動や主要動のゆれ方のちがいは，P波やS波の振動のようすと関係があります。

2章 ゆれる大地
79

ガイド1　P波とS波

地震が起こると，はじめに小さなゆれがきて，その後に大きなゆれがくる。はじめの小さなゆれを初期微動といい，後にくる大きなゆれを主要動という。そして，初期微動がはじまってから主要動がはじまるまでの時間を，初期微動継続時間という。

地震のゆれは，震央を中心に，同心円状に(同じ時間にゆれがきた場所を結ぶと震央を中心とする円になるように)広がっていく。それは地震のゆれが，波として震源から決まった速さであらゆる方向に広がるからである。地震の波には2種類あり，1つは初期微動を起こすP波，もう1つは主要動を起こすS波である。

ちなみに，大きい地震が起こったときに気象庁から出される緊急地震速報は，このP波とS波の速さのちがいを利用したものである。

ガイド2　考えてみよう

❶　図14より，震源で地震が発生してから30秒たったとき，彦根ではP波がすでに届いているが，S波はまだ届いていない。このようなP波とS波の届く時間のちがいから，P波はS波に比べて伝わる速さが速いことがわかる。

❷

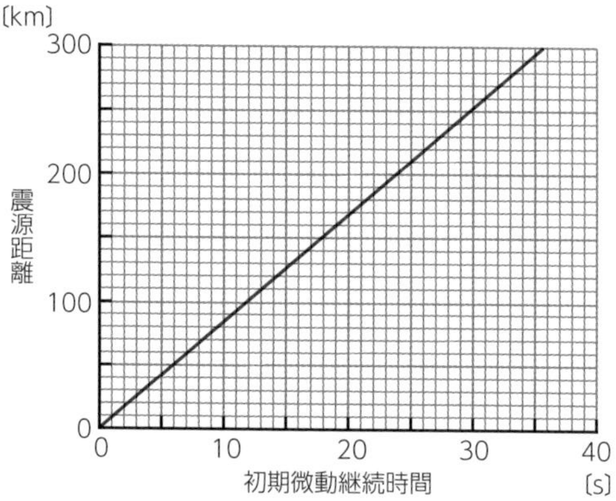

❸　P波もS波も伝わる速さはそれぞれ一定である。そのため，2つの波の伝わる速さの差も一定になり，震源距離が大きくなると，それに比例して初期微動継続時間も長くなる。

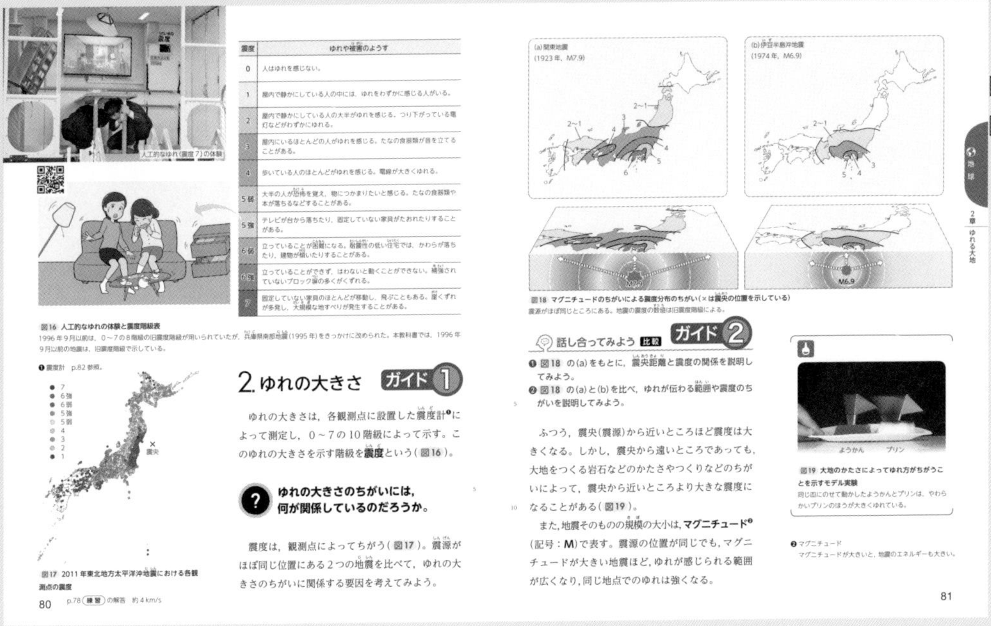

震度	ゆれや被害のようす
0	人はゆれを感じない。
1	屋内で静かにしている人の中には，ゆれをわずかに感じる人がいる。
2	屋内で静かにしている人の大半がゆれを感じる。つり下がっている電灯などがわずかにゆれる。
3	屋内にいるほとんどの人がゆれを感じる。たなの食器類が音を立てることがある。
4	歩いている人のほとんどがゆれを感じる。電線が大きくゆれる。
5弱	大半の人が恐怖を覚え，物につかまりたいと感じる。たなの食器類や本が落ちるなどすることがある。
5強	テレビが台から落ちたり，固定していない家具がたおれたりすることがある。
6弱	立っていることが困難になる。耐震性の低い住宅では，かわらが落ちたり，建物が傾いたりすることがある。
6強	立っていることができず，はわないと動くことができない。補強されていないブロック塀の多くがくずれる。
7	固定していない家具のほとんどが移動し，飛ぶこともある。崖くずれが多発し，大規模な地すべりが発生することがある。

図16 人工的なゆれの体験と震度階級表
1996年9月以前は，0〜7の8階級の旧震度階級が用いられていたが，兵庫県南部地震(1995年)をきっかけに改められた。本教科書では，1996年9月以前の地震は，旧震度階級で示している。

❶震度計　p.82参照。

図17 2011年東北地方太平洋沖地震における各観測点の震度

2. ゆれの大きさ　ガイド1

ゆれの大きさは，各観測点に設置した震度計❶によって測定し，0〜7の10階級によって示す。このゆれの大きさを示す階級を**震度**という(図16)。

ゆれの大きさのちがいには，何が関係しているのだろうか。

震度は，観測点によってちがう(図17)。震源がほぼ同じ位置にある2つの地震を比べて，ゆれの大きさのちがいに関係する要因を考えてみよう。

80　p.78(練習)の解答　約4km/s

図18 マグニチュードのちがいによる震度分布のちがい(×は震央の位置を示している)
震源がほぼ同じところにある。地震の震度の数値は旧震度階級による。

話し合ってみよう　比較　ガイド2

❶ 図18 の(a)をもとに，震央距離と震度の関係を説明してみよう。
❷ 図18 の(a)と(b)を比べ，ゆれが伝わる範囲や震度のちがいを説明してみよう。

ふつう，震央(震源)から近いところほど震度は大きくなる。しかし，震央から遠いところであっても，大地をつくる岩石などのかたさやつくりなどのちがいによって，震央から近いところより大きな震度になることがある(図19)。

また，地震そのものの規模の大小は，**マグニチュード**❷(記号：M)で表す。震源の位置が同じでも，マグニチュードが大きい地震ほど，ゆれが感じられる範囲が広くなり，同じ地点でのゆれは強くなる。

図19 大地のかたさによってゆれ方がちがうことを示すモデル実験
同じ皿にのせて動かしたようかんとプリンは，やわらかいプリンのほうが大きくゆれている。

❷マグニチュード
マグニチュードが大きいと，地震のエネルギーも大きい。

81

テストによく出る
重要用語等

□震度
□マグニチュード

ガイド1 震度

地震が発生すると，テレビやラジオなどで，地震の発生時刻，各地の震度，地震の規模，津波発生の可能性などの地震情報が流される。

ある地点での，地震によるゆれの大きさを表すのが震度である。震度は，0〜7の階級に分けられ，震度5と震度6がそれぞれ弱と強に分けられている。合わせて10階級になる。

震度は，かつては0〜7の8階級であった。1949年に震度階級が制定されてからはじめて震度7を記録したのは，1995年の兵庫県南部地震(阪神・淡路大震災)であった。このとき，震度5と震度6，震度6と震度7との差があまりにも大きいことから，1996年から，震度5と震度6をそれぞれ弱と強に分け，現在の10階級になった。

震度は，兵庫県南部地震までは人間の体感で決めていたが，1996年からは，地震計と震度計の測定結果から，計算によって求められている。この方法によって震度7が観測されたものに，2004年の新潟県中越地震と2011年の東北地方太平洋沖地震がある。

なお，震度の決め方はいくつかの基準があり，用いられている震度階級は国によって異なる。海外では，1〜12の12階級に分けられていることが多い。

ガイド2 話し合ってみよう

❶ 図18の地震は，ともに伊豆半島付近で発生した震源の深さがほぼ同じ地震である。どちらも震央距離が短いほど震度が大きくなっている。しかし，(a)では近畿地方の一部において，震央距離が同じ地域に比べて震度が大きい。これは，大地をつくる岩石などのかたさやつくりなどのちがいによってゆれの大きさが異なるからである。

❷ (a)と(b)を比べると，ゆれが伝わる範囲は(a)のほうが広い。また，震源(震央)距離がほぼ同じ地点では，震度は(a)のほうが大きい。これは，地震の規模が(a)のほうが大きいからである。

ある地震の震央で震度4を記録し，また，別の地震の震央で震度5弱を記録したとする。このとき，震度5弱を記録した地震の規模のほうが大きいとはいえない。震源に近ければゆれは大きく，遠ければゆれは小さいからである。規模については，震源からの距離も考える必要が生じる。そこで，地震の規模の大きさを表すために考案されたのがマグニチュード(記号M)であり，M6.5，M7.3のように表される。

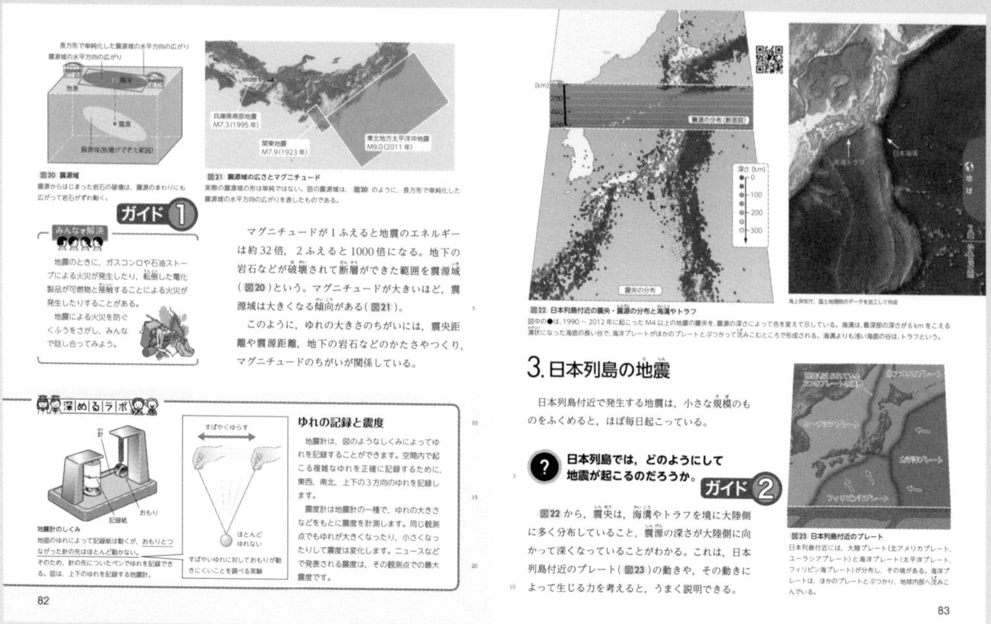

長方形で単純化した震源域の水平方向の広がり
震源域の水平方向の広がり
震央
地表
震源
震源域(断層ができた範囲)

図20 震源域
震源からはじまった岩石の破壊は，震源のまわりにも広がって岩石がずれ動く。

兵庫県南部地震 M7.3(1995年)
関東地震 M7.9(1923年)
東北地方太平洋沖地震 M9.0(2011年)

図21 震源域の広さとマグニチュード
実際の震源域の形は単純ではない。図の震源域は，図20 のように，長方形で単純化した震源域の水平方向の広がりを表したものである。

ガイド 1

みんなで解決
地震のときに，ガスコンロや石油ストーブによる火災が発生したり，転倒した電化製品が可燃物と接触することによる火災が発生したりすることがある。
地震による火災を防ぐくふうをさがし，みんなで話し合ってみよう。

マグニチュードが1ふえると地震のエネルギーは約32倍，2ふえると1000倍になる。地下の岩石などが破壊されて断層ができた範囲を震源域(図20)という。マグニチュードが大きいほど，震源域は大きくなる傾向がある(図21)。

このように，ゆれの大きさのちがいには，震央距離や震源距離，地下の岩石などのかたさやつくり，マグニチュードのちがいが関係している。

深めるラボ

針
おもり
記録紙

地震計のしくみ
地面のゆれによって記録紙は動くが，おもりとつながった針の先はほとんど動かない。そのため，針の先についたペンでゆれを記録できる。図は，上下のゆれを記録する地震計。

すばやくゆらす
ほとんどゆれない
すばやいゆれに対しておもりが動きにくいことを調べる実験

ゆれの記録と震度
地震計は，図のようなしくみによってゆれを記録することができます。空間内で起こる複雑なゆれを正確に記録するために，東西，南北，上下の3方向のゆれを記録します。
震度計は地震計の一種で，ゆれの大きさなどをもとに震度を計測します。同じ観測点でもゆれが大きくなったり，小さくなったりして震度は変化します。ニュースなどで発表される震度は，その観測点での最大震度です。

82

〔km〕
震源の分布(断面図)
深さ〔km〕 0 100 200 300
震央の分布
日本海溝
海上保安庁，国土地理院のデータを加工して作成

図22 日本列島付近の震央・震源の分布と海溝やトラフ
図中の●は，1990～2012年に起こったM4以上の地震の震央を，震源の深さによって色を変えて示している。海溝は，最深部の深さが6kmをこえる溝状になった海底の長い谷で，海洋プレートがほかのプレートとぶつかって沈みこむところで形成される。海溝よりも浅い海底の谷は，トラフという。

3. 日本列島の地震

日本列島付近で発生する地震は，小さな規模のものをふくめると，ほぼ毎日起こっている。

? 日本列島では，どのようにして地震が起こるのだろうか。 ガイド 2

図22 から，震央は，海溝やトラフを境に大陸側に多く分布していること，震源の深さが大陸側に向かって深くなっていることがわかる。これは，日本列島付近のプレート(図23)の動きや，その動きによって生じる力を考えると，うまく説明できる。

図23 日本列島付近のプレート
日本列島付近には，大陸プレート(北アメリカプレート，ユーラシアプレート)と海洋プレート(太平洋プレート，フィリピン海プレート)が分布し，その境がある。海洋プレートは，ほかのプレートとぶつかり，地球内部へ沈みこんでいる。

83

ガイド 1 震源域とマグニチュード

震源域とは，地震が起こるとともに生じた断層の範囲すべてを指す。地震がはじまった場所を表す震源とは，指している部分が異なる。マグニチュードは，地震の規模を表す数値で，1ふえると地震のエネルギーは約32倍，2ふえると地震のエネルギーは1000倍になる。マグニチュードが大きくなるほど，震源域も広くなる傾向がある。

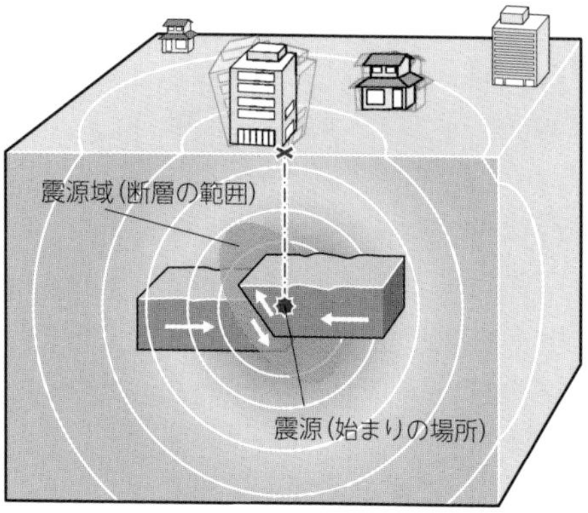

震源域

ガイド 2 学習課題

プレートの境界上にある日本列島では，大地の活動は世界で見ても活発である。地震も，日本列島付近では小さいものを入れると，ほぼ毎日起こっている。海洋プレートがほかのプレートとぶつかって沈むところには，海底に谷が形成される。この谷のことを海溝といい，海溝より浅い海底の谷をトラフという。日本列島で起こる地震について，震央が海溝やトラフを境に，大陸側に多く分布していること，震源の深さが大陸に向かって深くなっていることがわかる。このことは，日本列島の近くにあるプレートの動きや，そこにはたらく力によって説明できる。

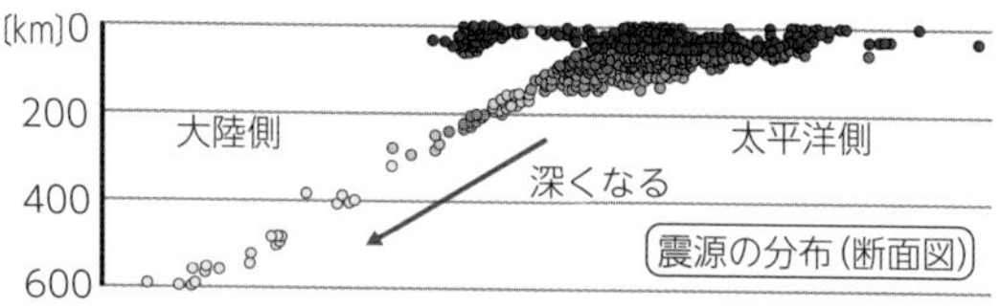

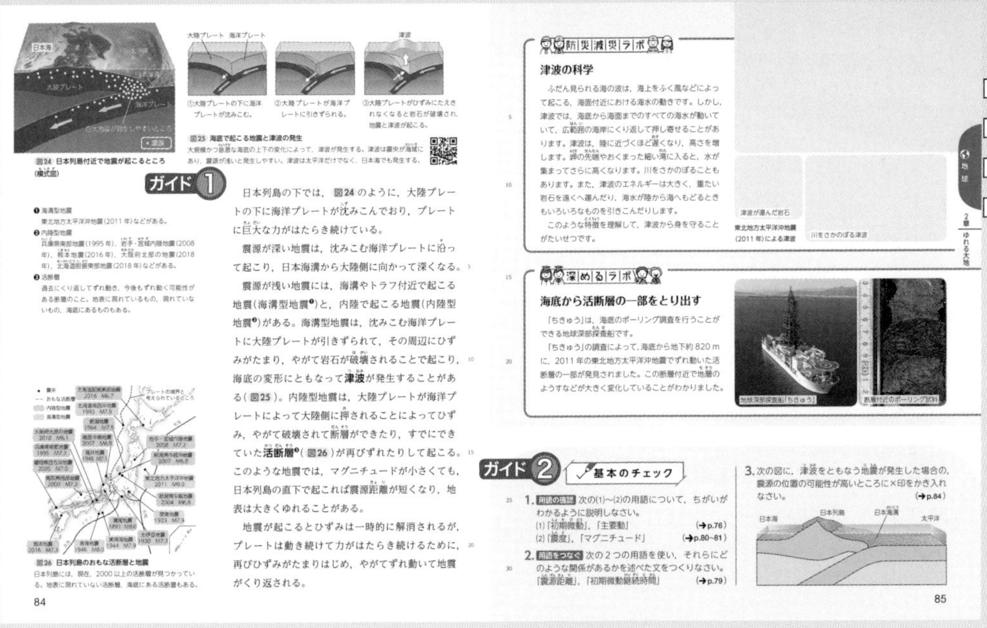
日本列島の下では，図24のように，大陸プレートの下に海洋プレートが沈みこんでおり，プレートに巨大な力がはたらき続けている。

震源が深い地震は，沈みこむ海洋プレートに沿って起こり，日本海溝から大陸側に向かって深くなる。

震源が浅い地震には，海溝やトラフ付近で起こる地震(海溝型地震)と，内陸で起こる地震(内陸型地震)がある。海溝型地震は，沈みこむ海洋プレートに大陸プレートが引きずられて，その周辺にひずみがたまり，やがて岩石が破壊されることで起こり，海底の変形にともなって津波が発生することがある(図25)。内陸型地震は，大陸プレートが海洋プレートによって大陸側に押されることによってひずみ，やがて破壊されて断層ができたり，すでにできていた活断層(図26)が再びずれたりして起こる。このような地震では，マグニチュードが小さくても，日本列島の直下で起これば震源距離が短くなり，地表は大きくゆれることがある。

地震が起こるとひずみは一時的に解消されるが，プレートは動き続けて力がはたらき続けるために，再びひずみがたまりはじめ，やがてずれ動いて地震がくり返される。

テストによく出る
重要用語等

- □海溝型地震
- □内陸型地震
- □津波
- □活断層

ガイド1 日本列島の地震

日本は，世界でもっとも地震(じしん)活動のさかんな地域(ちいき)の1つである。日本付近の地震は，海溝(かいこう)の大陸側に多く起こっているのが特徴(とくちょう)で，震源(しんげん)の深さは，大陸側に近づくにしたがって，しだいに深くなっている。

日本付近では太平洋側のプレート(太平洋プレート，フィリピン海プレート)が，大陸側のプレート(北アメリカプレート，ユーラシアプレート)の下に沈(しず)みこむ動きをしている。このときにはたらく巨大(きょだい)な力により，地下の岩石が破壊(はかい)され，ずれが生じるときに地震が起こる。このずれを断層(だんそう)といい，中でも，くり返して活動しており，今後も地震を起こす可能性のあるものを，活断層という。

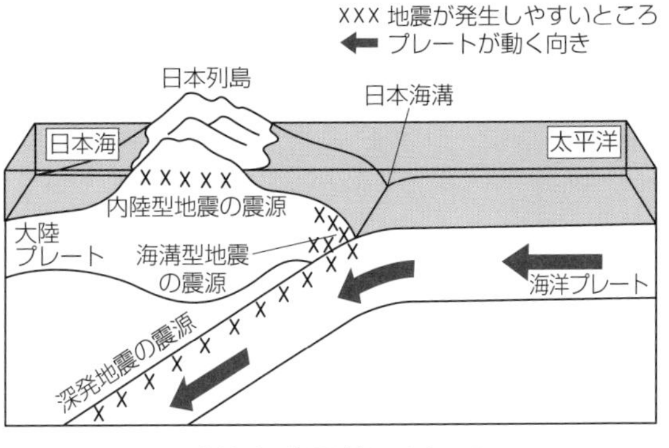

日本付近で地震が起こるところ

ガイド2 基本のチェック

1. (1) (例)地震が起きたときのはじめの小さなゆれを初期微動，続いてはじまる大きなゆれを主要動という。
   (2) (例)観測点における地震のゆれの大きさを表すのが震度であり，地震の規模(きぼ)の大小を表すのがマグニチュードである。

   1つの地震でも，震度は観測点によってさまざまであるが，マグニチュードは地震そのものの規模を表すため，地震それぞれについて1つの固有の値(あたい)である。
2. 震源距離(きょり)と初期微動継続(けいぞく)時間は比例する。

   初期微動継続時間は，P波とS波の伝わる速さのちがいによるものだから，震源から観測点までの土地のつくりが均一ならば，比例関係が成り立つ。これを使って震源の位置を調べることができる。
3.

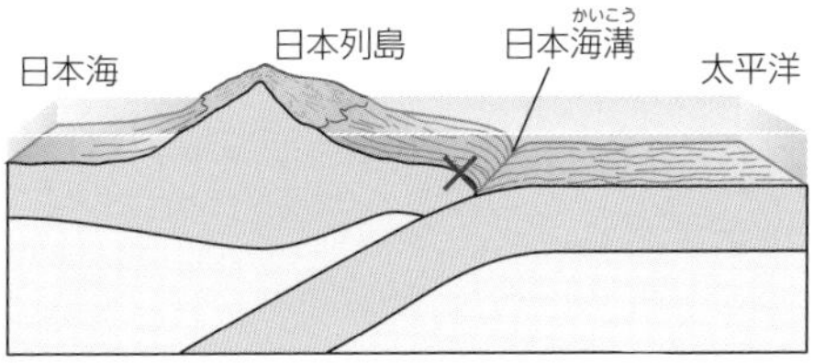

津波(つなみ)は，震源の浅い海溝型地震のときに発生しやすい。大陸プレートの海洋プレートに接する付近である可能性が高い。

テストによく出る
重要用語等

- □溶岩
- □火山灰
- □火山噴出物
- □マグマ
- □マグマだまり
- □鉱物

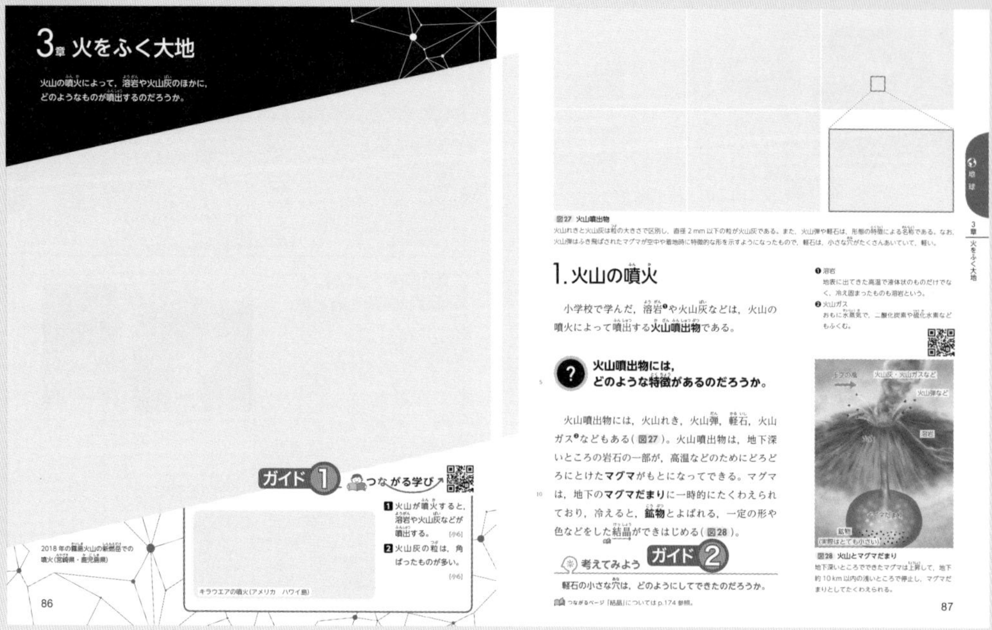
3章 火をふく大地

火山の噴火によって，溶岩や火山灰のほかに，どのようなものが噴出するのだろうか。

ガイド 1 つながる学び

1 火山が噴火すると，溶岩や火山灰などが噴出する。 [小6]

2 火山灰の粒は，角ばったものが多い。 [小6]

2018年の霧島火山の新燃岳での噴火（宮崎県・鹿児島県）

キラウエアの噴火（アメリカ ハワイ島）

86

図27 火山噴出物

火山れきと火山灰は粒の大きさで区別し，直径2mm以下の粒が火山灰である。また，火山弾や軽石は，形態の特徴による名称である。なお，火山弾はふき飛ばされたマグマが空中や着地時に特徴的な形を示すようになったもので，軽石は，小さな穴がたくさんあいていて，軽い。

1. 火山の噴火

小学校で学んだ，溶岩❶や火山灰などは，火山の噴火によって噴出する**火山噴出物**である。

? 火山噴出物には，どのような特徴があるのだろうか。

火山噴出物には，火山れき，火山弾，軽石，火山ガス❷などもある（図27）。火山噴出物は，地下深いところの岩石の一部が，高温などのためにどろどろにとけた**マグマ**がもとになってできる。マグマは，地下の**マグマだまり**に一時的にたくわえられており，冷えると，**鉱物**とよばれる，一定の形や色などをした結晶ができはじめる（図28）。

考えてみよう ガイド 2

軽石の小さな穴は，どのようにしてできたのだろうか。

つながるページ「結晶」については p.174 参照。

❶ 溶岩
地表に出てきた高温で液体状のものだけでなく，冷え固まったものも溶岩という。

❷ 火山ガス
おもに水蒸気で，二酸化炭素や硫化水素などもふくむ。

図28 火山とマグマだまり
地下深いところでできたマグマは上昇して，地下約10km以内の浅いところで停止し，マグマだまりとしてたくわえられる。

87

3章 火をふく大地

ガイド 1 つながる学び

1 火山が噴火すると，火口から火山灰などがふき出たり，溶岩が流れ出たりして，大地が変化することがある。

2 火山灰のつぶは，角ばったものが多く，とうめいなガラスのかけらのようなものもある。

(用語)

溶岩：地表に出てきた高温で液体状のマグマだけでなく，冷えて固まったものもふくむ。

火山ガス：地下のマグマにふくまれる成分が地表に放出されたもの。おもに水蒸気で，二酸化炭素や硫化水素も含む。

解説 火山の噴出物

火山の地下には，高温のために岩石がどろどろにとけたマグマがある。マグマが上昇して噴火が起こると，火口からは溶岩が流れ出る。水蒸気や二酸化炭素などをふくむ火山ガスや火山灰などの火山噴出物が噴出する。固体の火山噴出物は，その大きさや形状から，火山れき，火山弾，火山灰，軽石などに分類される。

ガイド 2 考えてみよう

火山れきと火山灰は粒の大きさによって区別され，直径2mm以下のものが火山灰である。また，火山弾や軽石は形態による名称である。火山弾はふき飛ばされたマグマが空中や着地時に特徴的な形をもつようになったものである。一方，軽石には小さな穴がたくさんあいていて，軽い。

軽石の穴にはもともと火山ガスが入っていた。このガスがぬけて固まったため，軽石にはたくさんの穴があいていて，軽いのである。ちなみに，家の庭などに使うような防犯石や，通気性や保水性があるので園芸用として軽石が使われることもある。

火山弾には鉱物が含まれるものもある。鉱物とは，マグマが地下のマグマだまりにたくわえられている間に，マグマが冷えることでできる結晶のことである。

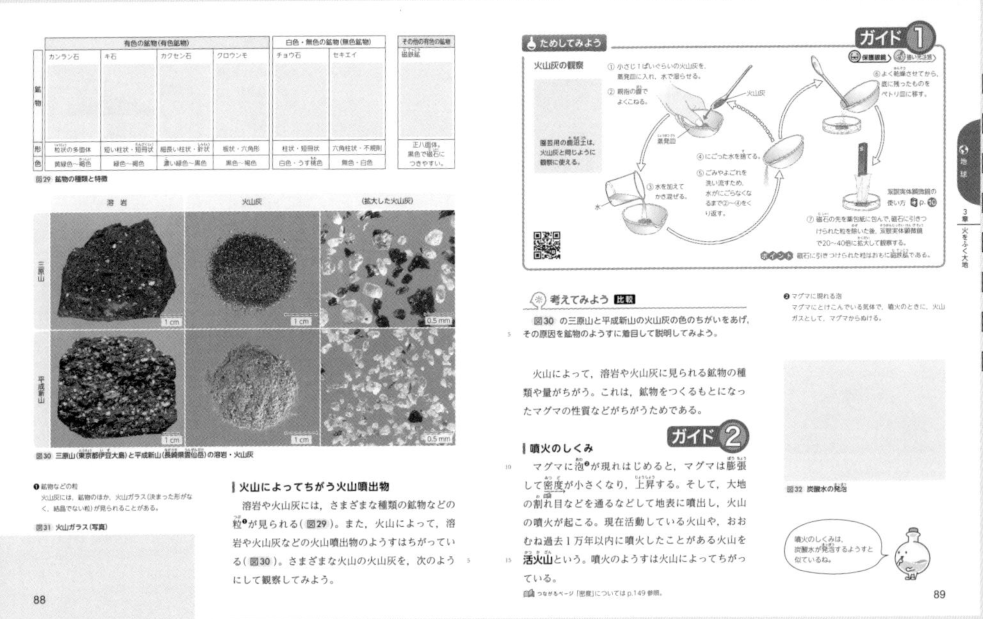

	有色の鉱物(有色鉱物)				白色・無色の鉱物(無色鉱物)		その他の有色の鉱物
鉱物	カンラン石	キ石	カクセン石	クロウンモ	チョウ石	セキエイ	磁鉄鉱
形	粒状の多面体	短い柱状・短冊状	細長い柱状・針状	板状・六角形	柱状・短冊状	六角柱状・不規則	正八面体。黒色で磁石につきやすい。
色	黄緑色～褐色	緑色～褐色	濃い緑色～黒色	黒色～褐色	白色・うす桃色	無色・白色	

図29 鉱物の種類と特徴

図30 三原山(東京都伊豆大島)と平成新山(長崎県雲仙岳)の溶岩・火山灰

❶ 鉱物などの粒
火山灰には，鉱物のほか，火山ガラス(決まった形がなく，結晶でない粒)が見られることがある。

図31 火山ガラス(写真)

火山によってちがう火山噴出物

溶岩や火山灰には，さまざまな種類の鉱物などの粒❶が見られる(図29)。また，火山によって，溶岩や火山灰などの火山噴出物のようすはちがっている(図30)。さまざまな火山の火山灰を，次のようにして観察してみよう。

88

ためしてみよう　ガイド1

火山灰の観察

園芸用の鹿沼土は，火山灰と同じように観察に使える。

ポイント 磁石に引きつけられた粒はおもに磁鉄鉱である。

考えてみよう 比較

図30 の三原山と平成新山の火山灰の色のちがいをあげ，その原因を鉱物のようすに着目して説明してみよう。

火山によって，溶岩や火山灰に見られる鉱物の種類や量がちがう。これは，鉱物をつくるもとになったマグマの性質などがちがうためである。

噴火のしくみ　ガイド2

マグマに泡❷が現れはじめると，マグマは膨張して密度が小さくなり，上昇する。そして，大地の割れ目などを通るなどして地表に噴出し，火山の噴火が起こる。現在活動している火山や，おおむね過去1万年以内に噴火したことがある火山を**活火山**という。噴火のようすは火山によってちがっている。

つながるページ「密度」についてはp.149参照。

❷ マグマに現れる泡
マグマにとけこんでいる気体で，噴火のときに，火山ガスとして，マグマからぬける。

図32 炭酸水の発泡

89

テストによく出る
重要用語等

- □カンラン石
- □キ石
- □カクセン石
- □クロウンモ
- □チョウ石
- □セキエイ
- □磁鉄鉱
- □活火山

ガイド1 ためしてみよう

火山灰の色や形は火山によって異なる。マグマのねばりけが小さいものほど黒っぽくて粒が大きく，ねばりけの大きいものほど白っぽくて粒が小さい。これは火山灰にふくまれる粒の種類や量がちがうからである。これらの粒はマグマが冷えて固まってできたもので，ルーペなどで観察すると結晶が見られる。このように結晶になったものを鉱物という。鉱物の種類には次のようなものがある。

色	磁石	鉱物名
黒色	つく	磁鉄鉱
黒色～褐色	つかない	クロウンモ
濃い緑色～黒色	つかない	カクセン石
緑色または褐色	つかない	キ石
黄緑色・褐色	つかない	カンラン石
白色・うすい桃色	つかない	チョウ石
無色・白色	つかない	セキエイ

セキエイの色は無色または白色であり，チョウ石の色は白色またはうすい桃色である。これらの鉱物の量が多ければ，火山灰の色は白っぽくなり，少なければ，火山灰の色は黒っぽくなる。

ガイド2 噴火のしくみ

噴火が起こるしくみは，炭酸水が泡を出しあふれるようすに似ている。マグマが地下の浅いところまでくると，まわりの圧力が下がることで，マグマに泡が現れはじめる。すると，マグマは膨張して密度が小さくなり，上昇する。上昇したマグマは大地の割れ目などを通って地表にふき出し，火山の噴火が起こる。噴火のようすは火山によって異なる。

なお，現在活動している火山や，おおむね過去1万年前に噴火したことのある火山を活火山という。火山の活動の寿命は長く，数千年にわたって活動していなかった火山がふたたび活動し始めた例もある。そのため，昔は活動していない火山を「休火山」「死火山」とよんでいたが，これらのよび方は今は使われていない。

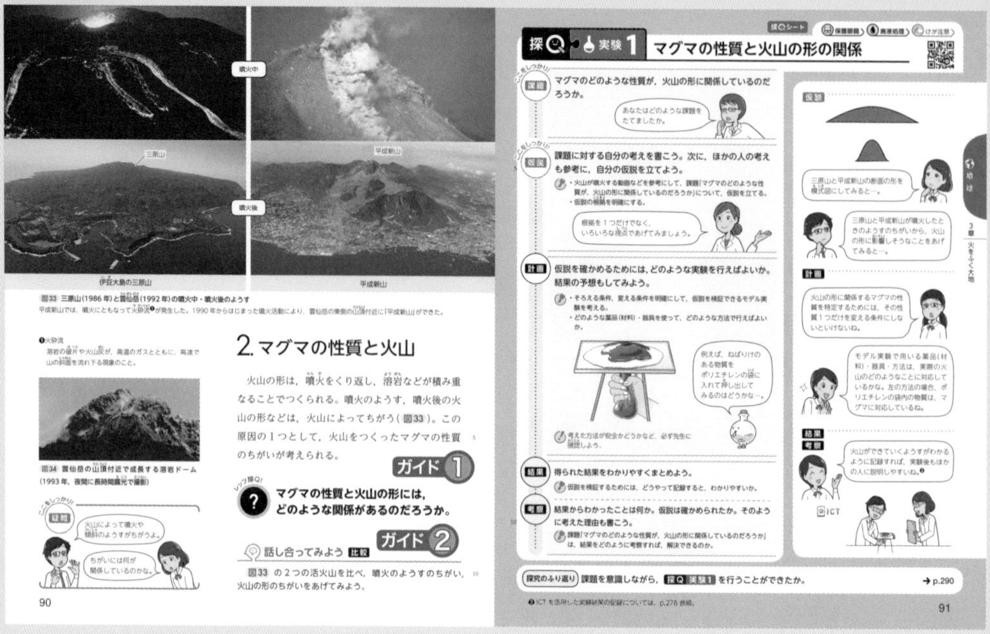
噴火中
三原山
噴火後
平成新山
伊豆大島の三原山
平成新山

図33 三原山(1986年)と雲仙岳(1992年)の噴火中・噴火後のようす
平成新山では，噴火にともなって火砕流❶が発生した。1990年からはじまった噴火活動により，雲仙岳の東側の山頂付近に「平成新山」ができた。

❶火砕流
溶岩の破片や火山灰が，高温のガスとともに，高速で山の斜面を流れ下る現象のこと。

図34 雲仙岳の山頂付近で成長する溶岩ドーム
(1993年，夜間に長時間露光で撮影)

ここをしっかり！ 疑問
火山によって噴火や傾斜のようすがちがうよ。
ちがいには何が関係しているのかな。

90

2. マグマの性質と火山

火山の形は，噴火をくり返し，溶岩などが積み重なることでつくられる。噴火のようす，噴火後の火山の形などは，火山によってちがう(図33)。この原因の1つとして，火山をつくったマグマの性質のちがいが考えられる。

ガイド1

レッツ探Q！
マグマの性質と火山の形には，どのような関係があるのだろうか。

ガイド2
話し合ってみよう 比較
図33 の2つの活火山を比べ，噴火のようすのちがい，火山の形のちがいをあげてみよう。

探Qシート 保護眼鏡 廃液処理 けが注意
探Q 実験1 マグマの性質と火山の形の関係

課題 マグマのどのような性質が，火山の形に関係しているのだろうか。
あなたはどのような課題をたてましたか。

仮説 課題に対する自分の考えを書こう。次に，ほかの人の考えも参考に，自分の仮説を立てよう。
・火山が噴火する動画などを参考にして，課題「マグマのどのような性質が，火山の形に関係しているのだろうか」について，仮説を立てる。
・仮説の根拠を明確にする。
根拠を1つだけでなく，いろいろな視点であげてみましょう。

計画 仮説を確かめるためには，どのような実験を行えばよいか。結果の予想もしてみよう。
・そろえる条件，変える条件を明確にして，仮説を検証できるモデル実験を考える。
・どのような薬品(材料)・器具を使って，どのような方法で行えばよいか。
例えば，ねばりけのある物質をポリエチレンの袋に入れて押し出してみるのはどうかな…。
考えた方法が安全かどうかなど，必ず先生に確認しよう。

結果 得られた結果をわかりやすくまとめよう。
仮説を検証するためには，どうやって記録すると，わかりやすいか。

考察 結果からわかったことは何か。仮説は確かめられたか。そのように考えた理由も書こう。
課題「マグマのどのような性質が，火山の形に関係しているのだろうか」は，結果をどのように考察すれば，解決できるのか。

仮説
三原山と平成新山の断面の形を模式図にしてみると…。
三原山と平成新山が噴火したときのようすのちがいから，火山の形に影響しそうなことをあげてみると…。

計画
火山の形に関係するマグマの性質を特定するためには，その性質1つだけを変える条件にしないといけないね。
モデル実験で用いる薬品(材料)・器具・方法は，実際の火山のどのようなことに対応しているかな。左の方法の場合，ポリエチレンの袋内の物質は，マグマに対応しているね。

結果 考察
火山ができていくようすがわかるように記録すれば，実験後もほかの人に説明しやすいね。❷
ICT

地球 3章 火をふく大地

探究のふり返り 課題を意識しながら，探Q 実験1 を行うことができたか。 → p.290

❷ICT を活用した実験結果の記録については，p.278 参照。

91

ガイド1 学習の課題

火山の形は，噴火をくりかえし，溶岩が積み重なることでつくられる。つまり，マグマが火山をつくっていると考えることができる。そして，噴火のようすや火山の形は，火山によってちがいが見られるものである。この原因の1つとして，火山をつくるマグマの性質にちがいがあることが考えられる。

ここでは，課題や仮説を立てて，実験計画を立てて行い，その結果を考察することで，マグマの性質と火山の形にどのような関係があるのか，さぐっていく。

ガイド2 話し合ってみよう

教科書 p.90 の図33は，2つの活火山の，噴火中と噴火後のようすを写真で示したものである。1つは，1986年に噴火した伊豆大島の三原山である。もう1つは，1992年に噴火した平成新山である。

2つの火山を見比べると，噴火のようす，火山の形にそれぞれちがいがあることがわかる。噴火のようすについては，三原山では火口から溶岩があちこちに流れ出ているのに対して，平成新山では山頂に煙がとどまっている。火山の形に注目すると，三原山はなだらかで広いのに対し，平成新山は傾斜が急である。

教科書 p.90 の図34を見ると，平成新山の山頂に溶岩ドームと呼ばれるものが成長していることがわかる。それだけでなく，平成新山では噴火したときに火砕流も発生した。火砕流とは，溶岩の破片や火山灰が高温のガスとともに，高速で山を流れ下る現象のことをいう。

溶岩ドームの成長

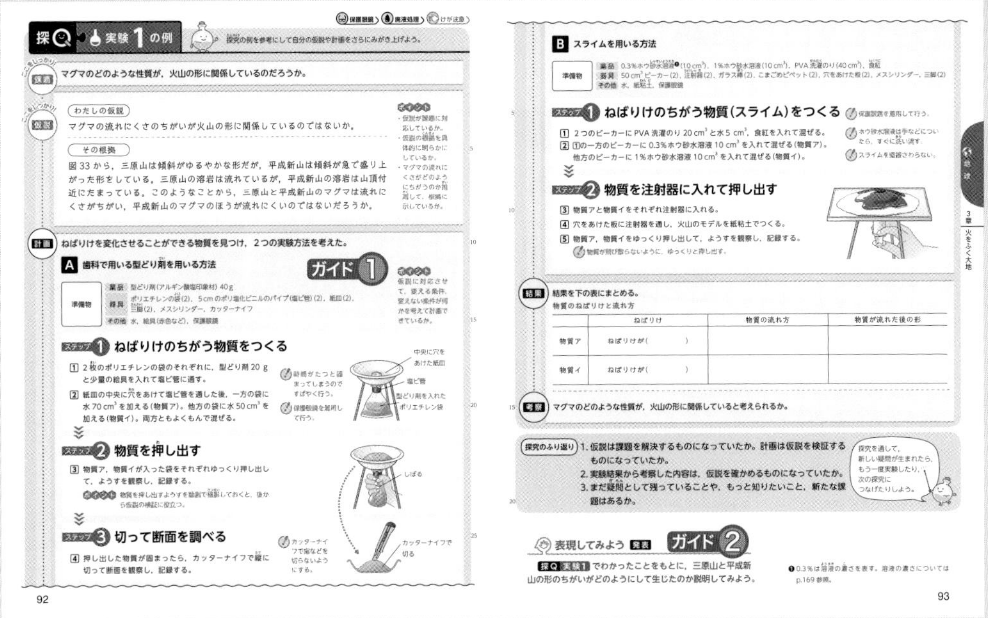
探Q 実験1の例

保護眼鏡 廃液処理 けが注意

探究の例を参考にして自分の仮説や計画をさらにみがき上げよう。

課題　マグマのどのような性質が，火山の形に関係しているのだろうか。

仮説
わたしの仮説
マグマの流れにくさのちがいが火山の形に関係しているのではないか。

その根拠
図33から，三原山は傾斜がゆるやかな形だが，平成新山は傾斜が急で盛り上がった形をしている。三原山の溶岩は流れているが，平成新山の溶岩は山頂付近にたまっている。このようなことから，三原山と平成新山のマグマは流れにくさがちがい，平成新山のマグマのほうが流れにくいのではないだろうか。

ポイント
・仮説が課題に対応しているか。
・仮説の根拠を具体的に明らかにしているか。
・マグマの流れにくさがどのようにちがうのか推測して，根拠に示しているか。

計画　ねばりけを変化させることができる物質を見つけ，2つの実験方法を考えた。

A　歯科で用いる型どり剤を用いる方法　ガイド1

準備物	
薬品	型どり剤(アルギン酸塩印象材) 40 g
器具	ポリエチレンの袋(2)，5 cmのポリ塩化ビニルのパイプ(塩ビ管)(2)，紙皿(2)，三脚(2)，メスシリンダー，カッターナイフ
その他	水，絵具(赤色など)，保護眼鏡

ポイント
仮説に対応させて，変える条件，変えない条件が何かを考えて計画できているか。

ステップ1　ねばりけのちがう物質をつくる

1 2枚のポリエチレンの袋のそれぞれに，型どり剤20 gと少量の絵具を入れて塩ビ管に通す。

2 紙皿の中央に穴をあけて塩ビ管を通した後，一方の袋に水70 cm^3を加える(物質ア)。他方の袋に水50 cm^3を加える(物質イ)。両方ともよくもんで混ぜる。

時間がたつと固まってしまうのですばやく行う。

保護眼鏡を着用して行う。

中央に穴をあけた紙皿

塩ビ管

型どり剤を入れたポリエチレン袋

ステップ2　物質を押し出す

3 物質ア，物質イが入った袋をそれぞれゆっくり押し出して，ようすを観察し，記録する。

ポイント　物質を押し出すようすを動画で撮影しておくと，後から仮説の検証に役立つ。

しぼる

ステップ3　切って断面を調べる

4 押し出した物質が固まったら，カッターナイフで縦に切って断面を観察し，記録する。

カッターナイフで指などを切らないようにする。

カッターナイフで切る

92

B　スライムを用いる方法

準備物	
薬品	0.3%ホウ砂水溶液❶(10 cm^3)，1%ホウ砂水溶液(10 cm^3)，PVA洗濯のり(40 cm^3)，食紅
器具	50 cm^3ビーカー(2)，注射器(2)，ガラス棒(2)，こまごめピペット(2)，穴をあけた板(2)，メスシリンダー，三脚(2)
その他	水，紙粘土，保護眼鏡

ステップ1　ねばりけのちがう物質(スライム)をつくる

保護眼鏡を着用して行う。

1 2つのビーカーにPVA洗濯のり20 cm^3と水5 cm^3，食紅を入れて混ぜる。

2 1の一方のビーカーに0.3%ホウ砂水溶液10 cm^3を入れて混ぜる(物質ア)。他方のビーカーに1%ホウ砂水溶液10 cm^3を入れて混ぜる(物質イ)。

ホウ砂水溶液は手などについたら，すぐに洗い流す。

スライムを直接さわらない。

ステップ2　物質を注射器に入れて押し出す

3 物質アと物質イをそれぞれ注射器に入れる。

4 穴をあけた板に注射器を通し，火山のモデルを紙粘土でつくる。

5 物質ア，物質イをゆっくり押し出して，ようすを観察し，記録する。

物質が飛び散らないように，ゆっくりと押し出す。

結果　結果を下の表にまとめる。

物質のねばりけと流れ方

	ねばりけ	物質の流れ方	物質が流れた後の形
物質ア	ねばりけが(　　　)		
物質イ	ねばりけが(　　　)		

考察　マグマのどのような性質が，火山の形に関係していると考えられるか。

探究のふり返り
1. 仮説は課題を解決するものになっていたか。計画は仮説を検証するものになっていたか。
2. 実験結果から考察した内容は，仮説を確かめるものになっていたか。
3. まだ疑問として残っていることや，もっと知りたいこと，新たな課題はあるか。

探究を通して，新しい疑問が生まれたら，もう一度実験したり，次の探究につなげたりしよう。

表現してみよう　発表　ガイド2

探Q 実験1 でわかったことをもとに，三原山と平成新山の形のちがいがどのようにして生じたのか説明してみよう。

❶0.3%は溶液の濃さを表す。溶液の濃さについてはp.169参照。

93

ガイド1　実験例

ここでは，課題として「マグマのどのような性質が，火山の形に関係しているのだろうか」を設定している。次に，この課題に対する仮説を立てている。このとき，自分の仮説について根拠を明らかにすることが大切である。例えば，「マグマの流れにくさのちがいが火山の形に関係する」という仮説について，教科書p.90図33の写真を挙げながら，2つの火山の形がちがうことを出している。また，根拠をさまざまな視点から考えることも大切である。例えば，同じ仮説でも，火山の形だけでなく，溶岩の流れ方も根拠として考えることができる。

仮説を立てることができたら，それを実験で検証することになる。ここで大切なのは，仮説に応じて変える条件と変えない条件を決めること，変える条件を1つにしぼることである。今回はマグマの流れにくさのちがいに着目しているので，実験に使う物質のねばりけが変える条件，そのほかが変えない条件となる。物質に型取り剤を使うか，スライムを使うかで2通りの実験が挙げられているが，使う物質以外の条件は変わらない。

実験が終わったら，その結果を表にまとめるなどして記録しておくことも重要である。実験のようすを動画にするのも1つの手である。結果をまとめるときには，仮説にある「マグマの流れにくさ」，「できた火山の形」に応じて，「物質の流れ方」，「物質の流れた後の形」のように項目をつくることも大切である。

ガイド2　表現してみよう

実験からわかったことをもとに，三原山と平成新山の形のちがいがどのようにして生じたのかを，説明する。

実験では，ねばりけの小さい物質は流れやすく，ふき出ても表面を流れていくので物質の傾斜はなだらかになった。一方ねばりけの大きい物質は流れにくく，ふき出てもその場にたまっていき，傾斜が急で盛り上がった形の物質になった。

これと同じように，三原山ではマグマのねばりけが小さいため，溶岩は流れやすくなり，傾斜がなだらかな火山になった。平成新山ではマグマのねばりけが大きいため，溶岩が流れにくく山頂にたまって，傾斜が急で盛り上がった形の火山になった。

図35 溶岩のねばりけのちがい
三原山(伊豆大島)と平成新山(雲仙普賢岳)の固まった溶岩を約1500℃まで加熱してとかし，流しているようす。

ガイド1 なるほど

火山の形が変わる大噴火

世界最大規模の阿蘇山のカルデラ(熊本県)

東西約18 km，南北約25 km

日本最大のカルデラ湖(北海道屈斜路湖)

東西約26 km，南北約20 km

大量の火山噴出物を噴出するなどして，火口付近の広い範囲にわたって円形のかん没した地形ができることがある。この地形をカルデラという。カルデラ内で再び火山活動が起こると，カルデラ内に火山ができる。また，カルデラ内に水がたまるとカルデラ湖になる。

94

図36 マグマのねばりけと火山の特徴
日本には「傾斜がゆるやかな形の火山」に分類される火山はない。

火山の大きさの比較

探Q 実験1から マグマの流れにくさ(ねばりけ)のちがいが，火山の形のちがいに関係していることがわかった。三原山と平成新山の固まった溶岩を高温にしてとかすと，ねばりけがちがう(図35)。

ねばりけが小さく流れやすいと，ふき上がった溶岩は地表をうすく広がって流れ，傾斜がゆるやかな火山になるが，ねばりけが大きく流れにくいと，溶岩が広がりにくく，傾斜が急で盛り上がった形の火山になる(図36)。また，ねばりけが大きいと，マグマの中でできた泡がぬけにくいためにたまり，やがて，破裂して爆発的な噴火になることがある。

深めるラボ ガイド3

富士山の形はどうやってできたのか

富士山は，すそ野が広がって美しく，昔から和歌や絵画などでもとり上げられ，人々に親しまれてきた活火山です。

富士山は，右図のような複数の火山からできていると考えられています。富士山は，過去にくり返し噴火して大量の溶岩や火山灰などを噴出しました。そのほか，火砕流や泥流(p.116❶参照)なども発生して，長い年月をかけてすそ野を広げてきたと考えられています。

東から見た富士山の構造

95

ガイド1 火山の形が変わる大噴火

大量の火山噴出物をふき出して地下が空になるなどして，火口付近の広い範囲にわたって円形のかん没した地形が見られることがある。この地形をカルデラという。カルデラの内側でふたたび火山活動が起こると，カルデラの中に火山ができる。熊本県にある阿蘇山がその例である。また，カルデラの内側に水がたまることで湖ができる。これをカルデラ湖という。北海道にある屈斜路湖は日本で最大のカルデラ湖である。

ガイド2 マグマのねばりけと火山の特徴

火山の噴火のようすは，マグマの流れやすさ(ねばりけの大きさ)によって異なる。

マグマのねばりけが小さいときは，火山ガスがマグマからぬけやすいので，激しい噴火にはならず，溶岩が火口からゆっくり押し出されるような噴火になる。このとき，火山の傾斜はゆるやかで，火山噴出物の色は黒っぽい。このような噴火の例としては，ハワイのマウナロア火山やキラウェア火山がある。キラウェア火山は現在も火山活動が盛んであるが，火口ではなく，山腹のさけ目から溶岩を噴出している。

マグマのねばりけが大きいときは，火山は盛り上がって，溶岩ドームを形成する。火山噴出物の色は白っぽい。このような噴火の例としては，北海道の昭和新山や長崎県の雲仙普賢岳の平成新山などがある。マグマのねばりけが大きいと，火山ガスがマグマからぬけにくいので，圧力が高まって，激しく爆発的な噴火になることが多い。

ガイド3 富士山はどのようにしてできたのか

すそ野が広がって美しく，古くから人々に親しまれてきた富士山もまた，活火山である。

富士山は複数の火山からできたと考えられている。数十万年前に最初の噴火が始まり，それから過去にくり返し噴火したことで，大量の溶岩や火山灰がふき出した。これらが次第に大きな山をつくりだし，現在のすそ野の広い富士山ができあがった。ちなみに，一番最近の大きな噴火は1707年に起こった。

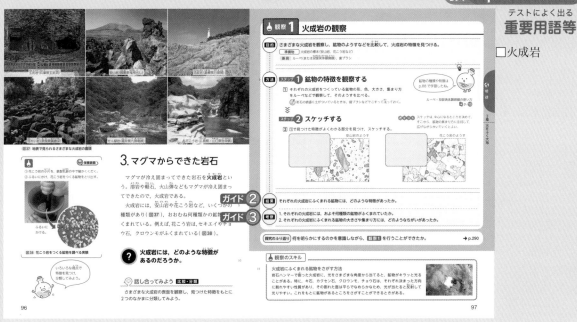

図37 地表で見られるさまざまな火成岩の露頭

① 花こう岩の小片を，鉄製乳鉢の中で細かくくだく。
② ふるいにかけ，花こう岩をつくる鉱物をとり出す。

ふるいにかける。

図38 花こう岩をつくる鉱物を調べる実験

いろいろな視点で特徴を見つけ，分類してみよう。

3. マグマからできた岩石

マグマが冷え固まってできた岩石を**火成岩**という。溶岩や軽石，火山弾などもマグマが冷え固まってできたので，火成岩である。

火成岩には，安山岩や花こう岩など，いくつかの種類があり（図37），おおむね何種類かの鉱物がふくまれている。例えば，花こう岩は，セキエイやチョウ石，クロウンモがふくまれている（図38）。

火成岩には，どのような特徴があるのだろうか。

話し合ってみよう　比較・分類

さまざまな火成岩の表面を観察し，見つけた特徴をもとに2つのなかまに分類してみよう。

96

観察1　火成岩の観察

目的　さまざまな火成岩を観察し，鉱物のようすなどを比較して，火成岩の特徴を見つける。

準備物　火成岩の標本（安山岩，花こう岩など）

器具　ルーペ（または双眼実体顕微鏡），歯ブラシ

方法　ステップ1 鉱物の特徴を観察する

1 それぞれの火成岩をつくっている鉱物の形，色，大きさ，集まり方をルーペなどで観察して，そのようすを比べる。

岩石の表面に土がついているときは，歯ブラシなどでこすって洗っておく。

鉱物の種類や特徴はp.88で学習したね。

ルーペ・双眼実体顕微鏡の使い方 p.10

ステップ2 スケッチする

2 1で見つけた特徴がよくわかる部分を見つけ，スケッチする。

ポイント　スケッチは，中心になるところを決めて，そこから，鉱物の集まり方に注目して，広げながらかいていくとよい。

安山岩のようす

花こう岩のようす

結果　それぞれの火成岩にふくまれる鉱物には，どのような特徴があったか。

考察
1. それぞれの火成岩には，およそ何種類の鉱物がふくまれていたか。
2. それぞれの火成岩にふくまれる鉱物の大きさや集まり方には，どのようなちがいがあったか。

探究のふり返り　何を明らかにするのかを意識しながら，観察1を行うことができたか。　→ p.290

観察のスキル

火成岩にふくまれる鉱物をさがす方法

岩石ハンマーで割った火成岩に，光をさまざまな角度から当てると，鉱物がキラッと光ることがある。特に，キ石，カクセン石，クロウンモ，チョウ石は，それぞれ決まった方向に割れやすい性質があり，その割れた面は平らでなめらかなため，光が当たると反射して光りやすい。これをもとに鉱物があるところをさがすことができるときがある。

97

テストによく出る
重要用語等

□火成岩

地球

ガイド1　学習の課題

マグマが冷えて固まった岩石を火成岩という。溶岩や軽石，火山弾もマグマが冷えて固まったものなので，火成岩に含まれる。

火成岩といっても，地表で見られるものを確認すると色や表面にはちがいが見られる。火成岩にはいくつかの種類があり，おおむね何種類かの鉱物がふくまれている。それでは，火成岩にはどのような特徴があるのか。さまざまな火成岩を観察し，鉱物の特徴を比べながらさぐっていく。

ガイド2　結果

安山岩には，白色で柱状のもの，黒っぽい色で長い柱状のもの，半透明で不規則な形をしたものなどの鉱物が見られる。

花こう岩には，半透明で不規則な形をしたもの，白色で不規則な形をしたもの，黒色で小さな粒状のものなどの鉱物が見られる。

ガイド3　考察

1. (例)安山岩… 4 種類，花こう岩… 3 種類
2. 安山岩は，細かな鉱物の粒の中に，肉眼でも見える比較的大きな鉱物の結晶がちらばっている。

花こう岩は，肉眼でも見える大きな鉱物の結晶が組み合わさってすきまなく並んでいる。

解説　火成岩

マグマが冷えて固まった岩石を火成岩という。

マグマが冷える速さのちがいにより，火成岩の組織にはちがいが生じる。

地表や地表近くの地下の浅いところでは，マグマと周囲との温度の差が大きいので，マグマは急速に冷える。マグマが急速に冷えてできた火成岩を火山岩という。火山岩は，ふくまれる鉱物の種類や量のちがいにより，玄武岩，安山岩，流紋岩などに分類される。

地下の深いところでは，マグマと周囲との温度の差があまりないので，マグマはゆっくり冷える。マグマがゆっくり冷えてできた火成岩を深成岩という。深成岩は，斑れい岩，せん緑岩，花こう岩などに分類される。

テストによく出る
重要用語等

- □斑晶
- □石基
- □斑状組織
- □等粒状組織
- □火山岩
- □深成岩
- □玄武岩
- □安山岩
- □流紋岩
- □斑れい岩
- □せん緑岩
- □花こう岩

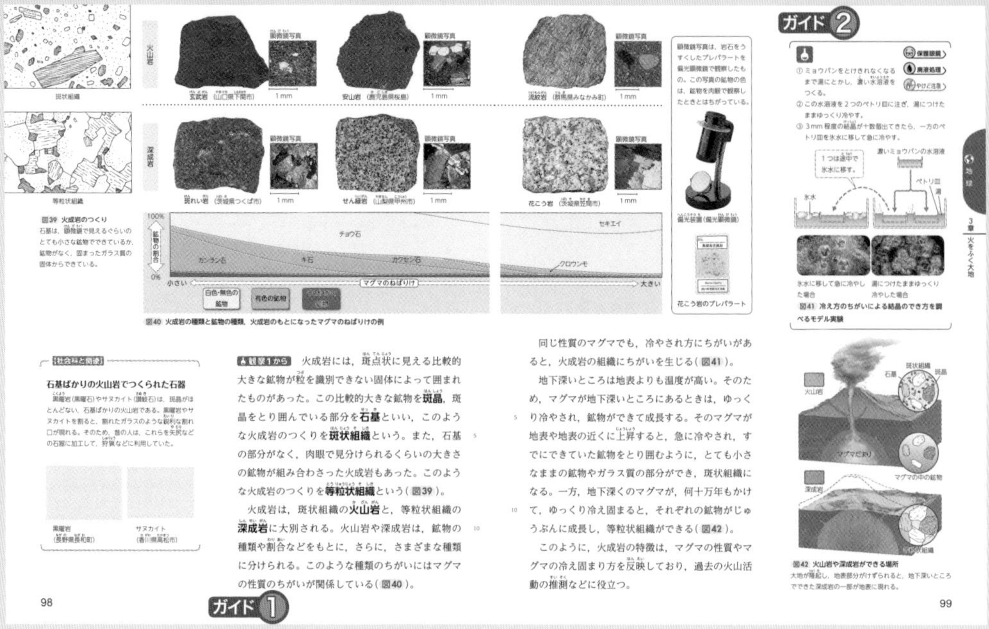
図39 火成岩のつくり
図40 火成岩の種類と鉱物の種類，火成岩のもとになったマグマのねばりけの例

【社会科と関連】
石基ばかりの火山岩でつくられた石器
黒曜岩(黒曜石)やサヌカイト(讃岐石)は，斑晶がほとんどない，石基ばかりの火山岩である。黒曜岩やサヌカイトを割ると，割れたガラスのような鋭利な割れ口が現れる。そのため，昔の人は，これらを矢尻などの石器に加工して，狩猟などに利用していた。
黒曜岩(長野県長和町)　サヌカイト(香川県高松市)

観察1から　火成岩には，斑点状に見える比較的大きな鉱物が粒を識別できない固体によって囲まれたものがあった。この比較的大きな鉱物を**斑晶**，斑晶をとり囲んでいる部分を**石基**といい，このような火成岩のつくりを**斑状組織**という。また，石基の部分がなく，肉眼で見分けられるくらいの大きさの鉱物が組み合わさった火成岩もあった。このような火成岩のつくりを**等粒状組織**という(図39)。

火成岩は，斑状組織の**火山岩**と，等粒状組織の**深成岩**に大別される。火山岩や深成岩は，鉱物の種類や割合などをもとに，さらに，さまざまな種類に分けられる。このような種類のちがいにはマグマの性質のちがいが関係している(図40)。

同じ性質のマグマでも，冷やされ方にちがいがあると，火成岩の組織にちがいを生じる(図41)。

地下深いところは地表よりも温度が高い。そのため，マグマが地下深いところにあるときは，ゆっくり冷やされ，鉱物ができて成長する。そのマグマが地表や地表の近くに上昇すると，急に冷やされ，すでにできていた鉱物をとり囲むように，とても小さなままの鉱物やガラス質の部分ができ，斑状組織になる。一方，地下深くのマグマが，何十万年もかけて，ゆっくり冷え固まると，それぞれの鉱物がじゅうぶんに成長し，等粒状組織ができる(図42)。

このように，火成岩の特徴は，マグマの性質やマグマの冷え固まり方を反映しており，過去の火山活動の推測などに役立つ。

図41 冷え方のちがいによる結晶のでき方を調べるモデル実験
図42 火山岩や深成岩ができる場所
大地が隆起し，地表部分がけずられると，地下深いところでできた深成岩の一部が地表に現れる。

98　99

ガイド1 火成岩の種類

火成岩はそのつくりから大きく2つに分けられる。

1つは斑点状に見える比較的大きい鉱物が粒を見分けられないような固体に囲まれているものである。この比較的大きい鉱物を斑晶，それを囲む固体を石基といい，このような火成岩のつくりを斑状組織という。

もう1つは石基の部分がなく，肉眼で見分けられる鉱物が組み合わさったものである。このような火成岩のつくりを等粒状組織という。

火成岩は斑状組織の火山岩と，等粒状組織の深成岩に分けられる。

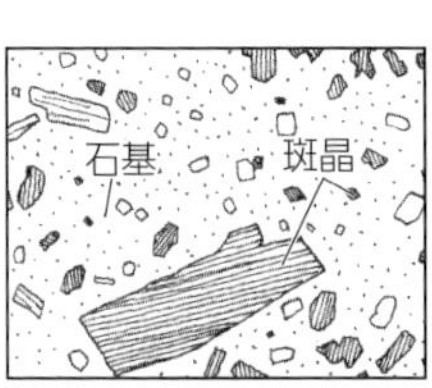

斑状組織

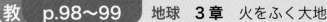

等粒状組織

火山岩	玄武岩	安山岩	流紋岩
深成岩	斑れい岩	せん緑岩	花こう岩
全体の色	黒っぽい	←→	白っぽい
ねばりけ	小さい	←→	大きい

ガイド2 冷え方のちがいによる結晶のでき方

ミョウバン水溶液は，途中で氷水に移して急に冷やすと，大きな結晶と細かな結晶ができる。

ミョウバン水溶液を湯につけたままゆっくり冷やすと，ミョウバンは，同じくらいの大きさの結晶になる。

この実験は，冷え方のちがいによって結晶のでき方がどう異なるかを調べるモデル実験で，急に冷やしたものが火山岩にあたり，ゆっくり冷やしたものが深成岩にあたる。

火山岩は，はじめは地下でゆっくり冷えていたマグマが，火山の噴火によって地表に出て急に冷えたために，大きな鉱物の結晶と小さな粒状の結晶になったと考えられる。これに対して深成岩は，マグマが長い時間をかけてマグマだまりなどでゆっくり冷え固まったため，大きな結晶の鉱物の集まりになったと考えられる。

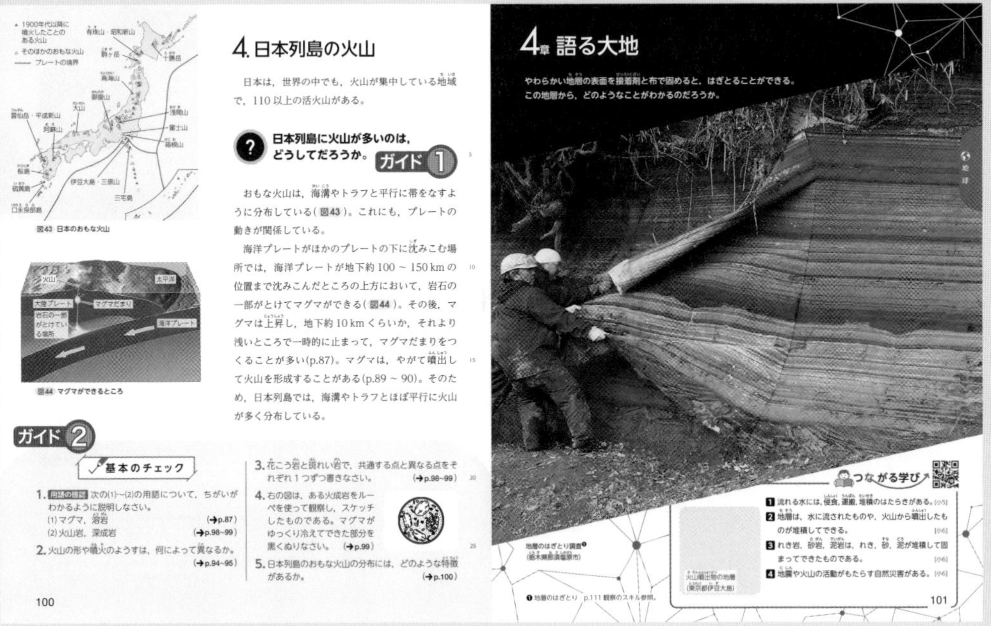

4. 日本列島の火山

日本は，世界の中でも，火山が集中している地域で，110 以上の活火山がある。

? 日本列島に火山が多いのは，どうしてだろうか。 ガイド 1

おもな火山は，海溝やトラフと平行に帯をなすように分布している(図43)。これにも，プレートの動きが関係している。

海洋プレートがほかのプレートの下に沈みこむ場所では，海洋プレートが地下約 100 ~ 150 km の位置まで沈みこんだところの上方において，岩石の一部がとけてマグマができる(図44)。その後，マグマは上昇し，地下約 10 km くらいか，それより浅いところで一時的に止まって，マグマだまりをつくることが多い(p.87)。マグマは，やがて噴出して火山を形成することがある(p.89 ~ 90)。そのため，日本列島では，海溝やトラフとほぼ平行に火山が多く分布している。

図43 日本のおもな火山

図44 マグマができるところ

ガイド 2

✓基本のチェック

1. 用語の確認 次の(1)~(2)の用語について，ちがいがわかるように説明しなさい。
(1) マグマ，溶岩 (→p.87)
(2) 火山岩，深成岩 (→p.98~99)

2. 火山の形や噴火のようすは，何によって異なるか。 (→p.94~95)

3. 花こう岩と斑れい岩で，共通する点と異なる点をそれぞれ1つずつ書きなさい。 (→p.98~99)

4. 右の図は，ある火成岩をルーペを使って観察し，スケッチしたものである。マグマがゆっくり冷えてできた部分を黒くぬりなさい。 (→p.99)

5. 日本列島のおもな火山の分布には，どのような特徴があるか。 (→p.100)

100

4章 語る大地

やわらかい地層の表面を接着剤と布で固めると，はぎとることができる。この地層から，どのようなことがわかるのだろうか。

地層のはぎとり調査❶
(栃木県那須塩原市)

❶ 地層のはぎとり　p.111 観察のスキル参照。

つながる学び

1 流れる水には，侵食，運搬，堆積のはたらきがある。[小5]
2 地層は，水に流されたものや，火山から噴出したものが堆積してできる。[小6]
3 れき岩，砂岩，泥岩は，れき，砂，泥が堆積して固まってできたものである。[小6]
4 地震や火山の活動がもたらす自然災害がある。[小6]

火山噴出物の地層
(東京都伊豆大島)

101

ガイド 1 学習課題

マグマの発生のしくみは，まだわからない点も多いが，次のように考えられている。

沈みこんだプレートが地下数十 km に達すると，プレートにしみこんだ水がしぼり出される。岩石には水がしみこむととけやすくなる性質があるため，マントルをつくっている物質がとけてマグマが生じる。

液体のマグマはまわりの固体の岩石より密度が小さいので，だんだん上昇する。マグマが地下 5〜10 km のところに達すると，深部よりも圧力が小さいために，まわりの岩石の密度はマグマと同じくらいになる。そのため，マグマはそこにとどまる。これをマグマだまりという。マグマだまりに何らかの力が加わると，マグマは再び上昇をはじめ地表から噴出して火山が形成される。

ガイド 2 基本のチェック

1. (1) 岩石が地下深くで高温のためどろどろにとけたものをマグマといい，マグマが地表に出てきたものや冷え固まったものを溶岩という。

(2) マグマが冷え固まったできた火成岩のうち，地下深くでゆっくり冷え固まり，結晶が成長して等粒状組織になったものを深成岩という。一方，結晶がじゅうぶん成長しないうちに地表や地表近くに上昇し，急に冷やされ斑状組織になったものを火山岩という。

2. 火山の形や噴火のようすは，マグマのねばりけの大きさのちがいによって異なる。ねばりけが小さいと噴火はおだやかで，傾斜がゆるやかな火山になる。一方，ねばりけが大きいと爆発的な噴火になることがあり，傾斜は急で盛り上がった形の火山になる。

3. 花こう岩と斑れい岩の共通する点は深成岩であり等粒状組織をもつことである。異なる点は岩石を構成する鉱物のちがいで，花こう岩は白色・無色の鉱物を多くふくみ，斑れい岩は有色の鉱物を多くふくむ。そのため，岩石の全体的な色も異なる。

4. 
マグマがゆっくり冷えてできた部分は，結晶が大きく成長している。

5. 火山は，海溝やトラフとほぼ平行に分布し，列をつくって帯状に並んで分布している。

テストによく出る
重要用語等

- □風化
- □侵食
- □運搬
- □堆積
- □V字谷
- □扇状地
- □三角州
- □柱状図

図46 流れる水によって地層ができるモデル実験

1.地層のでき方

小学校では，れき，砂，泥(p.70 図5)が水中に堆積して地層ができることを学んだ。

ガイド1

? どのようにして地層はつくられていくのだろうか。

地表に出ている岩石は，太陽の熱や水のはたらきにより，長い間に表面や割れ目からくずれていく。これを**風化**という。風化によって生じたれき，砂，泥などの土砂は，陸地に降った雨水や流水によってけずりとられ(**侵食**)，下流へ運ばれ(**運搬**)，流れがゆるやかになるところで積もって(**堆積**)，地層をつくることがある。

地表は流水のはたらきによって変化し，V字谷，扇状地，三角州などの特徴的な地形ができる(図45)。

風化した花こう岩の露頭(島根県安来市)
花こう岩が風化すると，もろくなってばらばらになり，真砂土になる。
図45 流れる水のはたらきと地表の変化

102

河口まで運ばれた水中のれき，砂，泥は，細かい粒ほど沈みにくく，河口から遠くへ運ばれる。それらはやがて海底に堆積する(図46)。一度に堆積してできた1つの地層の中では，粒の大きなものほど速く沈むため，下ほど粒が大きくなる(図47)。また，土砂がくり返して運ばれ堆積すると，重なった地層ができる。ふつうは下の地層ほど古い。

陸から遠く離れて土砂がほとんど運ばれてこない深い海には，おもに海の生物の遺骸などが堆積することがある。

地表に見られる地層の多くは，過去に水中でできたものが，大地の隆起などによって陸に現れたもので，現在は風化や侵食が起こっている。陸に現れた地層が，沈降によって再び水中に沈むと，その上にれき，砂，泥などが堆積して新たに地層ができる。地層は，大地の隆起や沈降の過程で傾くこともある(図48)。

図47 地層に見られる粒の大きさの変化(茨城県ひたちなか市)

図48 傾いた地層
(千葉県南房総市)

発展
不整合【高校地学へ】
B
A
水中でできた地層Aは，一度陸に現れて侵食された後，再び水中に沈んだ。その後，地層Aの上に地層Bが堆積した。このような地層Aと地層Bの重なり方を不整合という。

103

4章 語る大地

ガイド1 学習課題

地表に出ている岩石は，太陽の熱や水のはたらきによって，長い間に表面や割れ目からくずれていく。これを風化という。風化によって生じた，れき，砂，泥といった土砂は，陸地に降った雨水や流水によってけずりとられる。これを侵食という。けずりとられた土砂は水によって下流へと運ばれる。これを運搬という。運ばれた土砂は，水の流れがゆるやかなところに積もることがある。これを堆積という。

河口まで運ばれたれき，砂，泥は，粒が細かいほど沈みにくく，より遠くへと運ばれる。それらはやがて海底に堆積する。また，陸から遠く離れて土砂がほとんど運ばれてこない深い海では，おもに海の生物の遺骸が堆積することがある。

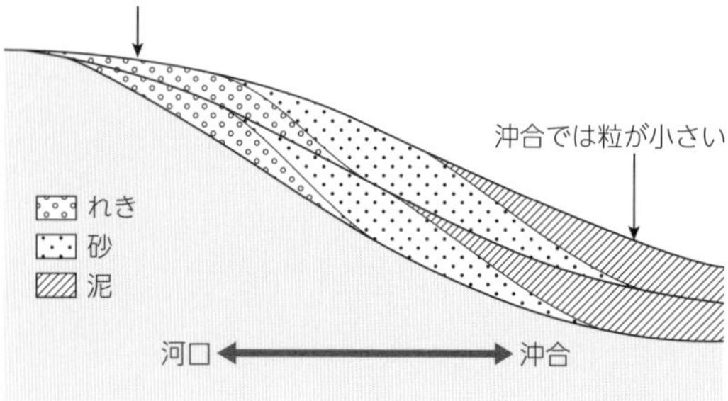

ガイド2 粒の大きさによる広がり方のちがい

水を入れたバットに，といから土砂を流しこむ実験では，といの出口に近いところに大きな粒がたまり，小さな粒はといの出口から，より遠くまで運ばれて沈む。これは，細かい粒は水の中に浮かんでなかなか沈みにくいため，いろいろな大きさの粒が土砂にまじっているときは，粒の大きなものほど速く沈むためである。

土砂が流れこんでくる海や湖でも，細かい粒ほど岸から遠く離れたところまで運ばれるので，河口や岸に近いところには，れきや砂が，岸から離れた深いところには，泥が堆積しやすい。

地層は，このような堆積がくり返されてできるため，一度に堆積してできた1つの地層の中では下ほど粒が大きくなり，また，重なった複数の地層では，下の地層ほど古く，上の地層ほど新しい。

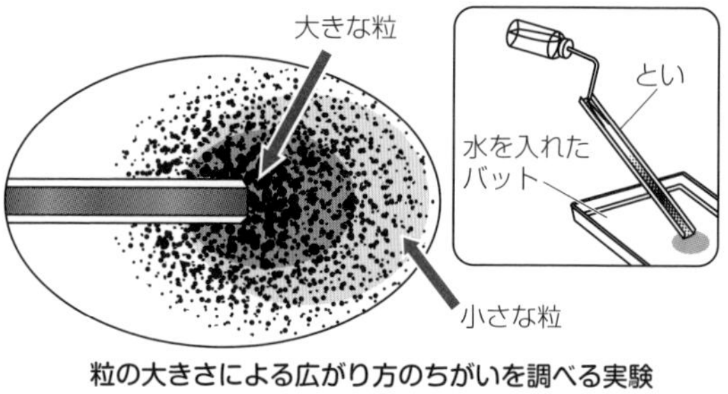

粒の大きさによる広がり方のちがいを調べる実験

テストによく出る
重要用語等

□堆積岩

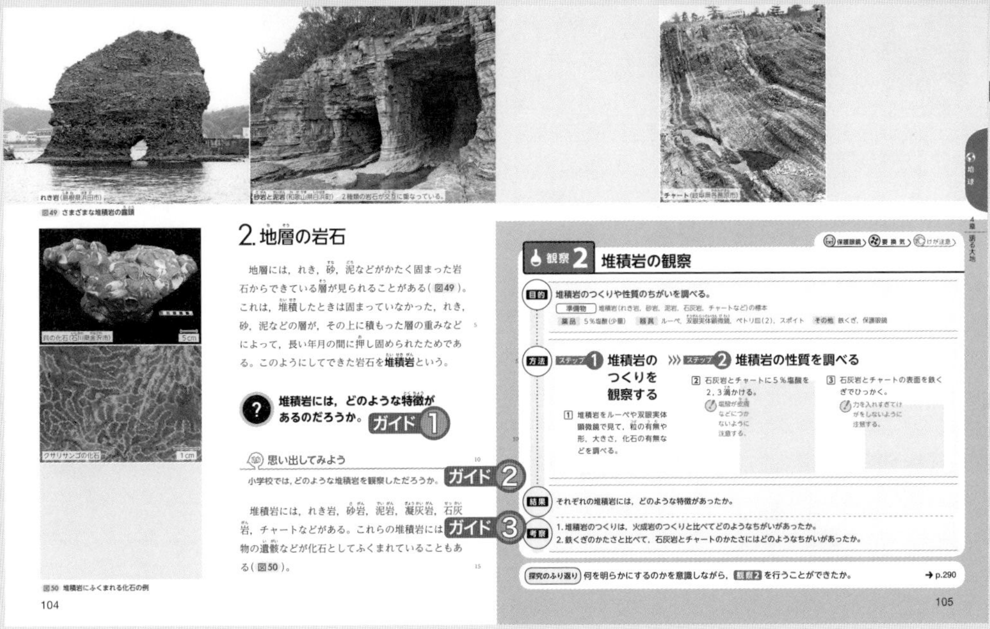
れき岩(島根県浜田市)　砂岩と泥岩(和歌山県白浜町)　2種類の岩石が交互に重なっている。　チャート(岐阜県各務原市)

図49 さまざまな堆積岩の露頭

2. 地層の岩石

地層には，れき，砂，泥などがかたく固まった岩石からできている層が見られることがある(図49)。これは，堆積したときは固まっていなかった，れき，砂，泥などの層が，その上に積もった層の重みなどによって，長い年月の間に押し固められたためである。このようにしてできた岩石を**堆積岩**という。

堆積岩には，どのような特徴があるのだろうか。 ガイド1

思い出してみよう
小学校では，どのような堆積岩を観察しただろうか。 ガイド2

堆積岩には，れき岩，砂岩，泥岩，凝灰岩，石灰岩，チャートなどがある。これらの堆積岩には ガイド3 物の遺骸などが化石としてふくまれていることもある(図50)。

貝の化石(石川県金沢市)　5cm
クサリサンゴの化石　1cm

図50 堆積岩にふくまれる化石の例

104

保護眼鏡　要換気　けが注意

観察2 堆積岩の観察

目的 堆積岩のつくりや性質のちがいを調べる。
準備物 堆積岩(れき岩，砂岩，泥岩，石灰岩，チャートなど)の標本
薬品 5％塩酸(少量)　器具 ルーペ，双眼実体顕微鏡，ペトリ皿(2)，スポイト　その他 鉄くぎ，保護眼鏡

方法 ステップ1 堆積岩のつくりを観察する ≫ ステップ2 堆積岩の性質を調べる

1 堆積岩をルーペや双眼実体顕微鏡で見て，粒の有無や形，大きさ，化石の有無などを調べる。
2 石灰岩とチャートに5％塩酸を2，3滴かける。
塩酸が皮膚などにつかないように注意する。
3 石灰岩とチャートの表面を鉄くぎでひっかく。
力を入れすぎてけがをしないように注意する。

結果 それぞれの堆積岩には，どのような特徴があったか。

考察
1. 堆積岩のつくりは，火成岩のつくりと比べてどのようなちがいがあったか。
2. 鉄くぎのかたさと比べて，石灰岩とチャートのかたさにはどのようなちがいがあったか。

探究のふり返り 何を明らかにするのかを意識しながら，観察2を行うことができたか。 →p.290

105

ガイド1 学習課題

地層には，れき，砂，泥などがかたく固まってできた岩石からできている層もある。れき，砂，泥は堆積するだけでは固まらないが，上に積もった層の重みで，長い間押し固められて，岩石になることがある。こうしてできた岩石を堆積岩という。

堆積岩にはさまざまな種類があり，れき岩，砂岩，泥岩，凝灰岩，石灰岩，チャートなどがある。これらの堆積岩の中には生物の遺骸が化石としてふくまれているものもある。

ここでは，観察を通して堆積岩のもつ特徴が何か考えていく。

ガイド2 結果

堆積岩には，次のような特徴があった。

1. れき岩の粒がいちばん大きく，次が砂岩の粒で，泥岩の粒はいちばん小さい。
2. れき岩の粒は丸みを帯びているが，火成岩である安山岩の粒は角ばっている。
3. 5%塩酸をかけると，石灰岩からはあわが出るが，チャートでは何の変化もない。なお，石灰岩から発生したあわの正体は二酸化炭素である。
4. 石灰岩は，くぎよりやわらかいので，くぎで傷がつく。チャートは，くぎよりかたいので，くぎでは傷がつかない。

ガイド3 考察

1. 堆積岩のつくりと火成岩のつくりには，それぞれを形づくる粒の形にちがいがある。火成岩の粒は角ばっているのに対して，堆積岩の粒は丸みを帯びている。
2. 石灰岩はくぎよりやわらかく，チャートはくぎよりかたかった。したがって，石灰岩よりチャートのほうがかたい。

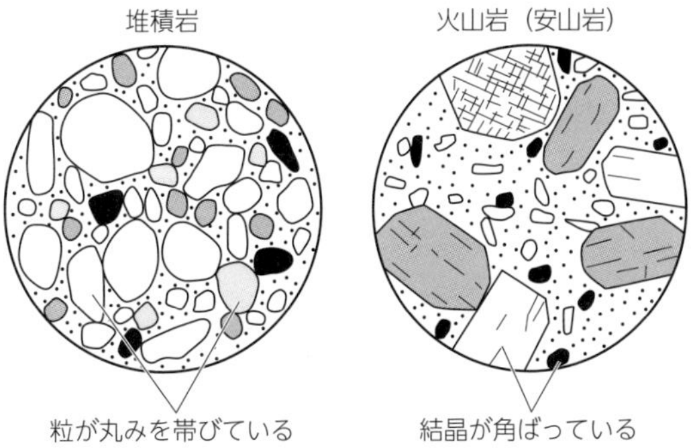

テストによく出る
重要用語等

- □れき岩
- □砂岩
- □泥岩
- □石灰岩
- □チャート
- □凝灰岩
- □示相化石

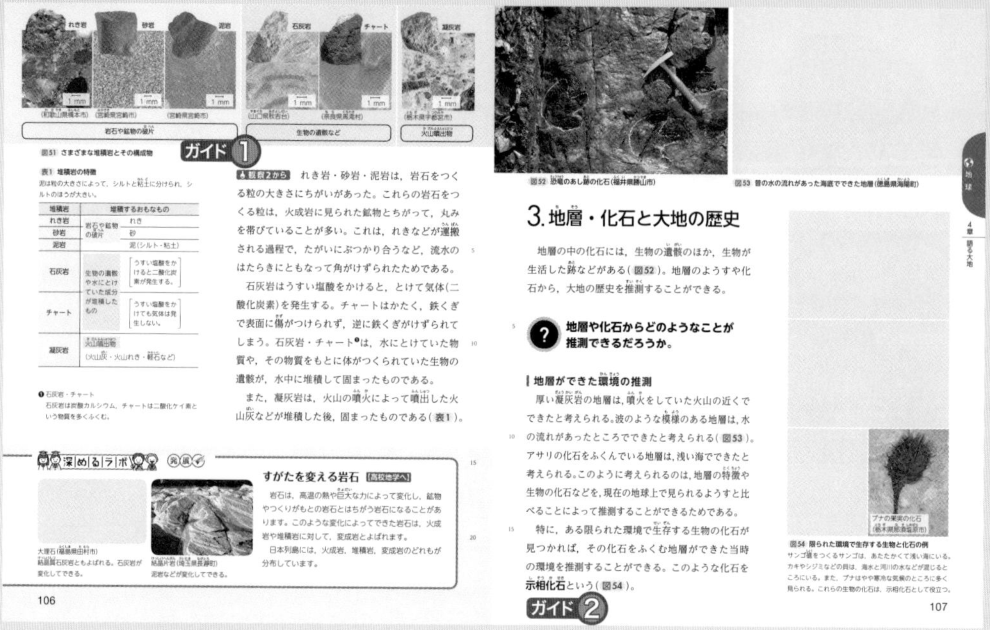

図51 さまざまな堆積岩とその構成物

表1 堆積岩の特徴
泥は粒の大きさによって，シルトと粘土に分けられ，シルトのほうが大きい。

堆積岩	堆積するおもなもの	
れき岩	岩石や鉱物の破片	れき
砂岩		砂
泥岩		泥(シルト・粘土)
石灰岩	生物の遺骸や水にとけていた成分が堆積したもの	[うすい塩酸をかけると二酸化炭素が発生する。]
チャート		[うすい塩酸をかけても気体は発生しない。]
凝灰岩	火山噴出物(火山灰・火山れき・軽石など)	

❶石灰岩・チャート
石灰岩は炭酸カルシウム，チャートは二酸化ケイ素という物質を多くふくむ。

観察2から　れき岩・砂岩・泥岩は，岩石をつくる粒の大きさにちがいがあった。これらの岩石をつくる粒は，火成岩に見られた鉱物とちがって，丸みを帯びていることが多い。これは，れきなどが運搬される過程で，たがいにぶつかり合うなど，流水のはたらきにともなって角がけずられたためである。

石灰岩はうすい塩酸をかけると，とけて気体(二酸化炭素)を発生する。チャートはかたく，鉄くぎで表面に傷がつけられず，逆に鉄くぎがけずられてしまう。石灰岩・チャート❶は，水にとけていた物質や，その物質をもとに体がつくられていた生物の遺骸が，水中に堆積して固まったものである。

また，凝灰岩は，火山の噴火によって噴出した火山灰などが堆積した後，固まったものである(表1)。

深める ラボ　発展

すがたを変える岩石　高校地学へ

岩石は，高温の熱や巨大な力によって変化し，鉱物やつくりがもとの岩石とはちがう岩石になることがあります。このような変化によってできた岩石は，火成岩や堆積岩に対して，変成岩とよばれます。

日本列島には，火成岩，堆積岩，変成岩のどれもが分布しています。

大理石(福島県田村市)
結晶質石灰岩ともよばれる。石灰岩が変化してできる。

結晶片岩(埼玉県長瀞町)
泥岩などが変化してできる。

106

図52 恐竜のあし跡の化石(福井県勝山市)

図53 昔の水の流れがあった海底でできた地層(徳島県海陽町)

地球 4章 語る大地

3. 地層・化石と大地の歴史

地層の中の化石には，生物の遺骸のほか，生物が生活した跡などがある(図52)。地層のようすや化石から，大地の歴史を推測することができる。

? **地層や化石からどのようなことが推測できるだろうか。**

地層ができた環境の推測

厚い凝灰岩の地層は，噴火をしていた火山の近くでできたと考えられる。波のような模様のある地層は，水の流れがあったところでできたと考えられる(図53)。アサリの化石をふくんでいる地層は，浅い海でできたと考えられる。このように考えられるのは，地層の特徴や生物の化石などを，現在の地球上で見られるようすと比べることによって推測することができるためである。

特に，ある限られた環境で生存する生物の化石が見つかれば，その化石をふくむ地層ができた当時の環境を推測することができる。このような化石を**示相化石**という(図54)。

図54 限られた環境で生存する生物と化石の例
サンゴ礁をつくるサンゴは，あたたかくて浅い海にいる。カキやシジミなどの貝は，海水と河川の水などが混じるところにいる。また，ブナはやや寒冷な気候のところに多く見られる。これらの生物の化石は，示相化石として役立つ。

107

ガイド 1 堆積岩の特徴

れき岩・砂岩・泥岩は，岩石や鉱物の破片が堆積してできたものである。粒の大きさによって分類する。

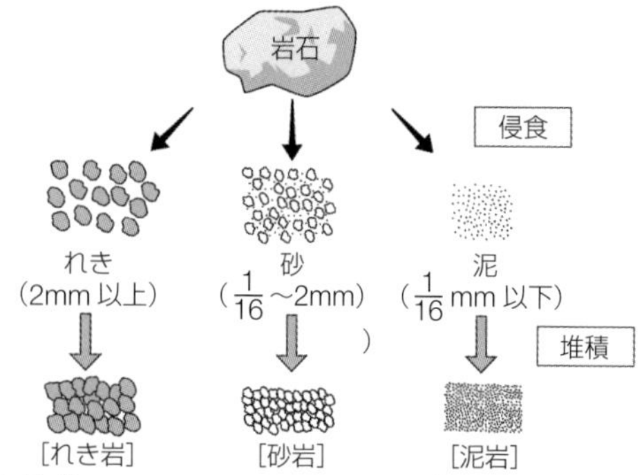

石灰岩・チャートは，生物の遺骸や水にとけこんでいた成分が，海底などに堆積して固まったものである。岩石をつくる成分によって分類する。

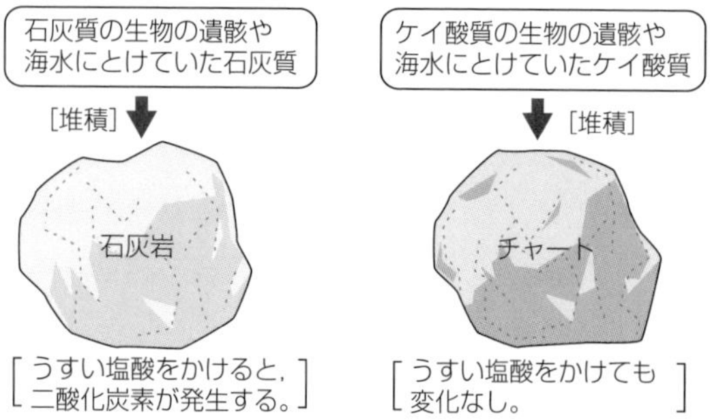

石灰岩とチャート

凝灰岩は，火山灰などの火山噴出物が，堆積して固まったものである。凝灰岩の層があることにより，その地層が堆積したころに，その地域で火山の噴火があったことを推測することができる。

ガイド 2 示相化石の例

示相化石から，地層ができた当時の環境を推測するには，その生物に適した気温・水温・水深などの要素が手がかりになる。例えば，ゾウの化石はそこが当時あたたかい気候だったことを示す。海水にすむ生物の化石はそこが当時海であったことを示す。

テストによく出る

示相化石　ある環境でしか生きられない生物の化石で，地層が堆積した当時の環境を推定する手がかりとなる。

示相化石の例と，その化石から推定できる環境には次のようなものがある。

- サンゴのなかま…浅くて浅くてきれいなあたたかい海
- シジミのなかま…淡水の湖や河口など
- モミの花粉…寒い気候

古生代

前半は、海でサンヨウチュウ(三葉虫)類や魚類などの生物が現れて栄えた。中ごろには、両生類などの陸上で生活する生物も現れた。後半は、陸上にも生物がふえ、シダ植物の大森林❶が形成され、は虫類が現れた。

中生代

海ではアンモナイト類、陸上では恐竜類や裸子植物が栄え、被子植物も現れた。温暖な気候が続いた。

新生代

哺乳類や鳥類、被子植物が栄えはじめ、やがて現在見られる生物が多く見られるようになった。約700万年前に、アフリカ大陸で人類が出現した。約260万年前から、寒冷な時期と温暖な時期がくり返されてきた。

図55 地質年代と生物界の移り変わり
化石の(　)は所蔵してある施設を示している。

図56 地球史時計
地球が誕生して現在までの46億年間を1時間に短縮したときの地質年代の長さを表したもの。

地層ができた時代の推測

地球誕生から現在までの46億年間の歴史のうち，限られた時代(期間)だけに生存した生物がいる。約3億年前の海に栄えたフズリナのなかまは，約2億5200万年前に滅んだ。そのため，フズリナの化石をふくむ地層は，フズリナが栄えた時代にできたことがわかる。地層ができた時代の推測に役立つ化石を**示準化石**といい，サンヨウチュウ(三葉虫)，アンモナイト，恐竜，ビカリア，マンモスなどがある(図55)。

108　❶シダ植物の大森林　大森林を形成した植物の一部は，地層の中に埋まって大量の石炭に変化した。

地球の歴史は，示準化石などをもとに，**古生代**，**中生代**，**新生代**などの**地質年代**に区分される。地質年代は生物の種類の入れかわりをもとに区別されている。その入れかわりには，地球環境が大きく変化したためだと考えられている。

考えてみよう　モデル

地球誕生を1月1日として，46億年間を1年間のカレンダーで表すと，人類の出現は，何月何日になるだろうか。

発展

新生代の「チバニアン」

各地質年代は，さらに細かくいくつかの時代に区分される。新生代のうち，約77万4000年〜12万9000年前は「チバニアン」(ラテン語で「千葉時代(千葉期)」)とよばれる。その由来は約77万年前のできごとによる。

現在，方位磁針のN極は北をさす。しかし，地球の歴史をたどると，N極が南をさしていた時代があったことが知られている。この変化は，当時の火山から噴出した火山灰にふくまれている磁鉄鉱などが，方位磁針のようなはたらきをして，当時のN極の向きを記録していることなどから知ることができる。

方位磁針のN極が南をさしていた時代から，現在のような北をさしはじめた時代が，約77万年前。その証拠となる地層の1つが千葉県市原市の地層で見つかり，千葉県の名前をもとにした「チバニアン」という地質年代が誕生することになった。

109

テストによく出る
重要用語等

- □示準化石
- □古生代
- □中生代
- □新生代
- □地質年代
- □サンヨウチュウ(三葉虫)
- □フズリナ
- □恐竜
- □アンモナイト
- □カヘイセキ(貨幣石)
- □ビカリア
- □マンモス

地球

テストによく出る

示準化石　限られた時代にだけ，広い範囲で生きていた生物の化石で，地層ができた年代を推定することができる。

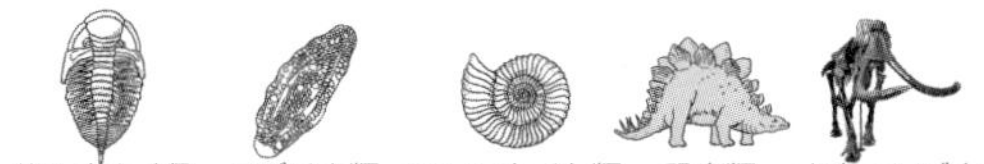

サンヨウチュウ類(古生代前半)　フズリナ類(古生代後半)　アンモナイト類(中生代)　恐竜類(中生代)　ナウマンゾウ(新生代)

示準化石の例

ガイド 1　サンヨウチュウ

サンヨウチュウ(三葉虫)は節足動物のなかまで，古生代のはじめに出現し，古生代の末期に絶滅した。古生代を代表する無脊椎動物であり，多くの化石が出土するので，重要な示準化石になっている。

ガイド 2　シダ植物

シダ植物は古生代の中期に出現し，大繁栄した。しだいに巨大化し，リンボクやフウインボクという種類は，高さが30 mにもなった。

良質の石炭である無煙炭の多くは，リンボクやフウインボクなどが石炭化したものである。

ガイド 3　アンモナイト

アンモナイトは，古生代中期から中生代末期まで，世界中の海洋に幅広く分布した。

アンモナイトは，貝のなかまではなく，現在のオウムガイのような頭足類であったと考えられている。現在の巻貝とは異なり，殻の内部は多数の小部屋に分かれており，本体は入口の部分の部屋に入っていた。他の部屋は空洞で，魚の浮き袋のような役割をしていた，と考えられている。

アンモナイトは，化石の出土数が多いこと，生息域が広いこと，年代により形状に差があること，などから重要な示準化石になっている。

ガイド 4　考えてみよう

地球が誕生してからの46億年間を1年間(365日分)のカレンダーで表すと，1日だけで1000万年以上かかることになる。人類の出現(人類の祖先である猿人の出現)はおよそ700万年前と考えられている。したがって，人類が出現したのは12月31日ということになる。

観察するときは崖をむやみにこわさないようにね。観察後は，次の人のためにきれいに片づけてね。

地層の観察

今まで学習したことを生かして，地層を観察して，大地の歴史を推測してみよう。

観察3 地層の観察

保護眼鏡　けが注意

目的　地層を観察し，地層が堆積した当時のようすを推測する。

準備物　器具　ルーペ，巻き尺，方位磁針，移植ごて，岩石ハンマー，たがね
その他　作業用手袋，ぼうし，袋(採集したものを入れる)，地形図，スケッチ板，色鉛筆，グラフ用紙，カメラ(カメラ機能つきのタブレットなど)，保護眼鏡

安全のため，長袖の服，ぼうし，長ズボンを着用する。

方法　ステップ1 地層全体を観察する　ガイド1

1 観察する場所のまわりの地形には，どのような特徴があるか見わたす。
ポイント　方位磁針と地形図を使って，観察場所の位置を確かめ，地形図と実際の地形を比べて特徴をつかむ。
2 地層全体を大まかにスケッチする。断層やしゅう曲などが見られる場合は，ずれや曲がったようすなどを記録しておく。

崖からの落石に注意する。ハンマーを用いるときは保護眼鏡をかけ，まわりの人にも注意する。

ステップ2 各層をくわしく観察する

3 それぞれの層の色，厚さ，傾き，粒の大きさや形，さわったようすなどを記録する。
4 化石が見られる場合には，地層の中にどのようにふくまれているか記録する。
5 地層の重なり方にどのような特徴があるか調べる。

ポイント　地層全体や各層のようすを，写真撮影して記録しておくとよい。そのとき，大きさがわかるように，人やものさしなどといっしょに撮影する。

結果　1. 地層の色，厚さ，傾き，粒の大きさや形，さわったようす，重なり方などは，どのようになっていたか。
2. 化石が見られた場合，何の化石であったか。

考察　1. それぞれの層は，どのようにしてできたと考えられるか。
ガイド2　…に上の層が堆積するとき，大地にはどのような変化が起きたと考えられるか。

別の方法に トライ　ボーリング試料やはぎとった地層があれば，利用してみよう。

探究のふり返り　何を明らかにするのかを意識しながら，観察3 を行うことができたか。　→ p.290

110

ガイド3　観察のスキル

地層の採集
地層が固まっていないときは，右のようにして地層の一部を採集できる。
p.101 の地層のはぎとりは，地層の表面に接着剤をぬって，特殊な布を押しつけて固め，布といっしょにはぎとったものである。

採集してよいか，事前に先生に確認する。　やけどに注意する。

ホットメルトの一方を加熱してとかし，採集したいところに押しつける。固まったら採集した部分を切りとり，露頭写真にはりつけるなどして整理する。

○○の露頭

色がちがうれき

ところどころに小さなれきが混じったうすい灰色の層。

A　B　C　D

青白い泥の層。
れきと砂が混じった層。

図57 崖に見られる地層(兵庫県南あわじ市)

考えてみよう

図57 のそれぞれの地層の特徴を説明しよう。　かきこみ

A
B
C

泥の層をけずって，入りこんだれきの層

次ページの「わたしのレポート」のかき方と自分がかいたものを比べてみよう。

4章 語る大地

111

ガイド1 方法

1　露頭全体の地層の傾き，どこまでつながっているかなどをよく見ておく。

2　色鉛筆を使って，地層の色がわかるようにし，大きさがわかるように，スケールを書きこむ。

3　スケッチの横に，それぞれの層の厚さや傾き，粒の大きさや形，手ざわりなどの特徴を記録しておく。

4　示相化石か，示準化石があれば，その地層が堆積したときの気候や地形，地質年代などを特定することができる。

5　それぞれの層の境目に注目し，まっすぐか，曲がっているか，またある部分から上の層と下の層が変わっていないかなどを調べる。

ガイド2 考察

1.　上から泥，砂，れきの順にできている地層は，川や湖などの底に土砂が堆積してできたと考えられる。

2.　地層がいくつかに分かれているのは，流れる水の量が大きく変化したためと考えられる。

地層はもともと，水によって運ばれた土砂が，重いれきは下へ，軽い砂や泥は上へと積み重なってほぼ水平に堆積してできる。

その場所を流れる水がなくなり，土砂が運ばれなくなると，堆積するのは，空中のちりや火山噴出物だけとなるので，その層はうすくなり，雨や風によってけずられることもある。

この場所が再び水の底に沈むと，水が運ぶ土砂によって，また，れき・砂・泥の地層ができる。

ガイド3 地層の採集

地層が固まっていないときには，地層の一部を採集することができる。

例えば，地層の表面に接着剤をつけて，それに特殊な布を押しつけて固めることで，布といっしょに地層の表面をはぎとることができる。

また，ホットメルト(加熱してとかして使う接着剤)の一方を熱してとかし，地層に押しつける方法もある。このとき，ホットメルトが固まってから採集したい部分を切り取ることで，地層を採集することができる。

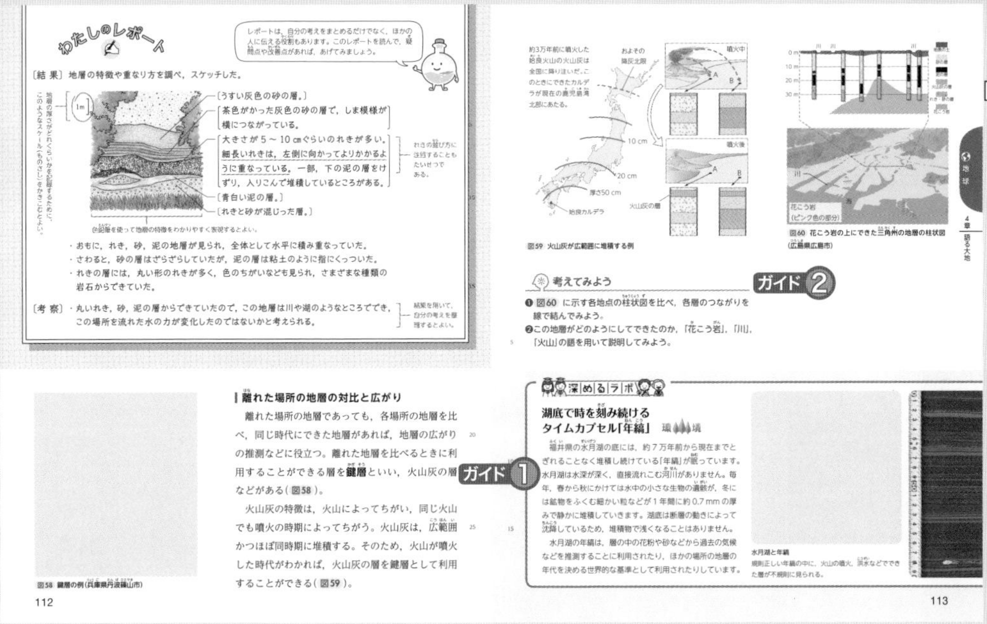
わたしのレポート

レポートは，自分の考えをまとめるだけでなく，ほかの人に伝える役割もあります。このレポートを読んで，疑問点や改善点があれば，あげてみましょう。

〔結果〕地層の特徴や重なり方を調べ，スケッチした。

地層の厚さがどれくらいかを記録するために，このようなスケール（ものさし）をかきこむとよい。

〔うすい灰色の砂の層。〕

〔茶色がかった灰色の砂の層で，しま模様が横につながっている。〕

〔大きさが5〜10 cmぐらいのれきが多い。細長いれきは，左側に向かってよりかかるように重なっている。一部，下の泥の層をけずり，入りこんで堆積しているところがある。〕

れきの並び方に注目することもたいせつである。

〔青白い泥の層。〕

〔れきと砂が混じった層。〕

色鉛筆を使って地層の特徴をわかりやすく表現するとよい。

・おもに，れき，砂，泥の地層が見られ，全体として水平に積み重なっていた。
・さわると，砂の層はざらざらしていたが，泥の層は粘土のように指にくっついた。
・れきの層には，丸い形のれきが多く，色のちがいなども見られ，さまざまな種類の岩石からできていた。

〔考察〕・丸いれき，砂，泥の層からできていたので，この地層は川や湖のようなところででき，この場所を流れた水の力が変化したのではないかと考えられる。

結果を用いて，自分の考えを整理するとよい。

図58 鍵層の例（兵庫県丹波篠山市）

離れた場所の地層の対比と広がり

離れた場所の地層であっても，各場所の地層を比べ，同じ時代にできた地層があれば，地層の広がりの推測などに役立つ。離れた地層を比べるときに利用することができる層を**鍵層**といい，火山灰の層などがある（図58）。

火山灰の特徴は，火山によってちがい，同じ火山でも噴火の時期によってちがう。火山灰は，広範囲かつほぼ同時期に堆積する。そのため，火山が噴火した時代がわかれば，火山灰の層を鍵層として利用することができる（図59）。

112

図59 火山灰が広範囲に堆積する例

図60 花こう岩の上にできた三角州の地層の柱状図（広島県広島市）

考えてみよう　ガイド2

❶ 図60 に示す各地点の柱状図を比べ，各層のつながりを線で結んでみよう。
❷この地層がどのようにしてできたのか，「花こう岩」，「川」，「火山」の語を用いて説明してみよう。

深めるラボ

湖底で時を刻み続けるタイムカプセル「年縞」　環境

福井県の水月湖の底には，約7万年前から現在までとぎれることなく堆積し続けている「年縞」が眠っています。水月湖は水深が深く，直接流れこむ河川がありません。毎年，春から秋にかけては水中の小さな生物の遺骸が，冬には鉱物をふくむ細かい粒などが1年間に約0.7 mmの厚みで静かに堆積していきます。湖底は断層の動きによって沈降しているため，堆積物で浅くなることはありません。

水月湖の年縞は，層の中の花粉や砂などから過去の気候などを推測することに利用されたり，ほかの場所の地層の年代を決める世界的な基準として利用されたりしています。

水月湖と年縞
規則正しい年縞の中に，火山の噴火，洪水などでできた層が不規則に見られる。

113

テストによく出る
重要用語等

□鍵層

ガイド1 鍵層

離れた場所の地層でも，各場所の地層を比べ，同じ時代にできた地層がある場合，地層が広がっていたことなどを推測することができる。このように，離れた地層を比べるときに利用することのできる地層を鍵層という。鍵層の例として，火山灰の層が挙げられる。

火山灰は，火山によってちがい，同じ火山でも噴火の時期によってちがう。加えて，火山灰は広い範囲でかつほぼ同じ時期に堆積する。このことから，火山が噴火した時期がわかれば，その火山灰の層を鍵層として利用することができる。

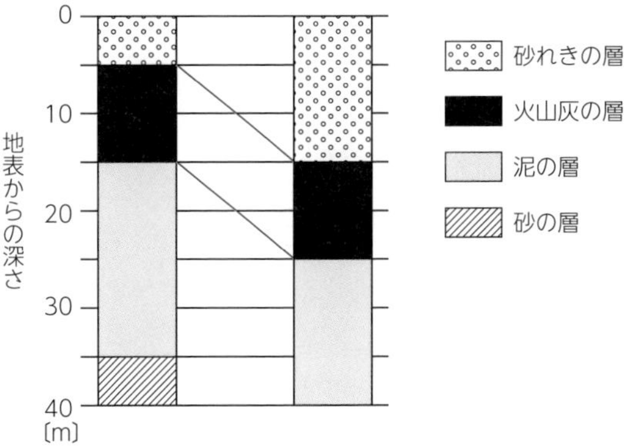

離れた場所で，地表かの深さがちがっていても
同時期にできた地層である断層からつながりがわかる。

ちなみに，火山灰が堆積する範囲が非常に広い場合もある。例えば，九州の姶良火山は約3万年前に噴火しているが，その火山灰は北海道中部までのほぼ全国に広がった。

ガイド2 考えてみよう

❶

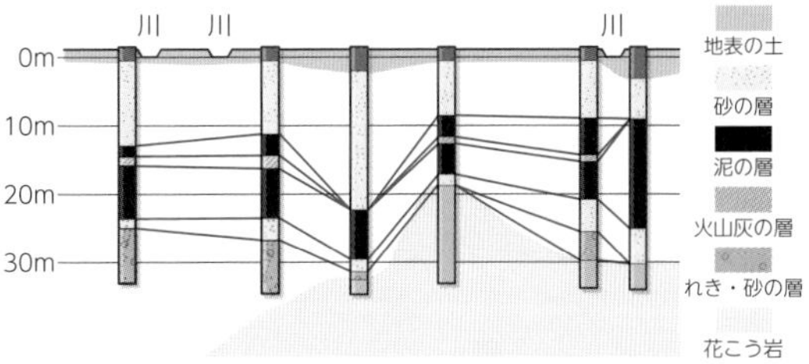

❷ もともと花こう岩が広がっていたところに，川が運んできたれき，砂，泥が堆積した。この堆積が進んでいる間に火山の噴火が起き，このときにふき出した火山灰が泥の層に積もった。この火山灰の上にふたたび川が運んできた土砂が積もり，三角州が形成された。

テストによく出る
重要用語等

□海岸段丘

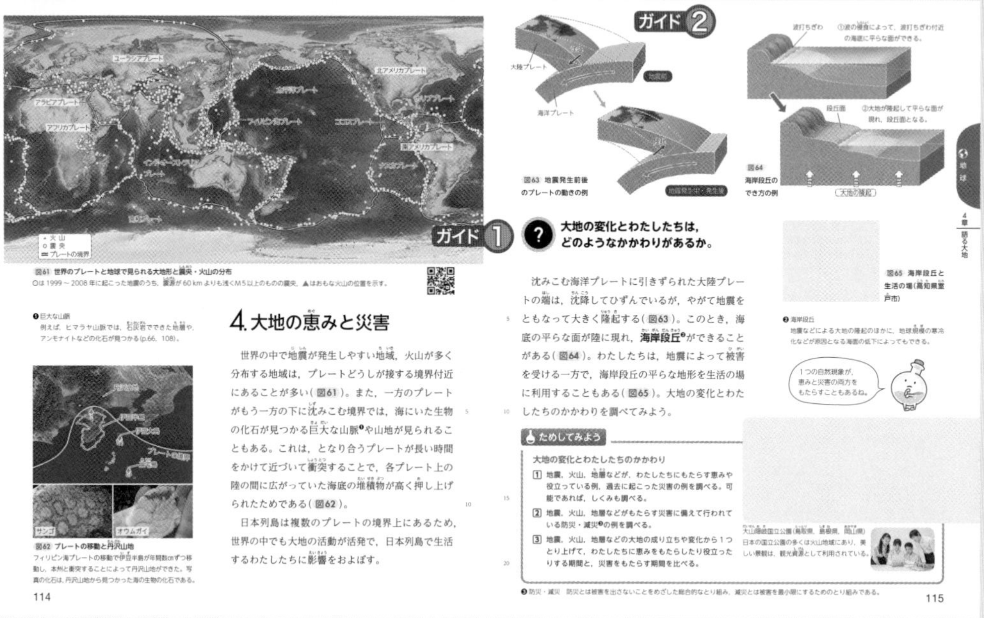
4. 大地の恵みと災害

世界の中で地震が発生しやすい地域，火山が多く分布する地域は，プレートどうしが接する境界付近にあることが多い（図61）。また，一方のプレートがもう一方の下に沈みこむ境界では，海にいた生物の化石が見つかる巨大な山脈❶や山地が見られることもある。これは，となり合うプレートが長い時間をかけて近づいて衝突することで，各プレート上の陸の間に広がっていた海底の堆積物が高く押し上げられたためである（図62）。

日本列島は複数のプレートの境界上にあるため，世界の中でも大地の活動が活発で，日本列島で生活するわたしたちに影響をおよぼす。

❶巨大な山脈 例えば，ヒマラヤ山脈では，石灰岩でできた地層や，アンモナイトなどの化石が見つかる(p.66，108)。

図61 世界のプレートと地球で見られる大地形と震央・火山の分布
○は1999～2008年に起こった地震のうち，震源が60 kmよりも浅くM5以上のものの震央。▲はおもな火山の位置を示す。

図62 プレートの移動と丹沢山地
フィリピン海プレートの移動で伊豆半島が年間数cmずつ移動し，本州と衝突することによって丹沢山地ができた。写真の化石は，丹沢山地から見つかった海の生物の化石である。

114

ガイド1 ？ 大地の変化とわたしたちは，どのようなかかわりがあるか。

沈みこむ海洋プレートに引きずられた大陸プレートの端は，沈降してひずんでいるが，やがて地震をともなって大きく隆起する（図63）。このとき，海底の平らな面が陸に現れ，海岸段丘❷ができることがある（図64）。わたしたちは，地震によって被害を受ける一方で，海岸段丘の平らな地形を生活の場に利用することもある（図65）。大地の変化とわたしたちのかかわりを調べてみよう。

ためしてみよう
大地の変化とわたしたちのかかわり
1 地震，火山，地層などが，わたしたちにもたらす恵みや役立っている例，過去に起こった災害の例を調べる。可能であれば，しくみも調べる。
2 地震，火山，地層などがもたらす災害に備えて行われている防災・減災❸の例を調べる。
3 地震，火山，地層などの大地の成り立ちや変化から1つとり上げて，わたしたちに恵みをもたらしたり役立ったりする期間と，災害をもたらす期間を比べる。

ガイド2
図63 地震発生前後のプレートの動きの例
図64 海岸段丘のでき方の例
図65 海岸段丘と生活の場（高知県室戸市）

❷海岸段丘 地震などによる大地の隆起のほかに，地球規模の寒冷化などが原因となる海面の低下によってもできる。

1つの自然現象が，恵みと災害の両方をもたらすこともあるね。

❸防災・減災 防災とは被害を出さないことをめざした総合的なとり組み，減災とは被害を最小限にするためのとり組みである。

115

ガイド1 学習課題

地球には複数のプレートが存在し，その上でわたしたちは生活している。プレートどうしが接する境界上では大地の活動が活発であり，この活動はわたしたちの生活にも影響を与えている。ここでは，大地の変化とわたしたちとのかかわりについて学んでいく。

世界で地震が発生しやすい地域や，火山の多い地域は，プレートの境界上に多い。また，一方のプレートがもう一方の下に沈みこむ境界では，海にいた生物の化石が見つかる巨大な山脈や山地が見られることもある。例えば，高さ 8000 m をこえる山々が並ぶヒマラヤ山脈で，石灰岩からなる地層やアンモナイトの化石が見つかっている。これはとなり合うプレートが長い時間をかけて近づき衝突する中で，陸の間にある海底が高く押し上げられたからである。

日本列島もまた，プレートの境界上にあるため，世界の中でも大地の活動が活発である。

ガイド2 地震と海岸段丘

プレートの境界の中には，海洋プレートが大陸プレートの下に沈みこむところがある。ここでは，大陸プレートの端は引きずられて沈降しひずむが，やがて地震をともなって大きく隆起する。

海岸では，波の侵食によって波打ちぎわ近くの海底に平らな面ができる。この平らな面は，大陸プレートが隆起するとともに陸地として現れる。こうしてできた地形を海岸段丘といい，平らな面のことを段丘面という。

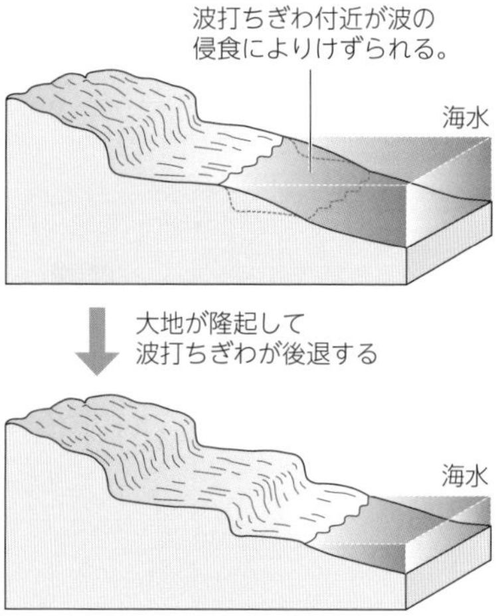
波打ちぎわ付近が波の
侵食によりけずられる。
海水
大地が隆起して
波打ちぎわが後退する
海水

ガイド 1　火山による恵みと災害

火山は災害だけでなく恵みをもたらし，わたしたちの生活に利用されることもある。

例えば，水温が 25℃以上ある，または特定の物質を一定量以上ふくんでいるような地下水のことを温泉というが，温泉は活火山の近くにある。地下の熱によって生じる水蒸気や高温の温泉水は，発電に利用されることもある。また，火山灰が積もってできた土壌が，長い年月をかけて，野菜の栽培に適したものになり，農地として利用されることもある。

もちろん，火山による災害があることも見落としてはならない。マグマの熱が地下の水蒸気を膨張させることで，突然噴火を起こすこともある。また，おもに水蒸気からなる火山ガスがくぼ地や谷にたまることがあるが，人体に有害な硫化水素や二酸化硫黄などをふくむことがあり，吸いこむと危険である。火山のふもとでは，火砕流や泥流，土石流による災害も起こる場合がある。泥流とは，山に積もった火山灰が雨水や雪どけ水と混ざることで，一気に下流に押し流される現象である。土石流とは，山の土砂や火山噴出物が水と混ざり合って，一気に押し流される現象である。

ガイド 2　地震と災害

地震のような大地の活動がわたしたちの生活のさまざまな部分に影響を与えている。例えば，断層が地面に現れることで侵食されて，細長い谷になることがある。この谷が交通路として利用されることもある。また，リアス海岸のように，大地が沈降し，陸地の一部が海に沈んだことで生まれる地形もある。扇状地の中央部のように水を通しやすい地層では畑として利用することもできる。

一方で，地震はさまざまな災害をもたらす。その強いゆれは建物や道路など，いろいろな建築物を壊すこともある。海で地震が起これば津波が発生することもある。また，海岸を埋め立てた場所や，河川の近くにある砂地では，地震によるゆれで，地盤が液体状になることがある。この現象を液状化現象という。傾斜が急な場所については，風化した岩石，固まっていない地層，厚い火山灰の層などがある場合，斜面の一部または全体がくずれて下へと動く地すべりも起こりうる。

テストによく出る
重要用語等

□ハザードマップ

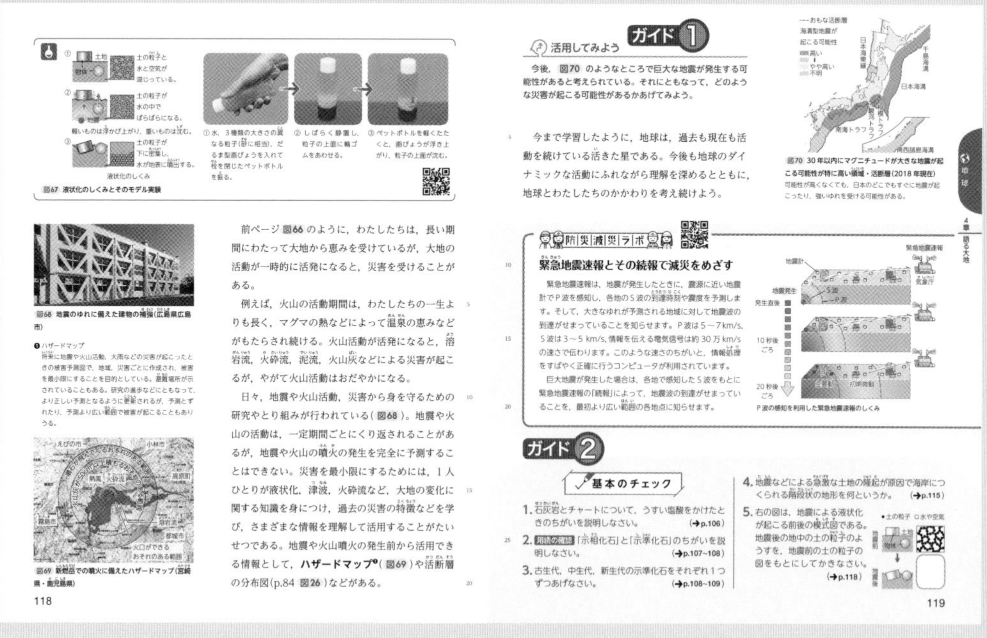

図67 液状化のしくみとそのモデル実験

図68 地震のゆれに備えた建物の補強(広島県広島市)

❶ハザードマップ
将来に地震や火山活動，大雨などの災害が起こったときの被害予測図で，地域，災害ごとに作成され，被害を最小限にすることを目的としている。避難場所が示されていることもある。研究の進歩などにともなって，より正しい予測となるように更新されるが，予測とずれたり，予測より広い範囲で被害が起こることもありうる。

図69 新燃岳での噴火に備えたハザードマップ(宮崎県・鹿児島県)

前ページ 図66 のように，わたしたちは，長い期間にわたって大地から恵みを受けているが，大地の活動が一時的に活発になると，災害を受けることがある。

例えば，火山の活動期間は，わたしたちの一生よりも長く，マグマの熱などによって温泉の恵みなどがもたらされ続ける。火山活動が活発になると，溶岩流，火砕流，泥流，火山灰などによる災害が起こるが，やがて火山活動はおだやかになる。

日々，地震や火山活動，災害から身を守るための研究やとり組みが行われている(図68)。地震や火山の活動は，一定期間ごとにくり返されることがあるが，地震や火山の噴火の発生を完全に予測することはできない。災害を最小限にするためには，1人ひとりが液状化，津波，火砕流など，大地の変化に関する知識を身につけ，過去の災害の特徴などを学び，さまざまな情報を理解して活用することがたいせつである。地震や火山噴火の発生前から活用できる情報として，**ハザードマップ**❶(図69)や活断層の分布図(p.84 図26)などがある。

118

ガイド1 活用してみよう

今後，図70 のようなところで巨大な地震が発生する可能性があると考えられている。それにともなって，どのような災害が起こる可能性があるかあげてみよう。

今まで学習したように，地球は，過去も現在も活動を続けている活きた星である。今後も地球のダイナミックな活動にふれながら理解を深めるとともに，地球とわたしたちのかかわりを考え続けよう。

図70 30年以内にマグニチュードが大きな地震が起こる可能性が特に高い領域・活断層(2018年現在)
可能性が高くなくても，日本のどこでもすぐに地震が起こったり，強いゆれを受ける可能性がある。

防災減災ラボ

緊急地震速報とその続報で減災をめざす

緊急地震速報は，地震が発生したときに，震源に近い地震計でP波を感知し，各地のS波の到達時刻や震度を予測します。そして，大きなゆれが予測される地域に対して地震波の到達がせまっていることを知らせます。P波は5～7 km/s，S波は3～5 km/s，情報を伝える電気信号は約30万 km/sの速さで伝わります。このような速さのちがいと，情報処理をすばやく正確に行うコンピュータが利用されています。

巨大地震が発生した場合は，各地で感知したS波をもとに緊急地震速報の「続報」によって，地震波の到達がせまっていることを，最初より広い範囲の各地点に知らせます。

P波の感知を利用した緊急地震速報のしくみ

ガイド2

基本のチェック

1. 石灰岩とチャートについて，うすい塩酸をかけたときのちがいを説明しなさい。(➔p.106)
2. 用語の確認 「示相化石」と「示準化石」のちがいを説明しなさい。(➔p.107～108)
3. 古生代，中生代，新生代の示準化石をそれぞれ1つずつあげなさい。(➔p.108～109)
4. 地震などによる急激な土地の隆起が原因で海岸につくられる階段状の地形を何というか。(➔p.115)
5. 右の図は，地震による液状化が起こる前後の模式図である。地震後の地中の土の粒子のようすを，地震前の土の粒子の図をもとにしてかきなさい。(➔p.118)

119

ガイド1 活用してみよう

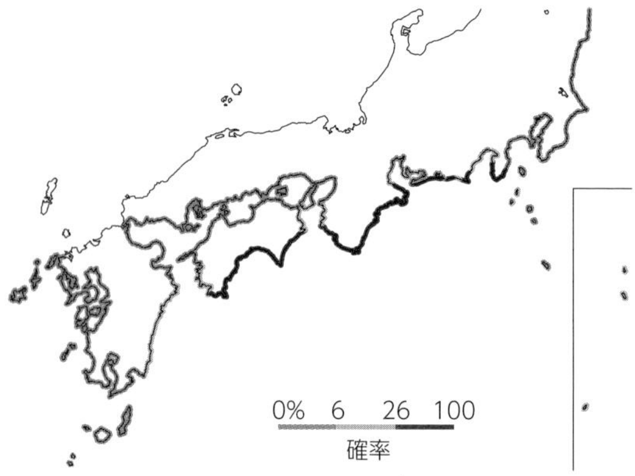

30年以内に3 m以上の津波が押しよせる確率

この図からは，海において巨大な地震が起こる可能性があることが読み取れる。このことから，地震にともなって起こる災害として，津波が考えられる。また，海岸の埋め立て地や，河川の近くの砂地では液状化現象による災害も考えられる。

さらに，陸地においても活断層による地震が起こることが考えられる。特に山が多い地域では，地震による地すべりも考えられる。

もちろん，全体を通じて，強いゆれによる建築物への被害，火災も考えられる。

ガイド2 基本のチェック

1. (例)石灰岩にうすい塩酸をかけたときには，二酸化炭素が発生するが，チャートにかけたときには，何も発生しない。
2. (例)示相化石は，限られた環境にのみ生息できる生物の化石で，化石がふくまれている地層が堆積された当時の環境を知る手がかりとなる。一方で，示準化石は，限られた時代において広い範囲に生息していた生物の化石で，化石がふくまれている地層が堆積された時代を知る手がかりとなる。
3. (例)
   古生代：サンヨウチュウ，フズリナなど
   中生代：アンモナイト，恐竜など
   新生代：ナウマンゾウなど
4. 海岸段丘
5.

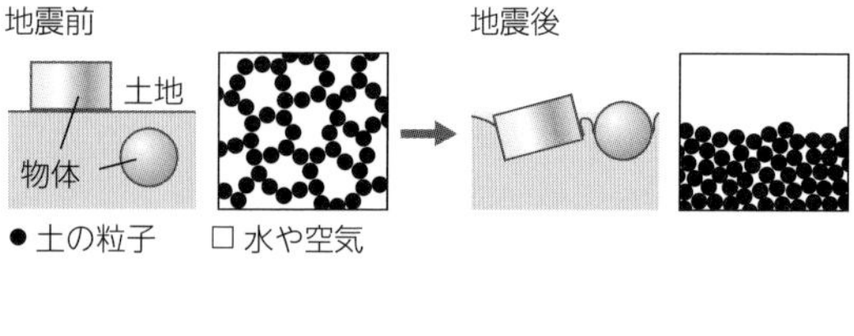

1あおいさんと先生は，秋田県にかほ市の象潟地域の写真を見ながら話をしている。

あおい：田んぼのあちこちに島のようなものが見られますが，これは何ですか。

先　生：昔は本当に1つ1つが島で，マツがしげっていました。この一帯は海につながる入り江で，1689年には俳句で有名な松尾芭蕉も舟で島々をわたったそうです。

あおい：その島はどのようにしてできたのですか。

先　生：写真のおくの鳥海山という火山の一部がくずれ，そのれきなどが海に流れこみ，堆積してできたと考えられています。（下線部a）

あおい：では，海だったところが現在は陸になっているのはどうしてですか。

先　生：1804年に規模の大きな地震が起こり，この一帯が□したためです。（下線部b）

【解答・解説】

(1)　**ウ**

- 堆積岩…堆積したときには固まっていなかった，れき，砂，泥などの層が，その上に積もった層の重みなどで長い年月の間に押し固められてできた岩石。
- 溶岩…火山噴出物の一つである高温で液状のもの，およびこれが冷え固まったもの。

火山の一部がくずれて海に堆積しているので，これは溶岩である。溶岩にはさまざまな種類の鉱物の粒が見られる。

(2)　**マグニチュード**

地震の規模の大小を表す値であるマグニチュードが1大きくなると地震のエネルギーは約32倍になる。

(3)　**隆起**

大地が火山活動や地震によって盛り上がる現象のことを隆起という。海底が隆起すると，陸になることもある。

2静岡県に住んでいるなおとさんは，ある日テレビを見ていると，図1のような緊急地震速報がはじまったので，すぐにじょうぶな机の下に移動した。次の問いに答えなさい。

【解答・解説】

(1)　**P波**

地震が起きたとき，震源から伝わる波にはP波とS波がある。P波が届くと小さなゆれである初期微動が，S波が届くと大きなゆれである主要動がはじまる。

(2)

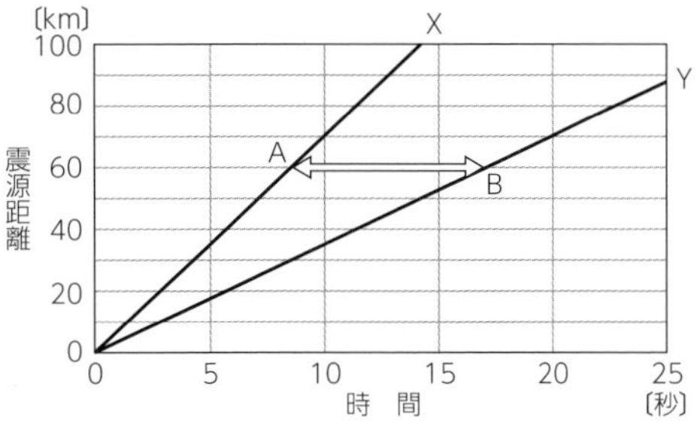

図2

①　**X**

P波はS波よりも速い波であり，初期微動は主要動よりも前に生じる。

②　**初期微動継続時間**

初期微動がはじまってから主要動がはじまるまでの時間を初期微動継続時間とよぶ。これはP波とS波が届く時間の差に等しい。

③　**比例関係がある。**

P波のほうがS波よりも速いので，震源からの距離が遠くなればなるほど初期微動継続時間は大きくなり，この震源からの距離と初期微動継続時間の間には比例関係があることがわかる。またこれにより初期微動継続時間をもとに，ある地点から震源までの距離を求めることができる。

(3)　**30秒(後)**

グラフのXより，P波の速さは7 km/sであることがわかる。なおとさんの家から震源までの距離は210 kmなので，

210 km÷7 km/s＝30 s

より30秒後にP波が届くことがわかる。

(4)　**●震源からの距離が異なるから。**

●土地のつくりが異なるから。

震度は，観測地点におけるゆれの大きさのことだから，場所によって大きさは異なる。

(5)　大陸プレート

内陸型地震は，大陸プレートが海洋プレートによって大陸側に押されることによってひずみ，やがて破壊されて断層ができたり，すでにできていた活断層が再びずれたりして起こる。

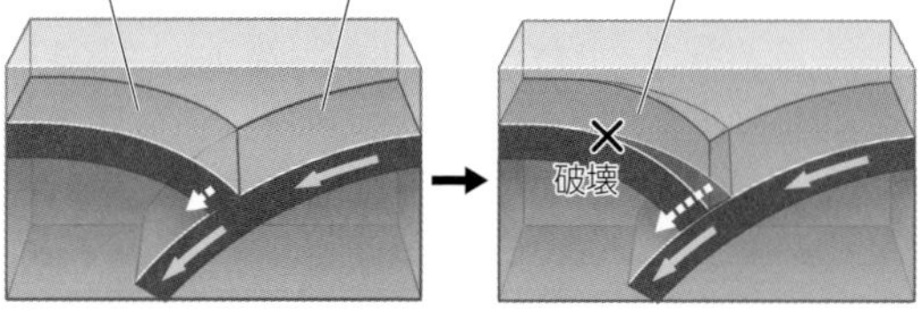

(6)　活断層

地下の浅いところで大地震がくり返し起こることでずれ動き，今後もずれ動く可能性のある断層のことを活断層という。活断層は，地表に現れているもの，現れていないもの，海底にあるものなどさまざまである。

3 活火山の近い場所で火山灰を採集して，双眼実体顕微鏡を用いて観察した。図1は火山灰を観察する準備のようす，図2は異なる活火山の火山灰を観察したスケッチである。

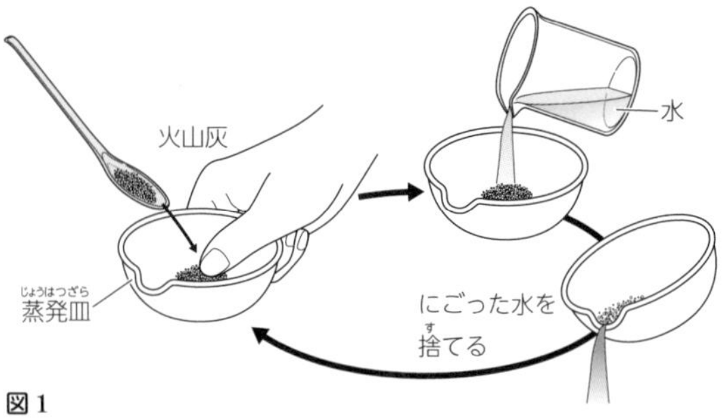

図1

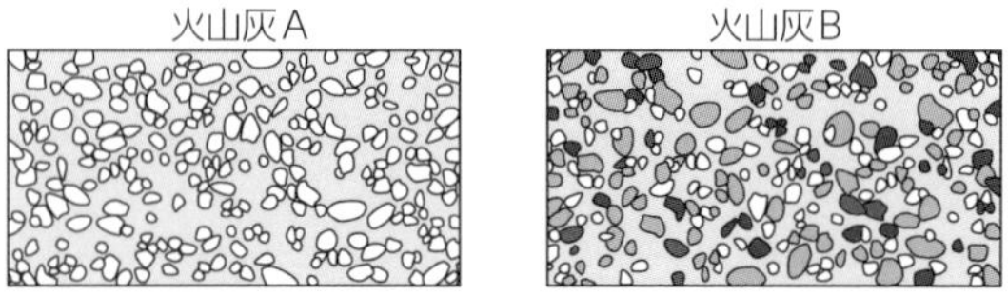

図2

【解答・解説】

(1)　マグマだまり

地下深いところの岩石の一部がどろどろにとけたものをマグマとよび，これは地下のマグマだまりに一時的にたくわえられている。

(2)　ごみやよごれを洗い流すため。

火山灰を観察する前には，鉱物や火山ガラスをよく観察するために，ごみやよごれを水で洗い流しとり除くといった準備を行う。

(3)　接眼レンズを目の幅に合わせる。

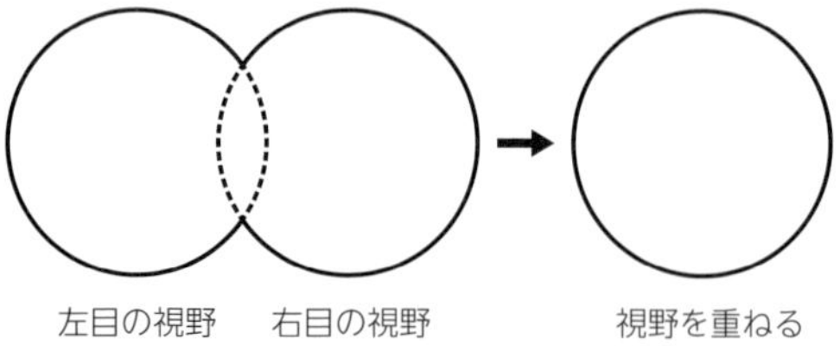

［双眼実体顕微鏡の使い方］

1.　左右の接眼レンズが自分の目の幅に合うように鏡筒を調節し，左右の視野が重なって1つに見えるようにする。

2.　鏡筒を支えながら粗動ねじをゆるめ観察物の大きさにあわせて鏡筒を上下に動かして調節し，粗動ねじを閉めて固定する。次に右目でのぞきながら，微動ねじを回して，ピントを合わせる。

3.　左目でのぞきながら，視度調節リングを回して，ピントを合わせる。

(4)　①　割合が小さい

無色鉱物と有色鉱物の割合によって火山灰の色は決まる。有色鉱物の割合が大きいほど黒っぽくなり，有色鉱物の割合が小さいほど白っぽくなる。

②　大きく

マグマのねばりけは，有色鉱物の割合が大きい黒っぽいマグマほど弱くなり，有色鉱物の割合が小さい白っぽいマグマほど強くなる。

③　急

有色鉱物の割合が大きく，マグマのねばりけが小さいほど火山の傾斜はゆるやかでなだらかな火山になり溶岩を大量にふき上げて噴火する。また有色鉱物の割合が小さく，マグマのねばりけが大きいほど火山の傾斜は急でドーム状の火山になり爆発的な噴火をする。

［おもな火成岩］

		火山岩	深成岩
でき方		急に冷えた	ゆっくり冷えた
組織		斑状組織	等粒状組織
色	黒っぽい ↕ 白っぽい	玄武岩	斑れい岩
		安山岩	せん緑岩
		流紋岩	花こう岩

［おもな火山のでき方と形］

火山名	ねばりけ	噴火	形
マウナロア(ハワイ)	小さい	おだやか	なだらか
キラウェア(ハワイ)			
スキャルドブレイダー山(アイスランド)			↕
三原山			
桜島	↕	↕	円すい形
富士山			
マヨン山(フィリピン)			↕
平成新山			
有珠山			
昭和新山	大きい	爆発的	ドーム状

4 下の図1は，火成岩でできた調理用のプレート(溶岩プレート)で，図2はその一部を拡大したものである。

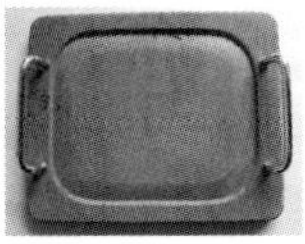
図1

図2

【解答・解説】

(1)　イ

マグマには多くのガスがふくまれており，このおもな成分は水蒸気である。またほかに二酸化炭素や硫化水素などもふくまれている。マグマが地表に流れ出るとき，火山ガスとしてこれらが放出されるため火成岩にはたくさんの穴が見られる。

(2)　斑状組織

火成岩には，比較的大きな鉱物である斑晶とこれを取り囲んでいる石基によりつくられるものがある。このようなつくりを斑状組織とよぶ。また，石基のような部分がなく肉眼で見分けられるくらいの大きさの鉱物が組み合わさってつくられる火成岩もある。このようなつくりを等粒状組織とよぶ。

斑状組織の岩石は，火山岩といい，マグマが地表や地表の近くに上昇し，急に冷やされ固まることによってできる。等粒状組織の岩石は，深成岩といい，マグマの地下深いところでゆっくり冷やされ固まることによってできる。

(3)　(例)①のペトリ皿をしばらくゆっくり冷やし，結晶がいくつか現れたら氷水につけ，水溶液の表面のようすを観察する。

火山岩にふくまれる斑晶はマグマが地下深いところでゆっくり冷やされ固まったものである。また石基はマグマが地表付近で急に冷やされてできたものである。

(3)の表のように，ペトリ皿に入れたミョウバンをすぐに氷水につけて冷やすという方法では，地下深い場所でゆっくり冷やされ斑晶がつくられるという過程が再現できていない。そのため，ペトリ皿を氷水につけて冷やす前にしばらくゆっくり冷やし大きい結晶をつくる作業を行う必要がある。

5 下図は，日本列島付近のプレートのようすを模式的に表したものである。

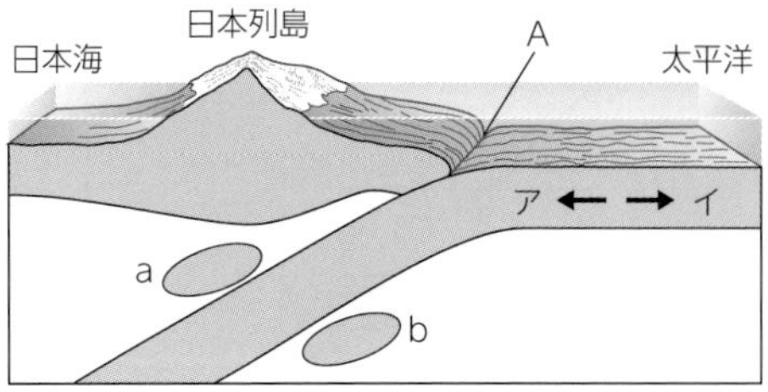

【解答・解説】

(1)　ア

日本列島の下では，大陸プレートの下に海洋プレートが沈みこんでおり，プレートに巨大な力がはたらき続けている。

(2)　海溝

海溝は，最も深いところの深さが6 km をこえる溝状になった海底の長い谷で，海洋プレートがほかのプレートとぶつかって沈みこむところで形成される。

(3)　a

岩石がとけてマグマができるのは海洋プレートの上側である。

6ゆいさんは，図1の地図に示すA地点の露頭を観察した。図2は，図1のA地点で見られた露頭の一部の記録で，砂岩の層と石灰岩の層を岩石ハンマーでたたき割ると化石が見つかった。図3は，図1のB地点のボーリング試料をもとに柱状図を作成したもので，層Zは，図2の層Xとつながっていることがわかった。

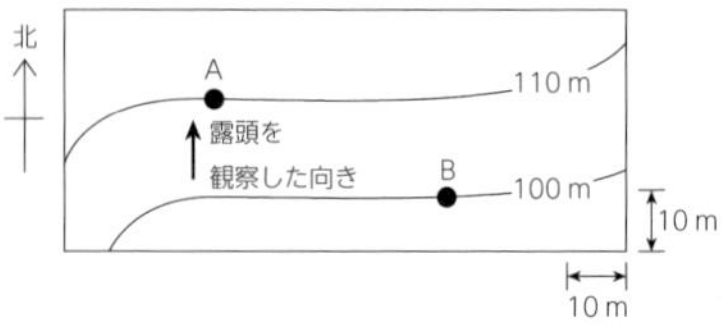

図1

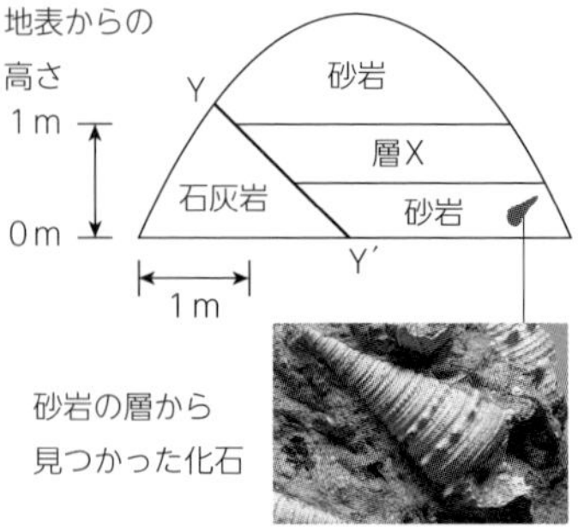

図2

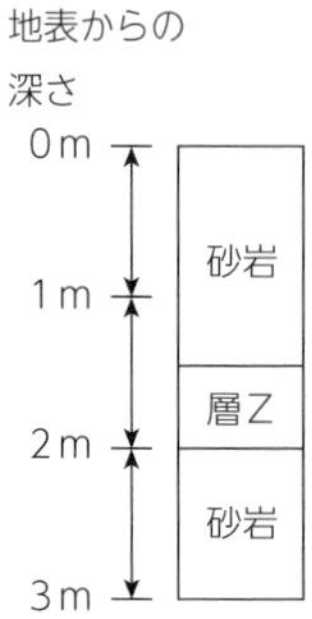

図3

【解答・解説】

(1) 保護眼鏡…岩石の破片が飛び散って，目に入るのを防ぐため。
作業用手袋…岩石で手を切るのを防ぐため。

安全には十分注意し，ハンマーを用いるときは眼鏡をかけたり手袋をつけたりと作業に適した身なりをするように気をつける。また周りの人にも注意する。

(2) 凝灰岩

堆積したときは固まっていなかったれきや砂，泥などが長い年月の間に押し固められてできた岩石を堆積岩という。その中でも，火山灰や火山れき，軽石などの火山噴出物が堆積してできた堆積岩を凝灰岩と呼ぶ。

火山灰の特徴は火山によってちがい，同じ火山でも噴火の時期によって異なる。また火山灰は広範囲かつほぼ同時期に堆積するため，火山灰でできた層は離れた地層を比較するためのかぎ層としてよく利用される。

(3) 地質年代…新生代
理由…(例)砂岩の層から見つかった化石はビカリアで，新生代の示準化石だから。

地球の歴史は古生代，中生代，新生代などの地質年代に区分される。地層ができた時代の推測に役立つ化石を示準化石という。示準化石は広い範囲に住んでいて，かつ短い期間に栄えて絶滅した生物の化石である。

［おもな示準化石］

古生代	フズリナ，サンヨウチュウ
中生代	アンモナイト，恐竜
新生代	デスモスチルス，マンモス，メタセコイア

(4) あたたかくて浅い海

ある限られた環境で生存する生物の化石を手がかりに，地層ができた当時の環境を推測することができる。このような化石を示相化石という。示相化石には，サンゴ，アサリ，ハマグリ，シジミ，ブナなどがある。

［おもな示相化石］

サンゴ	あたたかくて浅い海
カキ シジミ	海水と河川の水などが混じるところ
ブナ	やや寒冷な気候

(5) 断層

大きな力によって大地が割れて，断層と呼ばれるずれが生じることがある。地下でできた断層が地表に現れることもあり，力の受け方によって正断層，逆断層，横ずれ断層などさまざまな種類の断層ができる。

(6) 南

図2は地表から +1 m のところに層Xの上面があり，図3は地表から −1.5 m のところに層Zの上面があって，この2つの層はつながっている。これと等高線が並行に東西にのびていることから層XはA地点から南の方向に下がっていると考えられる。

7花こう岩の風化とわたしたちの生活のかかわりに関する資料1と資料2を読んで，次の問いに答えなさい。

資料1 東海地方では，壺や器といった「せともの」がさかんにつくられてきました。その原材料は粘土です。粘土は泥の一種です。泥は，昔，湖に堆積していたもので，湖周辺の花こう岩でできた山々が風化したことによる土砂がもとになっています。土砂は，川によって運ばれ，湖に堆積したと考えられています。

資料2 花こう岩が風化すると，比較的大きな粒をふくむ，水を通しやすい土砂ができます。そのような土砂が多い山に大雨が降ると，谷に沿って［　］が起こることがあります。写真は［　］によって引き起こされた，大きな被害のようすです。

【解答・解説】

(1) **ウ，オ**

マグマが地下の深いところでゆっくり冷え固まってできた火成岩を深成岩とよぶ。深成岩は，大きな鉱物が組み合わさってできる等粒状組織をもつ。

［おもな火成岩］

		火山岩	深成岩
できかた		急に冷えた	ゆっくり冷えた
組織		班状組織	等粒状組織
色	黒っぽい	玄武岩	斑れい岩
	↕	安山岩	せん緑岩
	白っぽい	流紋岩	花こう岩

(2) **(例)大地が隆起したり，雨などにより，花こう岩より上の地層や岩石が侵食されたから。**

地表に見られる地層の多くは，過去に水中でできたものが，大地の隆起などによって陸に現れたものである。地表に出ている岩石は太陽や熱，水のはたらきによって風化が起こり，雨水や流水によって侵食される。

(3) **ウ**

花こう岩が風化すると，もろくなってばらばらになり，真砂土になる。これは水をふくむと崩れやすいため，真砂土を多くふくむ山に雨が降ると谷に沿って土砂が押し流される土石流が生じる。広島県の山地には花こう岩が多くふくまれる。

なお，液状化とは，地震によるゆれのために，海岸の埋立地や河川沿いなどの砂地で土地が急に軟弱になる現象であり，火砕流とは，溶岩の破片や火山灰が，高温のガスとともに，高速で山の斜面を流れ下る現象である。

8 思考力UP こうたさんは，ユーラシアプレートとフィリピン海プレートの境界付近で起こる地震について調べるため，関連する 資料1〜資料3 を集めた。次の問いに答えなさい。

資料1 1946年の南海地震発生前後の大地の動き(高知県室戸市)

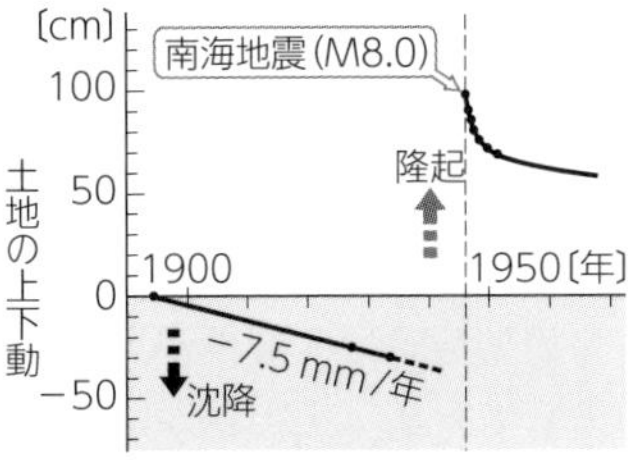

高知県室戸市の沖には，ユーラシアプレートとフィリピン海プレートの境界があり，これらのプレートが室戸市の大地の変化に関係していると考えられている。この付近で発生した1946年の南海地震により，大地は急に隆起した。

資料2 津波によってこわされ運ばれたれき

和歌山県串本町には，泥岩と砂岩でできた海底を貫いた流紋岩が，列状に並ぶ海岸がある。この流紋岩の一部はくずれてれきになり，海岸に散らばっている。れきは，流紋岩が津波によってこわされ，運搬されたものだと考えられている。

資料3 池の底から見つかった津波堆積物

高知県土佐市の蟹ヶ池の底(海岸から約400 m離れた場所)から，泥の層にはさまれた色のちがう層が数層見つかった。この層には海岸で見られる砂などと同じような特徴が見られ，津波で海から運ばれて堆積したと考えられている。層の1つは約2000年前の地震によるものだった。

【解答・解説】

(1) **(例)ユーラシアプレートの下にフィリピン海プレートが沈みこんでいて，ユーラシアプレートの端が引きこまれる。その部分がひずみにたえられなくなってはね上がることで，地震が発生した。**

ユーラシアプレートは大陸プレート，フィリピン海プレートは海洋プレートである。この地震は海溝型地震ともよばれているものである。フィリピン海プレートには，日本列島の下に沈みこむ力がはたらいており，これに引きずられてユーラシアプレートの先端部分も沈降していく。やがてその変形に限界が来るとプレートが反発し境界が破壊される。このときユーラシアプレートは地震を起こして大きく隆起し，沈降する前のもとの状態にもどる。この地震の特徴は，規模が大きく，また大地震による津波の被害も予想されるということである。

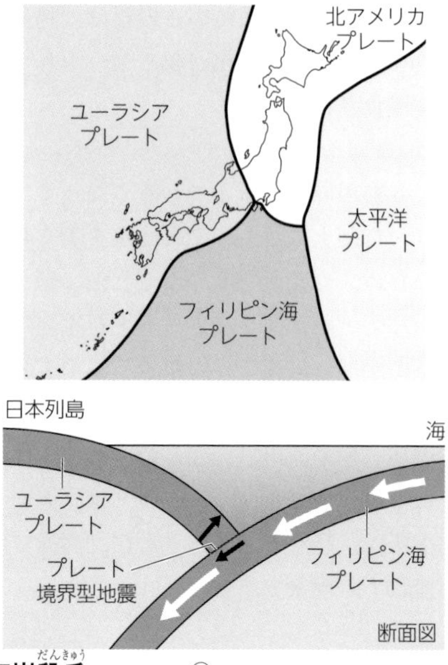

⑵　海岸段丘

海岸線に沿って，平らな面と崖が段のように並んでいる地形を海岸段丘とよぶ。波の浸食によってできた海底の平らな面が，海溝型地震による隆起で陸に現れることにより，海岸段丘ができることがある。また，このような地震による大地の隆起のほかに，地球規模の寒冷化などが原因となる海面の低下によっても海岸段丘ができることがある。

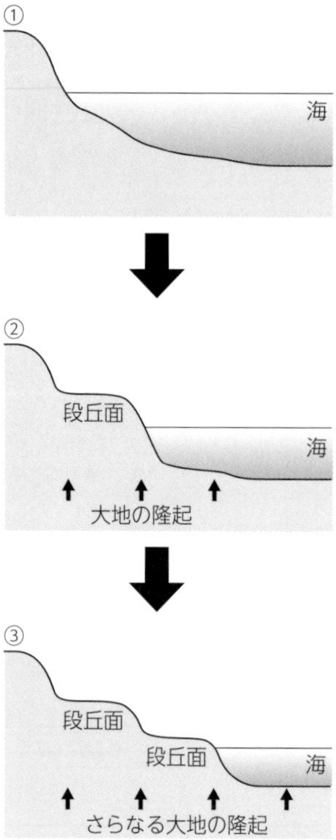

⑶　イ→ウ→エ→ア

まず，海底に泥岩と砂岩の層ができた。次に火山岩の一種である流紋岩ができ海底を貫ぬいた。その後津波により流紋岩の一部がくずれ，れきとなり，これが海岸に散らばった。

⑷　ボーリング

地下の見えない大地を観察する方法としてボーリング調査というものがある。これは，地表から地中に円筒状の細い穴をほり，大地の一部を試料として採集して観察する方法である。また他にトレンチ調査というものもあり，これは地面を溝状にほり，その断面などを観察する方法である。

⑸

①　かぎ層

離れた場所の地層を調べる際に，目印となるような層をかぎ層という。火山灰は，火山によってちがい，同じ火山でも噴火の時期によってちがう。また広範囲にかつほぼ同時に堆積する。そのため火山灰の層はかぎ層としてよく利用される。ほかにも，特徴的な化石をふくむ層などもかぎ層としてよく利用される。

②　イ，エ

かぎ層は，離れた場所の地層を調べるためのものであるため，広い範囲にわたって堆積している必要がある。また，短い時間に堆積した層であることで，層どうしを比較しやすくなり，層のできた時代が特定できる。

⑹　(例)資料１のような大地の動きをともなう地震の発生が過去にもくり返しあり，そのたびに津波の被害の発生が推測できることを説明する。

資料１が示しているような，大陸プレートと海洋プレートによる海溝型地震は，規模が大きく海底の大きな変形が生じるため，大規模な津波被害が起きる危険性が高い。津波は，震央が海域にあり，震源が浅いと発生しやすく，太平洋だけでなく日本海でも発生する。また，V字型に切りこんだ湾の奥では津波が特に高くなるので危険である。フィリピン海プレートにはつねに日本列島の下に沈みこむ力がはたらいているため，大陸プレートであるユーラシアプレートは沈降と隆起をくり返し，そのたびに津波を発生させる。2011年に大きな津波被害をもたらした東北地方太平洋沖地震も，太平洋プレートと北アメリカプレートによる海溝型地震である。

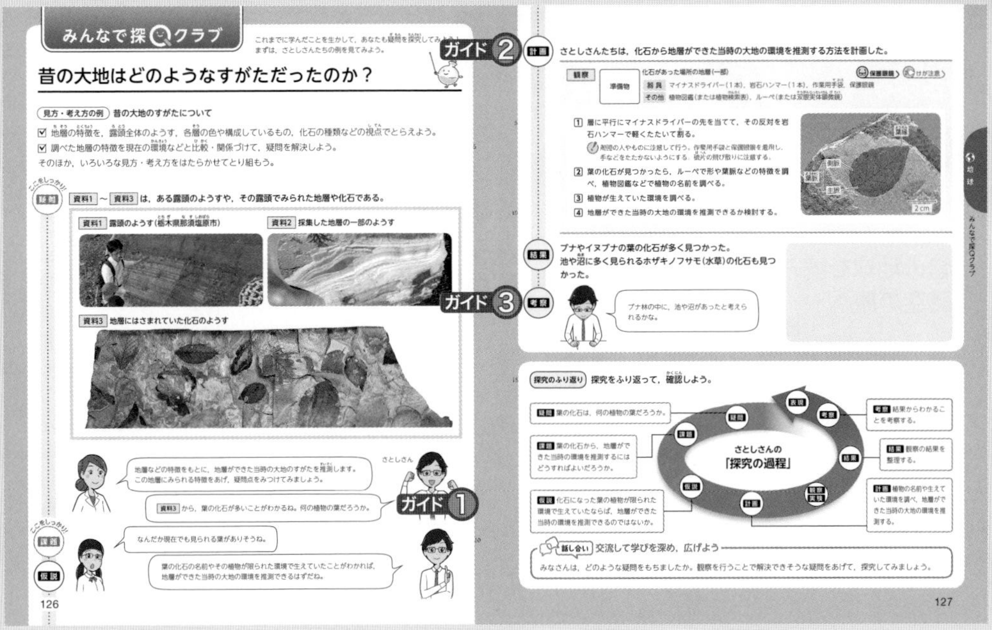

ガイド 1 葉の化石から何が調べられるのか

地層の特徴をもとにして，地層ができた当時の大地のすがたを推測することができる。露頭のようす，それぞれの層の色，構成しているものなどが手がかりになる。ここではさとしさんが，地層に多くの葉の化石がはさまれていることに気づいた。

さとしさんが発言しているように，葉の化石の名前を調べて，その植物が限られた環境で生えていたことがわかれば，当時の大地の環境を推測する手がかりとなる。このような化石を示相化石という(教科書 p.107 も見てみよう)。化石になった動物や植物に適した気温，水温，水深などの条件から，当時そこがどのような気候であったか，どのような大地のすがたであったかを考えることができる。

ガイド 2 化石を観察する

葉の化石を見つけることができたら，それがどの植物のものか，種類を調べよう。葉の形や葉脈などの特徴が手がかりとなる。教科書 p.32 で学んだ植物の分類方法を確認してみるのも良いだろう。

植物の種類がわかったら，その植物が生えていた環境を調べよう。ここでわかったことをもとに，当時の大地の環境を推測することができるか検討することになる。なぜなら，どこにでも生えるような植物の場合，当時の大地の環境を推測しようがないからである。推測できるか検討してから，考察に入ろう。

ガイド 3 考察

教科書 p.127 にあるように，今回の観察ではブナ，イヌブナの化石が多く見つかり，ホザキノフサモという水草の化石も見つかった。

ブナは，北海道南西部から本州，四国，九州に広く分布している。北海道では低地，四国や九州では高地に見られることが多い。このことから，やや寒冷な環境に適した植物と考えられる。

イヌブナは，ブナより低地に育つとされているが，分布する地域はブナと重なることも多い。

ホザキノフサモは，池や沼，溝に生える水草で，キンギョモともよばれる。日本では，北海道から沖縄まで幅広い範囲に生えている。また，中国，朝鮮半島，台湾，シベリアなどにもみられる。

以上のことから，当時の大地の環境として考えられることに，

- やや寒冷な気候であった(ブナやイヌブナの葉の化石があることから。)
- 池や沼があった(ホザキノフサモの化石があることから。)

この 2 つが挙げられる。これらの環境を整理すると，さとしさんが発言しているように，ブナ林の中に池や沼があったと考えることができる。

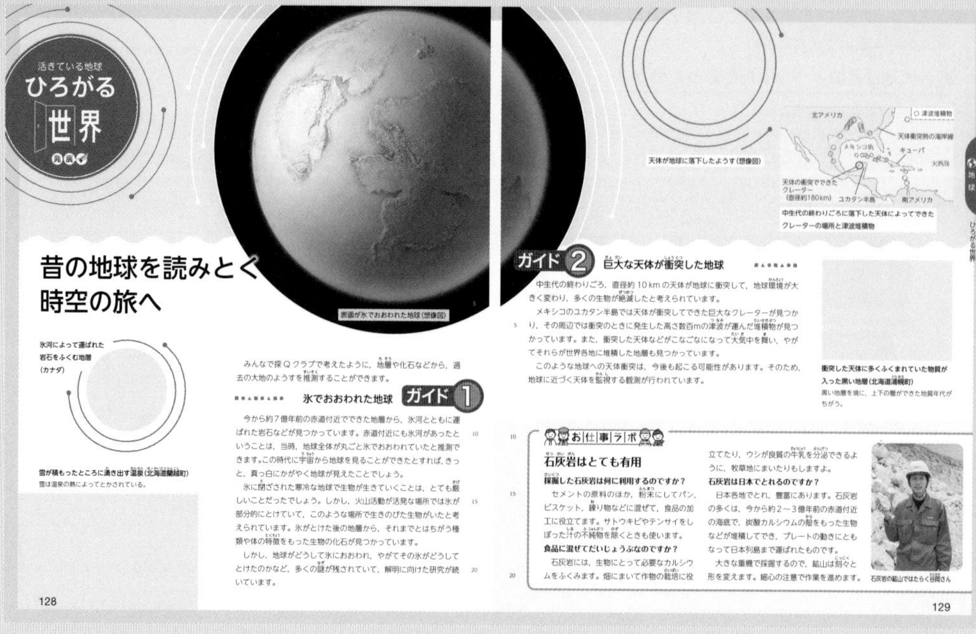
活きている地球
ひろがる世界

昔の地球を読みとく時空の旅へ

表面が氷でおおわれた地球（想像図）

氷河によって運ばれた岩石をふくむ地層（カナダ）

雪が積もったところに湧き出す温泉（北海道蘭越町）
雪は温泉の熱によってとかされている。

みんなで探Qクラブで考えたように，地層や化石などから，過去の大地のようすを推測することができます。

氷でおおわれた地球　ガイド1

今から約7億年前の赤道付近でできた地層から，氷河とともに運ばれた岩石などが見つかっています。赤道付近にも氷河があったということは，当時，地球全体が丸ごと氷でおおわれていたと推測できます。この時代に宇宙から地球を見ることができたとすれば，きっと，真っ白にかがやく地球が見えたことでしょう。

氷に閉ざされた寒冷な地球で生物が生きていくことは，とても厳しいことだったでしょう。しかし，火山活動が活発な場所では氷が部分的にとけていて，このような場所で生きのびた生物がいたと考えられています。氷がとけた後の地層から，それまでとはちがう種類や体の特徴をもった生物の化石が見つかっています。

しかし，地球がどうして氷におおわれ，やがてその氷がどうしてとけたのかなど，多くの謎が残されていて，解明に向けた研究が続いています。

128

天体が地球に落下したようす（想像図）

中生代の終わりごろに落下した天体によってできたクレーターの場所と津波堆積物

ガイド2　巨大な天体が衝突した地球

中生代の終わりごろ，直径約10kmの天体が地球に衝突して，地球環境が大きく変わり，多くの生物が絶滅したと考えられています。

メキシコのユカタン半島では天体が衝突してできた巨大なクレーターが見つかり，その周辺では衝突のときに発生した高さ数百mの津波が運んだ堆積物が見つかっています。また，衝突した天体などがこなごなになって大気中を舞い，やがてそれらが世界各地に堆積した地層も見つかっています。

このような地球への天体衝突は，今後も起こる可能性があります。そのため，地球に近づく天体を監視する観測が行われています。

衝突した天体に多くふくまれていた物質が入った黒い地層（北海道浦幌町）
黒い地層を境に，上下の層ができた地質年代がちがう。

お仕事ラボ

石灰岩はとても有用

採掘した石灰岩は何に利用するのですか？
セメントの原料のほか，粉末にしてパン，ビスケット，練り物などに混ぜて，食品の加工に役立てます。サトウキビやテンサイをしぼった汁の不純物を除くときも使います。

食品に混ぜてだいじょうぶなのですか？
石灰岩には，生物にとって必要なカルシウムをふくみます。畑にまいて作物の栽培に役立てたり，ウシが良質の牛乳を分泌できるように，牧草地にまいたりもしますよ。

石灰岩は日本でとれるのですか？
日本各地でとれ，豊富にあります。石灰岩の多くは，今から約2～3億年前の赤道付近の海底で，炭酸カルシウムの殻をもった生物などが堆積してでき，プレートの動きにともなって日本列島まで運ばれたものです。
大きな重機で採掘するので，鉱山は刻々と形を変えます。細心の注意で作業を進めます。

石灰岩の鉱山ではたらく谷岡さん

129

ガイド1　氷でおおわれた地球

教科書に取り上げられている約7億年前のように，完全に氷におおわれた状態の地球を，「スノーボールアース」や「全球凍結」などとよぶことがある。地球は過去3度にわたって氷におおわれたことがあるといわれている。

約7億年前の地球が氷におおわれていたことを示すものとして，氷河が運んだ岩石が挙げられる。氷河に取りこまれ，それがとけたときに落ちていった岩石が，地層に残っているのである。こうした岩石は世界中で見つかった。また，この時期に世界中で光合成が止まったことも，調査で明らかになっている。

なぜ地球が氷におおわれて，なぜ氷がとけたのか，ということについては，今も研究が進められていて，さまざまな仮説が出されている。地球が氷におおわれた理由としては，この時期に大陸がわかれたこと，二酸化炭素などの温室効果ガスが減ったことなどが考えられている。また，氷がとけた理由として，火山活動を考える仮説もある。

なお，地球が氷でおおわれた時期に比べると，現代は太陽からのエネルギーが大きくなっているため，再び氷におおわれる可能性は低いと考えられる。とはいえ，予期しない環境の変化があった場合を考えると，可能性が全くないとも言い切れない。

ガイド2　巨大な天体が衝突した地球

中生代の終わりごろ，つまり，今から約6500万年前に，直径10 kmの天体が地球に衝突し，多くの生物の絶滅をもたらしたと考えられている。

天体自体は，現在のユカタン半島(メキシコ)に衝突し，直径約180 kmの大きなクレーターをつくった。これによって，周囲には衝撃波が広がり，岩石が壊された。また，大きな津波も起こった。これらの直接的な被害は，あくまで一部の地域に限られたものではあった。

しかし，衝突によってまきあげられたちりやガスが世界中に広がり，太陽の光をさえぎった。これにより，地球は急激に寒冷化した。その後，火山活動が活発になり，二酸化炭素などの温室効果ガスが増えたことで，逆に温暖化も起こった(火山活動は天体の衝突と関係がない)。多くの生物は，こうした急激な気温の変化にたえきれず，絶滅したと考えられている。

このときの絶滅に関しては，生物の約75%が命を落としたという見方もある。その後，敵が少なくなったことで，さまざまな生物がうまれ，哺乳類や鳥類，被子植物が栄えはじめた。巨大な天体の衝突は，生物の歴史を大きく変え，現代の私たちにも間接的に影響を与えているのである。

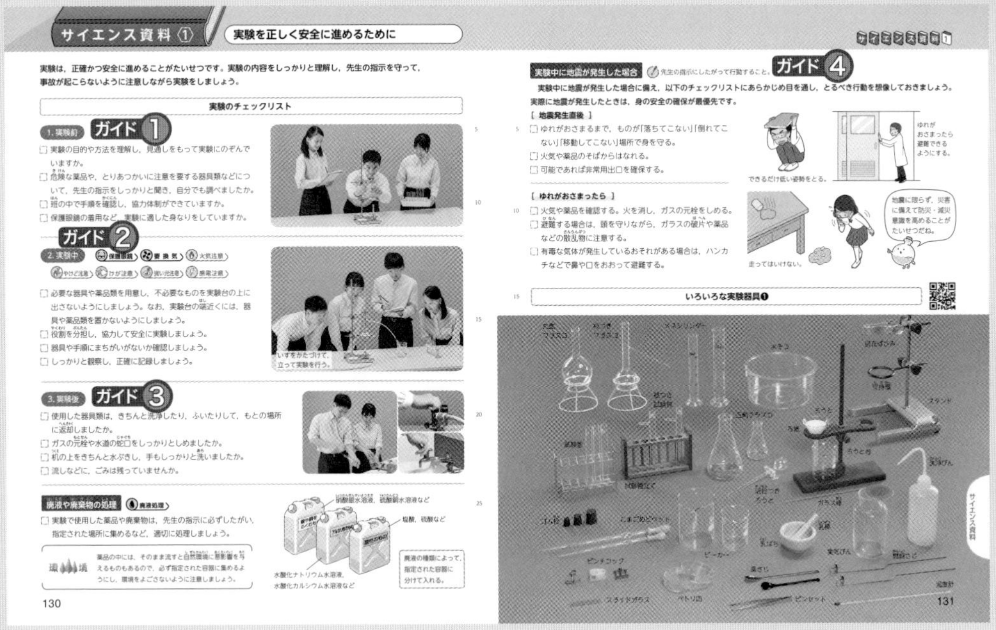

ガイド1　実験前

□実験の前に目的や方法をしっかり確認することで，必要な器具もそろえられるし，スムーズに落ち着いて作業を進めることができる。

□危険な薬品やとりあつかいに注意が必要な器具があれば，先生の指示を聞いてから実験を行う。

□班で実験を行う際には，事前に班のみんなで実験の方法，手順を確認し役割分担などを決めておく。

□実験の日には，安全に実験を行うために，動きやすく薬品などが直接体にふれない服装，そでやすそが器具に引っかからない服装を心がける。また，薬品を使うときには薬品が目に入らないように保護眼鏡をつける。

ガイド2　実験中

□実験中は，机の上に必要な器具や薬品だけを置き，不必要なものは，置かないようにする。また，机の端は，器具や薬品が落ちやすいので，置かないようにする。

□実験前に決めた班での役割分担を，各自が責任持って行い，協力して実験する。

□器具や手順にまちがいがあるとけがや事故につながりかねない。実験中も正しい器具の使い方や手順を確認し，安全に作業を進められるようにする。

□実験のようすは，後からふり返って考察することができるように，記録用紙を用いてくわしく記録する。観察はていねいに行う。

ガイド3　実験後

□使用した器具や薬品は先生の指示にしたがって正しく洗浄し返却する。廃液の中には自然環境に悪影響を与えるものもあるため，処理の仕方をきちんと確認しとりあつかいには十分気をつける。

□ガスの元栓や水道の蛇口はしめ忘れがないようチェックをする。

□机や手に薬品が残っていると危険なので水ぶきや手洗いはきちんと行う。

□流しなどにごみを残すことがないよう処理を忘れないようにする。

ガイド4　実験中に地震が発生した場合

実験中に地震が発生したとき，すぐに適切な行動ができるようにあらかじめ取るべき行動を想像しておくことが大切である。

地震発生直後は，身の安全の確保を第一に考え，ものが落ちたり倒れたり移動したりしない場所で，火器や薬品の側からも離れてできるだけ低い姿勢を取る。ゆれがおさまったら避難ができるように，可能であれば非常用出口を開けておく。また，ゆれがおさまっても火事の危険や有害な気体が発生するおそれやガラスの破片や薬品でけがをするおそれがあるので，十分気をつけて行動する。

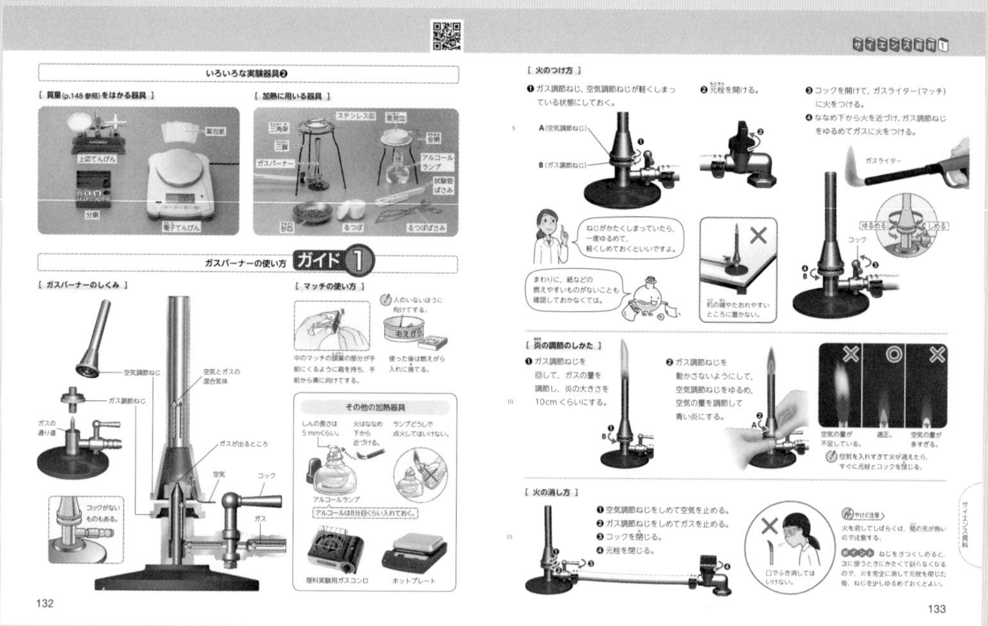

ガイド1 ガスバーナーの使い方

[ガスバーナーのしくみ]

ガスバーナーには，ガスを出すコック，ガスの出かたを調節するガス調節ねじ，空気の出かたを調節する空気調節ねじがあり，ふたつのねじを調節して，ガスと空気を適切に混合させて燃やすしくみになっている。中には，元栓の開閉でガスを出すため，コックのないガスバーナーもある。

[マッチの使い方]

マッチは火薬の部分をマッチ箱の横についている紙やすりでこすり，その摩擦熱で火薬に点火するものである。安全に使用するために，中のマッチの火薬の部分が手前に来るように箱を持ち，手前から奥に火薬をこすることで点火させる。このとき人のいる方に点火させないように注意する。

[火のつけ方]

ガスバーナーは，安全のため机の端などたおれたり落ちたりしないところに置く。また，まわりに燃えやすいものがないようにする。

① 上側にある空気調節ねじと下側にあるガス調節ねじが，軽くしまっている状態にする。もし，ネジがかたくしまっていたら，後の操作で回しやすいように一度ゆるめて軽くしめておくと良い。

② ガスの元栓を開ける。

③ コックを開けて，ガスライターもしくはマッチに火をつける。

④ ガス調節ねじを反時計回りに回してゆるめ，なめ下からガスライターもしくはマッチの火を近づけて点火する。

[炎の調節のしかた]

❶ 炎の大きさが 10 cm くらいになるようにガス調節ねじを回して，ガスの量を調節する。ねじを反時計回りに回すとガスの量は増え，炎は大きくなる。

❷ ガス調節ねじを動かさずに，空気調節ねじだけを回して空気の量を調節し，青い炎にする。空気の量が多すぎて火が消えたら，すぐにコックと元栓をしめる。

[火の消し方]

火をつけたときと反対の手順で操作を行う。

❶ 空気調節ねじをしめて空気を止める。

❷ ガス調節ねじをしめてガスを止める。

❸ コックを閉じる。

❹ 元栓を閉じる

また，火を消してしばらくは筒の先が熱くなっているのでさわらないように注意をする。もしやけどをした場合は，すぐに冷たい水でしばらく冷やすこと。

ねじをしめる際には，次に使いやすいようにするために，火を完全に消して元栓を閉じた後，ねじを少しゆるめておくとよい。

サイエンス資料1　教 p.134〜135

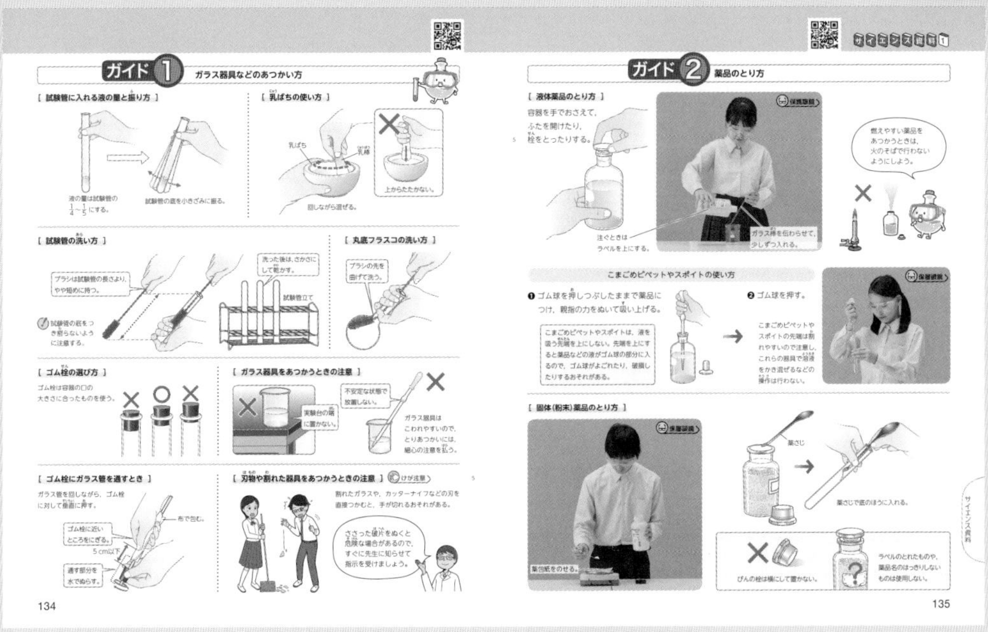
ガイド1　ガラス器具などのあつかい方
［試験管に入れる液の量と振り方］
液の量は試験管の $\frac{1}{4}$〜$\frac{1}{5}$ にする。
試験管の底を小きざみに振る。
［乳ばちの使い方］
乳ばち
乳棒
回しながら混ぜる。
上からたたかない。
［試験管の洗い方］
ブラシは試験管の長さより，やや短めに持つ。
洗った後は，さかさにして乾かす。
試験管立て
試験管の底をつき割らないように注意する。
［丸底フラスコの洗い方］
ブラシの先を曲げて洗う。
［ゴム栓の選び方］
ゴム栓は容器の口の大きさに合ったものを使う。
［ガラス器具をあつかうときの注意］
不安定な状態で放置しない。
実験台の端に置かない。
ガラス器具はこわれやすいので，とりあつかいには，細心の注意を払う。
［ゴム栓にガラス管を通すとき］
ガラス管を回しながら，ゴム栓に対して垂直に押す。
布で包む。
ゴム栓に近いところをにぎる。
5 cm以下
通す部分を水でぬらす。
［刃物や割れた器具をあつかうときの注意］
割れたガラスや，カッターナイフなどの刃を直接つかむと，手が切れるおそれがある。
ささった破片をぬくと危険な場合があるので，すぐに先生に知らせて指示を受けましょう。
134
ガイド2　薬品のとり方
［液体薬品のとり方］
容器を手でおさえて，ふたを開けたり，栓をとったりする。
注ぐときはラベルを上にする。
ガラス棒を伝わらせて，少しずつ入れる。
燃えやすい薬品をあつかうときは，火のそばで行わないようにしよう。
こまごめピペットやスポイトの使い方
❶ゴム球を押しつぶしたままで薬品につけ，親指の力をぬいて吸い上げる。
❷ゴム球を押す。
［固体(粉末)薬品のとり方］
薬さじ
薬さじで底のほうに入れる。
薬包紙をのせる。
びんの栓は横にして置かない。
ラベルのとれたものや，薬品名のはっきりしないものは使用しない。
135

ガイド 1　ガラス器具などのあつかい方

[試験管に入れる液の量と振り方]

試験管に入れる液の量は，試験管の $\frac{1}{4}$〜$\frac{1}{5}$ にして，試験管の底を小きざみに振るようにする。液を入れすぎたり大きく振りすぎたりすると中身があふれる危険がある。

[乳ばちの使い方]

片方の手で乳ばちを抑え乳棒で回しながら混ぜる。上からたたいてはいけない。

[試験管の洗い方]

ブラシを試験管の長さよりやや短めに持ち，試験管の底を押さえて試験管の底をつき割らないよう注意しながら洗う。洗い終わったら，試験管立てにさかさに立てて乾かす。

[丸底フラスコの洗い方]

ブラシの先を曲げて，フラスコの内側にそって洗う。

[ゴム栓の選び方]

ゴム栓は容器の口の大きさに合ったものを使う。

[ガラス器具をあつかうときの注意]

ガラス器具はこわれやすいため，落としやすい実験台の端に置いたり，不安定な状態で放置したりしないようにする。また，とりあつかいには細心の注意を払う。

[ゴム栓にガラス管を通すとき]

ゴム栓をガラス管に通すときは，通す部分を水でぬらしゴム栓に近いところをにぎってガラス管を回しながらゴム栓に対して垂直に押すようにする。ガラス管は滑りやすいため布で包んでにぎると良い。

[刃物や割れた器具をあつかうときの注意]

割れたガラスや刃物を直接つかむと，手が切れたり破片がささったりして，けがをするおそれがある。万が一破片がささった場合，ささった破片をぬくと危険な場合があるので，すぐに先生に知らせ指示を受けるようにする。

ガイド 2　薬品のとり方

[液体薬品のとり方]

液体薬品を注ぐときは，ラベルを汚さないため，ラベルが上から見えるようにして持つ。また薬品を容器からそのままビーカーなどに入れると危険なので，必ずガラス棒を伝わらせる。燃えやすい薬品をあつかうときは，火のそばで行ってはいけない。

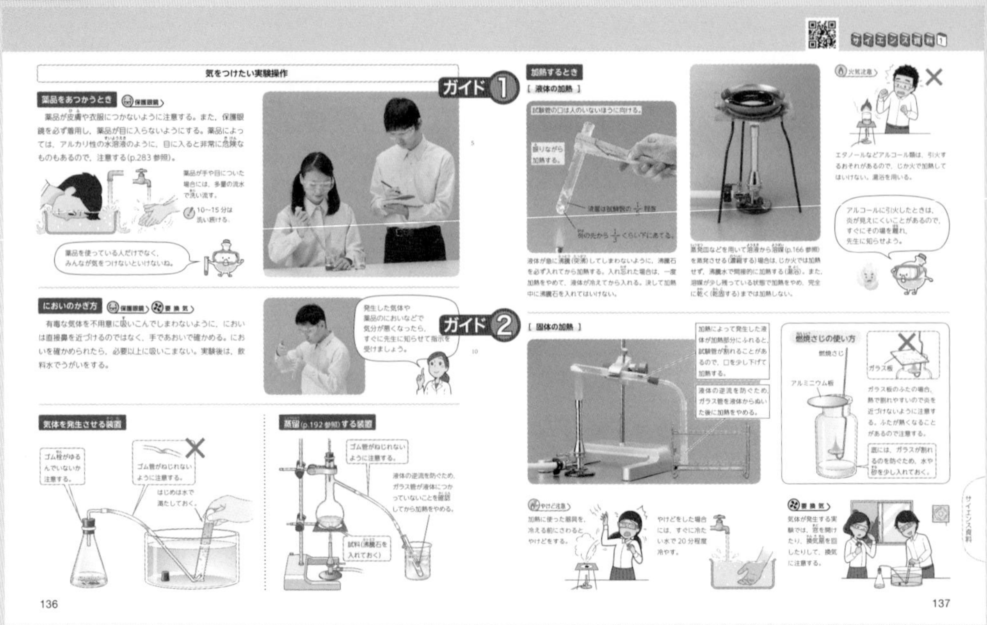

ガイド 1 液体の加熱

液体を加熱するとき，液量は試験管の $\frac{1}{5}$ 程度にし，試験管を炎(ほのお)の先から $\frac{1}{3}$ くらい下にあてて振(ふ)りながら加熱する。この時試験管の口は人のいない方に向けるようにする。また，急な沸騰(ふっとう)（突沸(とっぷつ)）による事故やけがを防ぐために必ず沸騰石を入れる。もし沸騰石を入れ忘れた場合，加熱中に沸騰石を入れると試験管が割(わ)れてしまう危険(きけん)があるため，一度加熱をやめ，液体が冷えてから入れるようにする。

蒸発(じょうはつ)皿などを用いて溶液(ようえき)から溶媒(ようばい)（水などの液体）を蒸発させることを濃縮(のうしゅく)という。濃縮するときは，直接加熱せず沸騰水で湯浴(ゆよく)して加熱する。溶媒が少し残っている状態で加熱をやめ，完全に乾(かわ)く（乾固(かんこ)する）までは加熱しない。エタノールなどのアルコール類を加熱する際も引火のおそれがあるため，直火(じかび)で加熱するのではなく必ず湯浴を用いる。もしアルコールに引火したときは，炎が見えにくいことがあるのですぐにその場を離(はな)れて先生に伝えるようにする。

ガイド 2 固体の加熱

固体を加熱するとき，加熱によって発生した液体が加熱部分にふれると試験管が割れてしまう危険がある。そのため液体が加熱部分にふれず試験管の口のほうに行くように口を少し下げて加熱する。また，液体の逆流を防ぐために加熱を終える前にガラス管を液体からぬいておく。

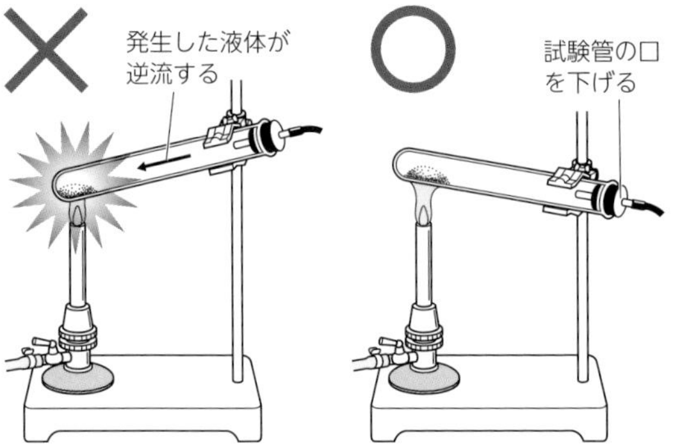

加熱に使った器具はとても高温になっているため，実験後まだ器具が冷える前にこれらをさわるとやけどしてしまう。万が一やけどしてしまった場合には，すぐに冷たい水でしばらく冷やすようにする。

燃焼さじを使うときは，ガラスが割れるのを防ぐために容器の底に水や砂(すな)を少し入れておく。ガラス板のふたを利用する場合，熱で割れやすいため炎を近づけすぎないように注意する。またふたが熱くなることがあるのでとりあつかいには十分に気をつける。

また気体が発生する実験を行う場合，有毒な気体が発生する危険性もあるので窓(まど)を開けたり換気扇(かんきせん)を回したりして換気を心がける。

ガイド1 学びの見通し

この単元では，身のまわりにある物質の特徴や，物質の状態の変化について，観察や実験をつうじて学んでいく。

1章では，物質のもつ性質について学ぶ。有機物と無機物，金属と非金属のように，物質にはその性質に応じて，いくつかの区別のしかたがある。また，物質によって密度があり，それによってものの浮き沈みが決まる。身近な例を当てはめながら，物質の性質を理解しよう。

2章では，気体とその性質について学ぶ。わたしたちが吸う空気は，酸素，二酸化炭素，窒素のように，さまざまな気体が混ざり合ってできている。そして，気体にはそれぞれ固有の性質がある。その性質を理解した上で，どのようにすれば気体を区別できるか，考えてみよう。

3章では，水溶液について学ぶ。水に物質をとかすと水溶液ができる。物質によって，一定量のとかすことのできる質量は異なる。水溶液にとけている物質をとり出すとき，水を蒸発させるのがよい物質もあれば，温度を下げるのがよい物質もあるなど，性質はさまざまである。実験を通して，水溶液の性質について考えよう。

4章では，物質の状態と変化について学ぶ。物質は，温度によって固体，液体，気体の間で状態が変化する。この現象は，物質をつくる粒子のモデルをもとに説明できる。また，どの温度で状態が変わるのかは物質の種類によるため，混合物をつくる物質を分ける方法にも応用できる。状態が変化するしくみとその応用について考えてみよう。

ガイド2 学ぶ前にトライ！

(例)

- 電気が流れるかどうかを確かめる。電気が流れれば金属であり，流れなければプラスチックである。
- 水に沈める。金属は水に沈むので，浮いた場合は，メダルはプラスチックである(水に沈むプラスチックもある)。
- 身近にある金属と重さをくらべる。
- 磁石を近づけてつくかどうかを確かめる。銀は磁石につかないが，鉄は磁石につく。

テストによく出る
重要用語等

□物体
□物質

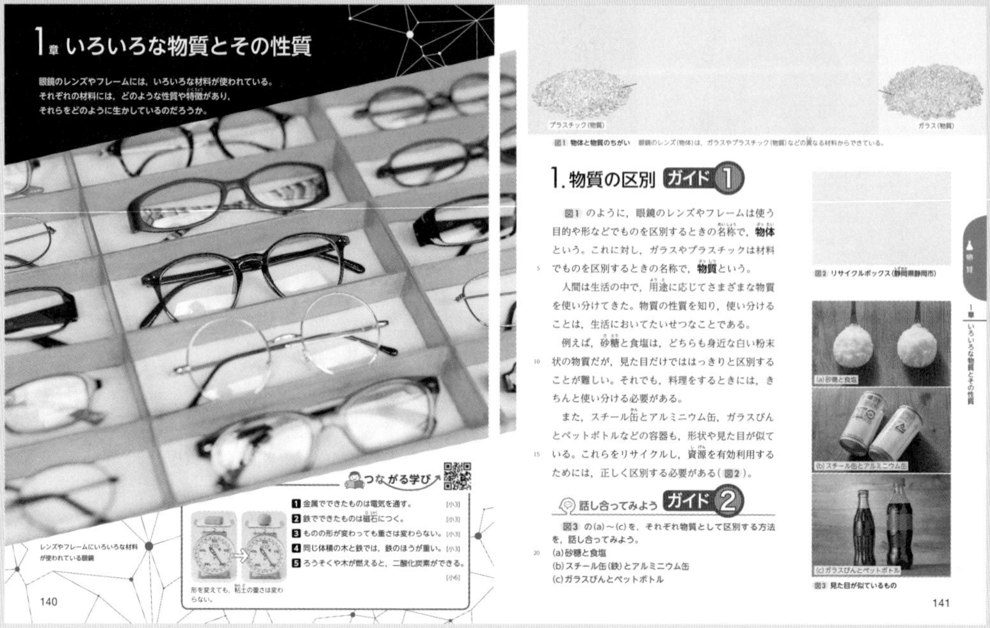
1章 いろいろな物質とその性質

眼鏡のレンズやフレームには，いろいろな材料が使われている。
それぞれの材料には，どのような性質や特徴があり，
それらをどのように生かしているのだろうか。

レンズやフレームにいろいろな材料が使われている眼鏡

つながる学び
1 金属でできたものは電気を通す。［小3］
2 鉄でできたものは磁石につく。［小3］
3 ものの形が変わっても重さは変わらない。［小3］
4 同じ体積の木と鉄では，鉄のほうが重い。［小3］
5 ろうそくや木が燃えると，二酸化炭素ができる。［小6］
形を変えても，粘土の重さは変わらない。

140

プラスチック（物質）
ガラス（物質）
図1 物体と物質のちがい　眼鏡のレンズ（物体）は，ガラスやプラスチック（物質）などの異なる材料からできている。

1.物質の区別 ガイド1

図1 のように，眼鏡のレンズやフレームは使う目的や形などでものを区別するときの名称で，**物体**という。これに対し，ガラスやプラスチックは材料でものを区別するときの名称で，**物質**という。

人間は生活の中で，用途に応じてさまざまな物質を使い分けてきた。物質の性質を知り，使い分けることは，生活においてたいせつなことである。

例えば，砂糖と食塩は，どちらも身近な白い粉末状の物質だが，見た目だけでははっきりと区別することが難しい。それでも，料理をするときには，きちんと使い分ける必要がある。

また，スチール缶とアルミニウム缶，ガラスびんとペットボトルなどの容器も，形状や見た目が似ている。これらをリサイクルし，資源を有効利用するためには，正しく区別する必要がある（図2）。

話し合ってみよう ガイド2

図3 の(a)〜(c)を，それぞれ物質として区別する方法を，話し合ってみよう。
(a)砂糖と食塩
(b)スチール缶(鉄)とアルミニウム缶
(c)ガラスびんとペットボトル

図2 リサイクルボックス（静岡県静岡市）
(a)砂糖と食塩
(b)スチール缶とアルミニウム缶
(c)ガラスびんとペットボトル
図3 見た目が似ているもの

物質
1章 いろいろな物質とその性質

141

ガイド1 物質の区別

砂糖と食塩，スチール缶とアルミニウム缶などは見た目などは似ているものの，全く異なる性質をもっている。つまり，見た目などは似ている物体であっても，異なる物質である。中学校の理科の学習では，もののもつ性質に着目して，物質を区別することが重要である。

テストによく出る

- **物体**　ものの形や大きさ，使う目的など外見のようすに注目したときの名称。
- **物質**　ものをつくっている材料で区別したときの名称。

ガイド2 話し合ってみよう

さまざまな方法を用いて，２つの物質を比べてみる。ただし，物質の安全性がわからないかぎり，直接手でさわったり，口に入れたり，においをかいだりしてはいけない。

◎においをかぐ。

物質によっては，特有のにおいをもつものもある。においをかぐときは，直接鼻を近づけるのではなく，手であおいでかぎ，大きく吸いこんではいけない。

◎手ざわりをみる。

比較する試料の安全性がわかっているときには，手でさわってみると，その感触で物質の区別ができることがある。ただし，同じ物質でも，すりつぶし方によっては，異なる手ざわりになることもある。

◎加熱する。

とける温度が物質によって異なることを利用して，物質を区別することができる。

◎燃え方のちがいを調べる。

火をつけたとき，燃える物質と燃えない物質がある。また，おだやかに燃える，激しく燃えるなど，燃え方にもちがいがある。

◎とけ方のちがいをみる。

水にとける物質ととけない物質がある。物質が一定の温度・一定の量の水にとける量には限度があり，物質によって異なる。同じ温度，同じ量の水に，同じ量の物質をとかしてみて，とけ方のようすや，とけ残りがあるかなどを観察する。

◎その他の方法

電気を通すか，磁石につくか，水溶液がリトマス紙の色を変えるか，粒の形や大きさはどうか，などの調べ方もある。

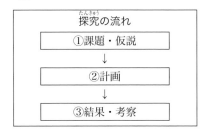

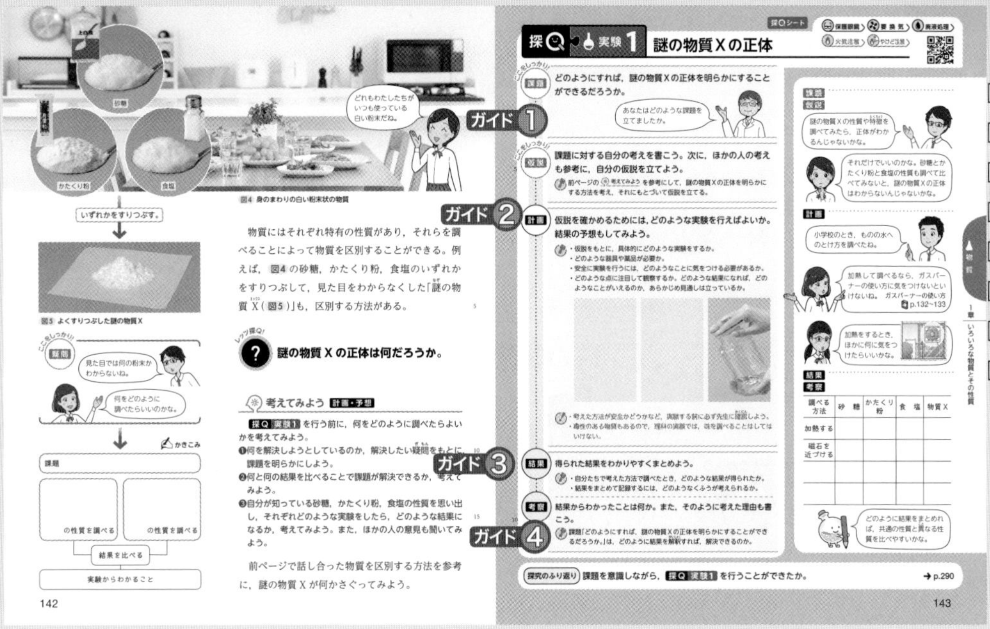

テストによく出る
器具・薬品等

- □石灰水
- □試験管
- □メスシリンダー
- □集気びん
- □燃焼さじ
- □ガスバーナー
- □電子てんびん
- □上皿てんびん

ガイド1 課題・仮説

探究の流れ

①課題・仮説
↓
②計画
↓
③結果・考察

理科では，何かわからないこと，調べたいことがある場合に，観察や実験を行って，出た結果をもとに，なぜそうなるのかを考えることが大切である。

❶ 課題・仮説

まず，観察や実験を通して明らかにしたい課題を明確にする。今まで学習してきたことを思い出して，課題に対する自分の仮説を立てる。

❷ 計画

仮説を確かめるための観察や実験の方法，必要な器具などを考え，計画を立てる。

❸ 結果・考察

行った観察や実験の結果を，必要に応じて表やグラフ，図などにまとめて，そうなった理由，予想との一致やちがいについて考察を行う。新たな疑問が出たら，再度計画を立てる。

ガイド2 計画

例えば，物質Xの色やにおい，手ざわりと，水を入れた試験管にXを入れて振り，とかしたときのようすを調べる。また，指定された方法で加熱したときのようす，集気びんの石灰水のようすを加えて，表にまとめる。

ガイド3 結果

調べる方法	砂糖	かたくり粉	食塩	物質X
色	白色	白色	白色	白色
におい	ほとんどなし	なし	なし	なし
手ざわり	さらさら	キュッと音がした	さらさら	キュッと音がした
水に入れたときのようす	とけ残りがなかった	ほとんどがとけ残った	少しとけ残りがあった	ほとんどがとけ残った
加熱したときのようす	燃えてあまいにおいがして，炭になった	燃えて炭になった	燃えずに白い粉が残った	燃えて炭になった
石灰水のようす	白くにごった	白くにごった	—	白くにごった

ガイド4 考察

砂糖，かたくり粉，食塩の実験結果と物質Xの実験結果を比べたとき，もっとも性質が似ているものが，物質Xの正体であると考えられる。

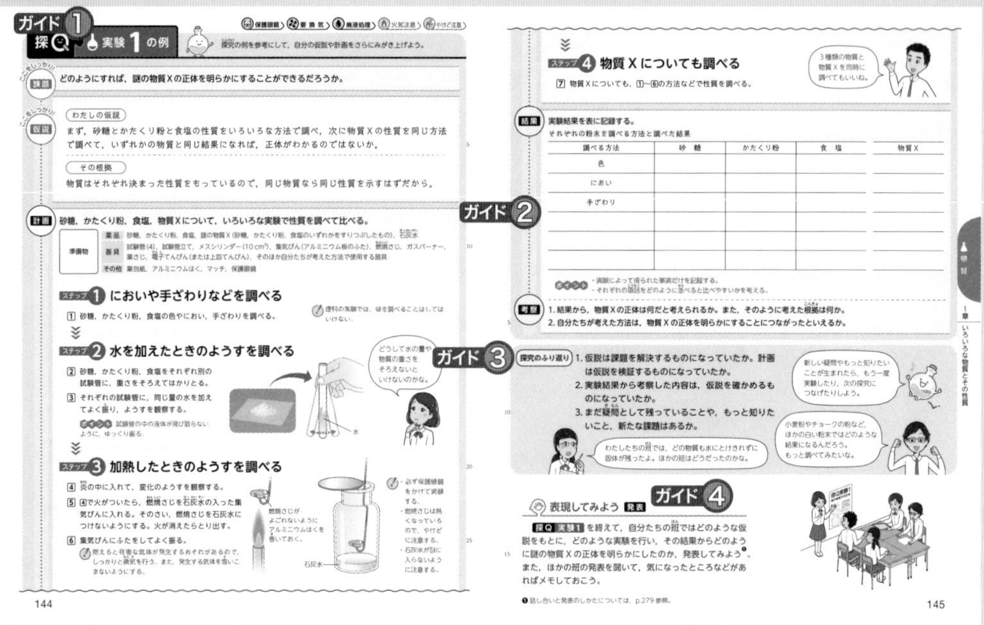

ガイド1

探Q 実験1の例

保護眼鏡 要換気 廃液処理 火気注意 やけど注意

探究の例を参考にして，自分の仮説や計画をさらにみがき上げよう。

課題 どのようにすれば，謎の物質Xの正体を明らかにすることができるだろうか。

仮説 わたしの仮説

まず，砂糖とかたくり粉と食塩の性質をいろいろな方法で調べ，次に物質Xの性質を同じ方法で調べて，いずれかの物質と同じ結果になれば，正体がわかるのではないか。

その根拠

物質はそれぞれ決まった性質をもっているので，同じ物質なら同じ性質を示すはずだから。

計画 砂糖，かたくり粉，食塩，物質Xについて，いろいろな実験で性質を調べて比べる。

準備物

- 薬品 砂糖，かたくり粉，食塩，謎の物質X（砂糖，かたくり粉，食塩のいずれかをすりつぶしたもの），石灰水
- 器具 試験管(4)，試験管立て，メスシリンダー（10 cm^3），集気びん（アルミニウム板のふた），燃焼さじ，ガスバーナー，薬さじ，電子てんびん（または上皿てんびん），そのほか自分たちが考えた方法で使用する器具
- その他 薬包紙，アルミニウムはく，マッチ，保護眼鏡

ステップ1 においや手ざわりなどを調べる

1 砂糖，かたくり粉，食塩の色やにおい，手ざわりを調べる。

理科の実験では，味を調べることはしてはいけない。

ステップ2 水を加えたときのようすを調べる

2 砂糖，かたくり粉，食塩をそれぞれ別の試験管に，重さをそろえてはかりとる。

3 それぞれの試験管に，同じ量の水を加えてよく振り，ようすを観察する。

ポイント 試験管の中の液体が飛び散らないように，ゆっくり振る。

ステップ3 加熱したときのようすを調べる

4 炎の中に入れて，変化のようすを観察する。

5 4で火がついたら，燃焼さじを石灰水の入った集気びんに入れる。そのさい，燃焼さじを石灰水につけないようにする。火が消えたらとり出す。

6 集気びんにふたをしてよく振る。

燃えると有害な気体が発生するおそれがあるので，しっかりと換気を行う。また，発生する気体を吸いこまないようにする。

・必ず保護眼鏡をかけて実験する。
・燃焼さじは熱くなっているので，やけどに注意する。
・石灰水が目に入らないように注意する。

144

ステップ4 物質Xについても調べる

7 物質Xについても，1〜6の方法などで性質を調べる。

結果 実験結果を表に記録する。

それぞれの粉末を調べる方法と調べた結果

調べる方法	砂糖	かたくり粉	食塩	物質X
色				
におい				
手ざわり				

ポイント ・実験によって得られた事実だけを記録する。
・それぞれの項目をどのように並べると比べやすいかを考える。

考察 1. 結果から，物質Xの正体は何だと考えられるか。また，そのように考えた根拠は何か。
2. 自分たちが考えた方法は，物質Xの正体を明らかにすることにつながったといえるか。

ガイド2

ガイド3

探究のふり返り 1. 仮説は課題を解決するものになっていたか。計画は仮説を検証するものになっていたか。
2. 実験結果から考察した内容は，仮説を確かめるものになっていたか。
3. まだ疑問として残っていることや，もっと知りたいこと，新たな課題はあるか。

ガイド4

表現してみよう 発表

探Q 実験1を終えて，自分たちの班ではどのような仮説をもとに，どのような実験を行い，その結果からどのように謎の物質Xの正体を明らかにしたのか，発表してみよう[1]。また，ほかの班の発表を聞いて，気になったところなどがあればメモしておこう。

[1] 話し合いと発表のしかたについては，p.279参照。

145

ガイド1 探究のレポート

実験の結果を記録に残し，探究を深めるために，実験のレポートを残しておくとよい。レポートには次のような項目を必ず入れる。

目的…実験の課題を明らかにするために，この実験を行う目的を書く。

仮説…実験の課題に対する自分の仮説を書く。

準備…実験器具，試料，薬品などを書く。

方法…実験の方法を書く。

結果…教科書 p.145 のように，文章のほか，図や表などを用いて実験の結果を書く。

考察…実験の結果を自分の仮説と照らし合わせて，この実験で新たにわかったことや自分で考えたことを書く。

感想…実験の中で興味がわいたこと，疑問に思ったことなどを書く。

ガイド2 結果・考察

理科では，結果と考察を分けて考える。結果の欄には，実験によって得られた事実だけを記録する。一方，考察には，得られた事実からわかることや推測できることを書く。結果と考察を区別することにより，「事実」と「意見」を区別することができる。

(例)

- 結果(事実)：1 g の食塩は 10 ml の水にとける。
- 考察(意見)：食塩は水にとけやすい物質である。

ガイド3 探究のふり返り

実験を行った後には，自分の探究をふり返り，次の探究に生かしていくことが重要である。仮説は課題を解決するものになっていたか，実験の方法や器具は適切だったか，実験の結果から意義のある考察を行うことができたかといったことをふり返るとよい。ふり返りを行うことで，調べてみたい次の課題が見えてくることもある。

ガイド4 表現してみよう

実験を行った後に，班で実験についての討論をしたり，わかったことを発表したりすることも重要である。その際には，相手にわかりやすい言葉で伝えることや，相手の話を注意して聞くことが大切である。また，ポスターや ICT 機器を用いるなど，わかりやすい発表を目ざした工夫をすることも必要である。話し合いや発表を通して，自分の考察をさらに深めていこう。

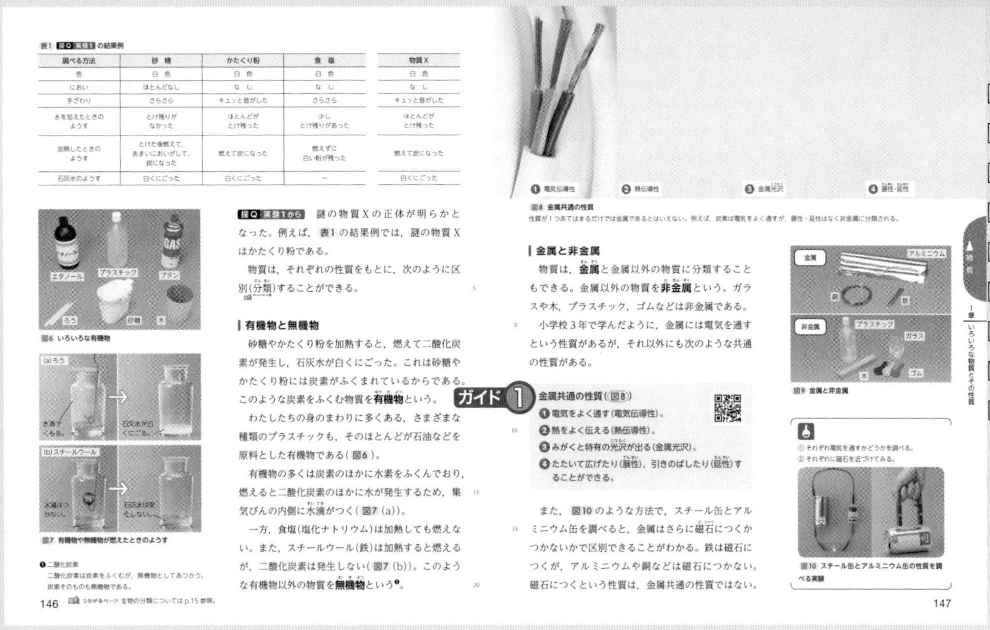

表1 探Q 実験1 の結果例

調べる方法	砂糖	かたくり粉	食塩	物質X
色	白色	白色	白色	白色
におい	ほとんどなし	なし	なし	なし
手ざわり	さらさら	キュッと音がした	さらさら	キュッと音がした
水を加えたときのようす	とけ残りがなかった	ほとんどがとけ残った	少しとけ残りがあった	ほとんどがとけ残った
加熱したときのようす	とけた後燃えて，あまいにおいがして，炭になった	燃えて炭になった	燃えずに白い粉が残った	燃えて炭になった
石灰水のようす	白くにごった	白くにごった	―	白くにごった

図6 いろいろな有機物

図7 有機物や無機物が燃えたときのようす

探Q 実験1から　謎の物質Xの正体が明らかとなった。例えば，表1 の結果例では，謎の物質Xはかたくり粉である。

物質は，それぞれの性質をもとに，次のように区別(分類)することができる。

有機物と無機物

砂糖やかたくり粉を加熱すると，燃えて二酸化炭素が発生し，石灰水が白くにごった。これは砂糖やかたくり粉には炭素がふくまれているからである。このような炭素をふくむ物質を**有機物**という。

わたしたちの身のまわりに多くある，さまざまな種類のプラスチックも，そのほとんどが石油などを原料とした有機物である(図6)。

有機物の多くは炭素のほかに水素をふくんでおり，燃えると二酸化炭素のほかに水が発生するため，集気びんの内側に水滴がつく(図7 (a))。

一方，食塩(塩化ナトリウム)は加熱しても燃えない。また，スチールウール(鉄)は加熱すると燃えるが，二酸化炭素は発生しない(図7 (b))。このような有機物以外の物質を**無機物**という[1]。

[1] 二酸化炭素
二酸化炭素は炭素をふくむが，無機物としてあつかう。炭素そのものも無機物である。

146　つながるページ 生物の分類についてはp.15参照。

図8 金属共通の性質
性質が1つあてはまるだけでは金属であるとはいえない。例えば，炭素は電気をよく通すが，展性・延性はなく非金属に分類される。

金属と非金属

物質は，**金属**と金属以外の物質に分類することもできる。金属以外の物質を**非金属**という。ガラスや木，プラスチック，ゴムなどは非金属である。

小学校3年で学んだように，金属には電気を通すという性質があるが，それ以外にも次のような共通の性質がある。

ガイド1

金属共通の性質(図8)
❶ 電気をよく通す(電気伝導性)。
❷ 熱をよく伝える(熱伝導性)。
❸ みがくと特有の光沢が出る(金属光沢)。
❹ たたいて広げたり(展性)，引きのばしたり(延性)することができる。

また，図10 のような方法で，スチール缶とアルミニウム缶を調べると，金属はさらに磁石につくかつかないかで区別できることがわかる。鉄は磁石につくが，アルミニウムや銅などは磁石につかない。磁石につくという性質は，金属共通の性質ではない。

図9 金属と非金属

① それぞれ電気を通すかどうかを調べる。
② それぞれに磁石を近づけてみる。

図10 スチール缶とアルミニウム缶の性質を調べる実験

147

テストによく出る
重要用語等

- □有機物
- □無機物
- □金属
- □非金属
- □電気伝導性
- □熱伝導性
- □金属光沢
- □展性
- □延性

テストによく出る

- **有機物**　デンプンやアルコールなどのように，炭素をふくんでいて，燃える物質を有機物という。有機物は多くの場合，水素もふくみ，燃えると空気中の酸素と反応して二酸化炭素と水ができる。
- **無機物**　食塩(塩化ナトリウム)や金属のように，有機物以外の物質を無機物という。食塩は燃えないし，スチールウール(鉄)を燃やしても二酸化炭素は発生しない。炭素そのものや，二酸化炭素，一酸化炭素は炭素をふくんでいるが，無機物としてあつかう。
- **金属**　鉄や銅，アルミニウムなどのように，電気を通す，熱をよく伝える，といった共通の性質をもつ物質を金属という。
- **非金属**　金属以外の物質を非金属という。プラスチック，ゴム，ガラス，ろうなどは非金属である。

ガイド1 金属の性質

鉄や銅アルミニウムなど，金属は電気を通す性質をもつ。電気を通さないものは金属ではないが，電気を通すものはすべて金属であるとはいえない。例えば，鉛筆の芯(炭素)や食塩水は電気を通すが，どちらも金属ではない。

金属とは，次のような性質をもつ物質をいう。

- 電気をよく通す(電気伝導性)。
- 熱をよく伝える(熱伝導性)。
- みがくと特有の光沢が出る(金属光沢)。
- たたいて広げたり(展性)，引きのばしたり(延性)することができる。

これらの性質の強さは，金属の種類によって異なる。金属は，その性質に応じてさまざまなことに使われている。

金は展性や延性にすぐれ，1gの小さなかたまりを，約0.5 m^2 もの金ぱくに広げたり，3kmもの長さの金糸にのばしたりすることができる。そのうえ，光沢が美しいことから，さまざまな美術品に用いられている。

銅は，電気伝導性のよさから，送電線などに用いられている。

鉄や銅アルミニウムは熱伝導性のよさから，調理器具に用いられている。

テストによく出る
重要用語等

- □質量
- □密度
- □体積
- □グラム毎立方センチメートル(g/cm³)

テストによく出る
器具・薬品等

- □電子てんびん
- □上皿てんびん

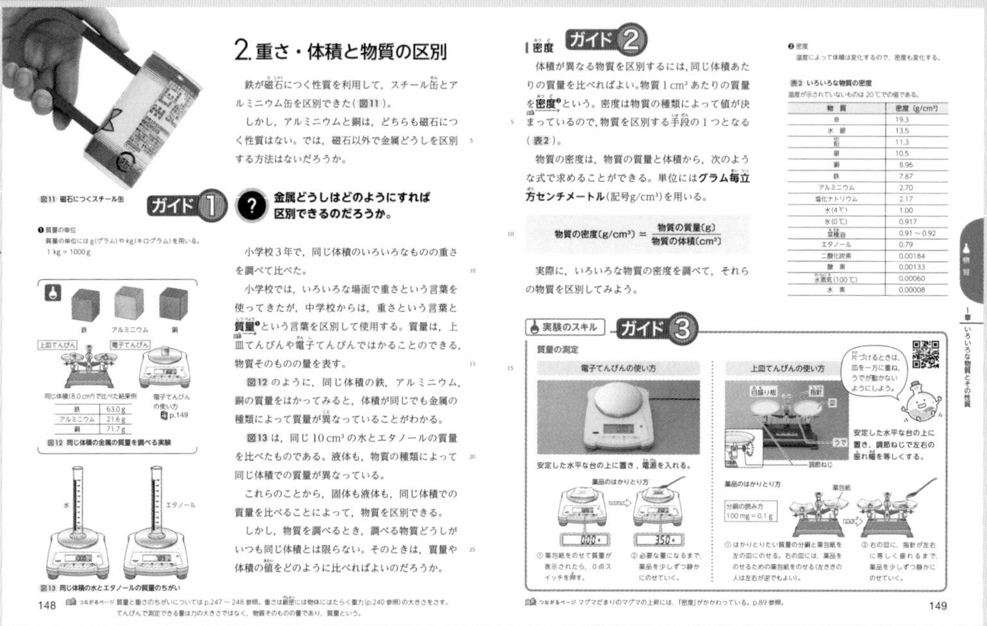
2. 重さ・体積と物質の区別

鉄が磁石につく性質を利用して，スチール缶とアルミニウム缶を区別できた(図11)。

しかし，アルミニウムと銅は，どちらも磁石につく性質はない。では，磁石以外で金属どうしを区別する方法はないだろうか。

図11 磁石につくスチール缶

ガイド1

? 金属どうしはどのようにすれば区別できるのだろうか。

小学校3年で，同じ体積のいろいろなものの重さを調べて比べた。

小学校では，いろいろな場面で重さという言葉を使ってきたが，中学校からは，重さという言葉と質量❶という言葉を区別して使用する。質量は，上皿てんびんや電子てんびんではかることのできる，物質そのものの量を表す。

図12 のように，同じ体積の鉄，アルミニウム，銅の質量をはかってみると，体積が同じでも金属の種類によって質量が異なっていることがわかる。

図13 は，同じ 10 cm³ の水とエタノールの質量を比べたものである。液体も，物質の種類によって同じ体積での質量が異なっている。

これらのことから，固体も液体も，同じ体積での質量を比べることによって，物質を区別できる。

しかし，物質を調べるとき，調べる物質どうしがいつも同じ体積とは限らない。そのときは，質量や体積の値をどのように比べればよいのだろうか。

❶質量の単位
質量の単位には g(グラム)や kg(キログラム)を用いる。
1 kg = 1000 g

同じ体積(8.0 cm³)で比べた結果例

鉄	63.0 g
アルミニウム	21.6 g
銅	71.7 g

図12 同じ体積の金属の質量を調べる実験

図13 同じ体積の水とエタノールの質量のちがい

148 つながるページ 質量と重さのちがいについては p.247～248 参照。重さは厳密には物体にはたらく重力(p.240 参照)の大きさをさす。てんびんで測定できる量は力の大きさではなく，物質そのものの量であり，質量という。

密度 ガイド2

体積が異なる物質を区別するには，同じ体積あたりの質量を比べればよい。物質 1 cm³ あたりの質量を密度❷という。密度は物質の種類によって値が決まっているので，物質を区別する手段の1つとなる(表2)。

物質の密度は，物質の質量と体積から，次のような式で求めることができる。単位には**グラム毎立方センチメートル**(記号g/cm³)を用いる。

$$物質の密度〔g/cm^3〕= \frac{物質の質量〔g〕}{物質の体積〔cm^3〕}$$

実際に，いろいろな物質の密度を調べて，それらの物質を区別してみよう。

❷密度
温度によって体積は変化するので，密度も変化する。

表2 いろいろな物質の密度
温度が示されていないものは 20℃での値である。

物質	密度 (g/cm³)
金	19.3
水銀	13.5
鉛	11.3
銀	10.5
銅	8.96
鉄	7.87
アルミニウム	2.70
塩化ナトリウム	2.17
水(4℃)	1.00
氷(0℃)	0.917
菜種油	0.91～0.92
エタノール	0.79
二酸化炭素	0.00184
酸素	0.00133
水蒸気(100℃)	0.00060
水素	0.00008

実験のスキル ガイド3

質量の測定

つながるページ マグマだまりのマグマの上昇には，「密度」がかかわっている。p.89 参照。 149

物質 1章 いろいろな物質とその性質

ガイド1 学習の課題

てんびんではかる物質そのものの量を質量という。同じ物質であれば，形がちがっても体積が同じなら，質量は同じであること，物質が異なれば，同じ体積であっても，質量が異なることはすでに学んでいる(小学校では，「質量」ではなく「重さ」という言葉を使った)。教科書 p.148 図 12 のように，同じ 8 cm³ の金属であっても，物質が異なれば，てんびんではかるとその質量は異なることがわかる。これは，図 13 のように，水とエタノールのような液体の場合でも同じである。

	体積	質量		体積	質量
鉄	8 cm³	63.0 g	水	10 cm³	10.0 g
アルミニウム	8 cm³	21.6 g	エタノール	10 cm³	7.89 g
銅	8 cm³	71.7 g			

解説 質量と重さ

同じ物体であっても，場所によって「重さ」が異なることがある。例えば，地球上で，ばねばかりが 60 kg を示した物体は，月面上ではほぼ 10 kg を示してしまう。しかし，質量は場所によって変わることのない量である。くわしくはエネルギー分野で学ぶ(教科書 p.247～248)。

ガイド2 密度

物質 1 cm³ あたりの質量を密度という。密度は物質の種類によって値が決まっており，物質を区別するときの重要な手段の1つとなる。

物質の密度は，その物質の質量と体積から，次のような式で求める。単位は g/cm³(グラム毎立方センチメートルと読む)を用いる。

$$密度〔g/cm^3〕= \frac{物質の質量〔g〕}{物質の体積〔cm^3〕}$$

なお，物質は，温度によって膨張したり，収縮したりして体積が変化するので，物質の密度の大きさも変化する。ふつうは何℃のときの密度かが表に記されている。

ガイド3 実験のスキル

◎質量を測るには

電子てんびんか，上皿てんびんを用いて測る。どちらも、安定した水平な台の上に置いて使う。

◎電子てんびんを使うときの注意

薬品をはかりとるときは，薬包紙をのせてから，0 点スイッチを押す。

◎上皿てんびんを使うときの注意

測る前に，調整ネジで指針の左右の振れ幅を等しくし，薬包紙は両方の皿にのせる。分銅とのつり合いは，指針が止まるのを待つのではなく，指針の左右の振れ幅が等しいことで確認する。

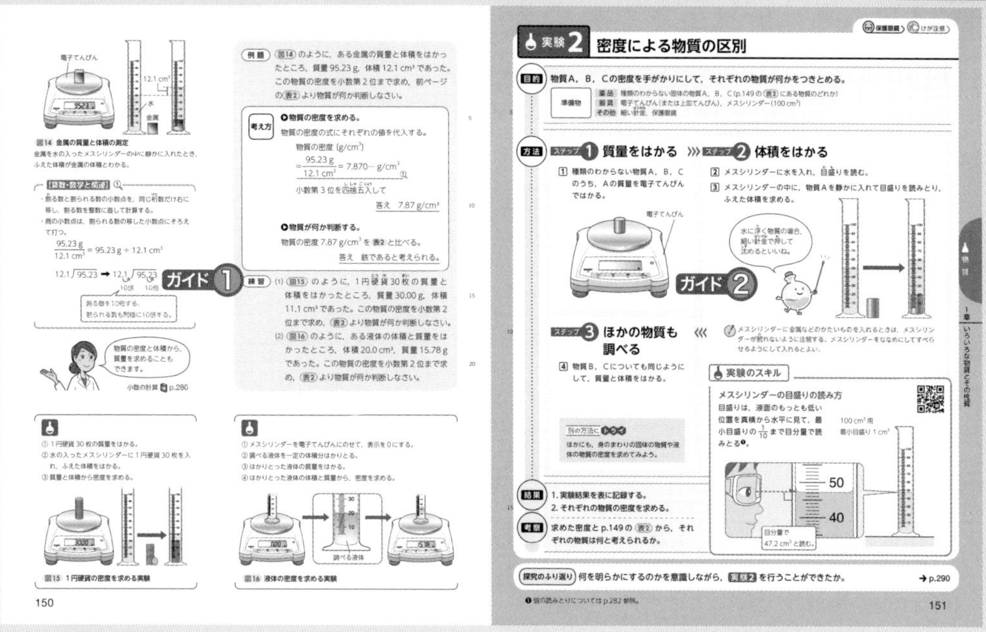

ガイド 1　練習

物質の密度は，質量を体積で割って求める。割り算のやり方を確認した上で，教科書 p.150 の練習問題にとり組もう。

小数をふくむ割り算では，割る数を整数にすること，割る数の小数点を動かしたら，割られる数の小数点も同じ桁数だけ動かすことが重要である。

(1)　このときの計算式は，$\frac{30.00\ \text{g}}{11.1\ \text{cm}^3}$ である。

割る数を整数にするために，割る数・割られる数両方の小数点を 1 桁動かす。すると，

$\frac{300.0\ \text{g}}{111\ \text{cm}^3} = 2.702\cdots\ \text{g/cm}^3$

となる。小数第 1 位まで求める条件より，小数第 2 位を四捨五入すれば，密度は 2.7 g/cm^3 となる。教科書 p.149 表 2 より，この物質はアルミニウムと判断できる。

(2)　このときの計算式は，$\frac{15.78\ \text{g}}{20.0\ \text{cm}^3}$ である。

割る数を整数にするために，割る数・割られる数両方の小数点を 1 桁動かす。すると，

$\frac{157.8\ \text{g}}{200\ \text{cm}^3} = 0.789\ \text{g/cm}^3$

となる。小数第 1 位まで求める条件より，小数第 2 位を四捨五入すれば，求める密度は 0.8 g/cm^3 となる。表 2 より，この物質はエタノールと判断できる。

ガイド 2　実験—器具の使い方

◎電子てんびんを使う上での注意

上皿てんびんとはちがい，計量皿に質量をはかりたいものを置くだけで，計測してくれる電子てんびんは手軽に使える器具である。しかし，使う上でいくつか注意すべき点がある。

- 振動，風，日光のあたらない，安定した水平な場所に置く。一度置いたらみだりに動かさない。
- 試料は直接計量皿にのせない。
- 試料をのせるときはそっとのせる。
- 磁気を帯びたものの質量ははからない。
- 静電気には気をつける（表示される値が上下する可能性があるため）。

◎メスシリンダーの使い方

はかる液体の量に応じた大きさのものを選び，安定した水平な台の上で使用する。

目盛りを読むときは，液体のへこんだ面（メニスカス）を，真横から水平に見て，最小目盛りの $\frac{1}{10}$ まで目分量で読みとる。

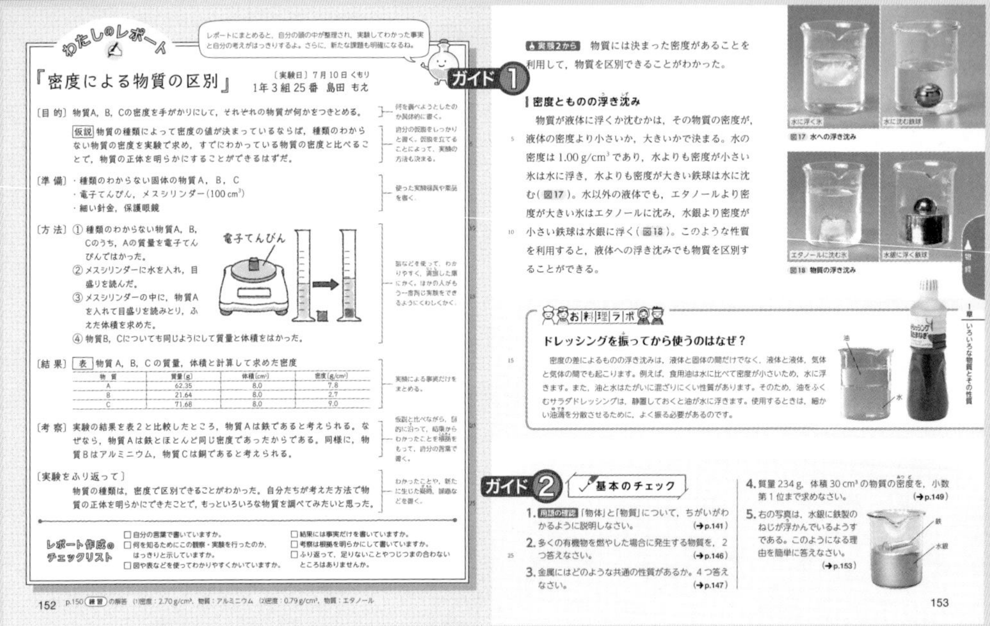

わたしのレポート

レポートにまとめると，自分の頭の中が整理され，実験してわかった事実と自分の考えがはっきりするよ。さらに，新たな課題も明確になるね。

『密度による物質の区別』　〔実験日〕7月10日 くもり　1年3組25番　島田 もえ

〔目的〕物質A，B，Cの密度を手がかりにして，それぞれの物質が何かをつきとめる。　――何を調べようとしたのか具体的に書く。

仮説 物質の種類によって密度の値が決まっているならば，種類のわからない物質の密度を実験で求め，すでにわかっている物質の密度と比べることで，物質の正体を明らかにすることができるはずだ。　――自分の仮説をしっかりと書く。仮説を立てることによって，実験の方法も決まる。

〔準備〕・種類のわからない固体の物質A，B，C
・電子てんびん，メスシリンダー（$100\ cm^3$）
・細い針金，保護眼鏡　――使った実験器具や薬品を書く。

〔方法〕① 種類のわからない物質A，B，Cのうち，Aの質量を電子てんびんではかった。
② メスシリンダーに水を入れ，目盛りを読んだ。
③ メスシリンダーの中に，物質Aを入れて目盛りを読みとり，ふえた体積を求めた。
④ 物質B，Cについても同じようにして質量と体積をはかった。

――図などを使って，わかりやすく，実験した順にかく。ほかの人がもう一度同じ実験をできるようにくわしくかく。

〔結果〕表 物質A，B，Cの質量，体積と計算して求めた密度　――実験による事実だけをまとめる。

物質	質量〔g〕	体積〔cm^3〕	密度〔g/cm^3〕
A	62.35	8.0	7.8
B	21.64	8.0	2.7
C	71.68	8.0	9.0

〔考察〕実験の結果を表2と比較したところ，物質Aは鉄であると考えられる。なぜなら，物質Aは鉄とほとんど同じ密度であったからである。同様に，物質Bはアルミニウム，物質Cは銅であると考えられる。　――仮説と比べながら，目的に沿って，結果からわかったことを根拠をもって，自分の言葉で書く。

〔実験をふり返って〕
物質の種類は，密度で区別できることがわかった。自分たちが考えた方法で物質の正体を明らかにできたことで，もっといろいろな物質を調べてみたいと思った。　――わかったことや，新たに生じた疑問，課題などを書く。

レポート作成のチェックリスト
□自分の言葉で書いていますか。
□何を知るためにこの観察・実験を行ったのか，はっきりと示していますか。
□図や表などを使ってわかりやすくかいていますか。
□結果には事実だけを書いていますか。
□考察は根拠を明らかにして書いていますか。
□ふり返って，足りないことやつじつまの合わないところはありませんか。

152　p.150（練習）の解答　(1)密度：$2.70\ g/cm^3$，物質：アルミニウム　(2)密度：$0.79\ g/cm^3$，物質：エタノール

実験2から　物質には決まった密度があることを利用して，物質を区別できることがわかった。

ガイド1

密度とものの浮き沈み

物質が液体に浮くか沈むかは，その物質の密度が，液体の密度より小さいか，大きいかで決まる。水の密度は $1.00\ g/cm^3$ であり，水よりも密度が小さい氷は水に浮き，水よりも密度が大きい鉄球は水に沈む（図17）。水以外の液体でも，エタノールより密度が大きい氷はエタノールに沈み，水銀より密度が小さい鉄球は水銀に浮く（図18）。このような性質を利用すると，液体への浮き沈みでも物質を区別することができる。

図17 水への浮き沈み

図18 物質の浮き沈み

お料理ラボ
ドレッシングを振ってから使うのはなぜ？
密度の差によるものの浮き沈みは，液体と固体の間だけでなく，液体と液体，気体と気体の間でも起こります。例えば，食用油は水に比べて密度が小さいため，水に浮きます。また，油と水はたがいに混ざりにくい性質があります。そのため，油をふくむサラダドレッシングは，静置しておくと油が水に浮きます。使用するときは，細かい油滴を分散させるために，よく振る必要があるのです。

ガイド2　基本のチェック
1. 用語の確認「物体」と「物質」について，ちがいがわかるように説明しなさい。（→p.141）
2. 多くの有機物を燃やした場合に発生する物質を，2つ答えなさい。（→p.146）
3. 金属にはどのような共通の性質があるか。4つ答えなさい。（→p.147）
4. 質量234 g，体積 $30\ cm^3$ の物質の密度を，小数第1位まで求めなさい。（→p.149）
5. 右の写真は，水銀に鉄製のねじが浮かんでいるようすである。このようになる理由を簡単に答えなさい。（→p.153）

物質　1章 いろいろな物質とその性質

153

ガイド 1 ものの浮き沈み

ある物体が液体に浮くか沈むかは，その物体をつくる物質の密度が液体の密度より大きいか小さいかで決まる。この性質を利用すると，液体への浮き沈みから物体を区別することができる。

この浮き沈みは，液体と液体，気体と気体の間でも起こる。例えば，密度が水（$1.00\ g/cm^3$）より小さい油（$0.91\ g/cm^3$）は水に浮く。また，密度が空気（$0.0013\ g/cm^3$）より大きい二酸化炭素（$0.0019\ g/cm^3$）は地形の影響などによっては空気に混ざらず低い場所にたまることがある。

液体	密度〔g/cm^3〕	入れるもの	密度〔g/cm^3〕	浮き沈み
水	1.00	木片	0.80	浮く
水	1.00	くぎ（鉄）	7.87	沈む
水	1.00	氷	0.92	浮く
水	1.00	油	0.91	浮く
エタノール	0.79	氷	0.92	沈む
水銀	13.5	鉄の玉	7.87	浮く
空気	0.0013	風船（ヘリウム）	0.0002	浮く
死海の湖水	1.16	人体	1.10	浮く

ガイド 2 基本のチェック

1. （例）物体は，使う目的や形などでものを区別するときの名称である。一方，物質は材料でものを区別するときの名称である。
2. 二酸化炭素と水
※有機物の多くは，炭素のほかに水素をふくんでいるからである。
3. （例）
- 電気をよく通す（電気伝導性）。
- 熱をよく伝える（熱伝導性）。
- みがくと特有の光沢が出る（金属光沢）。
- たたいて広げたり（展性），引きのばしたり（延性）することができる。
4. $\dfrac{234\ g}{30\ cm^3}=7.8\ g/cm^3$ より，密度は $7.8\ g/cm^3$。
5. （例）鉄は水銀よりも密度が小さいから。

ガイド 1 つながる学び

1 空気はいろいろな種類の気体が混合したものである。窒素がもっとも多くふくまれ，空気の体積の約78%を占めている。酸素がその次に多く，約21%ふくまれている。その他，二酸化炭素，アルゴン，ヘリウムなど多くの種類の気体がごく微量ずつふくまれている。

2 炭酸水から出てくる気体を試験管に集めた後，試験管に石灰水を入れて振る。石灰水は二酸化炭素にふれると白くにごる性質があるので，白くにごれば二酸化炭素であることがわかる。

ガイド 2 身のまわりの気体

もっとも身近な気体は**空気**である。空気には，**窒素**，**酸素**，**二酸化炭素**などがふくまれている。わたしたち生物は，酸素を吸い，二酸化炭素をはき出している（呼吸）。

発泡入浴剤を湯に入れたとき発生するあわは**二酸化炭素**である。発泡入浴剤のおもな成分は炭酸水素ナトリウムという物質で，これは水に入れると二酸化炭素を発生する。

炭酸水素ナトリウムはベーキングパウダーにもふくまれている。パンケーキの無数の穴は二酸化炭素がぬけた跡である。

カセットコンロで使用するカセットボンベにつめられているガスは，**ブタン**や**プロパン**である。

家庭に供給されている都市ガスの主成分は**メタン**で，その他，**エタン**，**プロパン**などがふくまれている。また，熱源として，プロパンやブタンを主成分とするLPG（液化石油ガス）を使っている家庭もある。LPGはタクシーの燃料としても広く使われている。

なお，カセットボンベガス，LPG，都市ガスなどのガスは本来無臭であるが，ガス漏れの危険を知らせるため，タマネギが腐ったような独特の強いにおいをつけている。

プールの独特のにおいは，消毒剤を用いたときに発生する**塩素**のにおいである。この消毒剤の主成分は次亜塩素酸ナトリウムという物質で，水と反応すると塩素を発生する。塩素には殺菌作用や漂白作用がある。次亜塩素酸ナトリウムは水道水の殺菌に使われており，家庭用の漂白剤にもふくまれている。

リンゴは特有のあまいにおいがする。このにおいには，**エチレン**という気体がふくまれている。まだ青いバナナやかたいキウイフルーツをいっしょに置いておくと，リンゴから発生するエチレンのはたらきで熟成が進み，バナナは黄色く，キウイフルーツはやわらかくなる。食べごろの果物や野菜をリンゴといっしょにしておくと，傷みが早くなるので注意が必要である。ただし，ジャガイモの発芽をおさえるはたらきもある。

テストによく出る
重要用語等

□水上置換法
□上方置換法
□下方置換法

テストによく出る
器具・薬品等

□二酸化マンガン
□過酸化水素水
□過炭酸ナトリウム
□石灰石
□塩酸
□炭酸水素ナトリウム
□酢酸

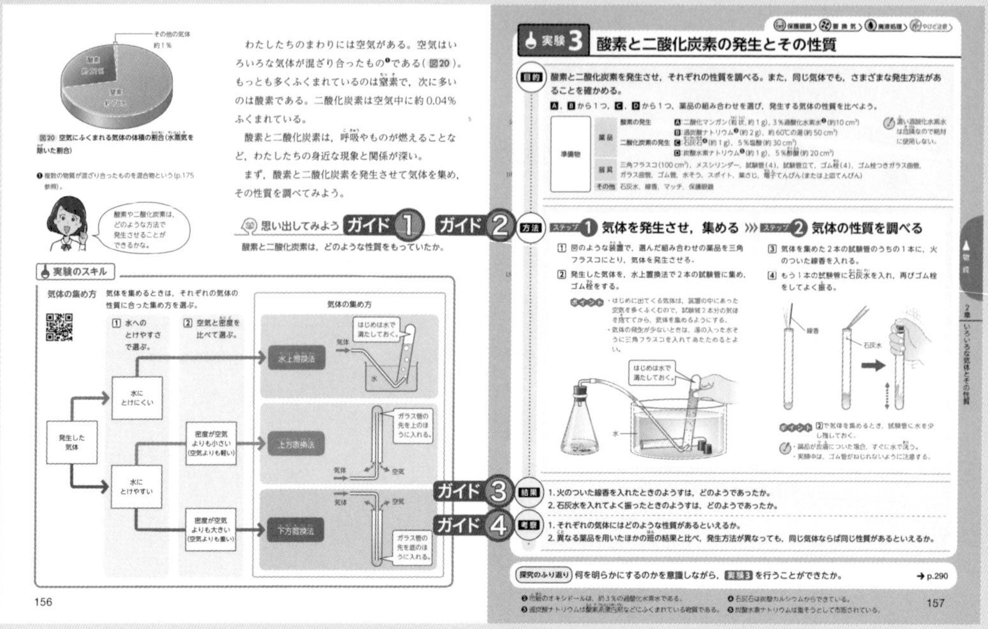

ガイド1 思い出してみよう

◎**酸素**

酸素はものを燃やすはたらきがあるため，火のついた線香（せんこう）を酸素の中に入れると激（はげ）しく燃える。

◎**二酸化炭素**

二酸化炭素を石灰水（せっかいすい）の入った試験管に入れてよく振（ふ）ると，石灰水が白くにごる。また，ものを燃やす性質はない。

テストによく出る

気体の集め方　水にとけにくい気体は**水上置換法**（ちかんほう）で集める。この方法だと空気が混ざらず，発生した気体だけを集めることができる。水にとけやすい気体は，空気より軽い場合は**上方置換法**，空気より重い場合は**下方置換法**で集める。

集め方	水上置換法	上方置換法	下方置換法
集められる気体	水素・酸素 窒（ちっ）素（そ） (二酸化炭素)	アンモニア	二酸化炭素 二酸化硫黄（いおう） 塩化水素 塩　素
集める装（そう）置（ち）	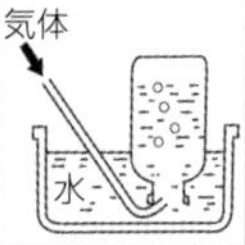	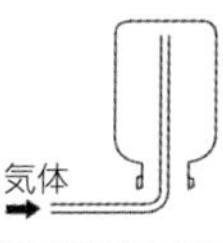	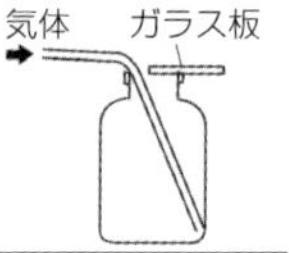

ガイド2 方法

A　二酸化マンガンにうすい過酸化水素水を加える。
B　過炭酸ナトリウムに約60℃の湯を加える。
➡**A**，**B**ともに酸素が発生する。
C　石灰石（せっかいせき）にうすい塩酸を加える。
D　炭酸水素ナトリウムにうすい酢酸（さくさん）を加える。
➡**C**，**D**ともに二酸化炭素が発生する。

ガイド3 結果

1. **A**，**B**で集めた気体を入れた試験管に，火のついた線香を入れると，激しく燃えた。**C**，**D**で集めた気体を入れた試験管では，火が消えた。
2. **A**，**B**で集めた気体を入れた試験管に，石灰水を加えてよく振っても，石灰水の色は変わらなかった。**C**，**D**で集めた気体を入れた試験管では，石灰水が白くにごった。

ガイド4 考察

1. **A**，**B**で集めた気体は，ものを燃やす性質があり，酸素であることがわかる。また，**C**，**D**で集めた気体は，石灰水を白くにごらせる性質があり，二酸化炭素であることがわかる。
2. 発生方法が異（こと）なっても，集めた気体が同じであれば，同じ性質があるといえる。

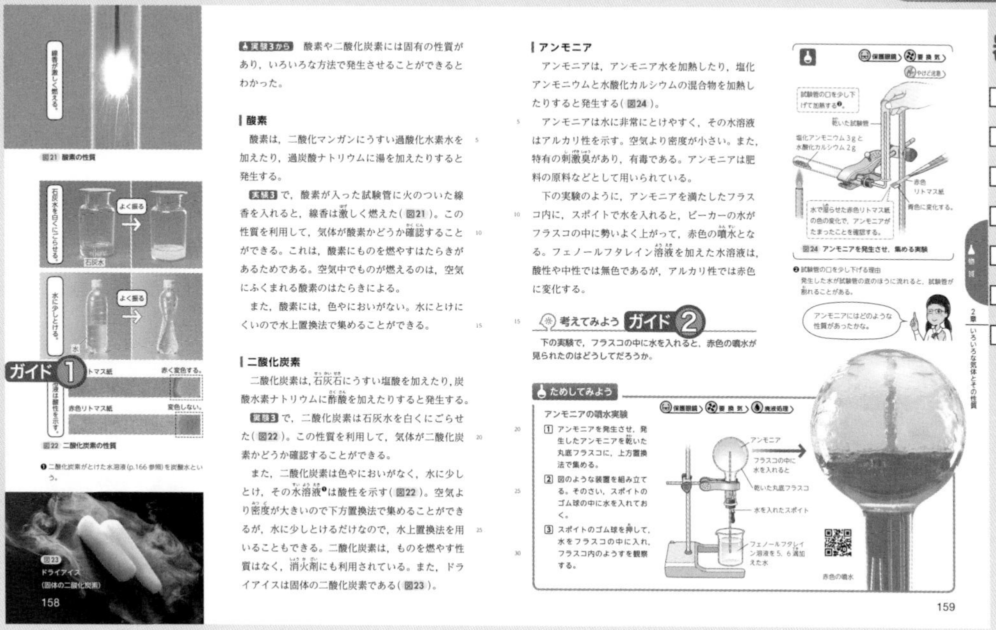
実験3から　酸素や二酸化炭素には固有の性質があり，いろいろな方法で発生させることができるとわかった。
酸素
酸素は，二酸化マンガンにうすい過酸化水素水を加えたり，過炭酸ナトリウムに湯を加えたりすると発生する。
実験3 で，酸素が入った試験管に火のついた線香を入れると，線香は激しく燃えた(図21)。この性質を利用して，気体が酸素かどうか確認することができる。これは，酸素にものを燃やすはたらきがあるためである。空気中でものが燃えるのは，空気にふくまれる酸素のはたらきによる。
また，酸素には，色やにおいがない。水にとけにくいので水上置換法で集めることができる。
二酸化炭素
二酸化炭素は，石灰石にうすい塩酸を加えたり，炭酸水素ナトリウムに酢酸を加えたりすると発生する。
実験3 で，二酸化炭素は石灰水を白くにごらせた(図22)。この性質を利用して，気体が二酸化炭素かどうか確認することができる。
また，二酸化炭素は色やにおいがなく，水に少しとけ，その水溶液❶は酸性を示す(図22)。空気より密度が大きいので下方置換法で集めることができるが，水に少しとけるだけなので，水上置換法を用いることもできる。二酸化炭素は，ものを燃やす性質はなく，消火剤にも利用されている。また，ドライアイスは固体の二酸化炭素である(図23)。
図21 酸素の性質
図22 二酸化炭素の性質
図23 ドライアイス(固体の二酸化炭素)
158
アンモニア
アンモニアは，アンモニア水を加熱したり，塩化アンモニウムと水酸化カルシウムの混合物を加熱したりすると発生する(図24)。
アンモニアは水に非常にとけやすく，その水溶液はアルカリ性を示す。空気より密度が小さい。また，特有の刺激臭があり，有毒である。アンモニアは肥料の原料などとして用いられている。
下の実験のように，アンモニアを満たしたフラスコ内に，スポイトで水を入れると，ビーカーの水がフラスコの中に勢いよく上がって，赤色の噴水となる。フェノールフタレイン溶液を加えた水溶液は，酸性や中性では無色であるが，アルカリ性では赤色に変化する。
考えてみよう　ガイド2
下の実験で，フラスコの中に水を入れると，赤色の噴水が見られたのはどうしてだろうか。
図24 アンモニアを発生させ，集める実験
❷試験管の口を少し下げる理由
発生した水が試験管の底のほうに流れると，試験管が割れることがある。
アンモニアにはどのような性質があったかな。
ためしてみよう
アンモニアの噴水実験
1 アンモニアを発生させ，発生したアンモニアを乾いた丸底フラスコに，上方置換法で集める。
2 図のような装置を組み立てる。そのさい，スポイトのゴム球の中に水を入れておく。
3 スポイトのゴム球を押して，水をフラスコの中に入れ，フラスコ内のようすを観察する。
アンモニア
フラスコの中に水を入れると
乾いた丸底フラスコ
水を入れたスポイト
フェノールフタレイン溶液を5，6滴加えた水
赤色の噴水
159

テストによく出る
器具・薬品等

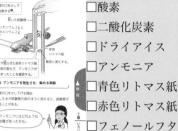

- □酸素
- □二酸化炭素
- □ドライアイス
- □アンモニア
- □青色リトマス紙
- □赤色リトマス紙
- □フェノールフタレイン溶液

物質

テストによく出る

- **酸素**　無色，無臭でほとんど水にとけない。空気よりやや密度が大きい(約1.1倍)。酸素自体は燃えないが，ものを燃やすはたらきがある。次のような発生方法がある。
  - 酸素系漂白剤(成分に過炭酸ナトリウムをふくむもの)に湯を加える。
  - 二酸化マンガンに過酸化水素水を加える。
- **二酸化炭素**　無色・無臭で水に少しとけ，空気より密度が大きい(約1.5倍)。二酸化炭素がとけた水溶液は炭酸水とよばれ，酸性を示す。石灰水を通すと白くにごらせる。二酸化炭素にはものを燃やすはたらきがなく，消火剤としても用いられる。二酸化炭素の固体はドライアイスとよばれる。

ガイド1　リトマス紙

青色リトマス紙は，酸性の水溶液につけると赤く変色し，赤色リトマス紙は，アルカリ性の水溶液につけると青く変色する。

ガイド2　考えてみよう

アンモニアは非常に水にとけやすく，その水溶液はアルカリ性を示す。この実験は，アンモニアのその2つの性質と，フェノールフタレイン溶液がアルカリ性では赤く変化する性質を利用したものである。

スポイトを押して水をフラスコ内に入れると，その水にアンモニアがとけ，その分だけ気体の体積が減ってビーカーの水を吸い上げる。アンモニアがとけた水はアルカリ性なので，フェノールフタレイン溶液が変色して，赤い噴水のようになるのである。

テストによく出る

- **アンモニア**　無色で，鼻をさすような強い刺激臭をもつ。水に非常によくとけ(体積で水の500倍以上)，水溶液はアルカリ性を示す。空気より密度が小さい(約0.6倍)。肥料の原料として用いられる。次のような発生方法がある。
  - 塩化アンモニウムと水酸化カルシウムを混ぜて加熱する。
  - アンモニア水を加熱する。

教 p.160〜161　物質　2章　いろいろな気体とその性質

テストによく出る
重要用語等

- □水素
- □窒素
- □塩化水素
- □塩素
- □メタン
- □硫化水素

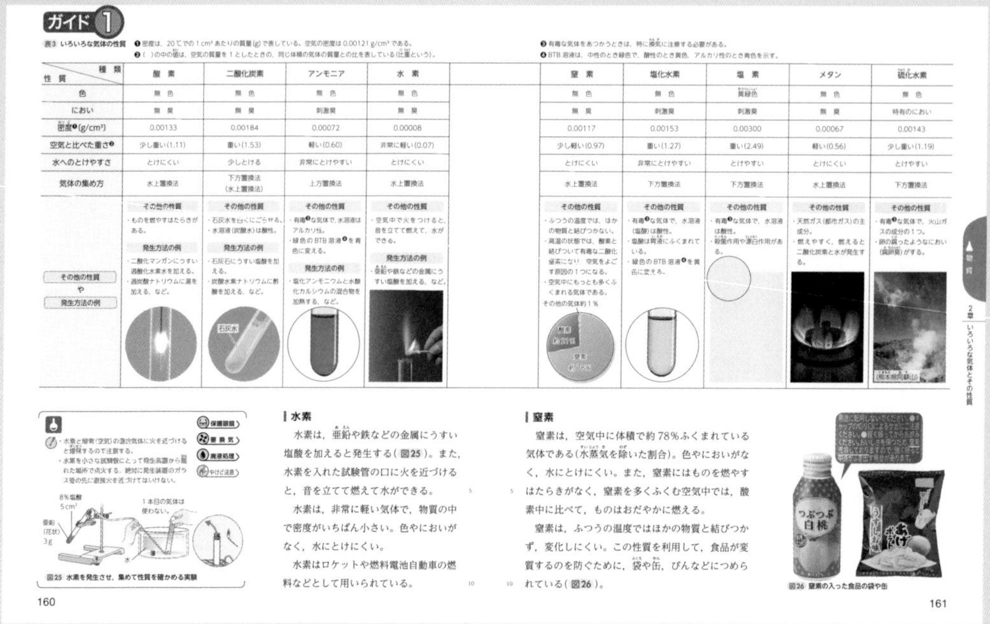

ガイド 1

表3 いろいろな気体の性質

❶密度は，20℃での 1 cm³ あたりの質量(g)で表している。空気の密度は 0.00121 g/cm³ である。
❷( )の中の値は，空気の質量を 1 としたときの，同じ体積の気体の質量との比を表している(比重という)。
❸有毒な気体をあつかうときは，特に換気に注意する必要がある。
❹BTB 溶液は，中性のとき緑色で，酸性のとき黄色，アルカリ性のとき青色を示す。

性質＼種類	酸素	二酸化炭素	アンモニア	水素	窒素	塩化水素	塩素	メタン	硫化水素
色	無色	無色	無色	無色	無色	無色	黄緑色	無色	無色
におい	無臭	無臭	刺激臭	無臭	無臭	刺激臭	刺激臭	無臭	特有のにおい
密度❶(g/cm³)	0.00133	0.00184	0.00072	0.00008	0.00117	0.00153	0.00300	0.00067	0.00143
空気と比べた重さ❷	少し重い(1.11)	重い(1.53)	軽い(0.60)	非常に軽い(0.07)	少し軽い(0.97)	重い(1.27)	重い(2.49)	軽い(0.56)	少し重い(1.19)
水へのとけやすさ	とけにくい	少しとける	非常にとけやすい	とけにくい	とけにくい	非常にとけやすい	とけやすい	とけにくい	とけやすい
気体の集め方	水上置換法	下方置換法 (水上置換法)	上方置換法	水上置換法	水上置換法	下方置換法	下方置換法	水上置換法	下方置換法
その他の性質や発生方法の例	その他の性質 ・ものを燃やすはたらきがある。 発生方法の例 ・二酸化マンガンにうすい過酸化水素水を加える。 ・過炭酸ナトリウムに湯を加える，など。	その他の性質 ・石灰水を白くにごらせる。 ・水溶液(炭酸水)は酸性。 発生方法の例 ・石灰石にうすい塩酸を加える。 ・炭酸水素ナトリウムに酢酸を加える，など。	その他の性質 ・有毒❸な気体で，水溶液はアルカリ性。 ・緑色の BTB 溶液❹を青色に変える。 発生方法の例 ・塩化アンモニウムと水酸化カルシウムの混合物を加熱する，など。	その他の性質 ・空気中で火をつけると，音を立てて燃えて，水ができる。 発生方法の例 ・亜鉛や鉄などの金属にうすい塩酸を加える，など。	その他の性質 ・ふつうの温度では，ほかの物質と結びつかない。 ・高温の状態では，酸素と結びついて有毒な二酸化窒素になり，空気をよごす原因の1つになる。 ・空気中にもっとも多くふくまれる気体である。	その他の性質 ・有毒❸な気体で，水溶液(塩酸)は酸性。 ・塩酸は胃液にふくまれている。 ・緑色の BTB 溶液❹を黄色に変える。	その他の性質 ・有毒❸な気体で，水溶液は酸性。 ・殺菌作用や漂白作用がある。	その他の性質 ・天然ガス(都市ガス)の主成分。 ・燃えやすく，燃えると二酸化炭素と水が発生する。	その他の性質 ・有毒❸な気体で，火山ガスの成分の1つ。 ・卵の腐ったようなにおい(腐卵臭)がする。

図25 水素を発生させ，集めて性質を確かめる実験

水素

水素は，亜鉛や鉄などの金属にうすい塩酸を加えると発生する(図25)。また，水素を入れた試験管の口に火を近づけると，音を立てて燃えて水ができる。

水素は，非常に軽い気体で，物質の中で密度がいちばん小さい。色やにおいがなく，水にとけにくい。

水素はロケットや燃料電池自動車の燃料などとして用いられている。

窒素

窒素は，空気中に体積で約78％ふくまれている気体である(水蒸気を除いた割合)。色やにおいがなく，水にとけにくい。また，窒素にはものを燃やすはたらきがなく，窒素を多くふくむ空気中では，酸素中に比べて，ものはおだやかに燃える。

窒素は，ふつうの温度ではほかの物質と結びつかず，変化しにくい。この性質を利用して，食品が変質するのを防ぐために，袋や缶，びんなどにつめられている(図26)。

図26 窒素の入った食品の袋や缶

160　161

▲物質　2章 いろいろな気体とその性質

テストによく出る

- **水素**　無色，無臭でほとんど水にとけない。もっとも軽い気体(空気の約 0.07 倍)。空気中で燃えると，酸素と結びついて水ができる。水素は非常に燃えやすいのでロケットの燃料になる。燃料電池自動車の燃料として用いられる。次のような発生方法がある。
  - 亜鉛や鉄などの金属にうすい塩酸を加える。
- **窒素**　無色，無臭でほとんど水にとけない。空気より少し軽い気体(約 0.97 倍)。空気中に，体積比で約 78％存在する気体。窒素は変化しにくいので，食品の変質を防ぐために缶や袋につめられる。酸素と結びつくと有毒な二酸化窒素などになる。

ガイド 1　いろいろな気体の性質

教科書 p.160〜161 の表 3 の気体には，次のような性質もある。

◎酸素

空気中に約 21％ふくまれている。地球上空で，酸素は太陽の紫外線を受けてオゾンになる。オゾンは，有害な紫外線が地表に降り注ぐのを防ぐはたらきをしている。

◎二酸化炭素

−79℃まで冷やすと，固体(ドライアイス)になる。

◎窒素

窒素は −196℃，酸素は −183℃で液体になるので，−196℃以下にした液体の空気の温度をゆっくり上げると，先に窒素がとり出せる。

◎塩素

殺菌作用があるので水道水の殺菌に使われている。また，下水の処理水を放流する前にも，塩素を使って殺菌・消毒している。

◎メタン

石油に代わるエネルギー資源として期待されているメタンハイドレート(海底に大量に埋蔵されている)からも得られる。メタンは，燃焼したときに発生する二酸化炭素の量が石炭や石油の半分ぐらいであり，大気汚染のおもな原因となる硫黄をまったくふくまないので，地球温暖化防止に役立つクリーンなエネルギーとして注目されている。

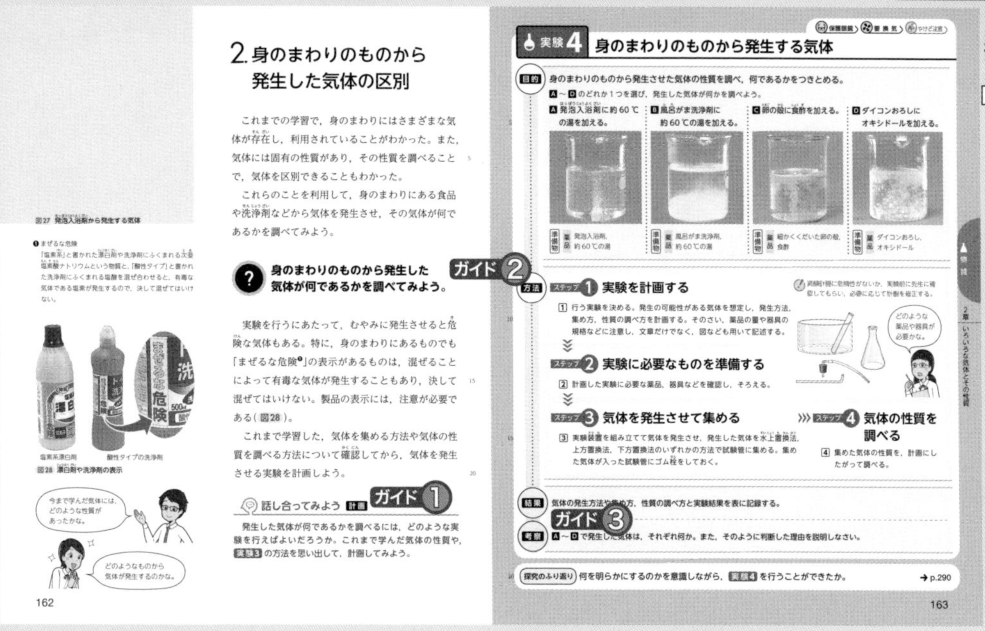

2. 身のまわりのものから発生した気体の区別

これまでの学習で，身のまわりにはさまざまな気体が存在し，利用されていることがわかった。また，気体には固有の性質があり，その性質を調べることで，気体を区別できることもわかった。

これらのことを利用して，身のまわりにある食品や洗浄剤などから気体を発生させ，その気体が何であるかを調べてみよう。

? 身のまわりのものから発生した気体が何であるかを調べてみよう。 ガイド2

実験を行うにあたって，むやみに発生させると危険な気体もある。特に，身のまわりにあるものでも「まぜるな危険❶」の表示があるものは，混ぜることによって有毒な気体が発生することもあり，決して混ぜてはいけない。製品の表示には，注意が必要である（図28）。

これまで学習した，気体を集める方法や気体の性質を調べる方法について確認してから，気体を発生させる実験を計画しよう。

話し合ってみよう 計画 ガイド1

発生した気体が何であるかを調べるには，どのような実験を行えばよいだろうか。これまで学んだ気体の性質や，実験3 の方法を思い出して，計画してみよう。

図27 発泡入浴剤から発生する気体

❶まぜるな危険
「塩素系」と書かれた漂白剤や洗浄剤にふくまれる次亜塩素酸ナトリウムという物質と，「酸性タイプ」と書かれた洗浄剤にふくまれる塩酸を混ぜ合わせると，有毒な気体である塩素が発生するので，決して混ぜてはいけない。

図28 漂白剤や洗浄剤の表示

162

実験4 身のまわりのものから発生する気体

保護眼鏡　要換気　やけど注意

目的 身のまわりのものから発生させた気体の性質を調べ，何であるかをつきとめる。

A～Dのどれか1つを選び，発生した気体が何かを調べよう。

A 発泡入浴剤に約60℃の湯を加える。　準備物 薬品 発泡入浴剤，約60℃の湯

B 風呂がま洗浄剤に約60℃の湯を加える。　準備物 薬品 風呂がま洗浄剤，約60℃の湯

C 卵の殻に食酢を加える。　準備物 薬品 細かくくだいた卵の殻，食酢

D ダイコンおろしにオキシドールを加える。　準備物 薬品 ダイコンおろし，オキシドール

方法 ガイド2

ステップ1 実験を計画する

1 行う実験を決める。発生の可能性がある気体を想定し，発生方法，集め方，性質の調べ方を計画する。そのさい，薬品の量や器具の規格などに注意し，文章だけでなく，図なども用いて記述する。

実験計画に危険性がないか，実験前に先生に確認してもらい，必要に応じて計画を修正する。

ステップ2 実験に必要なものを準備する

2 計画した実験に必要な薬品，器具などを確認し，そろえる。

ステップ3 気体を発生させて集める

3 実験装置を組み立てて気体を発生させ，発生した気体を水上置換法，上方置換法，下方置換法のいずれかの方法で試験管に集める。集めた気体が入った試験管にゴム栓をしておく。

ステップ4 気体の性質を調べる

4 集めた気体の性質を，計画にしたがって調べる。

結果 気体の発生方法や集め方，性質の調べ方と実験結果を表に記録する。

ガイド3

考察 A～Dで発生した気体は，それぞれ何か。また，そのように判断した理由を説明しなさい。

探究のふり返り　何を明らかにするのかを意識しながら，実験4 を行うことができたか。　→ p.290

163

テストによく出る
器具・薬品等

□オキシドール

物質

ガイド1 話し合ってみよう

◎色

ほとんどの気体は無色だが，塩素は黄緑色。

◎におい

アンモニア，塩化水素，塩素は刺激臭があり，硫化水素は特有のにおいがする。においをかぐときは，直接鼻を近づけず，手であおいでかぐようにする。

◎火を近づける

酸素はものを燃やすはたらきがある。水素は爆発的に燃える。

◎石灰水

二酸化炭素にふれると白くにごる。

◎リトマス紙

酸性の水溶液は，青色のリトマス紙を赤く変色させる。アルカリ性の水溶液は，赤色のリトマス紙を青く変色させる。

◎ BTB 溶液

緑色の BTB 溶液を，アンモニアは青色に，塩化水素は黄色に変える。

◎フェノールフタレイン溶液

アルカリ性の水溶液に加えると赤色になる。

ガイド2 方法

Aの発泡入浴剤からは二酸化炭素が発生する。Cの卵の殻は炭酸カルシウムが主成分なので，酢（酢酸）を加えると二酸化炭素が発生する。

Bのふろがま洗浄剤には過炭酸ナトリウムがふくまれ，Dのオキシドールはうすい過酸化水素水なので，酸素が発生する。AとCは，下方置換法，BとDは水上置換法で気体を集める。

集めた気体が何であるかを確かめるには，

① 集めた気体を試験管に入れ，火のついた線香を入れて燃えるかどうか調べる。

② 集めた気体を石灰水の入った試験管に入れ，よく振って白くにごるかどうか調べる。

ガイド3 結果・考察

気体	調べた結果
A	①火が消えた。　②白くにごった。
B	①よく燃えた。　②にごらなかった。
C	①火が消えた。　②白くにごった。
D	①よく燃えた。　②にごらなかった。

発生した気体は，AとCは「白くにごった」より二酸化炭素，BとDは「線香がよく燃えた」より酸素，であることがそれぞれわかる。

テストによく出る
器具・薬品等
□塩化ナトリウム

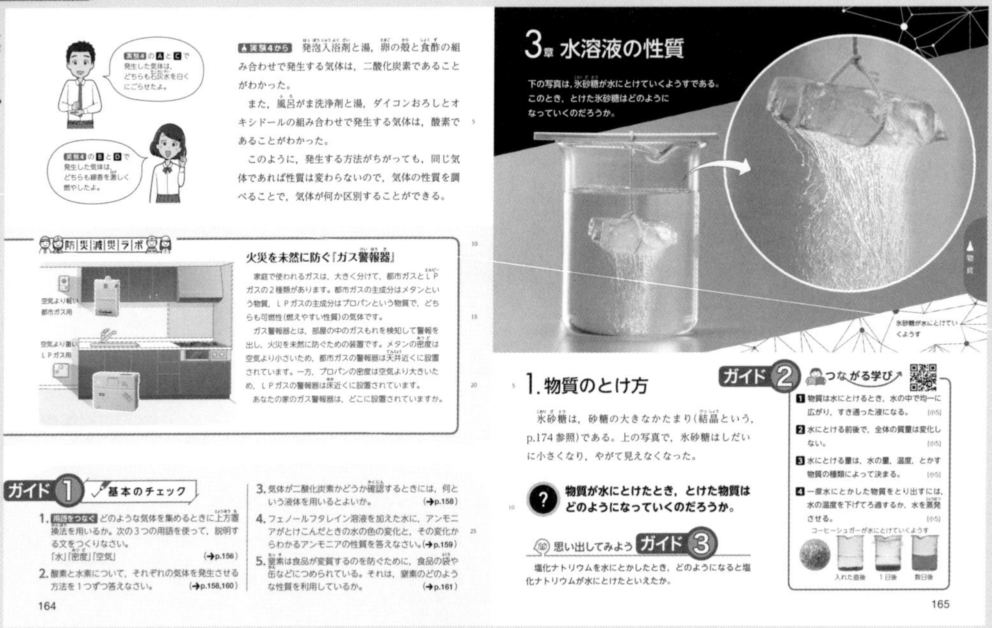

実験4から 発泡入浴剤と湯，卵の殻と食酢の組み合わせで発生する気体は，二酸化炭素であることがわかった。

また，風呂がま洗浄剤と湯，ダイコンおろしとオキシドールの組み合わせで発生する気体は，酸素であることがわかった。

このように，発生する方法がちがっても，同じ気体であれば性質は変わらないので，気体の性質を調べることで，気体が何か区別することができる。

防災減災ラボ

火災を未然に防ぐ「ガス警報器」

家庭で使われるガスは，大きく分けて，都市ガスとＬＰガスの２種類があります。都市ガスの主成分はメタンという物質，ＬＰガスの主成分はプロパンという物質で，どちらも可燃性(燃えやすい性質)の気体です。

ガス警報器とは，部屋の中のガスもれを検知して警報を出し，火災を未然に防ぐための装置です。メタンの密度は空気より小さいため，都市ガスの警報器は天井近くに設置されています。一方，プロパンの密度は空気より大きいため，ＬＰガスの警報器は床近くに設置されています。

あなたの家のガス警報器は，どこに設置されていますか。

ガイド1 基本のチェック

1. 用語をつなぐ どのような気体を集めるときに上方置換法を用いるか。次の３つの用語を使って，説明する文をつくりなさい。
「水」「密度」「空気」 (➔p.156)
2. 酸素と水素について，それぞれの気体を発生させる方法を１つずつ答えなさい。 (➔p.158,160)
3. 気体が二酸化炭素かどうか確認するときには，何という液体を用いるとよいか。 (➔p.158)
4. フェノールフタレイン溶液を加えた水に，アンモニアがとけこんだときの水の色の変化と，その変化からわかるアンモニアの性質を答えなさい。(➔p.159)
5. 窒素は食品が変質するのを防ぐために，食品の袋や缶などにつめられている。それは，窒素のどのような性質を利用しているか。 (➔p.161)

164

3章 水溶液の性質

下の写真は，氷砂糖が水にとけていくようすである。
このとき，とけた氷砂糖はどのように
なっていくのだろうか。

物質

1.物質のとけ方

氷砂糖は，砂糖の大きなかたまり(結晶という，p.174参照)である。上の写真で，氷砂糖はしだいに小さくなり，やがて見えなくなった。

? 物質が水にとけたとき，とけた物質はどのようになっていくのだろうか。

思い出してみよう ガイド3

塩化ナトリウムを水にとかしたとき，どのようになると塩化ナトリウムが水にとけたといえたか。

ガイド2 つながる学び

1 物質は水にとけるとき，水の中で均一に広がり，すき通った液になる。 [小5]
2 水にとける前後で，全体の質量は変化しない。 [小5]
3 水にとける量は，水の量，温度，とかす物質の種類によって決まる。 [小5]
4 一度水にとかした物質をとり出すには，水の温度を下げてろ過するか，水を蒸発させる。 [小5]

165

ガイド 1 基本のチェック

1. (例)水にとけやすく，空気より密度が小さい(空気より軽い)気体を集めるときに用いる。
※空気より密度が小さい(空気より軽い)ということは空気の上に浮くということを意味している。
2. (例)
酸素を発生させる方法
- 二酸化マンガンにうすい過酸化水素水を加える。
- 過炭酸ナトリウムに湯を加える。

水素を発生させる方法
- 亜鉛や鉄などの金属にうすい塩酸を加える。
3. 石灰水
※二酸化炭素にふれると，石灰水は白くにごる。
4. (例)赤く変色する。その理由は，アンモニアがとけこんだ水はアルカリ性を示し，フェノールフタレイン溶液を加えると，アルカリ性に反応して赤く変色するからである。
5. 窒素がふつうの温度ではほかの物質と結びつかず，変化しにくい性質を利用している。
※おもに酸素と結びつくこと(酸化)を防ぐ目的で使われる。

ガイド 2 つながる学び

■1 物質が水の中で全体に広がり，液が透明になったときを，「物質が水にとけた」という。液に色がついていても，透明であれば「とけた」という。液がにごっているときには「とけた」とはいわない。ふつう，石けんが水に「とける」というが，実際には透明な液にならないので，理科の立場からは「とける」とはいわない。

■2 気体が発生しなければ，とける前後で，全体の質量は同じである。気体が発生しても，気体の質量をふくめて考えれば，とける前後で，全体の質量は変わらない。

■3 水にとける量は決まっているが，水の量が増えるか，水の温度が高くなると，水にとける量はふえる。

■4 ろ過するときは，ろうととろ紙を用いる。

ガイド 3 思い出してみよう

塩化ナトリウムの粒が水の中に消えていき，透明になって水と区別をすることができなくなったとき，「塩化ナトリウムが水にとけた」という。

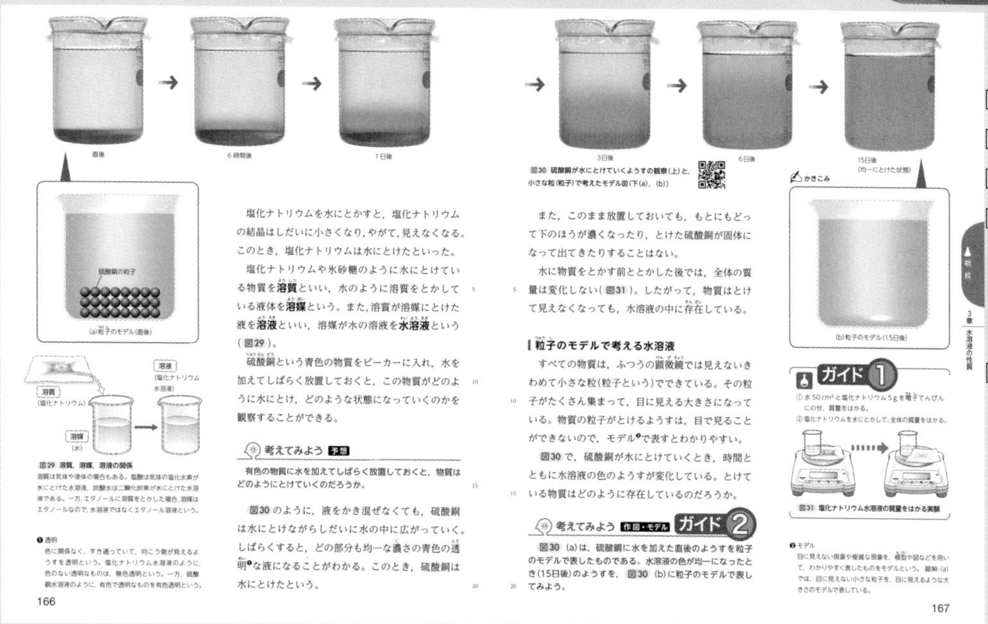

図30 硫酸銅が水にとけていくようすの観察(上)と，小さな粒(粒子)で考えたモデル図(下(a)，(b))

図29 溶質，溶媒，溶液の関係
溶質は気体や液体の場合もある。塩酸は気体の塩化水素が水にとけた水溶液，炭酸水は二酸化炭素が水にとけた水溶液である。一方，エタノールに溶質をとかした場合，溶媒はエタノールなので，水溶液ではなくエタノール溶液という。

塩化ナトリウムを水にとかすと，塩化ナトリウムの結晶はしだいに小さくなり，やがて，見えなくなる。このとき，塩化ナトリウムは水にとけたといった。

塩化ナトリウムや氷砂糖のように水にとけている物質を**溶質**といい，水のように溶質をとかしている液体を**溶媒**という。また，溶質が溶媒にとけた液を**溶液**といい，溶媒が水の溶液を**水溶液**という(図29)。

硫酸銅という青色の物質をビーカーに入れ，水を加えてしばらく放置しておくと，この物質がどのように水にとけ，どのような状態になっていくのかを観察することができる。

考えてみよう 予想
有色の物質に水を加えてしばらく放置しておくと，物質はどのようにとけていくのだろうか。

図30のように，液をかき混ぜなくても，硫酸銅は水にとけながらしだいに水の中に広がっていく。しばらくすると，どの部分も均一な濃さの青色の透明❶な液になることがわかる。このとき，硫酸銅は水にとけたという。

❶透明
色に関係なく，すき通っていて，向こう側が見えるようすを透明という。塩化ナトリウム水溶液のように，色のない透明なものは，無色透明という。一方，硫酸銅水溶液のように，有色で透明なものを有色透明という。

166

また，このまま放置しておいても，もとにもどって下のほうが濃くなったり，とけた硫酸銅が固体になって出てきたりすることはない。

水に物質をとかす前ととかした後では，全体の質量は変化しない(図31)。したがって，物質はとけて見えなくなっても，水溶液の中に存在している。

粒子のモデルで考える水溶液

すべての物質は，ふつうの顕微鏡では見えないきわめて小さな粒(粒子という)でできている。その粒子がたくさん集まって，目に見える大きさになっている。物質の粒子がとけるようすは，目で見ることができないので，モデル❷で表すとわかりやすい。

図30で，硫酸銅が水にとけていくとき，時間とともに水溶液の色のようすが変化している。とけている物質はどのように存在しているのだろうか。

考えてみよう 作図・モデル ガイド2
図30(a)は，硫酸銅に水を加えた直後のようすを粒子のモデルで表したものである。水溶液の色が均一になったとき(15日後)のようすを，図30(b)に粒子のモデルで表してみよう。

ガイド1
① 水 50 cm³ と塩化ナトリウム 5 g を電子てんびんにのせ，質量をはかる。
② 塩化ナトリウムを水にとかして，全体の質量をはかる。

図31 塩化ナトリウム水溶液の質量をはかる実験

❷モデル
目に見えない現象や複雑な現象を，模型や図などを用いて，わかりやすく表したものをモデルという。図30(a)では，目に見えない小さな粒子を，目に見えるような大きさのモデルで表している。

167

テストによく出る
重要用語等
- □溶質
- □溶媒
- □溶液
- □水溶液

テストによく出る
器具・薬品等
- □硫酸銅

解説 水溶液

容器に，青色の硫酸銅の固体を少量入れ，容器の八分目ほどまで水を加える。そして，ふたをして，室温で放置しておく。しばらくすると，どの部分の濃さも同じ青色の透明な液になっており，硫酸銅はなくなっている。そのまま，さらに放置しても，色の濃さが均一でなくなったり，硫酸銅の固体が現れたりすることはない。このような状態を，硫酸銅は水にとけているという。

この硫酸銅のように，液にとけている物質を溶質といい，水のように溶質をとかしている液を溶媒という。また，溶質が溶媒にとけた液を溶液という。溶媒が水の溶液を水溶液という。

溶質は，固体ばかりではなく，液体や気体の場合もある。また，エタノールなど，水以外の液体が溶媒になることもある。溶媒がエタノールならば，エタノール溶液という。

ガイド1 水溶液と質量

①と②では，全体の質量は変わらない。これは，塩化ナトリウムが水にとけて見えなくなっていても，塩化ナトリウム水溶液の中には，とかした量の塩化ナトリウムがふくまれていることを示している。

ガイド2 考えてみよう

水溶液の色が均一になったということは，物質の粒子が水溶液の中に均一に分布しているということを示す。粒子のモデルで表せば，次の図のようになる。

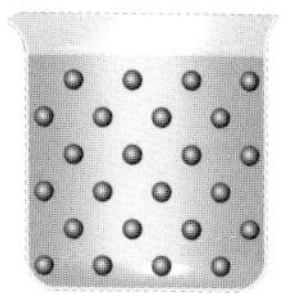
(b)粒子のモデル(15日後)

解説 溶液の色

青色の光と橙色の光のように，重ね合わせると無色になる2つの色をたがいに補色であるという。

水溶液中の硫酸銅の粒子には橙色の光を吸収する性質があるため，白色光が硫酸銅水溶液を透過するとき，透過した光には橙色はふくまれないことになる。それで，橙色の補色である青色に見えるのである。したがって，溶液が濃くなるほど溶液中の硫酸銅の粒子の数が多くなるので，吸収される橙色の量がふえ，透過光は青さが増すことになる。

テストによく出る
重要用語等

□質量パーセント濃度

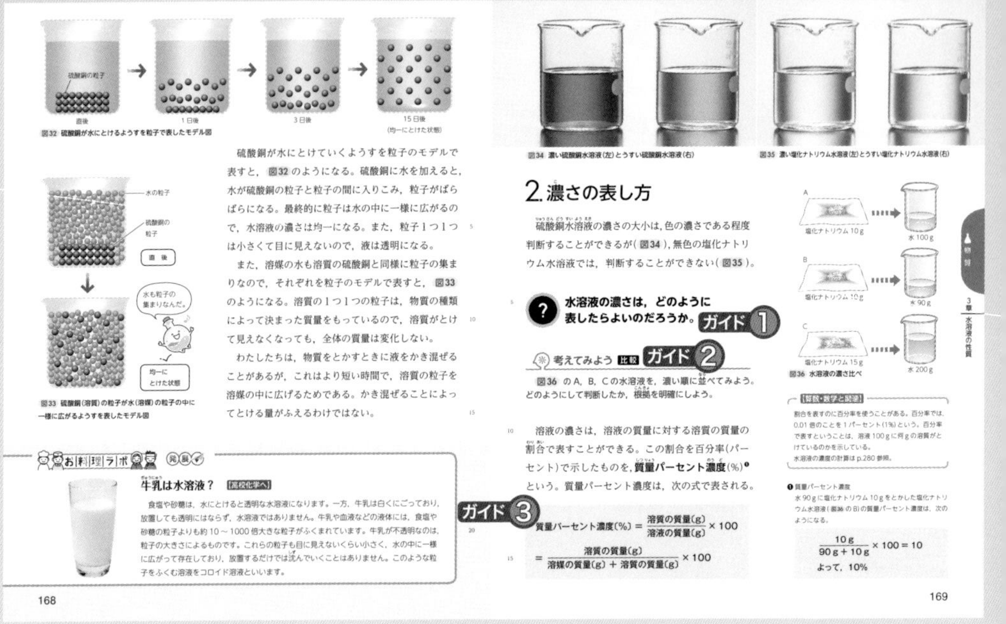

図32 硫酸銅が水にとけるようすを粒子で表したモデル図

硫酸銅が水にとけていくようすを粒子のモデルで表すと，図32 のようになる。硫酸銅に水を加えると，水が硫酸銅の粒子と粒子の間に入りこみ，粒子がばらばらになる。最終的に粒子は水の中に一様に広がるので，水溶液の濃さは均一になる。また，粒子1つ1つは小さくて目に見えないので，液は透明になる。

また，溶媒の水も溶質の硫酸銅と同様に粒子の集まりなので，それぞれを粒子のモデルで表すと，図33 のようになる。溶質の1つ1つの粒子は，物質の種類によって決まった質量をもっているので，溶質がとけて見えなくなっても，全体の質量は変化しない。

わたしたちは，物質をとかすときに液をかき混ぜることがあるが，これはより短い時間で，溶質の粒子を溶媒の中に広げるためである。かき混ぜることによってとける量がふえるわけではない。

図33 硫酸銅(溶質)の粒子が水(溶媒)の粒子の中に一様に広がるようすを表したモデル図

お料理ラボ　発展

牛乳は水溶液？　【高校化学へ】

食塩や砂糖は，水にとけると透明な水溶液になります。一方，牛乳は白くにごっており，放置しても透明にはならず，水溶液ではありません。牛乳や血液などの液体には，食塩や砂糖の粒子よりも約 10 ～ 1000 倍大きな粒子がふくまれています。牛乳が不透明なのは，粒子の大きさによるものです。これらの粒子も目に見えないくらい小さく，水の中に一様に広がって存在しており，放置するだけでは沈んでいくことはありません。このような粒子をふくむ溶液をコロイド溶液といいます。

168

図34 濃い硫酸銅水溶液(左)とうすい硫酸銅水溶液(右)

図35 濃い塩化ナトリウム水溶液(左)とうすい塩化ナトリウム水溶液(右)

2. 濃さの表し方

硫酸銅水溶液の濃さの大小は，色の濃さである程度判断することができるが(図34)，無色の塩化ナトリウム水溶液では，判断することができない(図35)。

水溶液の濃さは，どのように表したらよいのだろうか。 ガイド①

考えてみよう　比較　ガイド②

図36 のA，B，Cの水溶液を，濃い順に並べてみよう。どのようにして判断したか，根拠を明確にしよう。

溶液の濃さは，溶液の質量に対する溶質の質量の割合で表すことができる。この割合を百分率(パーセント)で示したものを，**質量パーセント濃度**(%)❶という。質量パーセント濃度は，次の式で表される。

ガイド③

$$\text{質量パーセント濃度〔\%〕} = \frac{\text{溶質の質量〔g〕}}{\text{溶液の質量〔g〕}} \times 100$$

$$= \frac{\text{溶質の質量〔g〕}}{\text{溶媒の質量〔g〕} + \text{溶質の質量〔g〕}} \times 100$$

図36 水溶液の濃さ比べ

【算数・数学と関連】

割合を表すのに百分率を使うことがある。百分率では，0.01 倍のことを1パーセント(1%)という。百分率で表すということは，溶液 100 g に何 g の溶質がとけているのかを示している。

水溶液の濃度の計算は p.280 参照。

❶質量パーセント濃度

水 90 g に塩化ナトリウム 10 g をとかした塩化ナトリウム水溶液(図36 の B)の質量パーセント濃度は，次のようになる。

$$\frac{10\,\text{g}}{90\,\text{g} + 10\,\text{g}} \times 100 = 10$$

よって，10%

169

物質　3章　水溶液の性質

ガイド① 学習の課題

水溶液の濃さは**質量パーセント濃度**で表す。

$$\text{質量パーセント濃度〔\%〕} = \frac{\text{溶質の質量〔g〕}}{\text{溶液の質量〔g〕}} \times 100$$

$$= \frac{\text{溶質の質量〔g〕}}{\text{溶媒の質量〔g〕} + \text{溶質の質量〔g〕}} \times 100$$

ガイド② 考えてみよう

AとBでは，塩化ナトリウム 10 g に対して，Aが水 100 g，Bが水 90 g であるから，水の量が少ないBのほうが濃い水溶液になるとわかる。

また，AとCを比べると，CはAよりも水が2倍になっているのに対し，とかす塩化ナトリウムの量は 1.5 倍になっている。つまり，水 100 g あたりにとかす塩化ナトリウムの量はAのほうが多い。よって，Aのほうが濃い水溶液になるとわかる。

まとめると，B → A → C の順で濃い水溶液になることがわかる。

ガイド③ 質量パーセント濃度

ガイド②の「考えてみよう」の水溶液の質量パーセント濃度を計算すると次のようになる。

A　$\dfrac{10\text{ g}}{100\text{ g}+10\text{ g}} \times 100 = 9.09\cdots$

よって，質量パーセント濃度は 9.1%

B　$\dfrac{10\text{ g}}{90\text{ g}+10\text{ g}} \times 100 = 10$

よって，質量パーセント濃度は 10%

C　$\dfrac{15\text{ g}}{200\text{ g}+15\text{ g}} \times 100 = 6.97\cdots$

よって，質量パーセント濃度は 7.0%

このように，計算によっても，B → A → C の順で濃い水溶液であることが確かめられる。

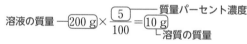

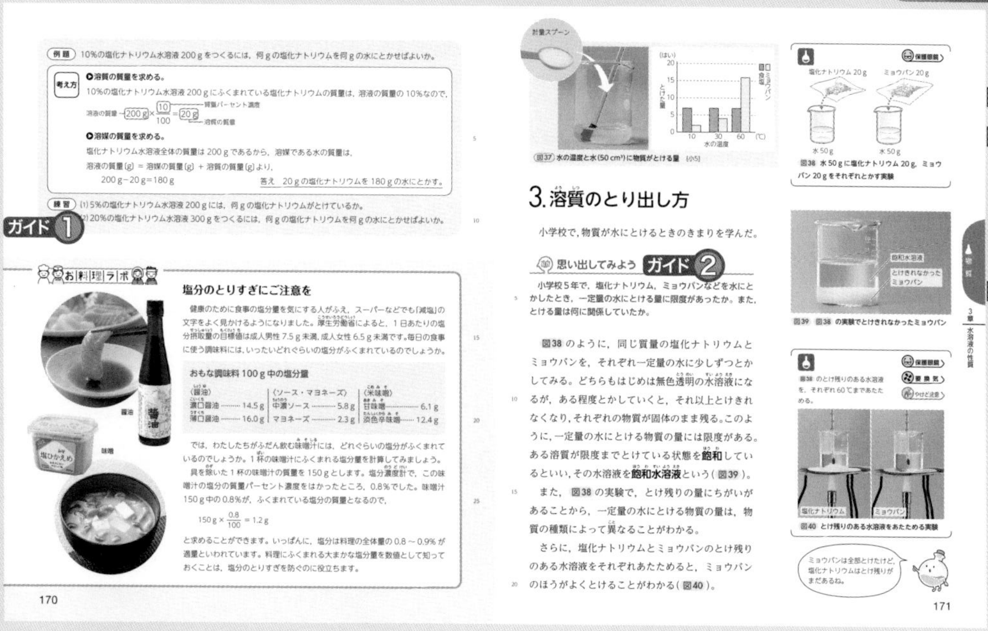

例題　10%の塩化ナトリウム水溶液 200 g をつくるには，何 g の塩化ナトリウムを何 g の水にとかせばよいか。

考え方

▶溶質の質量を求める。

10%の塩化ナトリウム水溶液 200 g にふくまれている塩化ナトリウムの質量は，溶液の質量の 10%なので，

溶液の質量 ─ 200 g × 10/100 = 20 g（10：質量パーセント濃度，20 g：溶質の質量）

▶溶媒の質量を求める。

塩化ナトリウム水溶液全体の質量は 200 g であるから，溶媒である水の質量は，

溶液の質量〔g〕＝溶媒の質量〔g〕＋溶質の質量〔g〕より，

200 g−20 g＝180 g　　答え　20 g の塩化ナトリウムを 180 g の水にとかす。

練習　(1) 5%の塩化ナトリウム水溶液 200 g には，何 g の塩化ナトリウムがとけているか。

(2) 20%の塩化ナトリウム水溶液 300 g をつくるには，何 g の塩化ナトリウムを何 g の水にとかせばよいか。

ガイド 1

お料理ラボ

塩分のとりすぎにご注意を

健康のために食事の塩分量を気にする人がふえ，スーパーなどでも「減塩」の文字をよく見かけるようになりました。厚生労働省によると，1 日あたりの塩分摂取量の目標値は成人男性 7.5 g 未満，成人女性 6.5 g 未満です。毎日の食事に使う調味料には，いったいどれぐらいの塩分がふくまれているのでしょうか。

おもな調味料 100 g 中の塩分量

〈醤油〉		〈ソース・マヨネーズ〉		〈米味噌〉	
濃口醤油	14.5 g	中濃ソース	5.8 g	甘味噌	6.1 g
薄口醤油	16.0 g	マヨネーズ	2.3 g	淡色辛味噌	12.4 g

醤油

味噌

では，わたしたちがふだん飲む味噌汁には，どれぐらいの塩分がふくまれているのでしょうか。1 杯の味噌汁にふくまれる塩分量を計算してみましょう。

具を除いた 1 杯の味噌汁の質量を 150 g とします。塩分濃度計で，この味噌汁の塩分の質量パーセント濃度をはかったところ，0.8%でした。味噌汁 150 g 中の 0.8%が，ふくまれている塩分の質量となるので，

$150\,g \times \frac{0.8}{100} = 1.2\,g$

と求めることができます。いっぱんに，塩分は料理の全体量の 0.8 〜 0.9% が適量といわれています。料理にふくまれる大まかな塩分量を数値として知っておくことは，塩分のとりすぎを防ぐのに役立ちます。

170

計量スプーン

図37　水の温度と水(50 cm³)に物質がとける量　[小5]

3. 溶質のとり出し方

小学校で，物質が水にとけるときのきまりを学んだ。

思い出してみよう　ガイド 2

小学校 5 年で，塩化ナトリウム，ミョウバンなどを水にとかしたとき，一定量の水にとける量に限度があったか。また，とける量は何に関係していたか。

図38 のように，同じ質量の塩化ナトリウムとミョウバンを，それぞれ一定量の水に少しずつとかしてみる。どちらもはじめは無色透明の水溶液になるが，ある程度とかしていくと，それ以上とけきれなくなり，それぞれの物質が固体のまま残る。このように，一定量の水にとける物質の量には限度がある。ある溶質が限度までとけている状態を**飽和**しているといい，その水溶液を**飽和水溶液**という（図39）。

また，図38 の実験で，とけ残りの量にちがいがあることから，一定量の水にとける物質の量は，物質の種類によって異なることがわかる。

さらに，塩化ナトリウムとミョウバンのとけ残りのある水溶液をそれぞれあたためると，ミョウバンのほうがよくとけることがわかる（図40）。

塩化ナトリウム 20 g　ミョウバン 20 g　水 50 g　水 50 g

図38　水 50 g に塩化ナトリウム 20 g，ミョウバン 20 g をそれぞれとかす実験

飽和水溶液　とけきれなかったミョウバン

図39　図38 の実験でとけきれなかったミョウバン

図38 のとけ残りのある水溶液を，それぞれ 60 ℃まであたためる。

塩化ナトリウム　ミョウバン

図40　とけ残りのある水溶液をあたためる実験

ミョウバンは全部とけたけど，塩化ナトリウムはとけ残りがまだあるね。

171

テストによく出る

重要用語等

□飽和

□飽和水溶液

テストによく出る

器具・薬品等

□ミョウバン

ガイド 1　練習

(1)　5%の塩化ナトリウム水溶液 200 g にふくまれている塩化ナトリウムの質量は，溶液の質量の 5%なので，

溶液の質量 ─ 200 g × 5/100 = 10 g（5：質量パーセント濃度，10 g：溶質の質量）

$$200\,g \times \frac{5}{100} = 10\,g$$

答え　10 g

(2)

▷**溶質の質量を求める。**

20%の塩化ナトリウム水溶液 300 g にふくまれている塩化ナトリウムの質量は，溶液の質量の 20%なので，

溶液の質量 ─ 300 g × 20/100 = 60 g（20：質量パーセント濃度，60 g：溶質の質量）

$$300\,g \times \frac{20}{100} = 60\,g$$

▷**溶媒の質量を求める。**

塩化ナトリウム水溶液全体の質量は 200 g であるから，溶媒である水の質量は，

溶液の質量 ─ 300 g − 60 g = 240 g（60 g：溶質の質量，240 g：溶媒の質量）

$$300\,g - 60\,g = 240\,g$$

答え　60 g の塩化ナトリウムを 240 g の水にとかす。

ガイド 2　思い出してみよう

一定量の水に塩化ナトリウムを少しずつとかしていくと，あるところで塩化ナトリウムがそれ以上とけなくなり，容器の底に固体のまま沈む。そのとき，液をあたためても，容器の底に沈んだ塩化ナトリウムの量の変化は目に見えてはわからない。

ミョウバンも，一定量の水にとける量には限度があるが，液をあたためると，容器の底のとけ残りはさらに，水にとけていく。

一定量の水にとける量は限度があるが，その量は物質の種類によって異なる。

また，とける限度の量は温度によって変化するが，ミョウバンのように大きく量が変化する物質もあれば，塩化ナトリウムのようにあまり変わらない物質もある。

解説　飽和・飽和水溶液

ある溶質を一定量の溶媒にとかしていき，ある量まで達すると，それ以上とけなくなる。このとける量は，物質の種類によって決まっており，温度によって変化する。

ある溶質が一定量の溶媒に限度までとけている状態を，飽和しているという。

また，飽和している溶液を，飽和溶液という。溶媒が水のときは，飽和水溶液という。

テストによく出る
重要用語等

□溶解度
□溶解度曲線
□ろ過
□ろ液

テストによく出る
器具・薬品等

□硝酸カリウム
□ろうと
□ろうと台
□ろ紙
□ガラス棒

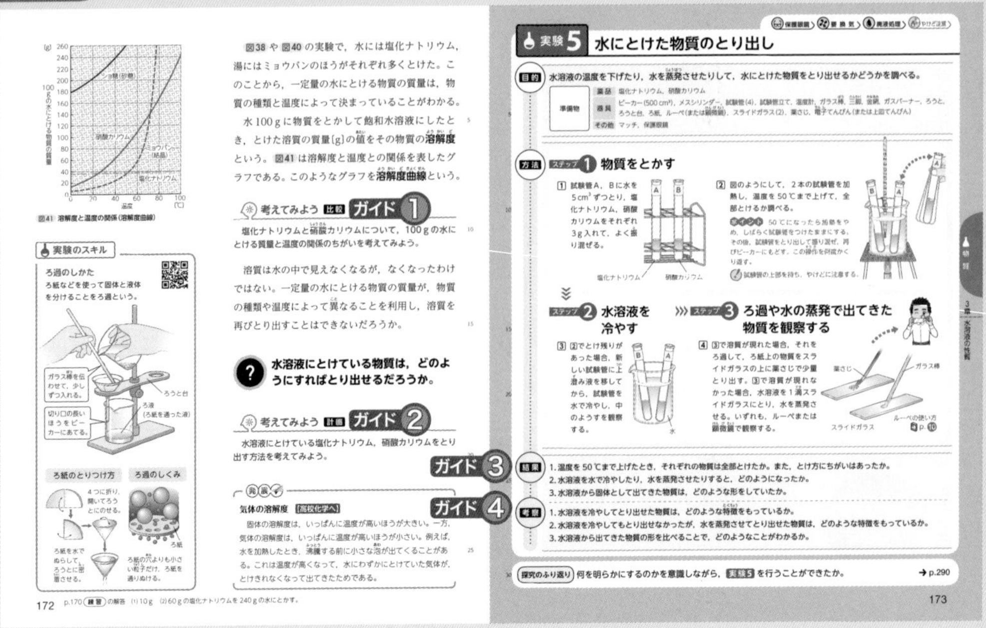

解説　溶解度（ようかいど）

一定量の水にとける物質の量には限度があり，物質の種類や温度によって決まっている。ある物質を，ある温度の水100gにとかして飽和水溶液（ほうわすいようえき）にしたとき，とけた溶質（ようしつ）の質量〔g〕の値（あたい）を溶解度という。

ガイド 1　考えてみよう

溶解度は溶媒（ようばい）の温度によって異（こと）なる。溶解度と温度との関係を表したグラフを溶解度曲線という。教科書p.172図41の溶解度曲線を見ると，塩化ナトリウムは温度による溶解度の変化が少ないこと，硝酸（しょうさん）カリウムやショ糖（とう），ミョウバンは，温度によって溶解度が大きく変化することがわかる。特にミョウバンは温度が50℃を超（こ）えると，溶解度が急激に大きくなることがわかる。

ガイド 2　考えてみよう

硝酸カリウムやミョウバンなど，温度によって溶解度が大きく変化する物質は，高温で飽和水溶液をつくり，その後冷却（れいきゃく）する。とけきれなくなった溶質は固体となって容器の底に沈（しず）むので，それをろ過してとり出す。塩化ナトリウムなど温度によって溶解度があまり変わらない物質は，溶媒の水を加熱して蒸発（じょうはつ）させてとり出す。水を完全に蒸発させてもよいが，水が残っているときにろ過をしてもよい。

ガイド 3　結果

1.　1では，A，Bともにとけ残りがあった。2で加熱すると，Aはとけ残ったままだが，Bは全部とけた。
2.　3で水で冷やすと，Bは底に白い固体の物体が現れた。4で水を蒸発させると，A，Bともとけていた物質が現れた。
3.　顕微鏡（けんびきょう）で観察すると，Aは立方体の形，Bは柱状の形をした固体が見られた。(2. 3.)

ガイド 4　考察

1.　水溶液を冷やしてとり出せる硝酸カリウムは，溶解度が温度によって大きく変化する。
2.　水を蒸発させてとり出す塩化ナトリウムは，溶解度が温度によってあまり変わらない。
3.　それぞれの物質は規則正しい特有の形をしているので，その形から物質を区別することができる。

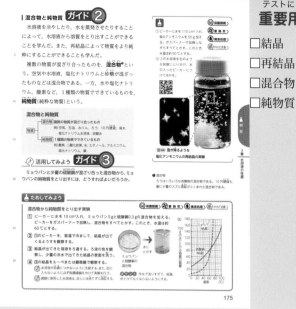

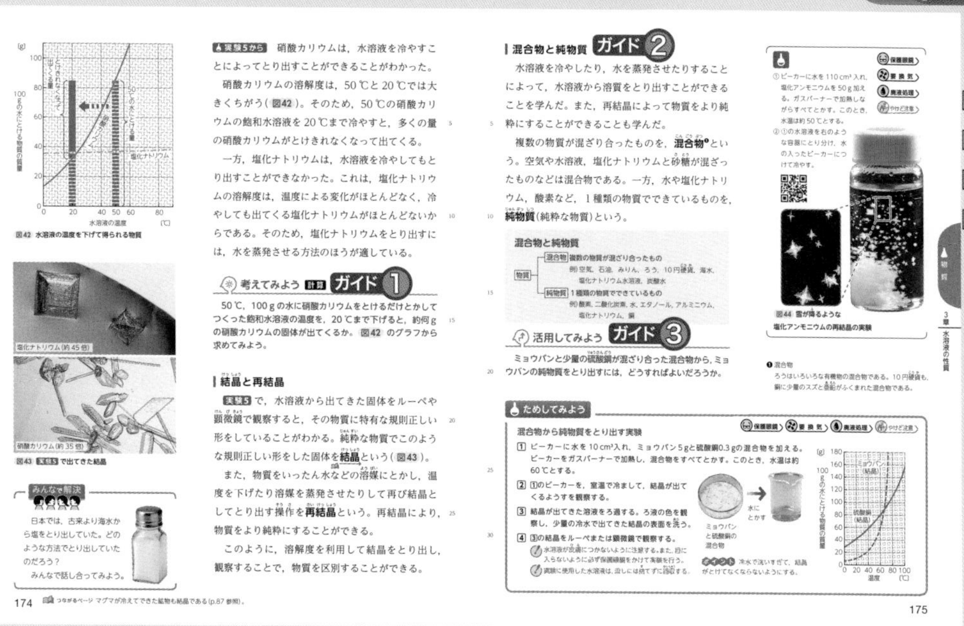

図42 水溶液の温度を下げて得られる物質

塩化ナトリウム(約45倍)

硝酸カリウム(約35倍)

図43 実験5 で出てきた結晶

みんなで解決

日本では，古来より海水から塩をとり出していた。どのような方法でとり出していたのだろう？

みんなで話し合ってみよう。

実験5から　硝酸カリウムは，水溶液を冷やすことによってとり出すことができることがわかった。

硝酸カリウムの溶解度は，50℃と20℃では大きくちがう(図42)。そのため，50℃の硝酸カリウムの飽和水溶液を20℃まで冷やすと，多くの量の硝酸カリウムがとけきれなくなって出てくる。

一方，塩化ナトリウムは，水溶液を冷やしてもとり出すことができなかった。これは，塩化ナトリウムの溶解度は，温度による変化がほとんどなく，冷やしても出てくる塩化ナトリウムがほとんどないからである。そのため，塩化ナトリウムをとり出すには，水を蒸発させる方法のほうが適している。

考えてみよう　計算　ガイド1

50℃，100gの水に硝酸カリウムをとけるだけとかしてつくった飽和水溶液の温度を，20℃まで下げると，約何gの硝酸カリウムの固体が出てくるか。図42 のグラフから求めてみよう。

結晶と再結晶

実験5 で，水溶液から出てきた固体をルーペや顕微鏡で観察すると，その物質に特有な規則正しい形をしていることがわかる。純粋な物質でこのような規則正しい形をした固体を**結晶**という(図43)。

また，物質をいったん水などの溶媒にとかし，温度を下げたり溶媒を蒸発させたりして再び結晶としてとり出す操作を**再結晶**という。再結晶により，物質をより純粋にすることができる。

このように，溶解度を利用して結晶をとり出し，観察することで，物質を区別することができる。

174　つながるページ マグマが冷えてできた鉱物も結晶である(p.87参照)。

混合物と純物質　ガイド2

水溶液を冷やしたり，水を蒸発させたりすることによって，水溶液から溶質をとり出すことができることを学んだ。また，再結晶によって物質をより純粋にすることができることも学んだ。

複数の物質が混ざり合ったものを，**混合物**❶という。空気や水溶液，塩化ナトリウムと砂糖が混ざったものなどは混合物である。一方，水や塩化ナトリウム，酸素など，1種類の物質でできているものを，**純物質**(純粋な物質)という。

混合物と純物質

物質─混合物　複数の物質が混ざり合ったもの
例)空気，石油，みりん，ろう，10円硬貨，海水，塩化ナトリウム水溶液，炭酸水

物質─純物質　1種類の物質でできているもの
例)酸素，二酸化炭素，水，エタノール，アルミニウム，塩化ナトリウム，銅

活用してみよう　ガイド3

ミョウバンと少量の硫酸銅が混ざり合った混合物から，ミョウバンの純物質をとり出すには，どうすればよいだろうか。

保護眼鏡　要換気　廃液処理　やけど注意

① ビーカーに水を110 cm^3 入れ，塩化アンモニウムを50g加える。ガスバーナーで加熱しながらすべてとかす。このとき，水温は約50℃とする。

② ①の水溶液を右のような容器にとり分け，水の入ったビーカーにつけて冷やす。

図44 雪が降るような塩化アンモニウムの再結晶の実験

❶混合物
ろうはいろいろな有機物の混合物である。10円硬貨も，銅に少量のスズと亜鉛がふくまれた混合物である。

ためしてみよう

混合物から純物質をとり出す実験　保護眼鏡　要換気　廃液処理　やけど注意

1 ビーカーに水を10 cm^3 入れ，ミョウバン5gと硫酸銅0.3gの混合物を加える。ビーカーをガスバーナーで加熱し，混合物をすべてとかす。このとき，水温は約60℃とする。

2 1のビーカーを，室温で冷まして，結晶が出てくるようすを観察する。

3 結晶が出てきた溶液をろ過する。ろ液の色を観察し，少量の冷水で出てきた結晶の表面を洗う。

4 3の結晶をルーペまたは顕微鏡で観察する。

水溶液が皮膚につかないように注意する。また，目に入らないように必ず保護眼鏡をかけて実験を行う。

実験に使用した水溶液は，流しには捨てずに回収する。

ポイント　冷水で洗いすぎて，結晶がとけてなくならないようにする。

175

ガイド1 考えてみよう

教科書p.174図42を見ると，硝酸カリウムは，溶媒の温度が50°Cのとき，水100gに約85gまでとける。20°Cのときは，水100gに約32gまでしかとけない。したがって，50°Cの硝酸カリウムの飽和水溶液を20°Cまで冷やしたとき，

85g−32g＝53g

より，とけきれなくなって，固体として出てくる硝酸カリウムの量は約53gと求められる。

解説 結晶と再結晶

純粋な物質(純物質)で，規則正しい形をした固体を結晶という。結晶は物質によって特有の形状をしているので，物質を区別する手がかりとなる。物質をいったん水などの溶媒にとかした後，溶液の温度を下げたり，溶媒を蒸発させたりして，再び結晶としてとり出すことを再結晶という。再結晶は，不純物をとり除いて純物質を得るのに利用される。

ガイド2 混合物と純物質

物質は純物質と混合物に分けることができる。1種類だけの物質でできているものを純物質という。水，塩化ナトリウム，硝酸カリウム，酸素，水素，二酸化炭素，金，銅，鉄などは純物質である。

複数の純物質が混ざり合ったものを混合物という。空気，水溶液，砂糖と塩化ナトリウムが混ざったもの，石油，海水，岩石などは混合物である。

ガイド3 活用してみよう

ミョウバンと硫酸銅は，どちらも水にとける。物質によって，ある温度での溶解度にちがいがあるため，これを利用してミョウバンの純物質をとり出すことができる。

教科書p.175「ためしてみよう」では，水10 cm^3 ミョウバン5gと硫酸銅0.3gの混合物を加えている。グラフより，水温60°Cのとき，100gの水にミョウバンは60g，硫酸銅は80gとける。したがって，60°Cの水10 cm^3(質量10g)には，ミョウバン6g，硫酸銅8gがとける。このため，水温が60°Cのとき，加えた混合物はすべて水にとける。

ビーカーを室温で冷まして，水温が20°Cになると，10gの水にとけるミョウバンは1gになる。ミョウバンの水溶液は飽和して，5g−1g＝4gのミョウバンが結晶となって出てくる。20°Cの水10 cm^3 には硫酸銅4.1gがとけるから，加えた硫酸銅が結晶となって出てくることはない。このとき得られた結晶はすべてミョウバンであると考えられるから，この結晶の表面を少量の冷水で洗えば，ミョウバンの純物質をとり出すことができる。

テストによく出る重要用語等

□結晶
□再結晶
□混合物
□純物質

教 p.176～177　物質　4章　物質のすがたとその変化

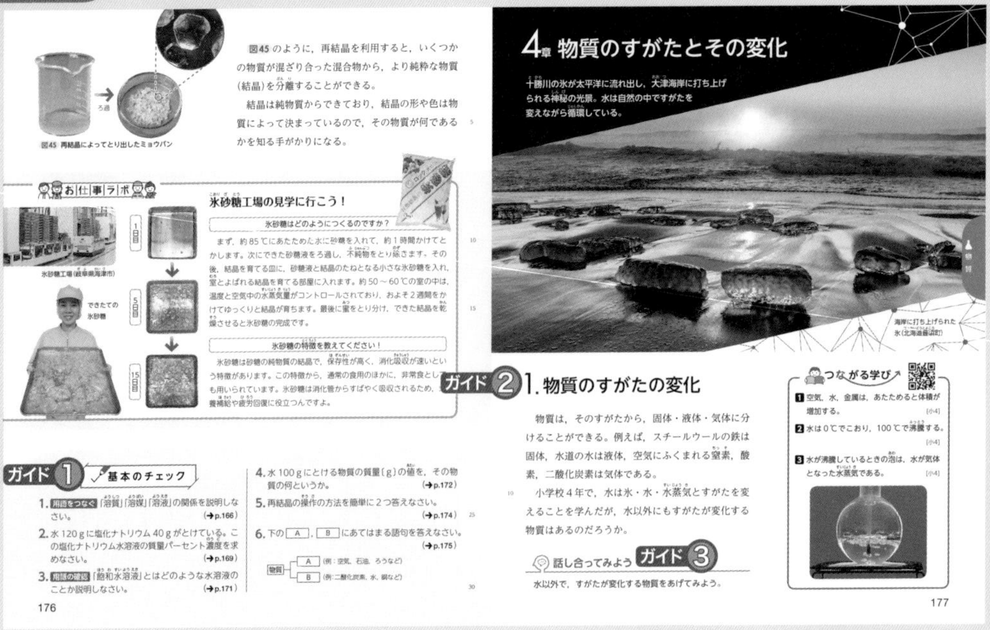
図45 のように，再結晶を利用すると，いくつかの物質が混ざり合った混合物から，より純粋な物質(結晶)を分離することができる。
結晶は純物質からできており，結晶の形や色は物質によって決まっているので，その物質が何であるかを知る手がかりになる。

図45 再結晶によってとり出したミョウバン

お仕事ラボ

氷砂糖工場の見学に行こう！

氷砂糖はどのようにつくるのですか？

まず，約 85 ℃にあたためた水に砂糖を入れて，約 1 時間かけてとかします。次にできた砂糖液をろ過し，不純物をとり除きます。その後，結晶を育てる皿に，砂糖液と結晶のたねとなる小さな氷砂糖を入れ，室とよばれる結晶を育てる部屋に入れます。約 50 ～ 60 ℃の室の中は，温度と空気中の水蒸気量がコントロールされており，およそ 2 週間をかけてゆっくりと結晶が育ちます。最後に蜜をとり分け，できた結晶を乾燥させると氷砂糖の完成です。

氷砂糖の特徴を教えてください！

氷砂糖は砂糖の純物質の結晶で，保存性が高く，消化吸収が速いという特徴があります。この特徴から，通常の食用のほかに，非常食としても用いられています。氷砂糖は消化管からすばやく吸収されるため，栄養補給や疲労回復に役立つんですよ。

氷砂糖工場(岐阜県海津市)
できたての氷砂糖
1日目　5日目　15日目

ガイド 1　基本のチェック

1. 用語をつなぐ「溶質」「溶媒」「溶液」の関係を説明しなさい。(→p.166)
2. 水 120 g に塩化ナトリウム 40 g がとけている。この塩化ナトリウム水溶液の質量パーセント濃度を求めなさい。(→p.169)
3. 用語の確認「飽和水溶液」とはどのような水溶液のことか説明しなさい。(→p.171)
4. 水 100 g にとける物質の質量〔g〕の値を，その物質の何というか。(→p.172)
5. 再結晶の操作の方法を簡単に 2 つ答えなさい。(→p.174)
6. 下の A ，B にあてはまる語句を答えなさい。(→p.175)

物質 ─ A (例：空気，石油，ろうなど)
　　 └ B (例：二酸化炭素，水，銅など)

176

4章 物質のすがたとその変化

十勝川の氷が太平洋に流れ出し，大津海岸に打ち上げられる神秘の光景。水は自然の中ですがたを変えながら循環している。

海岸に打ち上げられた氷(北海道豊頃町)

ガイド 2　1. 物質のすがたの変化

物質は，そのすがたから，固体・液体・気体に分けることができる。例えば，スチールウールの鉄は固体，水道の水は液体，空気にふくまれる窒素，酸素，二酸化炭素は気体である。
小学校 4 年で，水は氷・水・水蒸気とすがたを変えることを学んだが，水以外にもすがたが変化する物質はあるのだろうか。

話し合ってみよう　ガイド 3

水以外で，すがたが変化する物質をあげてみよう。

つながる学び

1 空気，水，金属は，あたためると体積が増加する。〔小4〕
2 水は 0 ℃でこおり，100 ℃で沸騰する。〔小4〕
3 水が沸騰しているときの泡は，水が気体となった水蒸気である。〔小4〕

177

ガイド 1　基本のチェック

1.　水にとけている物質を溶質といい，溶質をとかしている液体を溶媒という。溶質が溶媒にとけている液のことを溶液という。
2.　溶質(塩化ナトリウム)の質量が 120 g，溶媒(水)の質量が 120 g だから，

$$\frac{40\text{ g}}{120\text{ g}+40\text{ g}}\times 100=25$$

よって，質量パーセント濃度は 25％となる。
3.　ある溶質が限度までとけている水溶液
4.　溶解度
5.　(例)
- 溶液の温度を下げる。
- 溶媒(水)を蒸発させる。

6.　A：混合物　B：純物質
空気は窒素や酸素などいくつかの物質が混ざり合ったものであるから混合物である。二酸化炭素は 1 種類の物質であるから純物質である。

ガイド 2　物質のすがたの変化

物質は，そのすがた(状態)から，固体・液体・気体に分けられる。

固体の例：アルミサッシのアルミニウム，10 円硬貨の銅，氷，食卓塩の食塩，ドライアイス
液体の例：川を流れる水，自動車の燃料のガソリン，清掃に使うエタノール
気体の例：水蒸気，炭酸飲料の泡(二酸化炭素)，空気中の酸素

ガイド 3　話し合ってみよう

(例)
- 二酸化炭素(気体で見ることが多いが，固体はドライアイスとして知られている。)
- 窒素(液体窒素も用いられている。)
- はんだのように，溶接に用いられる金属(加熱して液体にしてから使う。)

解説　物質は同じでも名称がちがう

ドライアイス・二酸化炭素や氷・水・水蒸気などのように，同じ物質であっても，固体・液体・気体の状態によって，名称を使い分けることもある。
「水」には，液体としての「水」と，物質名としての「水」の意味がある。例えば，砂糖を燃焼すると二酸化炭素と水ができる，というときには，この「水」は水蒸気のことであるから，物質名としての「水」である。
塩化ナトリウム水溶液(食塩水)は，塩化ナトリウムと水の混合物であり，塩化ナトリウムの液体ではないことに注意する。塩化ナトリウムは，800 ℃以上にならないと，液体にならない。

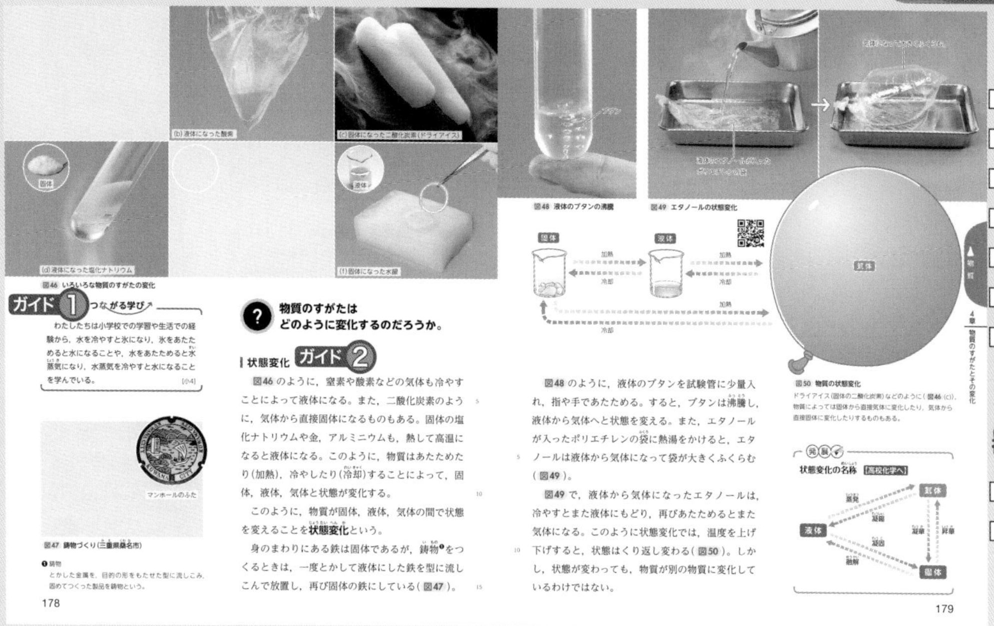

図46 いろいろな物質のすがたの変化

ガイド 1 つながる学び
わたしたちは小学校での学習や生活での経験から，水を冷やすと氷になり，氷をあたためると水になることや，水をあたためると水蒸気になり，水蒸気を冷やすと水になることを学んでいる。 [小4]

図47 鋳物づくり(三重県桑名市)

❶鋳物
とかした金属を，目的の形をもたせた型に流しこみ，固めてつくった製品を鋳物という。

178

物質のすがたは
どのように変化するのだろうか。

状態変化 ガイド 2
図46 のように，窒素や酸素などの気体も冷やすことによって液体になる。また，二酸化炭素のように，気体から直接固体になるものもある。固体の塩化ナトリウムや金，アルミニウムも，熱して高温になると液体になる。このように，物質はあたためたり(加熱)，冷やしたり(冷却)することによって，固体，液体，気体と状態が変化する。
このように，物質が固体，液体，気体の間で状態を変えることを**状態変化**という。
身のまわりにある鉄は固体であるが，鋳物❶をつくるときは，一度とかして液体にした鉄を型に流しこんで放置し，再び固体の鉄にしている(図47)。

図48 液体のブタンの沸騰
図49 エタノールの状態変化

図48 のように，液体のブタンを試験管に少量入れ，指や手であたためる。すると，ブタンは沸騰し，液体から気体へと状態を変える。また，エタノールが入ったポリエチレンの袋に熱湯をかけると，エタノールは液体から気体になって袋が大きくふくらむ(図49)。
図49 で，液体から気体になったエタノールは，冷やすとまた液体にもどり，再びあたためるとまた気体になる。このように状態変化では，温度を上げ下げすると，状態はくり返し変わる(図50)。しかし，状態が変わっても，物質が別の物質に変化しているわけではない。

図50 物質の状態変化
ドライアイス(固体の二酸化炭素)などのように(図46 (c))，物質によっては固体から直接気体に変化したり，気体から直接固体に変化したりするものもある。

4章 物質のすがたとその変化

179

テストによく出る
重要用語等
□状態変化
□融解
□凝固
□蒸発
□凝縮
□昇華
□凝華

テストによく出る
器具・薬品等
□ブタン
□エタノール

物質

ガイド 1 つながる学び

氷(固体)から水(液体)，水から水蒸気(気体)への変化，逆に，水蒸気から水，水から氷への変化は，あたためたり，冷やしたりすることによる温度変化によって生じる。

ガイド 2 状態変化

水は，室温では液体であるが，0℃以下では固体の氷になり，100℃以上では気体の水蒸気になる。これは，水が氷や水蒸気という別の物質に変わったわけではなく，温度の変化によって，その状態が変化しただけである。

透明なポリエチレンの袋にエタノールを少量入れて，口をしっかりしばる。この袋を熱湯につけると，袋はふくらむ。このとき，袋の中に液体のエタノールはない。次に，この袋を冷水につけると，袋はしぼみ，袋の中には液体がある。これは，温度の変化により，液体のエタノールが気体のエタノールになったり，気体のエタノールが液体のエタノールになったりしたのである。

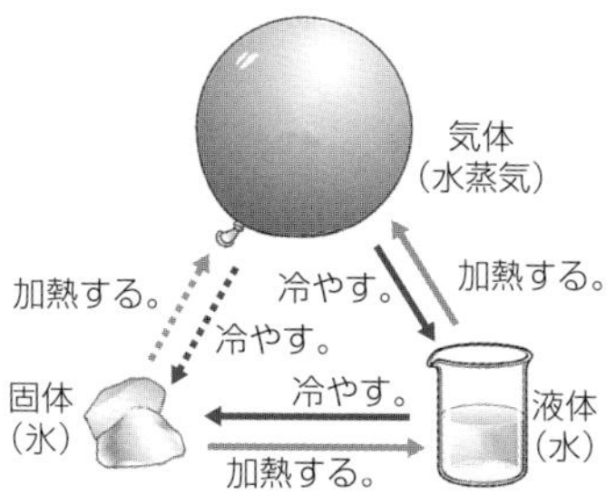

水の状態変化

水やエタノールだけでなく，一般に，物質は温度によって，固体・液体・気体のいずれかの状態になる。金属など，室温では固体の物質も，温度が非常に高いと，液体や気体になる(水銀は，室温で液体である)。物質が温度によって，固体，液体，気体の間で状態を変えることを状態変化という。温度を上げていくと，固体→液体→気体の順に状態が変化する。逆に，温度を下げていくと，気体→液体→固体の順に状態が変化する。しかし，二酸化炭素は，固体のドライアイスから気体の二酸化炭素へ，逆に，気体の二酸化炭素から固体のドライアイスへと状態が変化する。このように，液体の状態を経ないで，直接，固体から気体へ，あるいは気体から固体へと状態が変化をする物質もある。

テストによく出る

- **融解**　固体が液体になる状態変化
- **凝固**　液体が固体になる状態変化
- **蒸発**　液体が気体になる状態変化
- **凝縮**　気体が液体になる状態変化

テストによく出る
器具・薬品等

□ろう

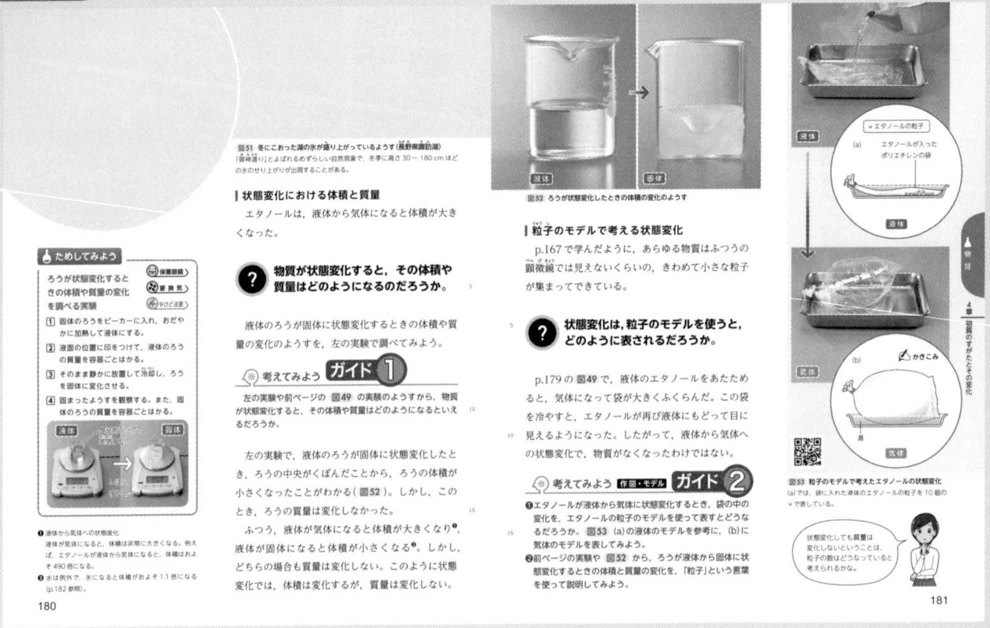

図51 冬にこおった湖の氷が盛り上がっているようす(長野県諏訪湖)
「御神渡り」とよばれるめずらしい自然現象で，冬季に高さ 30～180 cm ほどの氷のせり上がりが出現することがある。

ためしてみよう
ろうが状態変化するときの体積や質量の変化を調べる実験
保護眼鏡 要換気 やけど注意
1 固体のろうをビーカーに入れ，おだやかに加熱して液体にする。
2 液面の位置に印をつけて，液体のろうの質量を容器ごとはかる。
3 そのまま静かに放置して冷却し，ろうを固体に変化させる。
4 固まったようすを観察する。また，固体のろうの質量を容器ごとはかる。
液体 固体

❶ 液体から気体への状態変化
液体が気体になると，体積は非常に大きくなる。例えば，エタノールが液体から気体になると，体積はおよそ 490 倍になる。
❷ 水は例外で，氷になると体積がおよそ 1.1 倍になる(p.182 参照)。

180

状態変化における体積と質量
エタノールは，液体から気体になると体積が大きくなった。

? 物質が状態変化すると，その体積や質量はどのようになるのだろうか。

液体のろうが固体に状態変化するときの体積や質量の変化のようすを，左の実験で調べてみよう。

考えてみよう ガイド1
左の実験や前ページの 図49 の実験のようすから，物質が状態変化すると，その体積や質量はどのようになるといえるだろうか。

左の実験で，液体のろうが固体に状態変化したとき，ろうの中央がくぼんだことから，ろうの体積が小さくなったことがわかる(図52)。しかし，このとき，ろうの質量は変化しなかった。
ふつう，液体が気体になると体積が大きくなり❶，液体が固体になると体積が小さくなる❷。しかし，どちらの場合も質量は変化しない。このように状態変化では，体積は変化するが，質量は変化しない。

液体 固体
図52 ろうが状態変化したときの体積の変化のようす

粒子のモデルで考える状態変化
p.167 で学んだように，あらゆる物質はふつうの顕微鏡では見えないくらいの，きわめて小さな粒子が集まってできている。

? 状態変化は，粒子のモデルを使うと，どのように表されるだろうか。

p.179 の 図49 で，液体のエタノールをあたためると，気体になって袋が大きくふくらんだ。この袋を冷やすと，エタノールが再び液体にもどって目に見えるようになった。したがって，液体から気体への状態変化で，物質がなくなったわけではない。

考えてみよう 作図・モデル ガイド2
❶エタノールが液体から気体に状態変化するとき，袋の中の変化を，エタノールの粒子のモデルを使って表すとどうなるだろうか。図53 (a)の液体のモデルを参考に，(b)に気体のモデルを表してみよう。
❷前ページの実験や 図52 から，ろうが液体から固体に状態変化するときの体積と質量の変化を，「粒子」という言葉を使って説明してみよう。

液体 エタノールの粒子 (a) エタノールが入ったポリエチレンの袋 液体
気体 (b) かきこみ 湯 気体
図53 粒子のモデルで考えたエタノールの状態変化
(a)では，袋に入れた液体のエタノールの粒子を 10 個ので表している。

状態変化しても質量は変化しないということは，粒子の数はどうなっていると考えられるかな。

4章 物質のすがたとその変化

181

ガイド1 考えてみよう

教科書 p.179 図 49 の実験では，エタノールの状態変化のようすを観察した。液体のエタノールを加熱すると，エタノールは液体から気体となり，袋が大きくふくらんだ。つまり，エタノールは状態変化によってその体積が大きく変化したことがわかる。

また，教科書 p.181 図 52 の実験では，液体のろうを冷やすと，ろうが固まった。このとき，ビーカーの中のろうの中央部がくぼみ，ろうの体積は小さくなるが，質量は変化していないことがわかる。

このように，物質が状態変化すると，その体積は変化するが質量は変化しないといえる。

ガイド2 考えてみよう

❶ 液体のエタノールは，教科書 p.181 図 53 (a)のモデルのように，その粒子は自由に動きつつも一定のまとまりをなしている。液体のエタノールを加熱すると，粒子の運動は激しくなって，自由に飛び回るようになる。これが気体のエタノールである。粒子の間隔が広くなるので体積は大きくなるが，袋が密閉されているので粒子の数は変わらず，質量は変化しない。粒子のモデルで表すと，次のようになる。

(b)

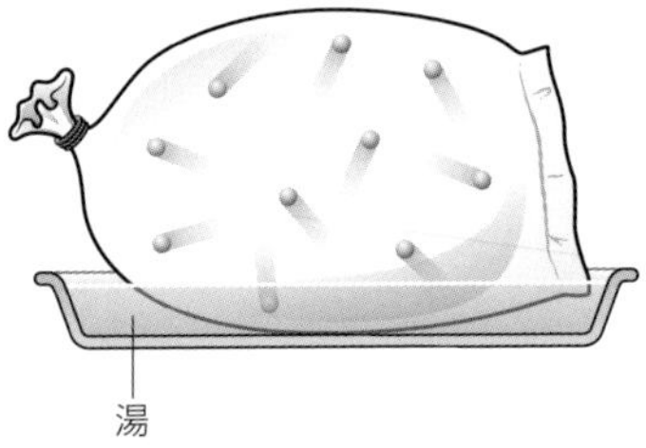

❷ 液体のろうを冷却すると，粒子の運動はおだやかになり，固体のろうになる。粒子の間隔がせまくなるので，体積は小さくなるが，粒子の数は変わらず，質量は変化しない。固体のろうでは，粒子はすき間なく規則正しく並んでおり，その場でおだやかに振動している。加熱すると粒子は比較的自由に動くようになり，液体のろうになる。粒子の間隔が広くなるので，体積は大きくなるが，粒子の数は変わらず，ろうの質量は変化しない。

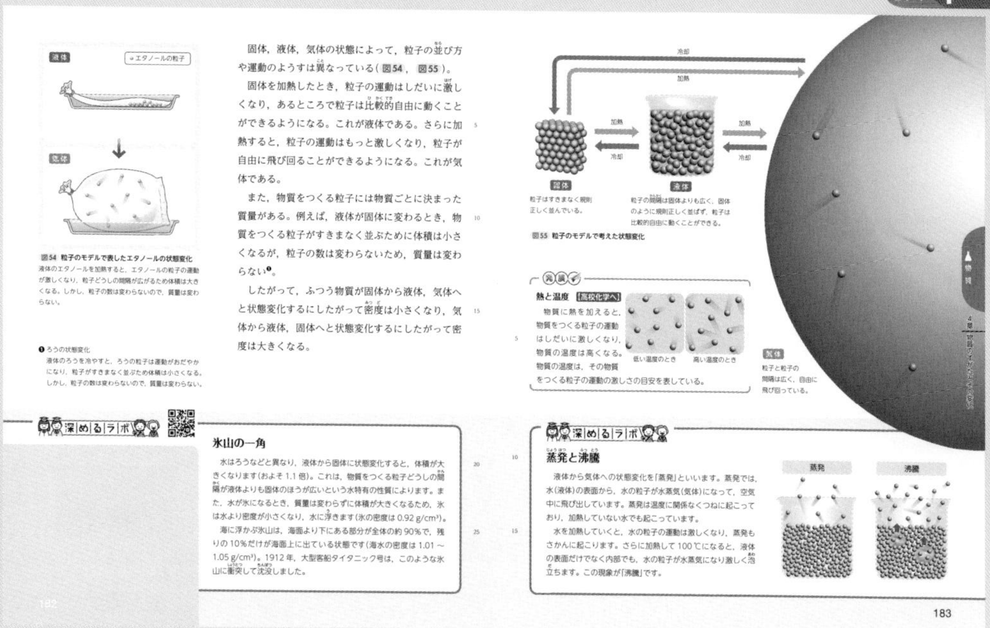

固体，液体，気体の状態によって，粒子の並び方や運動のようすは異なっている（図54，図55）。

固体を加熱したとき，粒子の運動はしだいに激しくなり，あるところで粒子は比較的自由に動くことができるようになる。これが液体である。さらに加熱すると，粒子の運動はもっと激しくなり，粒子が自由に飛び回ることができるようになる。これが気体である。

また，物質をつくる粒子には物質ごとに決まった質量がある。例えば，液体が固体に変わるとき，物質をつくる粒子がすきまなく並ぶために体積は小さくなるが，粒子の数は変わらないため，質量は変わらない❶。

したがって，ふつう物質が固体から液体，気体へと状態変化するにしたがって密度は小さくなり，気体から液体，固体へと状態変化するにしたがって密度は大きくなる。

図54 粒子のモデルで表したエタノールの状態変化
液体のエタノールを加熱すると，エタノールの粒子の運動が激しくなり，粒子どうしの間隔が広がるため体積は大きくなる。しかし，粒子の数は変わらないので，質量は変わらない。

図55 粒子のモデルで考えた状態変化

❶ ろうの状態変化
液体のろうを冷やすと，ろうの粒子は運動がおだやかになり，粒子がすきまなく並ぶため体積は小さくなる。しかし，粒子の数は変わらないので，質量は変わらない。

発展
熱と温度　高校化学へ
物質に熱を加えると，物質をつくる粒子の運動はしだいに激しくなり，物質の温度は高くなる。物質の温度は，その物質をつくる粒子の運動の激しさの目安を表している。

深めるラボ
氷山の一角
水はろうなどと異なり，液体から固体に状態変化すると，体積が大きくなります（およそ 1.1 倍）。これは，物質をつくる粒子どうしの間隔が液体よりも固体のほうが広いという水特有の性質によります。また，水が氷になるとき，質量は変わらずに体積が大きくなるため，氷は水より密度が小さくなり，水に浮きます（氷の密度は 0.92 g/cm³）。
海に浮かぶ氷山は，海面より下にある部分が全体の約 90％で，残りの 10％だけが海面上に出ている状態です（海水の密度は 1.01 〜 1.05 g/cm³）。1912 年，大型客船タイタニック号は，このような氷山に衝突して沈没しました。

深めるラボ
蒸発と沸騰
液体から気体への状態変化を「蒸発」といいます。蒸発では，水（液体）の表面から，水の粒子が水蒸気（気体）になって，空気中に飛び出しています。蒸発は温度に関係なくつねに起こっており，加熱していない水でも起こっています。
水を加熱していくと，水の粒子の運動は激しくなり，蒸発もさかんに起こります。さらに加熱して 100 ℃になると，液体の表面だけでなく内部でも，水の粒子が水蒸気になり激しく泡立ちます。この現象が「沸騰」です。

182　183

解説 水の状態変化

ふつう物質は固体から液体に，液体から気体に状態変化するにしたがって密度が小さくなる。しかし，水のような例外もある。

水は温度が 0 ℃をこえると，固体（氷）から液体（水）に状態変化する。このとき，0 ℃で固体では 0.9168 g/cm^3 である密度が液体になると，0.9998 g/cm^3 と大きくなる。さらに，水は 4 ℃のときにもっとも密度が大きくなる（1.0000 g/cm^3）。そして，4 ℃より温度が高くなると，密度はふたたび小さくなっていく。

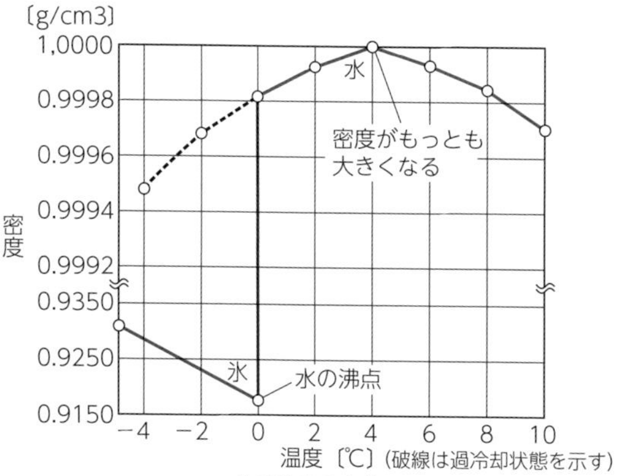

水の密度の変化

ほかの物質と比べると不思議な現象であるが，氷より水の方が密度が大きいことで，氷が水に浮くのである。こうして考えると，水の密度の変化の特徴は，わたしたちの身近な生活にも関係していることがわかる。

また，水の密度が 4 ℃のときにもっとも大きくなることは，湖の生態系にもかかわっている。気温が低い地域では，冬になると湖の表面がこおることがある。もし水の密度が，温度が上がるとともに小さくなる（温度が低いと大きくなる）としたら，こおった表面近くの水は重くなり，水底に沈む。そして，また表面の水がこおって 0 ℃に近い水が沈む…とくり返すうちに，やがて湖の水全体がこおって湖の生物は生きられなくなる。

しかし，水の密度が 4 ℃でもっとも大きいので，湖の底に沈むのは 4 ℃の水ということになり，こおった表面の水は沈まずそのままである。こうして，湖の底はこおることなく 4 ℃までで保たれるので，湖の生物も冬をこすことができるのである。

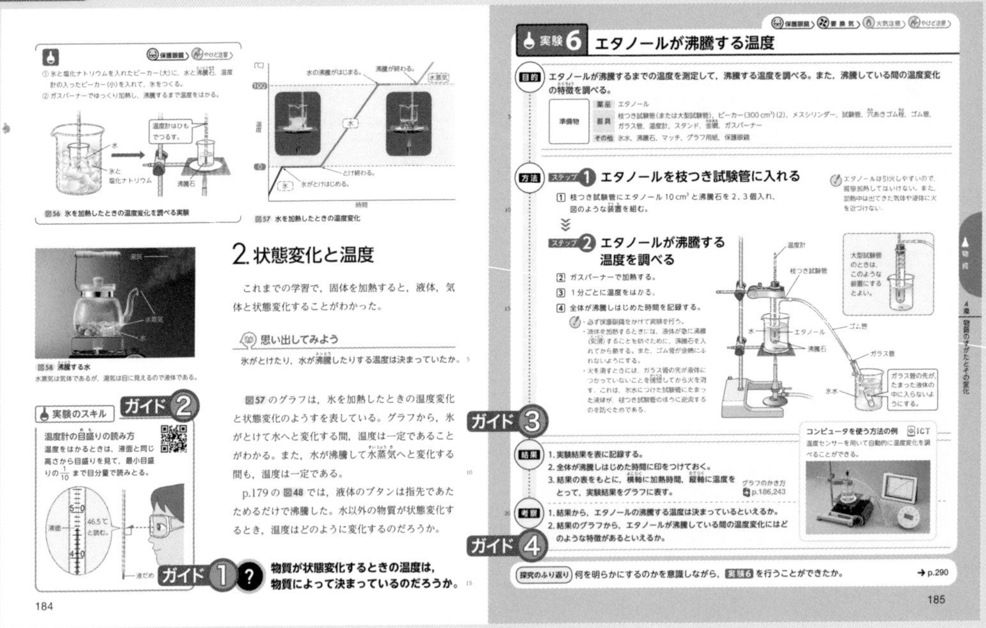

① 氷と塩化ナトリウムを入れたビーカー(大)に，水と沸騰石，温度計の入ったビーカー(小)を入れて，氷をつくる。
② ガスバーナーでゆっくり加熱し，沸騰するまで温度をはかる。

図56 氷を加熱したときの温度変化を調べる実験

図57 水を加熱したときの温度変化

図58 沸騰する水
水蒸気は気体であるが，湯気は目に見えるので液体である。

実験のスキル ガイド2
温度計の目盛りの読み方
温度をはかるときは，液面と同じ高さから目盛りを見て，最小目盛りの $\frac{1}{10}$ まで目分量で読みとる。

2. 状態変化と温度

これまでの学習で，固体を加熱すると，液体，気体と状態変化することがわかった。

思い出してみよう
氷がとけたり，水が沸騰したりする温度は決まっていたか。

図57 のグラフは，氷を加熱したときの温度変化と状態変化のようすを表している。グラフから，氷がとけて水へと変化する間，温度は一定であることがわかる。また，水が沸騰して水蒸気へと変化する間も，温度は一定である。

p.179 の 図48 では，液体のブタンは指先であたためるだけで沸騰した。水以外の物質が状態変化するとき，温度はどのように変化するのだろうか。

ガイド1 ? 物質が状態変化するときの温度は，物質によって決まっているのだろうか。

184

保護眼鏡 要換気 火気注意 やけど注意

実験6 エタノールが沸騰する温度

目的 エタノールが沸騰するまでの温度を測定して，沸騰する温度を調べる。また，沸騰している間の温度変化の特徴を調べる。

準備物		
	薬品	エタノール
	器具	枝つき試験管(または大型試験管)，ビーカー(300 cm³)(2)，メスシリンダー，試験管，穴あきゴム栓，ゴム管，ガラス管，温度計，スタンド，金網，ガスバーナー
	その他	氷水，沸騰石，マッチ，グラフ用紙，保護眼鏡

方法 ステップ1 エタノールを枝つき試験管に入れる
1 枝つき試験管にエタノール 10 cm³ と沸騰石を 2，3 個入れ，図のような装置を組む。

エタノールは引火しやすいので，直接加熱してはいけない。また，加熱中は出てきた気体や液体に火を近づけない。

ステップ2 エタノールが沸騰する温度を調べる
2 ガスバーナーで加熱する。
3 1分ごとに温度をはかる。
4 全体が沸騰しはじめた時間を記録する。

・必ず保護眼鏡をかけて実験を行う。
・液体を加熱するときには，液体が急に沸騰(突沸)することを防ぐために，沸騰石を入れてから熱する。また，ゴム管が金網にふれないようにする。
・火を消すときには，ガラス管の先が液体につかっていないことを確認してから火を消す。これは，氷水につけた試験管にたまった液体が，枝つき試験管のほうに逆流するのを防ぐためである。

ガイド3

結果
1. 実験結果を表に記録する。
2. 全体が沸騰しはじめた時間に印をつけておく。
3. 結果の表をもとに，横軸に加熱時間，縦軸に温度をとって，実験結果をグラフに表す。

グラフのかき方 p.186,243

コンピュータを使う方法の例 ICT
温度センサーを用いて自動的に温度変化を調べることができる。

考察
1. 結果から，エタノールの沸騰する温度は決まっているといえるか。
2. 結果のグラフから，エタノールが沸騰している間の温度変化にはどのような特徴があるといえるか。

ガイド4

探究のふり返り 何を明らかにするのかを意識しながら，実験6 を行うことができたか。 → p.290

185

ガイド1 学習の課題

水が氷になるときや，氷がとける温度が 0 ℃，水が沸騰(ふっとう)するときの温度が 100 ℃であることはすでに学習した。

ガイド2 温度計の目盛り(めもり)の見方

温度計の目盛りを読むときは，目盛りを真横から読み，最小目盛りの $\frac{1}{10}$ まで目分量で読みとる。液だめに息がかからないように注意する。

テストによく出る

状態変化するときの温度 下のグラフのように，氷がとけて水へと状態変化するとき，とけはじめからとけ終わるまでの間，温度は 0 ℃で一定であることがわかる。また，水が沸騰して水蒸気(すいじょうき)へと状態変化する間も，温度は 100 ℃で一定である。

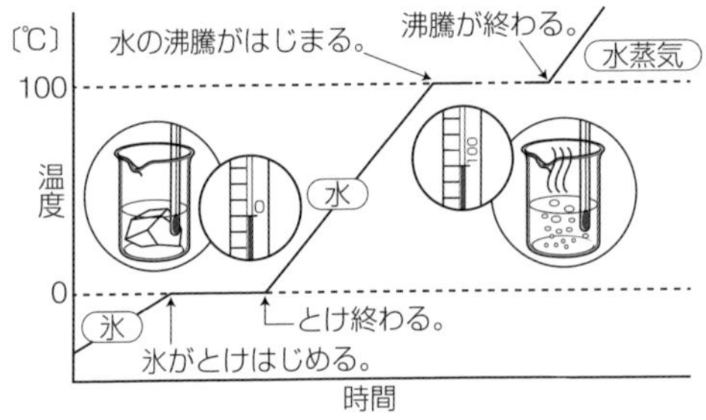

ガイド3 結果

1〜2. 時間と温度の表(例)

時間〔分〕	1	2	3	4	5	6	7	8	9	(10)	11	12	13
温度〔℃〕	24.0	30.0	36.0	44.0	50.0	58.0	64.0	69.8	76.0	78.4	78.4	78.4	78.4

3. グラフ(例)

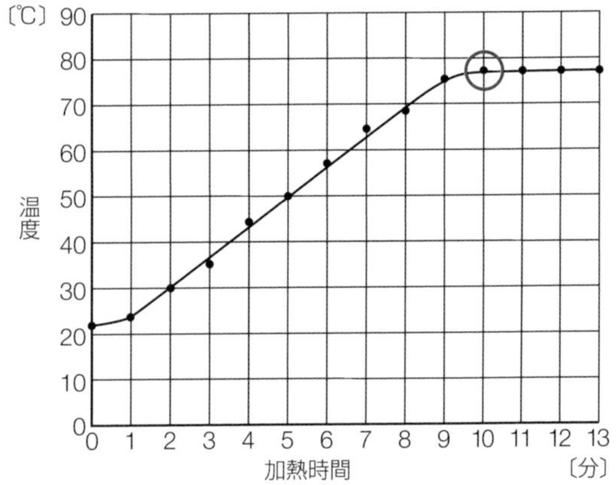

ガイド4 考察(例)

1. エタノールの沸騰する温度は約 78 ℃で決まっているといえる。
2. エタノールが沸騰している間，温度は一定のままであった。

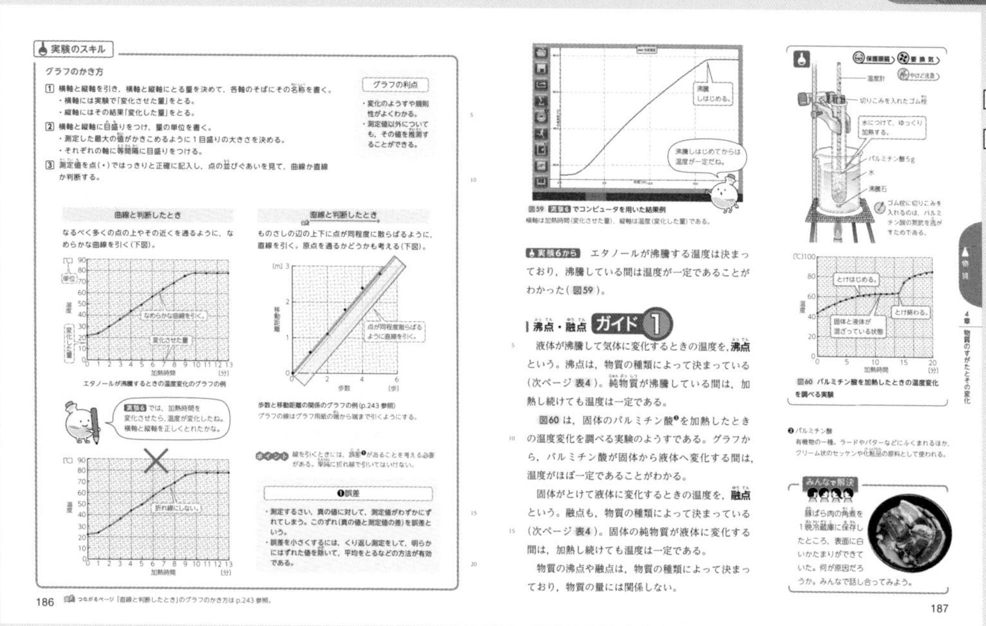
実験のスキル

グラフのかき方

1 横軸と縦軸を引き，横軸と縦軸にとる量を決めて，各軸のそばにその名称を書く。
・横軸には実験で「変化させた量」をとる。
・縦軸にはその結果「変化した量」をとる。

2 横軸と縦軸に目盛りをつけ，量の単位を書く。
・測定した最大の値がかきこめるように1目盛りの大きさを決める。
・それぞれの軸に等間隔に目盛りをつける。

3 測定値を点(・)ではっきりと正確に記入し，点の並びぐあいを見て，曲線か直線か判断する。

グラフの利点
・変化のようすや規則性がよくわかる。
・測定値以外についても，その値を推測することができる。

曲線と判断したとき
なるべく多くの点の上やその近くを通るように，なめらかな曲線を引く(下図)。

エタノールが沸騰するときの温度変化のグラフの例

実験6では，加熱時間を変化させたら，温度が変化したね。横軸と縦軸を正しくとれたかな。

直線と判断したとき
ものさしの辺の上下に点が同程度に散らばるように，直線を引く。原点を通るかどうかも考える(下図)。

歩数と移動距離の関係のグラフの例(p.243 参照)
グラフの線はグラフ用紙の端から端まで引くようにする。

ポイント 線を引くときには，誤差❶があることを考える必要がある。単純に折れ線で引いてはいけない。

❶誤差
・測定するさい，真の値に対して，測定値がわずかにずれてしまう。このずれ(真の値と測定値の差)を誤差という。
・誤差を小さくするには，くり返し測定をして，明らかにはずれた値を除いて，平均をとるなどの方法が有効である。

186 つながるページ「直線と判断したとき」のグラフのかき方は p.243 参照。

図59 実験6でコンピュータを用いた結果例
横軸は加熱時間(変化させた量)，縦軸は温度(変化した量)である。

実験6から エタノールが沸騰する温度は決まっており，沸騰している間は温度が一定であることがわかった(図59)。

沸点・融点 ガイド1

液体が沸騰して気体に変化するときの温度を，**沸点**という。沸点は，物質の種類によって決まっている(次ページ 表4)。純物質が沸騰している間は，加熱し続けても温度は一定である。

図60は，固体のパルミチン酸❷を加熱したときの温度変化を調べる実験のようすである。グラフから，パルミチン酸が固体から液体へ変化する間は，温度がほぼ一定であることがわかる。

固体がとけて液体に変化するときの温度を，**融点**という。融点も，物質の種類によって決まっている(次ページ 表4)。固体の純物質が液体に変化する間は，加熱し続けても温度は一定である。

物質の沸点や融点は，物質の種類によって決まっており，物質の量には関係しない。

図60 パルミチン酸を加熱したときの温度変化を調べる実験

❷パルミチン酸
有機物の一種。ラードやバターなどにふくまれるほか，クリーム状のセッケンや化粧品の原料として使われる。

みんなで解決
豚ばら肉の角煮を1晩冷蔵庫に保存したところ，表面に白いかたまりができていた。何が原因だろうか。みんなで話し合ってみよう。

187

テストによく出る重要用語等

□沸点

□融点

ガイド1 沸点・融点

いろいろな物質の沸点・融点

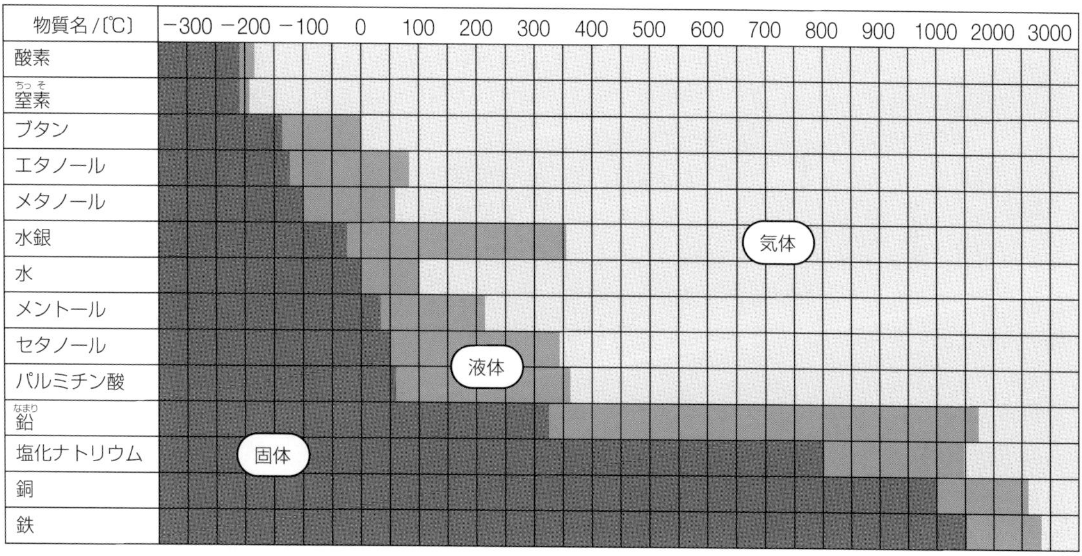

テストによく出る

沸点　液体が沸騰して，気体に変化するときの温度を沸点という。純物質では，沸騰が続いている間の温度は一定になる。沸点は，物質の量には関係なく，物質の種類によって決まっている。

融点　固体がとけて液体に変化するときの温度を融点という。純物質では，熱を加え続けていても，とけている間の温度は一定になる。融点も，物質の量には関係なく，物質の種類によって決まっている。

教 p.188～189　物質　4章　物質のすがたとその変化

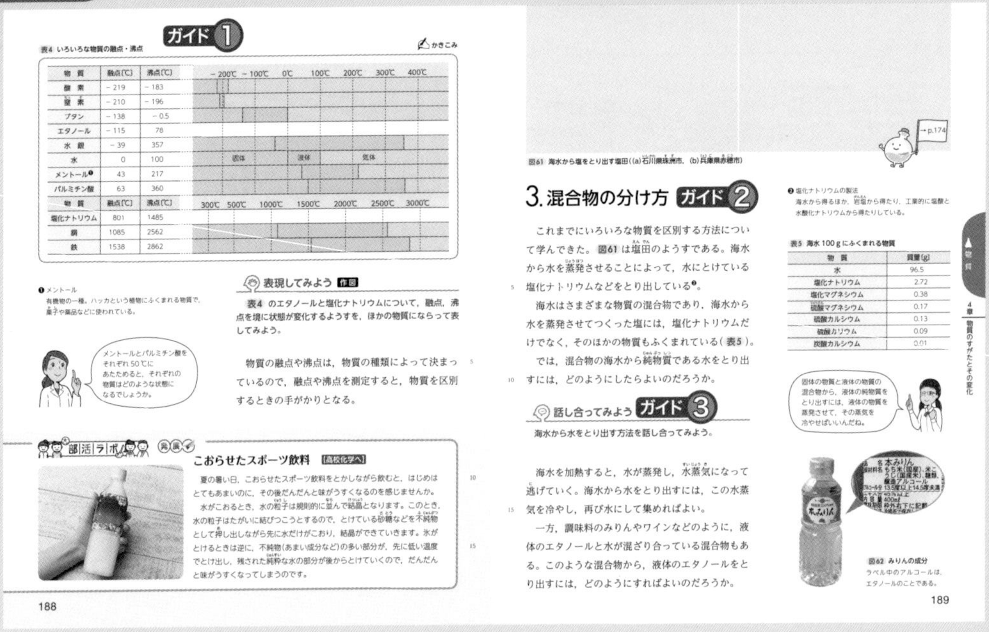

ガイド 1

表4 いろいろな物質の融点・沸点

かきこみ

物質	融点(℃)	沸点(℃)
酸素	−219	−183
窒素	−210	−196
ブタン	−138	−0.5
エタノール	−115	78
水銀	−39	357
水	0	100
メントール❶	43	217
パルミチン酸	63	360
物質	融点(℃)	沸点(℃)
塩化ナトリウム	801	1485
銅	1085	2562
鉄	1538	2862

❶メントール
有機物の一種。ハッカという植物にふくまれる物質で，菓子や薬品などに使われている。

表現してみよう　作図

表4 のエタノールと塩化ナトリウムについて，融点，沸点を境に状態が変化するようすを，ほかの物質にならって表してみよう。

物質の融点や沸点は，物質の種類によって決まっているので，融点や沸点を測定すると，物質を区別するときの手がかりとなる。

部活ラボ　発展

こおらせたスポーツ飲料　【高校化学へ】

夏の暑い日，こおらせたスポーツ飲料をとかしながら飲むと，はじめはとてもあまいのに，その後だんだんと味がうすくなるのを感じませんか。

水がこおるとき，水の粒子は規則的に並んで結晶となります。このとき，水の粒子はたがいに結びつこうとするので，とけている砂糖などを不純物として押し出しながら先に水だけがこおり，結晶ができていきます。氷がとけるときは逆に，不純物(あまい成分など)の多い部分が，先に低い温度でとけ出し，残された純粋な水の部分が後からとけていくので，だんだんと味がうすくなってしまうのです。

188

図61 海水から塩をとり出す塩田((a)石川県珠洲市，(b)兵庫県赤穂市)

3.混合物の分け方　ガイド 2

これまでにいろいろな物質を区別する方法について学んできた。図61 は塩田のようすである。海水から水を蒸発させることによって，水にとけている塩化ナトリウムなどをとり出している❷。

海水はさまざまな物質の混合物であり，海水から水を蒸発させてつくった塩には，塩化ナトリウムだけでなく，そのほかの物質もふくまれている(表5)。

では，混合物の海水から純物質である水をとり出すには，どのようにしたらよいのだろうか。

話し合ってみよう　ガイド 3

海水から水をとり出す方法を話し合ってみよう。

海水を加熱すると，水が蒸発し，水蒸気になって逃げていく。海水から水をとり出すには，この水蒸気を冷やし，再び水にして集めればよい。

一方，調味料のみりんやワインなどのように，液体のエタノールと水が混ざり合っている混合物もある。このような混合物から，液体のエタノールをとり出すには，どのようにすればよいのだろうか。

❷塩化ナトリウムの製法
海水から得るほか，岩塩から得たり，工業的に塩酸と水酸化ナトリウムから得たりしている。

表5 海水100gにふくまれる物質

物質	質量(g)
水	96.5
塩化ナトリウム	2.72
塩化マグネシウム	0.38
硫酸マグネシウム	0.17
硫酸カルシウム	0.13
硫酸カリウム	0.09
炭酸カルシウム	0.01

図62 みりんの成分
ラベル中のアルコールは，エタノールのことである。

189

ガイド 1　いろいろな物質の融点・沸点

教科書 p.188 の「表現してみよう」の例は，本書 p.103 の表にもあるので，ほかの物質と合わせて確認しよう。

物質の種類によって，融点や沸点は決まっている。そのため，融点や沸点をあらかじめ知っていれば，物質を区別することもできる。種類によっては，酸素や窒素のように，融点や沸点が非常に低いものもある。反対に，銅や鉄のように非常に高いものもある。銅や鉄は金属なので，金属はすべて融点や沸点が高いものと思いがちだが，そうではない金属もある。それが水銀である。

教科書 p.188 表 4 (本書 p.103 の表)を見ると，水銀の融点は −39 ℃，沸点は 357 ℃である。このことから，水銀は室温では液体として存在することがわかる。このように融点が 0 ℃より低い金属は水銀だけである(ほかに，融点が低い金属としては，セシウム 29 ℃，ガリウム 30 ℃などがある)。そのため，水銀は古くから身近な金属として使われてきたが，健康に害をおよぼす危険もある。

ほかにも，融点や沸点の値に特徴のある物質には，その特徴をいかして利用されているものもある。教科書の表を見ながら，気になる物質があれば，調べてみよう。

ガイド 2　混合物の分け方

ここでは，混合物が溶液であり，溶質が 1 種類の場合だけを考える。

溶質が気体のときは，溶液をあたためれば，とけている気体が出てくる。気体には，溶媒の温度が高いほどとけにくい，という性質があるからである。炭酸飲料をあたためると，二酸化炭素の泡がたくさん出てくるのはこの性質のためである。

溶質が固体のときは，加熱して溶媒を完全に蒸発させてもよいし，ある程度溶媒を蒸発させた後に溶液の温度を下げて，溶質を再結晶させてとり出してもよい。

溶質が液体のときは，溶質の沸点が溶媒の沸点よりも低ければ，溶液を加熱すると，溶質が先に気体となって出てくるので，それを冷却すればよい。溶質の沸点のほうが高ければ，溶媒を蒸発させると，溶質があとに残る。

ガイド 3　話し合ってみよう

海水を加熱すると，水が蒸発し，水蒸気になる。その水蒸気を冷却し，再び水にもどして回収すればよい。実際に海水から生活用水をとり出す装置としては，水を通し，塩類などは通さない特殊な膜を使って高い圧力をかけた海水をろ過して水を得る方法が行われている。

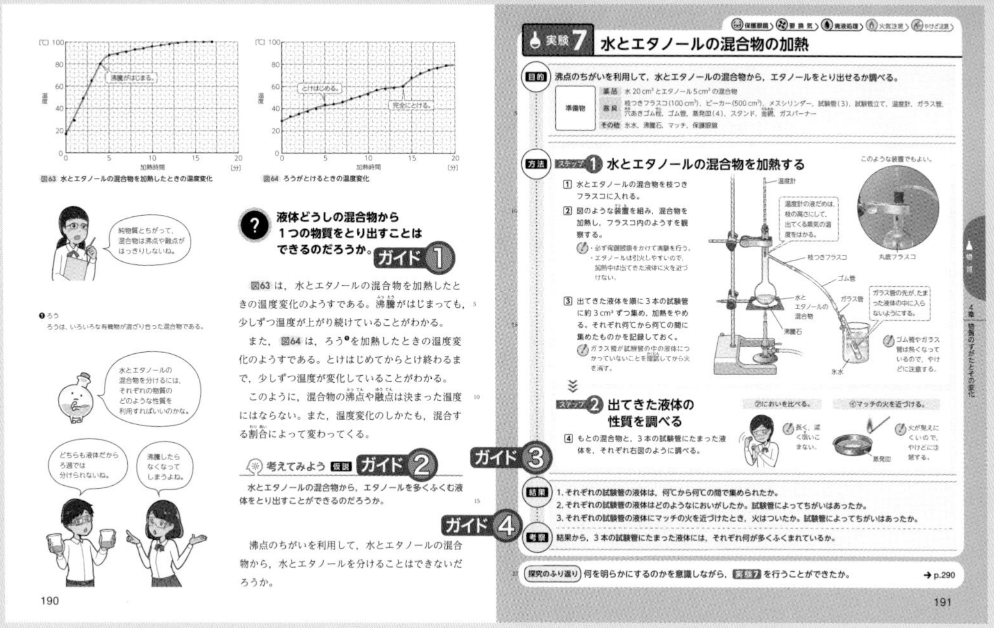
図63 水とエタノールの混合物を加熱したときの温度変化
図64 ろうがとけるときの温度変化

液体どうしの混合物から1つの物質をとり出すことはできるのだろうか。ガイド1

図63は，水とエタノールの混合物を加熱したときの温度変化のようすである。沸騰がはじまっても，少しずつ温度が上がり続けていることがわかる。

また，図64は，ろう❶を加熱したときの温度変化のようすである。とけはじめてからとけ終わるまで，少しずつ温度が変化していることがわかる。

このように，混合物の沸点や融点は決まった温度にはならない。また，温度変化のしかたも，混合する割合によって変わってくる。

❶ろう　ろうは，いろいろな有機物が混ざり合った混合物である。

考えてみよう 仮説 ガイド2
水とエタノールの混合物から，エタノールを多くふくむ液体をとり出すことができるのだろうか。

沸点のちがいを利用して，水とエタノールの混合物から，水とエタノールを分けることはできないだろうか。

190

実験7 水とエタノールの混合物の加熱

目的 沸点のちがいを利用して，水とエタノールの混合物から，エタノールをとり出せるか調べる。

方法 ステップ1 水とエタノールの混合物を加熱する

1 水とエタノールの混合物を枝つきフラスコに入れる。
2 図のような装置を組み，混合物を加熱し，フラスコ内のようすを観察する。
3 出てきた液体を順に3本の試験管に約3 cm³ずつ集め，加熱をやめる。それぞれ何℃から何℃の間に集めたものかを記録しておく。

ステップ2 出てきた液体の性質を調べる
4 もとの混合物と，3本の試験管にたまった液体を，それぞれ右図のように調べる。

ガイド3
結果
1. それぞれの試験管の液体は，何℃から何℃の間で集められたか。
2. それぞれの試験管の液体はどのようなにおいがしたか。試験管によってちがいはあったか。
3. それぞれの試験管の液体にマッチの火を近づけたとき，火はついたか。試験管によってちがいはあったか。

ガイド4
考察 結果から，3本の試験管にたまった液体には，それぞれ何が多くふくまれているか。

探究のふり返り 何を明らかにするのかを意識しながら，実験7を行うことができたか。 → p.290

191

ガイド1 学習の課題

水とエタノールの混合物では，加熱していくと，水(沸点 100 ℃)よりも沸点の低いエタノール(沸点 78 ℃)が先に蒸発してしまうので，水を蒸発させて溶質を回収する方法は使えない。

しかし，先に蒸発するエタノールの気体を集めて冷却すれば，液体のエタノール(蒸発した水も混じっている)が得られる。

また，教科書 p.190 図 64 のグラフを見ると，平らな部分がないので，ろうが混合物であることがわかる。さまざまな種類の混合物であり，沸点のちがいを利用して，特定の物質をとり出すことは難しい。

ガイド2 考えてみよう

教科書 p.190 図 63 で，沸騰がはじまった温度は，およそ 80 ℃と読みとれる。これは，水の沸点(100 ℃)よりも，エタノールの沸点(78 ℃)に近い。これは，エタノールが水に混じっているので，100 ℃よりも低い温度で沸騰しはじめ，温度が上がるにつれて水にふくまれるエタノールが少なくなり，水の沸点に近づくためと考えられる。

ガイド3 結果

	ステップ1 温度	ステップ2 におい	ステップ3 火を近づける
1	80〜88 ℃	強いアルコールのにおい	青い炎をあげて燃えた
2	88〜96 ℃	弱いアルコールのにおい	燃えなかった
3	100 ℃	においはしない	燃えなかった

ガイド4 考察

1…エタノールが多くふくまれている。
2…水が多く，エタノールが少しふくまれている。
3…ほとんどが水である。

純物質の沸点は，物質の種類によって決まっている。混合物の沸騰は，教科書 p.190 図 63 のように，混合物中の沸点の高い物質よりも低い温度ではじまり，少しずつ上昇していく。このことを利用して，混合物から沸点の低い物質をとり出すことができる。

この実験では，沸点の低いエタノールが先に気体となって出てくるので，最初に試験管にたまった液体には，水よりエタノールの量が多くなる。エタノールは，40％〜50％以上の濃さにならないと燃えないから，火を近づけて燃えるかどうかを見れば，その濃さを大まかに知ることができる。

テストによく出る
重要用語等

□蒸留

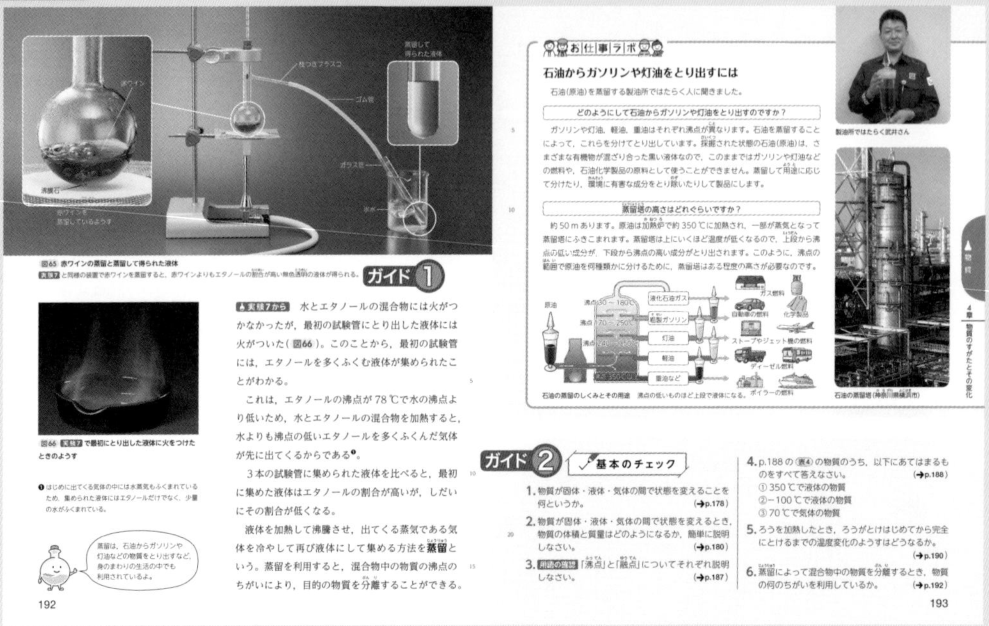
図65 赤ワインの蒸留と蒸留して得られた液体
実験7と同様の装置で赤ワインを蒸留すると，赤ワインよりもエタノールの割合が高い無色透明の液体が得られる。

図66 実験7で最初にとり出した液体に火をつけたときのようす

実験7から　水とエタノールの混合物には火がつかなかったが，最初の試験管にとり出した液体には火がついた（図66）。このことから，最初の試験管には，エタノールを多くふくむ液体が集められたことがわかる。

これは，エタノールの沸点が78℃で水の沸点より低いため，水とエタノールの混合物を加熱すると，水よりも沸点の低いエタノールを多くふくんだ気体が先に出てくるからである❶。

3本の試験管に集められた液体を比べると，最初に集めた液体はエタノールの割合が高いが，しだいにその割合が低くなる。

液体を加熱して沸騰させ，出てくる蒸気である気体を冷やして再び液体にして集める方法を**蒸留**という。蒸留を利用すると，混合物中の物質の沸点のちがいにより，目的の物質を分離することができる。

❶はじめに出てくる気体の中には水蒸気もふくまれているため，集められた液体にはエタノールだけでなく，少量の水がふくまれている。

蒸留は，石油からガソリンや灯油などの物質をとり出すなど，身のまわりの生活の中でも利用されているよ。

192

お仕事ラボ
石油からガソリンや灯油をとり出すには
石油（原油）を蒸留する製油所ではたらく人に聞きました。

どのようにして石油からガソリンや灯油をとり出すのですか？
ガソリンや灯油，軽油，重油はそれぞれ沸点が異なります。石油を蒸留することによって，これらを分けてとり出しています。採掘された状態の石油（原油）は，さまざまな有機物が混ざり合った黒い液体なので，このままではガソリンや灯油などの燃料や，石油化学製品の原料として使うことができません。蒸留して用途に応じて分けたり，環境に有害な成分をとり除いたりして製品にします。

蒸留塔の高さはどれぐらいですか？
約50 mあります。原油は加熱炉で約350℃に加熱され，一部が蒸気となって蒸留塔にふきこまれます。蒸留塔は上にいくほど温度が低くなるので，上段から沸点の低い成分が，下段から沸点の高い成分がとり出されます。このように，沸点の範囲で原油を何種類かに分けるために，蒸留塔はある程度の高さが必要なのです。

石油の蒸留のしくみとその用途　沸点の低いものほど上段で液体になる。

製油所ではたらく武井さん

石油の蒸留塔（神奈川県横浜市）

ガイド2　基本のチェック

1. 物質が固体・液体・気体の間で状態を変えることを何というか。（→p.178）
2. 物質が固体・液体・気体の間で状態を変えるとき，物質の体積と質量はどのようになるか，簡単に説明しなさい。（→p.180）
3. 用語の確認「沸点」と「融点」についてそれぞれ説明しなさい。（→p.187）
4. p.188の表4の物質のうち，以下にあてはまるものをすべて答えなさい。（→p.188）
①350℃で液体の物質
②−100℃で液体の物質
③70℃で気体の物質
5. ろうを加熱したとき，ろうがとけはじめてから完全にとけるまでの温度変化のようすはどうなるか。（→p.190）
6. 蒸留によって混合物中の物質を分離するとき，物質の何のちがいを利用しているか。（→p.192）

193

ガイド1　蒸留

赤ワインからエタノールをとり出す場合のように，沸点の異なる2種類以上の物質が混合しているとき，加熱することによって，沸点の低い物質を気体にしてとり出し，それを冷却することで，物質を分離することができる。

このように，液体を加熱して沸騰させ，出てくる気体を冷却して，再び液体として集める方法を蒸留という。

なお，ワインを蒸留したエタノールなどを木製のたるにつめて熟成したものが蒸留酒のブランデーである。

ガイド2　基本のチェック

1.　状態変化
　温度が高くなると，固体は液体へ，液体は気体へと状態が変化する。水の場合には固体の氷から液体の水，気体の水蒸気にすがたが変わる。

2.　(例)固体・液体・気体の順に体積は大きくなるが，質量は変わらない。
　熱を加えると物質をつくる粒子の運動が激しくなり，固体ではすきまなく規則正しく並んでいた粒子の間隔がより広くなるため，体積は大きくなる。しかし，粒子の数は変わらないので，質量は変化しない。

3.　(例)状態変化で，液体が沸騰して気体に変化するときの温度を沸点といい，固体がとけて液体に変化する温度を融点という。
　純物質は，状態変化のとき一定の融点や沸点を示す。

4.　①水銀，パルミチン酸
　②ブタン
　③酸素，窒素，ブタン
　ここでは，表を読んで答える。融点と沸点の値から考えるならば，ある温度で液体である物質は，融点がその温度よりも低く，沸点はその温度よりも高いことになる。ただし，100℃にならなくても水の一部は水蒸気となるし，エタノールも78℃以下でも一部は気体になっている。

5.　(例)とけはじめてから完全にとけるまで，温度は上がり続ける。
　ろうは混合物なので，一定の融点を示すことがない。

6.　沸点のちがい
　目的の物質の沸点よりも低い温度で加熱して，目的の物質よりも沸点が低い物質を気体にしてとり除く。その後，目的の物質の沸点に近い温度で蒸留すれば，より沸点の高い物質の多くは液体のまま残るので，目的の物質をとり出せる。石油(原油)の蒸留では，原油からさまざまな成分を分離するために，このことを利用している。

1 物質の学習を終えた後のさとしさんと里香さんの会話を読み，次の問いに答えなさい。

さとし： 砂糖と食塩を袋から容器に移すとき，入れまちがった気がするんだ。

里　香： においではわからないし，なめてみればわかるんじゃないかな。

さとし： でも，味を調べることはしてはいけないと学習したばかりだよね。だから，図1のように燃焼さじにそれぞれの物質をのせて，[a]加熱してみたんだ。

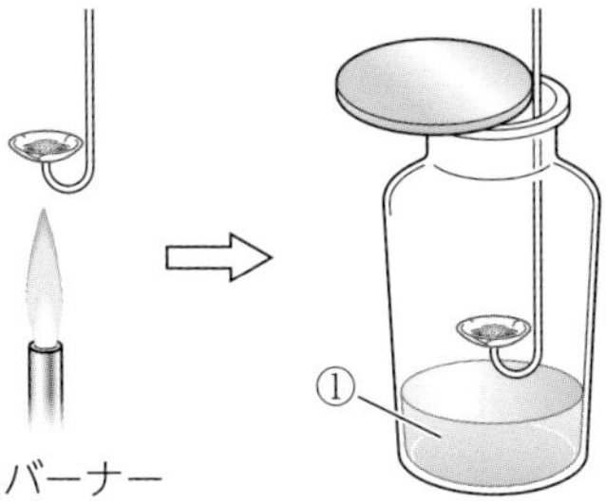

図1 ガスバーナー

里　香： それで，区別できたの？

さとし： うん，うまく区別することができたよ。

里　香： よかったね。見た目で区別しにくいといえば，スチール缶とアルミニウム缶も区別しにくいよね。

さとし： そうだね。缶には図2のような表示はあるけど，それ以外に区別する方法はないかな。

図2

里　香： 鉄とアルミニウムはどちらも[b]金属だから共通の性質もあるけれど，性質のちがいがわかれば区別できると思うよ。鉄とアルミニウムだったら，[c]身近な道具を使って簡単に区別することができそうだね。

さとし： 少し手間はかかるけど，[d]密度のちがいを調べても，区別できそうだね。

里　香： 密度についても学習したね。そうだ，今度おもしろい手品を見せてあげる。名づけて「[e]浮かぶ氷と沈む氷」よ。

さとし： おもしろそうだね。どんな手品か楽しみだな。

【解答・解説】

⑴ ① **イ**

空気調節ねじもガス調節ねじも，しめるときはアの向きに，ゆるめるときはイの向きにねじを回す。また，火をつけるときにはまずガス調節ねじを回しガスの量を調節してから，空気調節ねじを回して空気の量を調節する。火を消すときには逆に，空気調節ねじをしめて空気を止めてから，ガス調節ねじをしめてガスを止める。

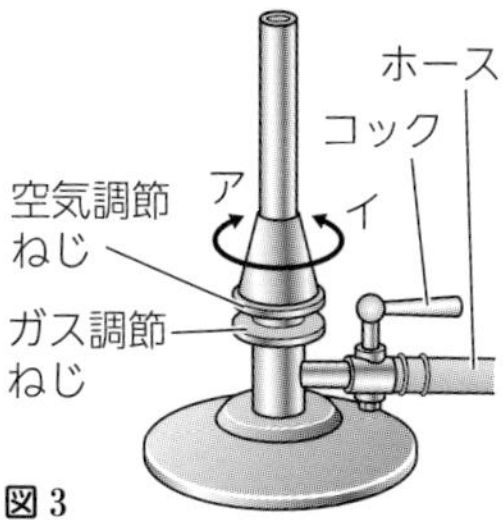

図3

② **(ア)→キ→エ→オ→イ→カ**

よって，ウとクはここでは使わない。

ア ガス調節ねじと空気調節ねじが軽くしまった状態にしておく。
イ ガス調節ねじを回してガスの量を調節し，炎の大きさを10 cmくらいにする。
ウ 空気調節ねじをしめて，空気を止める。
エ コックを開け，ガスライター(マッチ)に火をつける。
オ ななめ下から火を近づけ，ガス調節ねじをゆるめてガスに火をつける。
カ ガス調節ねじを動かさないようにして空気調節ねじをゆるめ，空気の量を調節し，青色の炎にする。
キ 元栓を開ける。
ク 元栓を閉じる。

⑵ **①石灰水　②二酸化炭素　③有機　④砂糖**

砂糖や片栗粉を加熱すると，燃えて二酸化炭素が発生し，石灰水が白くにごる。このような炭素をふくむ物質を有機物という。これに対し，有機物以外の物質を無機物という。食塩は無機物である。

⑶ **(例)金属光沢が見られる。**

物質は金属と非金属に分類することができる。金属には次のような共通した性質がある。

【金属共通の性質】
①電気をよく通す(電気伝導性)。
②熱をよく伝える(熱伝導性)。
③みがくと特有の光沢が出る(金属光沢)。
④たたいて広げたり(展性)，引きのばしたり(延性)することができる。

⑷ **(例)磁石を近づけると，スチール缶は磁石につき，アルミニウム缶は磁石につかない。**

金属の中でも磁石にくっつくのは鉄など一部の金属だけであるため，このように簡単に区別できる。磁石につくという性質は，金属共通の性質ではない。

(5) (例)それぞれの小片の質量を電子てんびんではかった後，一定量の水を入れたメスシリンダーの中に小片を入れてふえた体積をはかり，質量と体積から密度を計算する。

密度(物質 1 cm^3 あたりの質量)を比べることによっても，物質の種類を区別できる。密度を求めるときには，質量と体積を調べる必要がある。質量を測定するには電子てんびんを，体積を測定するのにはメスシリンダーを使う。

物質の密度は，物質の質量と体積から，次のような式で求めることができる。単位には，グラム毎立方センチメートル(記号 g/cm^3)を用いる。

$$物質の密度〔g/cm^3〕=\frac{物質の質量〔g〕}{物質の体積〔cm^3〕}$$

(6) (例)密度の大きさは，水＞氷＞エタノールなので，氷は氷よりも密度が小さいエタノールには沈み，密度が大きい水には浮く。

物質が液体に浮くか沈むかは，その物質の密度が，液体の密度より小さいか，大きいかで決まる。水の密度は 1.00 g/cm^3 であり，エタノールの密度は 0.789 g/cm^3 である。氷の密度は水よりも小さく，エタノールよりも大きいため，氷は水には浮き，エタノールには沈む。

【代表的な物質の密度】

物質	密度〔g/cm^3〕
金	19.3
銀	10.5
銅	8.96
鉄	7.87
水(4℃)	1.00
氷(0℃)	0.917
エタノール	0.79
水蒸気(100℃)	0.00060

2 4種類の気体(酸素，二酸化炭素，水素，アンモニア)を区別したい。手順を読み，次の問いに答えなさい。

手順1 4種類の気体を ① に注目して，2種類ずつの2つのグループに分類した。

手順2 それぞれのグループの気体を ② に注目して，さらに分類した。それにより，下の図のように4種類の気体を区別することができた。

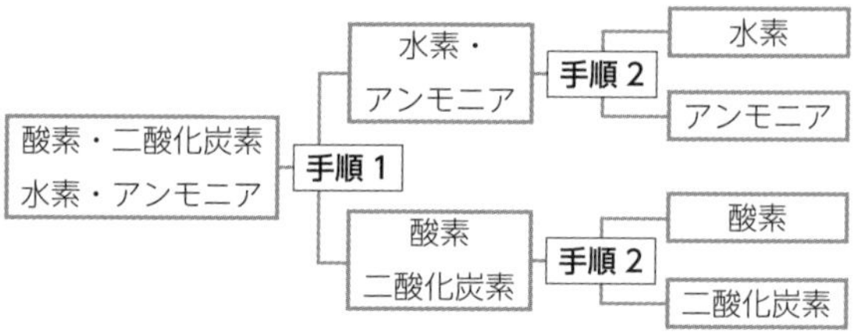

【解答・解説】

(1) ① イ

水素とアンモニアはどちらも空気より軽く，酸素と二酸化炭素はどちらも空気より重い。

② ウ

アンモニアは水によくとけ，二酸化炭素は水に少しとけるが，水素と酸素は水にほとんどとけない。

4種類のうち，においがあるのはアンモニアだけであり，色がついている気体はない。

4つの気体とア～エの分類の基準との関係性は以下のようになる。

【4つの気体の特徴】

	ア	イ	ウ	エ
水素	ない	小さい	とけにくい	ついていない
アンモニア	ある	小さい	とける	ついていない
酸素	ない	大きい	とけにくい	ついていない
二酸化炭素	ない	大きい	とける	ついていない

(2) 酸素 水素 (二酸化炭素)

水にとけにくいものだけが，水上置換法に適している。よって，水上置換法で集めるのに適した気体は，水素と酸素である。しかし，二酸化炭素も水にとけるのは少しの量であるため，水上置換法で集めてもかまわない。4つの気体の集め方をまとめると，次のようになる。

【４つの気体の集め方】

気体	適切な集め方
水素	水上置換法
アンモニア	上方置換法
酸素	水上置換法
二酸化炭素	下方置換法 (水上置換法)

【気体の集め方】

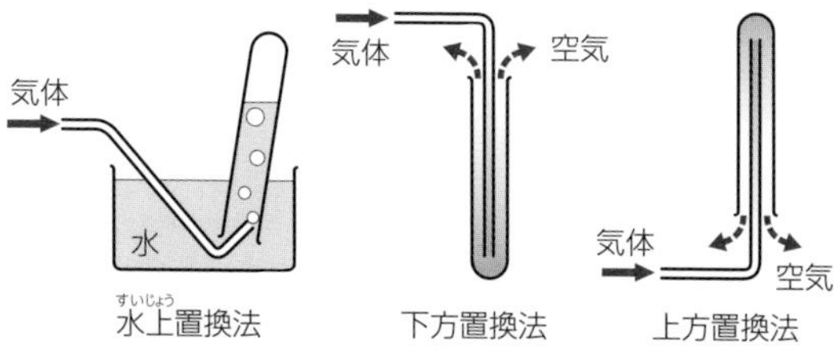

⑶　(例)集めた気体に火のついた線香を入れたとき，激しく燃えれば酸素，火が消えれば二酸化炭素とわかる。

酸素は空気より少し重く，色やにおいはない。また，水にとけにくく，ものを燃やすはたらきがある。そのため，線香を入れて激しく燃えるかどうかで区別する。二酸化炭素は，空気よりも重く，色やにおいがない。二酸化炭素には，ものを燃やすはたらきはないため，火のついた線香を二酸化炭素の中にいれると，線香の火は消えてしまう。

４つの気体が示す性質をまとめると，以下のようになる。

【４つの気体の性質】

気体	性質
水素	空気中で火をつけると，音を立てて燃えて，水ができる。
アンモニア	有毒な気体で，その水溶液(アンモニア水)はアルカリ性を示す。
酸素	ものを燃やすはたらきがある。
二酸化炭素	石灰水を白くにごらせ，その水溶液(炭酸)は酸性を示す。

3 硝酸カリウム，塩化ナトリウム，ミョウバンをそれぞれ60℃の水にとけるだけとかし，再び結晶をとり出す実験を行いたい。図１は，100 g の水にとけるそれぞれの物質の質量と温度との関係を表したものである。

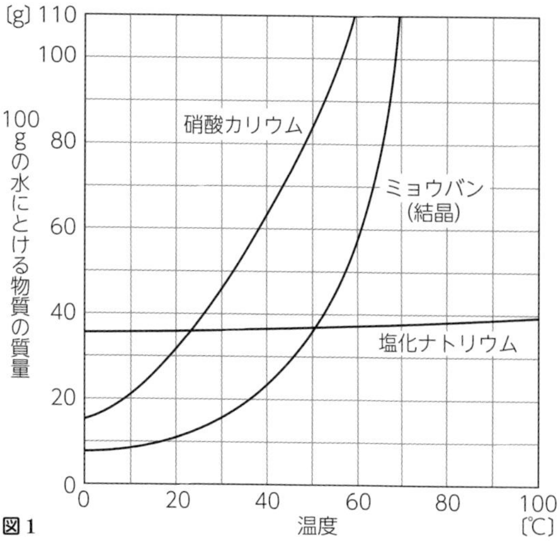

図１

【解答・解説】

⑴　硝酸カリウム・ミョウバン・塩化ナトリウム

図１を見ると，60 ℃で 100 g の水にとける量が多いのは，グラフを上から見て，硝酸カリウム，ミョウバン，塩化ナトリウムの順である。

⑵　(例)温度による溶解度の差が小さく，水溶の温度を下げても結晶がほとんど得られないから。

図１を見ると，硝酸カリウムとミョウバンは，温度の変化によって 100 g の水にとける量が大きく変化するのに対し，塩化ナトリウムはほぼ横ばいのまま変化しない。よって，塩化ナトリウムは温度による溶解度の差が小さく，水溶液の温度を下げても結晶がほどんど得られないため，この方法には適していない。

⑶　飽和水溶液

一定量の水にとける物質の量には限度がある。ある溶質が限度までとけている状態を飽和しているといい，その水溶液を飽和水溶液という。

⑷　78 g(79 g，77 g も可とする。)

⑶でつくった水溶液には硝酸カリウムは 110 g とけている。一方，図１を見ると，20 ℃の水 100 g にとける硝酸カリウムの量は，約 32 g である。よって，この差がとけきれない分として固体になって出てくる。110－32＝78(g)より，出てくる結晶は 78 g(77 g，79 g も可)である。

物質

(5) **24%((4)が 77 g の場合は，25%も可とする。)**

溶液の濃さは，溶液の質量に対する溶質の質量の割合で表すことができる。この割合を百分率で表したものを質量パーセント濃度といい，次の式で表される。

$$\text{質量パーセント濃度〔\%〕} = \frac{\text{溶質の質量〔g〕}}{\text{溶液の質量〔g〕}} \times 100$$

$$= \frac{\text{溶質の質量〔g〕}}{\text{溶媒の質量〔g〕} + \text{溶質の質量〔g〕}} \times 100$$

20℃のとき，水(溶媒)100 g に対し，硝酸カリウム(溶質)は 32 g とけるので，

$$\frac{32\ \text{g}}{100\ \text{g} + 32\ \text{g}} \times 100 = 24.2\cdots$$

よって，24%((4)が 77 g の場合は 25%も可)となる。

(6) **(例)**

- **ガラス棒に伝わらせて液を注いでいない。**
- **ろうとの先の切り口の長いほうをビーカーにあてていない。**

ろ過は，次の図のように行う。

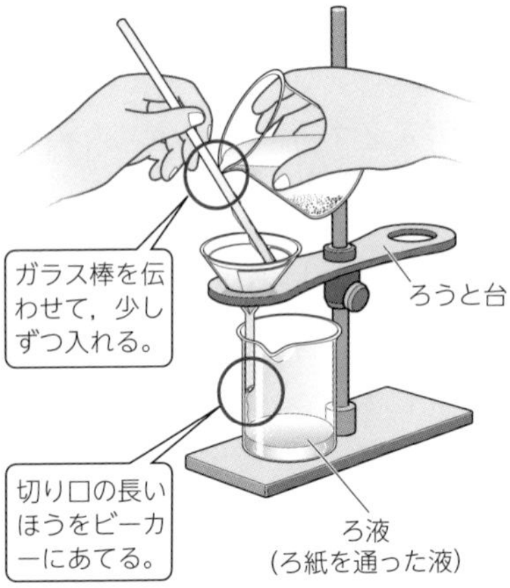

4 下図は，水ではないある物質の固体と気体のようすを粒子のモデルで表したものである。これらを参考にして，この物質が液体になったときのようすを，体積の変化を意識して図の中にかき入れなさい。

【解答・解説】

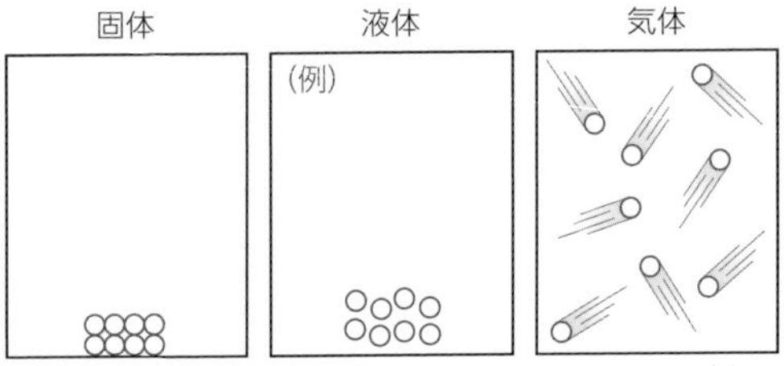

固体・液体・気体の状態によって，粒子の並び方や運動のようすは異なっている(下図参照)。固体の状態では，粒子はすきまなく規則正しく並んでいる。一方，気体の状態では，粒子と粒子の間隔は広く，自由に飛び回っている。その中間である液体では，粒子は固体のときより自由に動くことができるが，気体のように粒子が広く飛び回ることはない。よって，それを図にすると上の図のようになる。

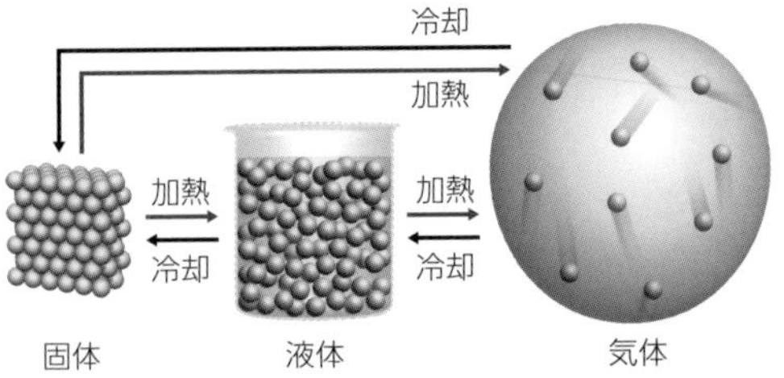

5 赤ワインの成分についての自由研究を行った桜さんのレポートを読み，次の問いに答えなさい。

● 赤ワインから成分のエタノールをとり出せるか

動機　ワインについての新聞記事で，ブドウの果汁にふくまれている糖分からエタノールをつくることを知った。ブドウを原料にしてつくる赤ワインの液体の成分は，おもに［　　］とエタノールであると考えられるので，蒸留を応用して，「赤ワインからエタノールをとり出す」実験を行うことにした。

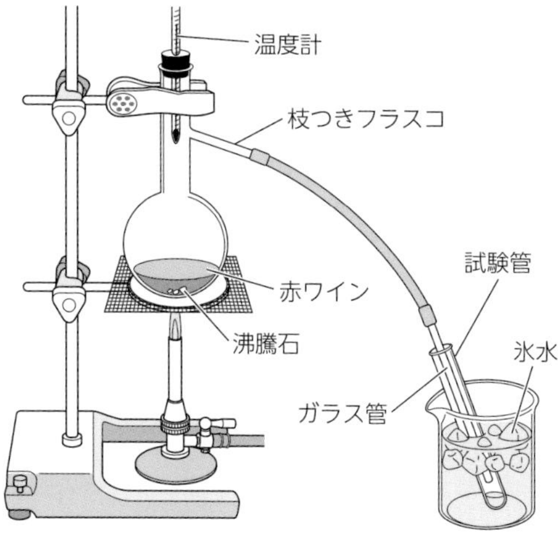

図1

方法1　赤ワイン 25 cm³ を 100 cm³ の枝つきフラスコに入れ，図1のような装置を組み，ガスバーナーで加熱した。出てきた液体を約 2 cm³ ずつ，3本の試験管A～Cに順に集めた。

方法2　試験管A～Cにたまった液体をそれぞれ蒸発皿に移し，マッチの火を近づけた。

結果　図2は方法1で3本の試験管A～Cにそれぞれ液体を集めたときの加熱時間と温度との関係を表したもので，下の表は，方法2の結果をまとめたものである。

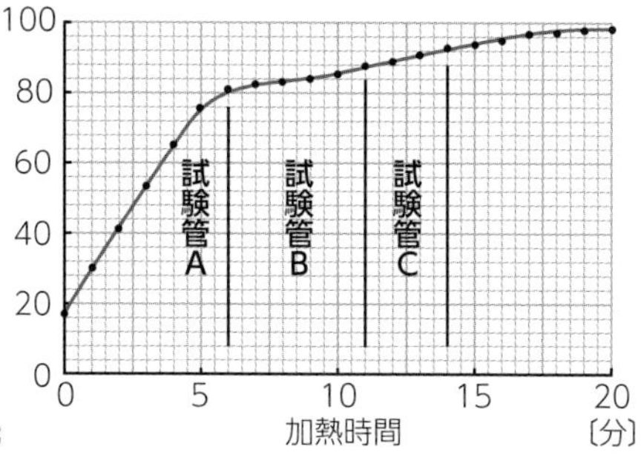

図2

表

試験管A	青い炎をあげてよく燃えた。
試験管B	火がついたが，すぐに消えた。
試験管C	火はつかなかった。

【解答・解説】

⑴ **水**

ワインは5～15％程度のエタノールをふくむ水溶液である。

⑵ **（例）液体が急に沸騰（突沸）することを防ぐため。**

⑶ **（例）ガラス管が試験管の中の液体につかっていないことを確認する。**

これは，氷水につけた試験管にたまった液体が，枝つきフラスコのほうに逆流するのを防ぐためである。

⑷ **エ**

このとき試験管に集められた液体は，おもに水とエタノールであると考えられる。しかし，水とエタノールには色はついていないので，エが正しい。赤ワインが赤い色をしているのは，アントシアニンという水やエタノールなどの物質とは異なる物質が原因である。

⑸ **試験管…A**

図2…（例）水よりも沸点が低いエタノールのほうが，先に多く出てくるから。

表…（例）引火しやすいエタノールを多くふくむ液体は，よく燃えるから。

エタノールの沸点は78℃で水の沸点より低いため，水とエタノールの混合物を加熱すると水よりも沸点の低いエタノールを多くふくんだ気体が先に出てくる。

このように，液体を加熱して沸騰させ，出てくる蒸気である気体を冷やして再び液体にして集める方法を蒸留という。蒸留を利用すると，混合物中の物質の沸点のちがいにより，目的の物質を分離することができる。

⑹ **①ア　②イ　③ア**

石油・ろう・空気のように複数の物質が混ざり合ったものを混合物という。一方，水銀・塩化ナトリウム・二酸化炭素のように1種類の物質でできているものを，純物質という。

また，石油を蒸留すると，ガソリン，灯油，軽油，重油をとり出すことができる。沸点のちがいにより物質をとり出す蒸留の技術は，このように社会に役立っている。

教 p.199　物質　力だめし

6 思考力UP 健太さんは，社会科の資料集に図のような写真を見つけた。写真の説明には，イスラエルとヨルダンの間にある死海は塩分の濃度がとても高いため，人の体もよく浮かぶとあった。健太さんはこのことに興味をもち，卵と食塩，水，ビーカーを準備して，実験 を計画した。次の問いに答えなさい。ただし，水の密度を 1.00 g/cm³ とする。

実験 1.　卵の質量と体積をはかる。
2.　ビーカーに 400 cm³ の水を入れる。
3.　食塩を 10 g 加えて，よくかき混ぜる。
4.　食塩がとけたら卵を入れ，卵が浮かぶかどうか観察する。
5.　3と4をくり返す。

【解答・解説】

⑴　①　1.08 g/cm³

物質の密度は，次のような式で求められる。

$$物質の密度〔g/cm^3〕=\frac{物質の質量〔g〕}{物質の体積〔cm^3〕}$$

ここで，卵の質量は 65 g，体積は 60 cm³ であるから，

$$\frac{65\ g}{60\ cm^3}=1.083\cdots g/cm^3$$

よって，小数第3位を四捨五入して，1.08 g/cm³

②　(例)少し傾けたビーカーに，ぎりぎりこぼれない程度に水を入れ。細い糸を結びつけてつるした卵全体を，静かに水に沈める。ビーカーからこぼれた水を，メスシリンダーで受け，その体積をはかる。

⑵　5回

この卵が浮かぶには，食塩水の密度が 1.12 g/cm³ 以上になる必要がある。つまり，体積が 400 cm³ で密度が 1.12 g/cm³ である食塩水をつくればよい。この食塩水全体(水＋食塩)の質量は，

$$1.12\ g/cm^3\times400\ cm^3=448\ g$$

であり，このうち水は 400 g であるから，この食塩水をつくるのに必要な食塩の量は

$$448\ g-400\ g=48\ g$$

よって，食塩を5回加えるとよい。

⑶　11%

溶液の濃さを表す質量パーセント濃度は，

$$質量パーセント濃度〔\%〕=\frac{溶質の質量〔g〕}{溶液の質量〔g〕}\times100$$

$$=\frac{溶質の質量〔g〕}{溶媒の質量〔g〕+溶質の質量〔g〕}\times100$$

で求められる。⑵のとき，溶媒である水の体積は 400 cm³ であるから，その質量は 400 g である。また，溶媒である食塩の質量は 50 g である。よって，この食塩水の質量パーセント濃度は，

$$\frac{50\ g}{400\ g+50\ g}\times100=11.1\cdots$$

小数第1位を四捨五入して，11%

⑷　15回

水 100 g にとける食塩の量が 37 g であるから，水 400 cm³，つまり水 400 g にとける食塩の量は，

$$37\ g\times4=148\ g$$

である。10 g ずつ加えてとけ残りが出るのは，食塩を 150 g，つまり 15 回加えたときである。

⑸　13.5 g

飽和水溶液となった食塩水を加熱してその質量が 50 g になったとき，その食塩水は飽和水溶液のままになっている。また，水 100 g のときの食塩の飽和水溶液の質量は 137 g となる。よって，質量 50 g の食塩の飽和水溶液にとけている食塩の質量を x とすると，

$$137\ g:37\ g=50\ g:x$$

の関係が成り立つ。よって，$x=13.5$ g

⑹　(例)死海の水を蒸留し，出てくる水蒸気を集めて冷やす。

液体を加熱して沸騰させ，出てくる蒸気を冷やして再び液体にして集める方法を蒸留という。蒸留を利用すると，混合物中の物質の沸点のちがいにより，目的の物質を分離することができる。

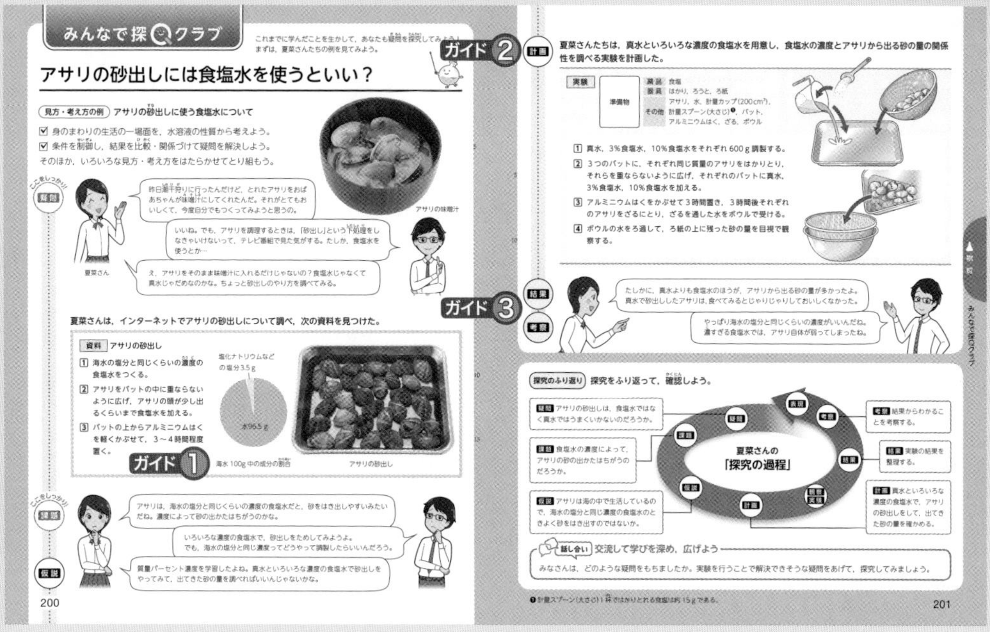
みんなで探Qクラブ

これまでに学んだことを生かして，あなたも疑問を探究してみよう！
まずは，夏菜さんたちの例を見てみよう。

アサリの砂出しには食塩水を使うといい？

見方・考え方の例　アサリの砂出しに使う食塩水について

☑ 身のまわりの生活の一場面を，水溶液の性質から考えよう。
☑ 条件を制御し，結果を比較・関係づけて疑問を解決しよう。
そのほか，いろいろな見方・考え方をはたらかせてとり組もう。

疑問

夏菜さん：昨日潮干狩りに行ったんだけど，とれたアサリをおばあちゃんが味噌汁にしてくれたんだ。それがとてもおいしくて，今度自分でもつくってみようと思うの。
いいね。でも，アサリを調理するときは，「砂出し」という下処理をしなきゃいけないって，テレビ番組で見た気がする。たしか，食塩水を使うとか…
え，アサリをそのまま味噌汁に入れるだけじゃないの？食塩水じゃなくて真水じゃだめなのかな。ちょっと砂出しのやり方を調べてみる。

アサリの味噌汁

夏菜さんは，インターネットでアサリの砂出しについて調べ，次の資料を見つけた。

資料　アサリの砂出し
1 海水の塩分と同じくらいの濃度の食塩水をつくる。
2 アサリをバットの中に重ならないように広げ，アサリの頭が少し出るくらいまで食塩水を加える。
3 バットの上からアルミニウムはくを軽くかぶせて，3〜4時間程度置く。

塩化ナトリウムなどの塩分3.5 g
水96.5 g
海水 100g 中の成分の割合
アサリの砂出し

課題
仮説

アサリは，海水の塩分と同じくらいの濃度の食塩水だと，砂をはき出しやすいみたいだね。濃度によって砂の出かたはちがうのかな。
いろいろな濃度の食塩水で，砂出しをためしてみようよ。でも，海水の塩分と同じ濃度ってどうやって調製したらいいんだろう。
質量パーセント濃度を学習したよね。真水といろいろな濃度の食塩水で砂出しをやってみて，出てきた砂の量を調べればいいんじゃないかな。

200

計画
夏菜さんたちは，真水といろいろな濃度の食塩水を用意し，食塩水の濃度とアサリから出る砂の量の関係性を調べる実験を計画した。

実験
準備物　薬品：食塩　器具：はかり，ろうと，ろ紙　その他：アサリ，水，計量カップ(200 cm³)，計量スプーン(大さじ)❶，バット，アルミニウムはく，ざる，ボウル

1 真水，3%食塩水，10%食塩水をそれぞれ600 g調製する。
2 3つのバットに，それぞれ同じ質量のアサリをはかりとり，それらを重ならないように広げ，それぞれのバットに真水，3%食塩水，10%食塩水を加える。
3 アルミニウムはくをかぶせて3時間置き，3時間後それぞれのアサリをざるにとり，ざるを通した水をボウルで受ける。
4 ボウルの水をろ過して，ろ紙の上に残った砂の量を目視で観察する。

結果
考察
たしかに，真水よりも食塩水のほうが，アサリから出る砂の量が多かったよ。真水で砂出ししたアサリは，食べてみるとじゃりじゃりしておいしくなかった。
やっぱり海水の塩分と同じくらいの濃度がいいんだね。濃すぎる食塩水では，アサリ自体が弱ってしまったね。

探究のふり返り　探究をふり返って，確認しよう。

疑問 アサリの砂出しは，食塩水ではなく真水ではうまくいかないのだろうか。
課題 食塩水の濃度によって，アサリの砂の出かたはちがうのだろうか。
仮説 アサリは海の中で生活しているので，海水の塩分と同じ濃度の食塩水のときよく砂をはき出すのではないか。
考察 結果からわかることを考察する。
結果 実験の結果を整理する。
計画 真水といろいろな濃度の食塩水で，アサリの砂出しをして，出てきた砂の量を確かめる。

夏菜さんの「探究の過程」
疑問　課題　仮説　計画　観察実験　結果　考察　表現

話し合い　交流して学びを深め，広げよう
みなさんは，どのような疑問をもちましたか。実験を行うことで解決できそうな疑問をあげて，探究してみましょう。

❶計量スプーン(大さじ)1杯ではかりとれる食塩は約15 gである。

201

ガイド 1　海水の塩分の割合

教科書 p.169 では，水溶液の濃さを表すための指標である質量パーセント濃度について学習した。

溶液の濃さは，溶液の質量に対する溶質の質量の割合で表すことができる。この割合を百分率で表したものを質量パーセント濃度といい，次の式で表される。

$$\text{質量パーセント濃度〔\%〕} = \frac{\text{溶質の質量〔g〕}}{\text{溶液の質量〔g〕}} \times 100$$
$$= \frac{\text{溶質の質量〔g〕}}{\text{溶媒の質量〔g〕} + \text{溶質の質量〔g〕}} \times 100$$

ここで，水 96.5 g に対し，塩化ナトリウムが 3.5 g であるとして，食塩水としての海水の濃度を求めると次の式のようになる。

$$\frac{3.5\ \text{g}}{96.5\ \text{g} + 3.5\ \text{g}} \times 100 = 3.5$$

よって，食塩水としての海水の質量パーセント濃度は 3.5% である。

ガイド 2　計画

ここでは，3% 食塩水と 10% 食塩水をそれぞれ 600 g 調製する。水何 g に対して食塩(塩化ナトリウム)を何 g 混ぜればよいのかを，質量パーセント濃度の学習で学んだことを用いて求めよう。

① 3% 食塩水の作り方

必要な食塩の量を x〔g〕とおくと，

$$\frac{x}{600\ \text{g}} \times 100 = 3$$

よって，$x = 18$ g。また，必要な水の量は，

$$600\ \text{g} - 18\ \text{g} = 582\ \text{g}$$

であるから，水 582 g に食塩 18 g を混ぜればよい。

② 10% 食塩水の作り方

必要な食塩の量を x〔g〕とおくと，

$$\frac{x}{600\ \text{g}} \times 100 = 10$$

よって，$x = 60$ g。また，必要な水の量は，

$$600\ \text{g} - 60\ \text{g} = 540\ \text{g}$$

であるから，水 540 g に塩化ナトリウム 60 g を混ぜればよい。

ガイド 3　結果・考察　(例)

実験の結果，3% 食塩水，10% 食塩水，真水の順に，残った砂の量が多かった。つまり，アサリの砂出しには 3% 食塩水が適しているといえる。

これは，アサリがもともと生活している海の塩分濃度と近いことと関係があるように思われる。それでは，3% 食塩水と海水とでは，アサリはどちらの方が砂をよく出すのだろうか。次の探究では，この疑問に解答を出すために，海水を用いてアサリの砂出しを行い，3% 食塩水との結果を比較したい。

身のまわりの物質 ひろがる世界

ガイド2

情報通信に欠かせない光ファイバー

スマートフォンに使われるガラス製のタッチパネル

古くて新しいガラスの世界

ステンドグラス（フランス ノートルダム大聖堂）

雪と氷とガラスの不思議

雪や氷の研究に力を注いだ中谷宇吉郎

雪の結晶

7世紀につくられた青いグラス（奈良県正倉院）

雪の結晶の秘密

みなさんは雪の結晶を見たことがありますか？雪の結晶は，地上の水が蒸発して水蒸気になり，温度の低い上空で水の粒子が規則正しく並んだ結晶です。雪の結晶にはさまざまな形がありますが，六角形であるという共通点があります。世界初の人工雪の結晶をつくった中谷宇吉郎は，地上に舞い降りた雪の結晶の形から，上空の空気の温度や水蒸気量がわかることを発見し，「雪は天から送られた手紙である」との言葉を残しています。

古くから親しまれてきたガラス

液体の温度をじょじょに下げると，水が雪や氷になるように，多くの物質では粒子が規則正しく並んだ結晶となります。しかし，中には物質の粒子が規則性のないまま固体になるものもあり，このような状態を「ガラス状態」とよびます。

もっとも身近なガラスは，窓などに使われるケイ酸塩ガラスです。ケイ砂などの原料を高温に加熱するとやわらかくなり，形をつくったり，ふくらませたりすることができます。また，原料に微量の金属の成分を混ぜると，色のついたガラスをつくることができます。ヨーロッパでは，さまざまな色ガラスをはめこんだステンドグラスが古くからつくられてきました。また，日本でも奈良県にある正倉院には，7世紀前半につくられた青いグラスが保存されています。

202

ガラスがひらく新しい世界

身のまわりでは，さまざまなガラスが活躍しています。例えば，情報通信のための光ファイバーにもガラスが使われています。世界中の海底にはりめぐらされた光ファイバーケーブルは，通信衛星の1000倍以上の高速通信を可能にし，インターネットなどの情報化社会を支えています。また，スマートフォンなどのタッチパネルの中にも，指でさわったときの静電気の変化を感じとるガラスセンサーを用いたものがあり，操作性の向上に役立っています。

ところで，ガラスには衝撃で割れてしまうという欠点がありますが，最近では割れても再びくっつくガラスの研究も進められています。このガラスは割れた断面を合わせて少し力を加えるだけで，熱を加えなくても修復することができます。実はこのガラスをつくっている粒子に秘密があり，粒子どうしがたがいに強く引き合うことで，再びくっつくのです。

このように，古くから知られているガラスですが，新しい素材を用いることで，これまで以上に世界が広がっていく可能性があります。

割れたガラス

室温でくっつける

再びくっつく

割れても再びくっつくガラス（東京大学相田研究室）

お仕事ラボ

ガラスづくりのこだわり

ガラスづくりについて教えてください！

1300℃以上に加熱した炉に，竿の先につけたガラスの種を入れると，水あめのような状態になります。この種をとり出して，中に息をふきこんで丸くしたり，うすくのばしたりして形をつくります。

高温になったガラスはやわらかいので，竿を均等に回さないと，形や厚さにばらつきが生じてしまうんです。ガラスは600℃くらいで固まって動かなくなるので，固まる前に形をつくり出す必要があります。まさに時間との勝負ですね。ガラスと会話しながらつくり上げていくのがわたしのこだわりです。

ガラス職人の浅原さん（北海道小樽市）

203

解説 状態変化と雪の結晶

水は，身近に状態変化を観察するには最適の物質である。水は固体では氷，液体では水，気体では水蒸気となる。それでは，雪とは何だろうか。

雪は，雲の中で水蒸気が冷やされて氷粒子になることで生じる。気温が高いと雪はとけて液体となり，地上には雨となって降り注ぐ。また，雪の結晶には様々な形があり，人々はそれをカメラや顕微鏡などを使って観察してきた。中谷宇吉郎によれば，雪の結晶がどのような形をしているかを調べることで，上空の温度と湿度を推定することができるという。このことを，中谷は「雪は天から送られた手紙である」と述べたという。

解説 状態変化とガラス

中学校１年の物質の単元では，物質の状態変化について学んできた。物質は，固体，液体，気体の間で変化をし，その変化を状態変化といった。

また，それぞれの状態における物質の性質についても，粒子のモデルを用いて学んだ。固体では，粒子はすきまなく規則正しく並んでいた。液体では，粒子のすきまは固体よりも広く，粒子は固体ほどは規則正しく並ばず，粒子は比較的自由に動き回ることができた。気体では，粒子と粒子の間隔は液体よりもさらに広く，粒子は自由に飛び回っていた。

物質の状態変化が物質の温度と関係していることも学習した。物質に熱を加えると，物質をつくる粒子の運動はしだいに激しくなり，物質の温度は高くなること，具体的には，固体を加熱すると液体に，液体を加熱すると気体に変化することを学んだ。また，液体が沸騰して気体に状態変化する温度を沸点，固体がとけて液体に状態変化する温度を融点といった。教科書では，ブタンやエタノール，ろうなどが変化する様子を観察して，状態変化について学習してきた。

しかし，身近な物質の中で，固体，液体，気体の状態変化では，必ずしも説明ができない物質がある。それがガラスである。一見すると，ガラスは固く，流動性がないように見えるため，常温での鉄などと同じように，固体であるように思える。しかし，これまで学習してきた固体の性質について考えてみると，ガラスが固体であるとは必ずしもいえない。

固体とは粒子がすきまなく並んだ結晶であることを学習したが，ガラスの粒子は規則正しく並んでいるわけではない。その点，ガラスはまるで液体のような性質を有しているといえる。つまり，ガラスは限りなく液体に近い固体なのである。

ガラスは透明でかたく，加工しやすいことから古くから使われてきた。また，試薬による影響を受けにくいことから，実験器具にもガラスは多く使われている。このように，日常生活でも，理科の授業でも身近なガラスだが，よく分かっていないことも多いのである。

ガイド 1 学びの見通し

本単元では，光・音・力に関する身近な現象について，観察や実験などを通して学習する。身近な現象を日常生活と関連づけながら理解するとともに，観察・実験などに関する技能を身につけること，思考力・判断力・表現力を身につけることが本単元の目標である。

第1章では，光による現象を学習する。光の反射・屈折(くっせつ)や凸(とつ)レンズのはたらきについて，見通しをもって実験を行い，その結果から光や凸レンズについての性質や実験の技能を身につけることが目標である。光の性質については，光が空気と水やガラスなどの物質の境界で反射・屈折や，全反射について学ぶ。また，白色光がプリズムによって色が分かれることから，光の色についても学ぶ。さらに，凸レンズについては，物体と凸レンズの距離(きょり)を変え，実像や虚像(きょぞう)ができる条件や，像の位置や大きさ，像の向きについての規則性を学習する。

第2章では，音による現象を学習する。音についての観察・実験を通して，音は物体の振動(しんどう)によって生じること，振動が空気中などを伝わること，音の大小や高低は，音を発する物体の振動の振(ふ)れ幅(はば)と振動数に関係することを見いだして理解することが目標である。たとえば，スピーカーや太鼓(たいこ)，おんさなどの観察・実験を通して，物体が振動しているときに音が発生していることを学習していく。また，音が空気中を波として伝わるときの音の速さについても学ぶ。さらに，音の大きさと振幅の関係や音の高さと振動数の関係については，弦(げん)を用いて実験を行い，弦をはじく強さ，弦の長さや太さなどを変えて音を発生させ，音の大きさや高さを決める条件について学習する。

第3章では，力による現象を学習する。物体に力をはたらかせる実験を行い，その結果から力のはたらきやその規則性を見いだし，力の表し方や，物体にはたらく2力のつり合う条件など，力に関する基本的な性質やそのはたらきを理解するとともに，力に関する観察・実験の技能を身につけることが目標である。具体的には，ばねにおもりをつるしてばねののびを測定する実験を行い，結果から力の大きさとばねののびが比例することを学習する(フックの法則)。また，重さと質量のちがいや矢印を使った力の表し方についても学んでいく。さらに，2力がつり合う条件については，2つのばねばかりを用いて，1つの物体を引く実験を行い，2力がつり合うときのそれぞれの力の大きさと向きなどを調べ，つり合いの条件を学習する。また，2力のつり合いが身近に存在(そんざい)していることを，たとえば，机(つくえ)の上に静止している物体にはたらく力について考えることによって学んでいく。

テストによく出る
重要用語等

□光源
□(光の)直進

1章 光による現象

身のまわりには光が満ちあふれている。
光は，物に当たってはね返ったり通りぬけたりするとき，
どのように進んでいくのだろうか。

水面に映る建物
(東京都千代田区)

つながる学び
1 太陽の光はまっすぐに進む。 [小3]
2 鏡に太陽の光を当てるとはね返り，はね返った後もまっすぐに進む。 [小3]
3 物に太陽の光を当てると，明るくなる。温度も高くなる。 [小3]
4 虫眼鏡を通した太陽の光を黒い紙に当てると，とても明るく，熱くなり，紙がこげることもある。 [小3]

206

(b)水滴に映る花
(c)水面に映る魚(沖縄県宮古島市)
図1 光の進み方によるいろいろな現象

1.光の進み方

空にかがやく太陽や，部屋の照明器具，夜空に光る灯台の明かり(図1)など，みずから光を発するものを光源という。

ガイド 1 ? 光源を出た光は
どのように進んでいるのだろうか。

光源を出た光は，あらゆる方向に広がりながら，とぎれることなく直進する(図2)。しかし，図3の部屋にさしこんだ太陽の光は，平行に進んでいるように見える。これは，地球が太陽からはるか遠くに離れているので，わたしたちは広がって進んでいく光のわずかな部分しか見ていないからである。

したがって，教室の中などのせまい範囲で観察や実験を行うときには，太陽からの光はすべて平行に進んでいると考えてかまわない。

図2 ろうそくから出た光
ろうそく(光源)から出た光は，あらゆる方向に直進している。

図3 部屋にさしこむ太陽の光

207

テストによく出る

- **光源** みずから光を発するものを光源という。
- **光の直進** 光源から出た光は，あらゆる方向に直進する。
  この性質を，光の直進という。

ガイド 1 学習の課題

太陽や電球，サーチライトなどのように，みずから光を発するものを光源という。ものが見えるのは，光源から出た光がものに当たってはね返り，それがわたしたちの目に入るからである。

光源から出た光は，四方八方へ広がりながら直進する。戸のすきまなどからもれてくる太陽光を見ると，光がまっすぐ進んでいることがわかる。光は，水や硫酸銅水溶液などの均質(濃度などにむらがなく全体が同じようであること)な液体中，空気などの均質な気体中，塩化ナトリウムの結晶やガラスなどの均質な固体中などでも直進する。

解説 平行光線

光源から発せられた光は，あらゆる方向に広がりながら直進する。点光源(大きさを無視した小さな光源)から出た光を，光源から 1 m 離れたところにある 10 cm 間隔のスリット(細いすきま)に通すと，スリットから 1 m 離れたところにあるスクリーンに映るスリットの間隔は 20 cm である。一方，スリットを通った太陽光がスクリーンにつくるスリットの間隔は 10 cm で，変化がない。

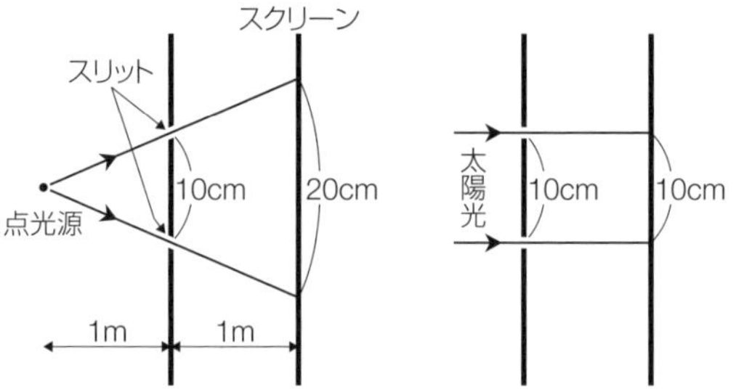

これは，太陽が地球から非常に遠い距離(約 1 億 5 千万 km)にあるので，光の広がりが観測できないからである。スリットとスクリーンの距離を 100 km にし，スリットを通過した太陽光がそこまで届くものとしても，スクリーンに映ったスリットの広がりは，わずか 1 mm にも満たない長さしか増えない。

灯台は，岬や港などに設置され，船舶の航行の目標になるものである。光源から発せられた光は，レンズを用いて平行な光線にし，明るさを強めて遠くまで届くようにしている。

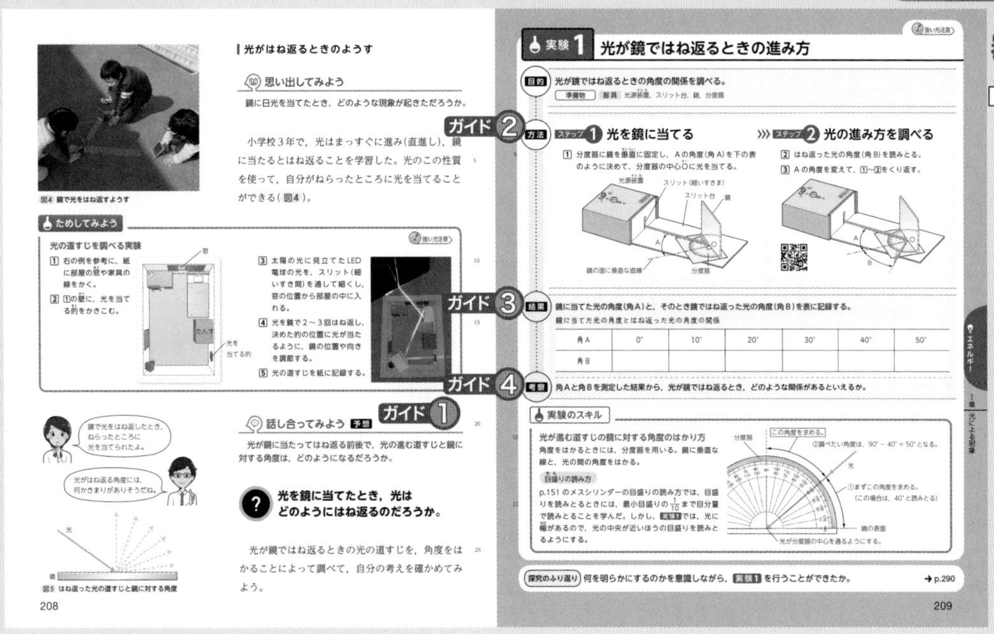

テストによく出る
器具・薬品等
□光源装置

ガイド1 話し合ってみよう

ボールを平(たい)らな床面(ゆかめん)に垂直(すいちょく)に落下させると，ボールは垂直にはね返って，落下した向きと反対向きに進む。ボールを床面にななめにぶつけると，ボールはななめにはね返る。

光が鏡の面ではね返るときにも，鏡に当たる光と，鏡ではね返る光の間に，何かきまりがあるのではないだろうか。

解説 光源装置(こうげんそうち)

光源装置とは，電球から出た光をレンズで集め，集めた光を，スリット(細いすきま)を通して，広がりの小さい光にする装置である。

また，レーザー光源装置を用いても広がりの小さいレーザー光を得ることができる。レーザー光は，レーザー発振器(はっしんき)を用いて光を増幅(ぞうふく)させてつくった光であり，広がりが小さく，遠い距離(きょり)までまっすぐ進む。また，医療(いりょう)，溶接(ようせつ)，切断，通信，測量など，さまざまな分野で利用されているが，目に入ると非常に危険(きけん)なので，とりあつかいには十分注意が必要である。

ガイド2 方法

鏡を分度器の縁(へり)に合わせないように注意する。スリットを通った光が鏡で反射する点に分度器の中心がくるように，分度器や鏡の位置を調整する。

ア，イの角を測定し，

角A＝90°－角ア，

角B＝90°－角イ

とする。

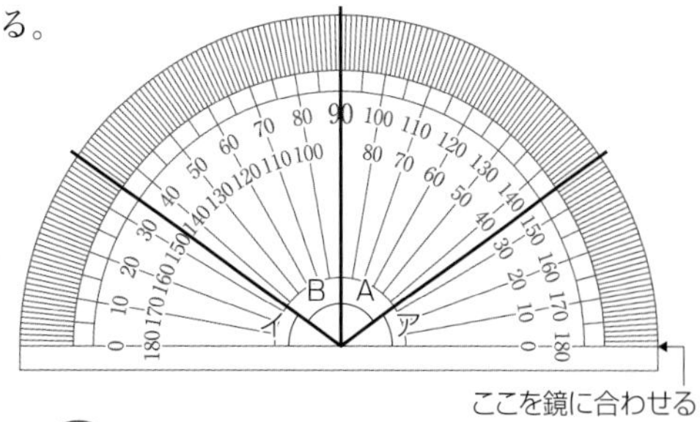

ガイド3 結果

角A	0°	10°	20°	30°	40°	50°
角B	0°	10°	20°	30°	40°	50°

ガイド4 考察

角Aの大きさと角Bの大きさはつねに等しくなっている。角Aを入射角，角Bを反射角という。この実験の結果から，光は，反射角が入射角と等しくなるように鏡の面で反射し，その後直進するといえる。

エネルギー

テストによく出る
重要用語等

- □反射
- □入射光
- □反射光
- □入射角
- □反射角
- □反射の法則
- □像

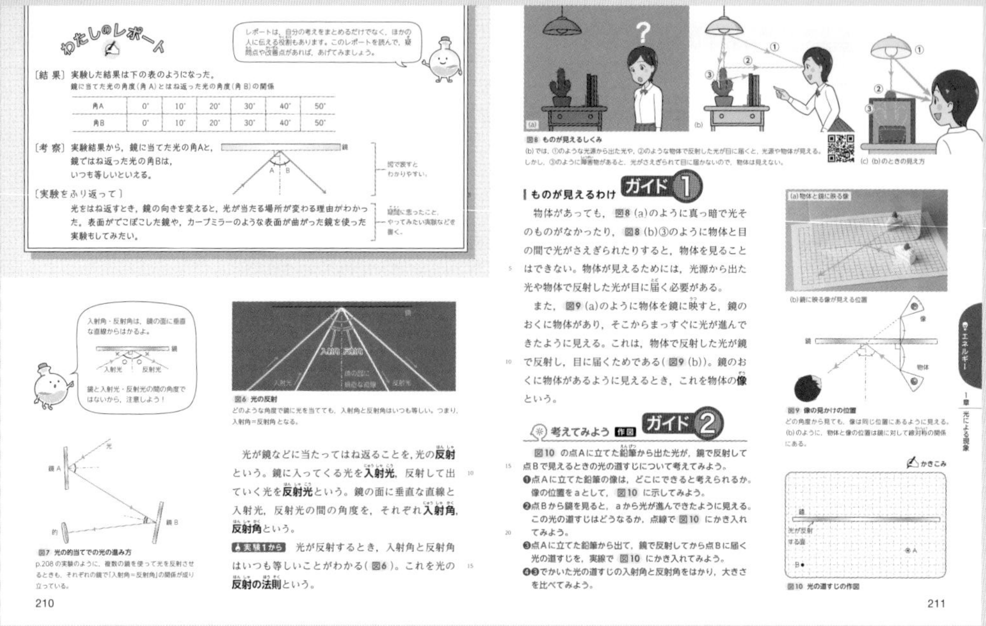
物体があっても，図8 (a)のように真っ暗で光そのものがなかったり，図8 (b)③のように物体と目の間で光がさえぎられたりすると，物体を見ることはできない。物体が見えるためには，光源から出た光や物体で反射した光が目に届く必要がある。

また，図9 (a)のように物体を鏡に映すと，鏡のおくに物体があり，そこからまっすぐに光が進んできたように見える。これは，物体で反射した光が鏡で反射し，目に届くためである(図9 (b))。鏡のおくに物体があるように見えるとき，これを物体の像という。

光が鏡などに当たってはね返ることを，光の反射という。鏡に入ってくる光を入射光，反射して出ていく光を反射光という。鏡の面に垂直な直線と入射光，反射光の間の角度を，それぞれ入射角，反射角という。

光が反射するとき，入射角と反射角はいつも等しいことがわかる(図6)。これを光の反射の法則という。

図10 の点Aに立てた鉛筆から出た光が，鏡で反射して点Bで見えるときの光の道すじについて考えてみよう。
❶点Aに立てた鉛筆の像は，どこにできると考えられるか。像の位置をaとして，図10 に示してみよう。
❷点Bから鏡を見ると，aから光が進んできたように見える。この光の道すじはどうなるか，点線で 図10 にかき入れてみよう。
❸点Aに立てた鉛筆から出て，鏡で反射してから点Bに届く光の道すじを，実線で 図10 にかき入れてみよう。
❹❸でかいた光の道すじの入射角と反射角をはかり，大きさを比べてみよう。

解説 反射の法則

光が鏡などに当たってはね返ることを，光の反射という。鏡に入ってくる光を入射光，反射して出ていく光を反射光という。また，鏡の面に垂直な直線と入射光や反射光がつくる角をそれぞれ入射角，反射角という。光が反射するときには，入射角と反射角の大きさはつねに等しい。これを光の反射の法則という。

ガイド 1 ものが見えるわけ

物体があっても，光そのものがなくて真っ暗だったり，物体と目の間で光がさえぎられたりすると，わたしたちは物体を見ることができない。わたしたちが物体を見ることができるのは，光源から出た光が物体に当たって反射し，わたしたちの目に入るからである。直射日光が当たらない部屋の中で，照明をつけなくても物体が見えるのは，太陽光がいたるところで反射し，その反射光が部屋の中に満ちているからである。

次の図のように，物体Aを鏡に反射させて見たとき，物体Aから出た光(くわしくは，物体Aで反射した光)は，A→B(鏡上の点)と進み，反射して目の方向に進んでくる。このとき，実際には光はA→B→目と進んでくるのであるが，A′→B→目と進んできたように見える。

このA′を物体Aの像とよぶ。物体と像とは，鏡の面を対称の軸として線対称の位置にある。また，鏡上の点Bでは，反射の法則が成り立ち，入射角＝反射角となっている。

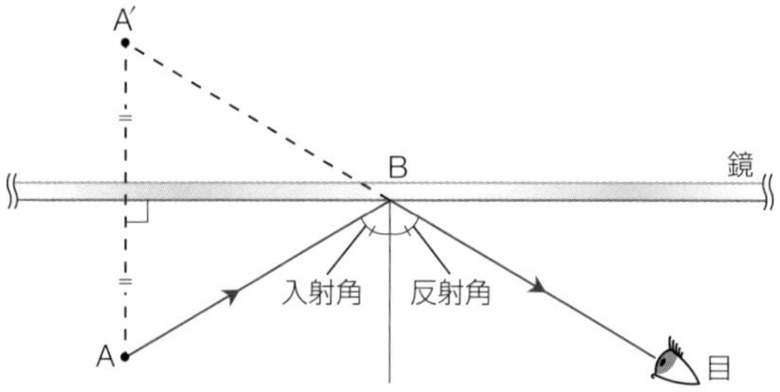

ガイド 2 考えてみよう

❶❷❸

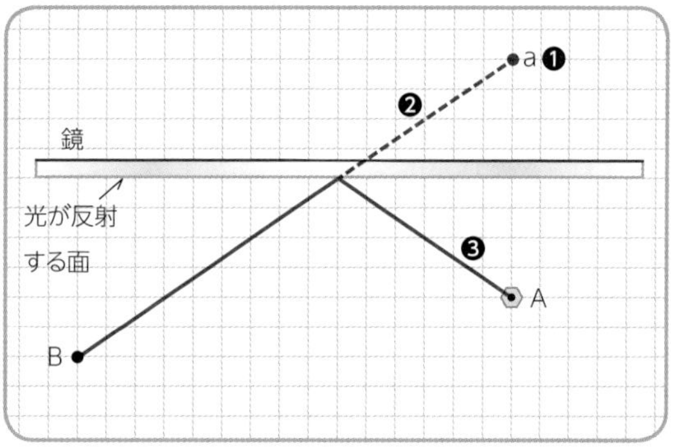

❹ 入射角と反射角は約 56° で，大きさは等しくなっている。

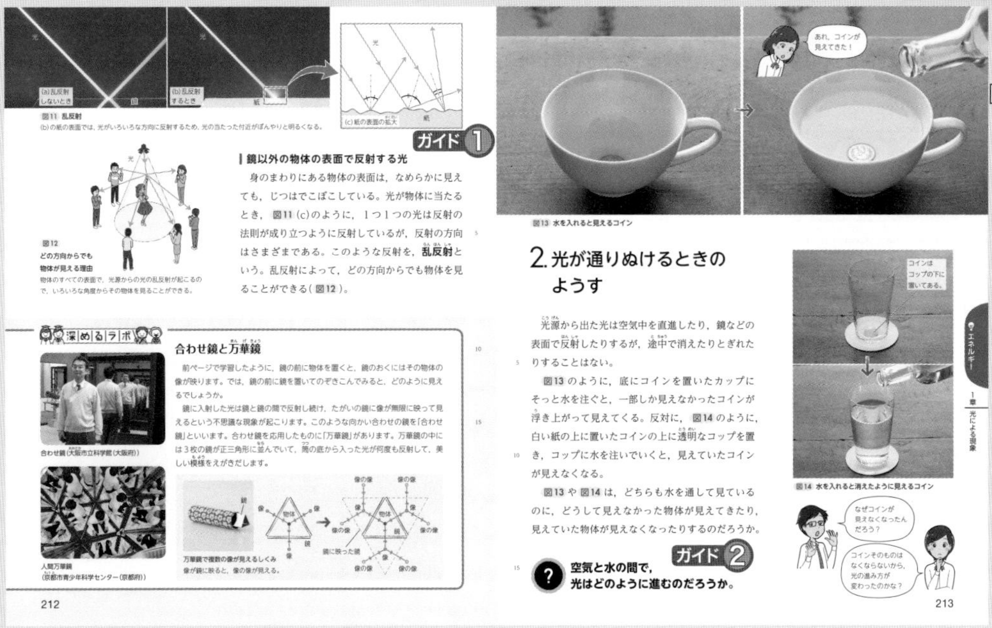
(a) 乱反射しないとき
(b) 乱反射するとき
紙
(c) 紙の表面の拡大

図11 乱反射
(b) の紙の表面では，光がいろいろな方向に反射するため，光の当たった付近がぼんやりと明るくなる。

ガイド 1

鏡以外の物体の表面で反射する光

身のまわりにある物体の表面は，なめらかに見えても，じつはでこぼこしている。光が物体に当たるとき，図11 (c)のように，1つ1つの光は反射の法則が成り立つように反射しているが，反射の方向はさまざまである。このような反射を，**乱反射**という。乱反射によって，どの方向からでも物体を見ることができる（図12）。

図12 どの方向からでも物体が見える理由
物体のすべての表面で，光源からの光の乱反射が起こるので，いろいろな角度からその物体を見ることができる。

深めるラボ

合わせ鏡と万華鏡

前ページで学習したように，鏡の前に物体を置くと，鏡のおくにはその物体の像が映ります。では，鏡の前に鏡を置いてのぞきこんでみると，どのように見えるでしょうか。

鏡に入射した光は鏡と鏡の間で反射し続け，たがいの鏡に像が無限に映って見えるという不思議な現象が起こります。このような向かい合わせの鏡を「合わせ鏡」といいます。合わせ鏡を応用したものに「万華鏡」があります。万華鏡の中には3枚の鏡が正三角形に並んでいて，筒の底から入った光が何度も反射して，美しい模様をえがきだします。

合わせ鏡（大阪市立科学館（大阪府））

人間万華鏡（京都市青少年科学センター（京都府））

万華鏡で複数の像が見えるしくみ
像が鏡に映ると，像の像が見える。

212

図13 水を入れると見えるコイン

2. 光が通りぬけるときのようす

光源から出た光は空気中を直進したり，鏡などの表面で反射したりするが，途中で消えたりとぎれたりすることはない。

図13 のように，底にコインを置いたカップにそっと水を注ぐと，一部しか見えなかったコインが浮き上がって見えてくる。反対に，図14 のように，白い紙の上に置いたコインの上に透明なコップを置き，コップに水を注いでいくと，見えていたコインが見えなくなる。

図13 や 図14 は，どちらも水を通して見ているのに，どうして見えなかった物体が見えてきたり，見えていた物体が見えなくなったりするのだろうか。

ガイド 2

？ 空気と水の間で，光はどのように進むのだろうか。

図14 水を入れると消えたように見えるコイン

213

テストによく出る
重要用語等

□乱反射

ガイド 1　乱反射（らんはんしゃ）

物体の表面は，平（たい）らでなめらかに見えても，実際には凹凸（おうとつ）がある。凹凸のある面に光が当たると，反射した光は四方八方に散らばって進む。このような反射を乱反射という。乱反射でも，1つ1つの光は反射の法則にしたがう反射をしている。

物体がどの方向からも見えるのは，乱反射により，光が四方八方に進むからである。

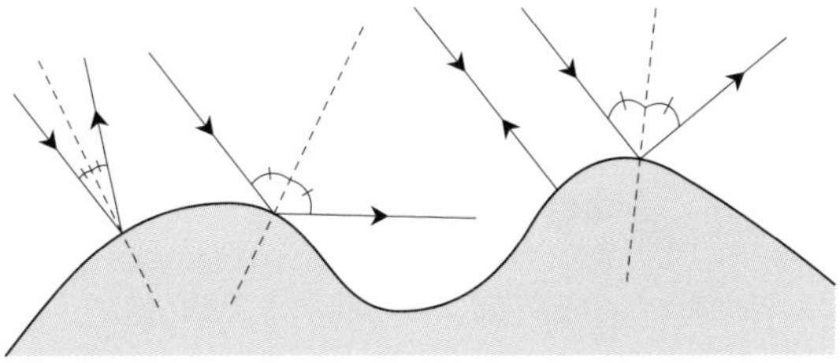

ガイド 2　学習の課題

光が空気中から水中に向かって進むとき，入射光の一部は水面で反射の法則にしたがって反射し，残りは水中に進んでいく。光が空気中から水中に入るとき，その進行方向は折れ曲がり，その後は直進する。逆に，光が水中から空気中に向かうときにも，同じように進行方向は折れ曲がる。境界面で光が折れ曲がることから，容器に水を入れることで，それまで見えなかった物体が見えるようになることもある（図A）。また，境界面で光が折れ曲がらず，すべて反射してしまうこともある。容器に水を入れることで，それまで見えていた物体が見えなくなってしまうのは，光が境界面ですべて反射（全反射，本書p.121）してしまうからである（図B）。

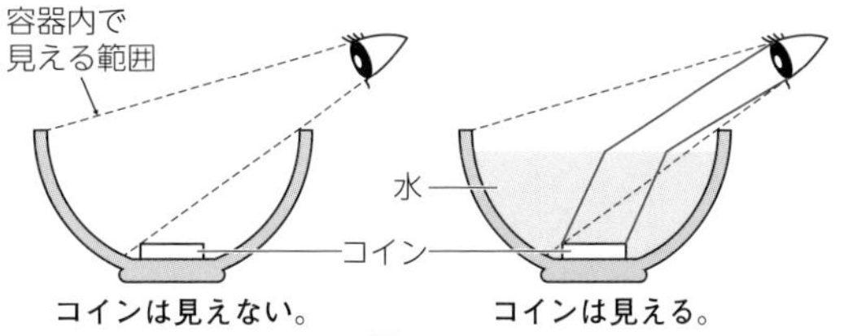

図A

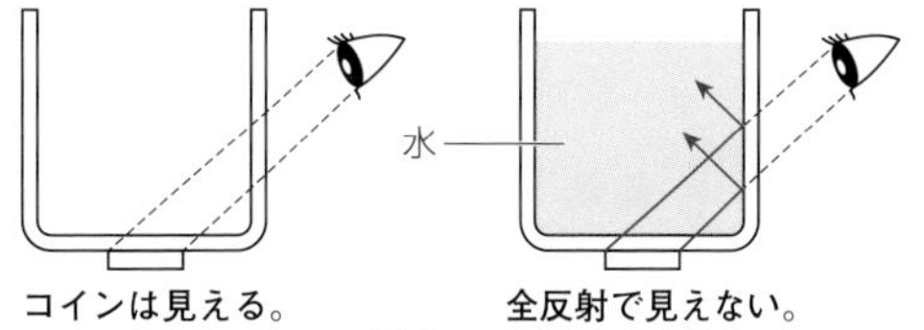

図B

教 p.214～215 エネルギー 1章 光による現象

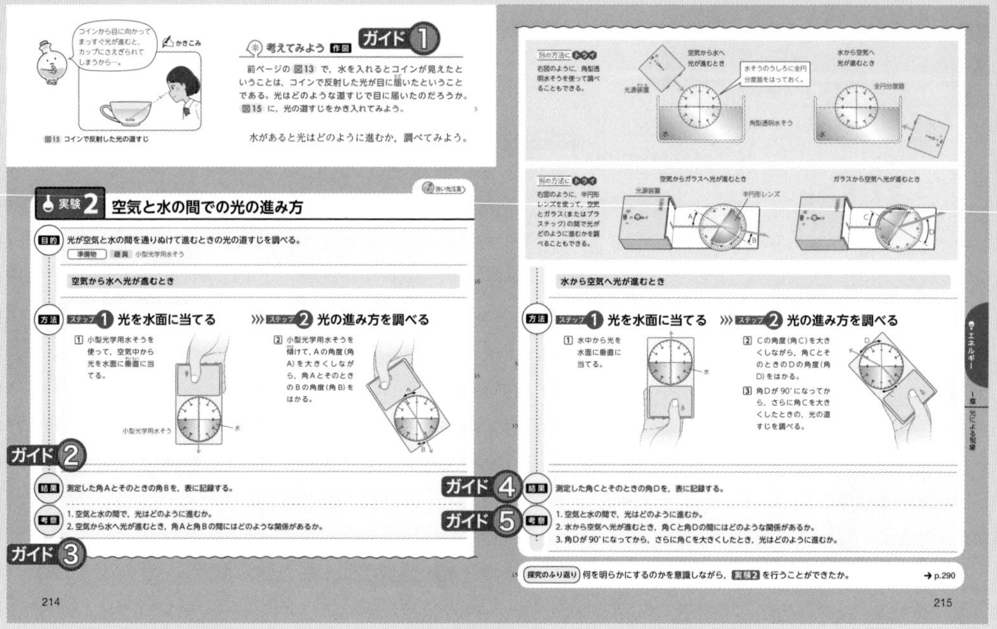
コインから目に向かってまっすぐ光が進むと，カップにさえぎられてしまうから…。

かきこみ

図15 コインで反射した光の道すじ

考えてみよう 作図 ガイド1

前ページの 図13 で，水を入れるとコインが見えたということは，コインで反射した光が目に届いたということである。光はどのような道すじで目に届いたのだろうか。図15 に，光の道すじをかき入れてみよう。

水があると光はどのように進むか，調べてみよう。

実験2 空気と水の間での光の進み方

目的 光が空気と水の間を通りぬけて進むときの光の道すじを調べる。

準備物 器具 小型光学用水そう

空気から水へ光が進むとき

方法 ステップ1 光を水面に当てる

1 小型光学用水そうを使って，空気中から光を水面に垂直に当てる。

小型光学用水そう

水

ステップ2 光の進み方を調べる

2 小型光学用水そうを傾けて，Aの角度(角A)を大きくしながら，角Aとそのときの Bの角度(角B)をはかる。

ガイド2

結果 測定した角Aとそのときの角Bを，表に記録する。

考察 1. 空気と水の間で，光はどのように進むか。
2. 空気から水へ光が進むとき，角Aと角Bの間にはどのような関係があるか。

ガイド3

214

別の方法にトライ 右図のように，角型透明水そうを使って調べることもできる。

空気から水へ光が進むとき

水から空気へ光が進むとき

水そうのうしろに全円分度器をはっておく。

光源装置

全円分度器

角型透明水そう

別の方法にトライ 右図のように，半円形レンズを使って，空気とガラス(またはプラスチック)の間で光がどのように進むかを調べることもできる。

空気からガラスへ光が進むとき

ガラスから空気へ光が進むとき

光源装置

半円形レンズ

水から空気へ光が進むとき

方法 ステップ1 光を水面に当てる

1 水中から光を水面に垂直に当てる。

ステップ2 光の進み方を調べる

2 Cの角度(角C)を大きくしながら，角Cとそのときの Dの角度(角D)をはかる。

3 角Dが 90°になってから，さらに角Cを大きくしたときの，光の道すじを調べる。

ガイド4 結果 測定した角Cとそのときの角Dを，表に記録する。

ガイド5 考察 1. 空気と水の間で，光はどのように進むか。
2. 水から空気へ光が進むとき，角Cと角Dの間にはどのような関係があるか。
3. 角Dが 90°になってから，さらに角Cを大きくしたとき，光はどのように進むか。

探究のふり返り 何を明らかにするのかを意識しながら，実験2 を行うことができたか。 → p.290

215

エネルギー 1章 光による現象

ガイド 1 考えてみよう

コインが見えるのは，コインで反射した光が目に届くからである。よって，光は水面で折れ曲がり，下の図のように進む。

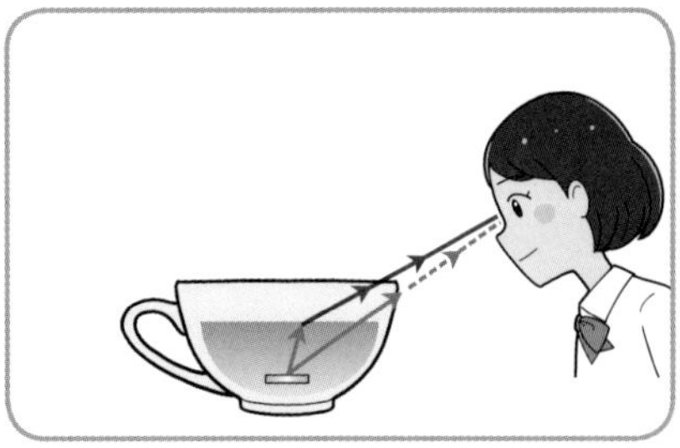

ガイド 2 結果

光が空気中から水中へ進むとき

角A	0°	10°	20°	30°	40°	50°	60°	70°
角B	0°	8°	15°	22°	29°	35°	41°	45°

ガイド 3 考察

1. 空気と水の境界面で折れ曲がって進んだ。
2. 角Bは角Aよりも小さい。

ガイド 4 結果

光が水中から空気中に進むとき

角C	0°	10°	20°	30°	40°	50°	60°	70°
角D	0°	13°	27°	42°	59°	観測できなかった。		

角Cが 50°，60°，70° のときは，角D(屈折角)は観測できなかった。

このとき，光は境界面で反射しており，その反射角はそれぞれ 50°，60°，70° であった。

ガイド 5 考察

1. 空気と水の境界面で折れ曲がって進んだ。
2. 角Dは角Cよりも大きい。
3. 光は境界面で水中から空気中に進まずに，すべての光が反射した。

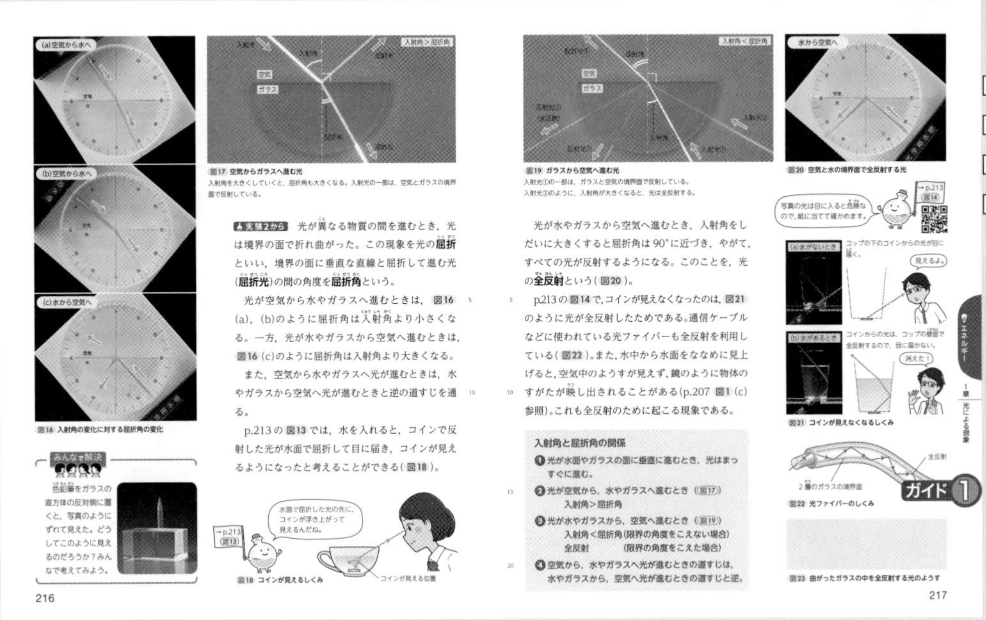
図17 空気からガラスへ進む光
入射角を大きくしていくと，屈折角も大きくなる。入射光の一部は，空気とガラスの境界面で反射している。

図19 ガラスから空気へ進む光
入射光①の一部は，ガラスと空気の境界面で反射している。
入射光②のように，入射角が大きくなると，光は全反射する。

図20 空気と水の境界面で全反射する光

図16 入射角の変化に対する屈折角の変化

みんなで解決
色鉛筆をガラスの直方体の反対側に置くと，写真のようにずれて見えた。どうしてこのように見えるのだろうか？みんなで考えてみよう。

実験2から　光が異なる物質の間を進むとき，光は境界の面で折れ曲がった。この現象を光の**屈折**といい，境界の面に垂直な直線と屈折して進む光(**屈折光**)の間の角度を**屈折角**という。

光が空気から水やガラスへ進むときは，図16(a)，(b)のように屈折角は入射角より小さくなる。一方，光が水やガラスから空気へ進むときは，図16(c)のように屈折角は入射角より大きくなる。

また，空気から水やガラスへ光が進むときは，水やガラスから空気へ光が進むときと逆の道すじを通る。

p.213の図13では，水を入れると，コインで反射した光が水面で屈折して目に届き，コインが見えるようになったと考えることができる(図18)。

図18 コインが見えるしくみ

光が水やガラスから空気へ進むとき，入射角をしだいに大きくすると屈折角は90°に近づき，やがて，すべての光が反射するようになる。このことを，光の**全反射**という(図20)。

p.213の図14で，コインが見えなくなったのは，図21のように光が全反射したためである。通信ケーブルなどに使われている光ファイバーも全反射を利用している(図22)。また，水中から水面をななめに見上げると，空気中のようすが見えず，鏡のように物体のすがたが映し出されることがある(p.207 図1(c)参照)。これも全反射のために起こる現象である。

入射角と屈折角の関係
❶光が水面やガラスの面に垂直に進むとき，光はまっすぐに進む。
❷光が空気から，水やガラスへ進むとき（図17）
入射角＞屈折角
❸光が水やガラスから，空気へ進むとき（図19）
入射角＜屈折角(限界の角度をこえない場合)
全反射　(限界の角度をこえた場合)
❹空気から，水やガラスへ光が進むときの道すじは，水やガラスから，空気へ光が進むときの道すじと逆。

図21 コインが見えなくなるしくみ

図22 光ファイバーのしくみ

図23 曲がったガラスの中を全反射する光のようす

216　217

テストによく出る
重要用語等

□屈折
□屈折光
□屈折角
□全反射

テストによく出る

屈折・屈折光・屈折角　空気と水やガラスといったちがう種類の物質の間を光が進む場合，2つの物質の境界面で，光が折れ曲がる。これを光の屈折という。屈折する光を屈折光，その角度を屈折角という。空気から水やガラスに進むときは，屈折角は入射角より小さくなり，水やガラスから空気に進むときは，屈折角は入射角より大きくなる。

全反射　水やガラスなどから，空気へ光が進むとき，入射角を大きくしていくと屈折角も大きくなる。屈折角は90°以上にはならないから，入射角が限界より大きくなると，光はすべて反射してしまう。これを全反射という。水から空気に進むとき，光が屈折する入射角の限界は約49°である。

- 空気から水やガラスへ進むとき
  入射角＞屈折角
- 水やガラスから空気へ進むとき
  入射角＜屈折角
  限界をこえたときは，全反射となる

ガイド 1 光ファイバーの利用

光ファイバーはガラスやプラスチックでできていて，中を光が全反射しながら進む。光信号に変換した情報を伝達するのに使われている。光ファイバーは，2層のガラス(またはプラスチック)からできていて，中心の層を通る光は，水やガラスを進む光と同じように，外側の層との境目で全反射して出ていかない。ふつうはさらにその外側に内部を保護するためのカバーとして，プラスチックなどで被覆されている。

また，光ファイバーには被覆されていないものもある。光がもれるので通信用や内視鏡用としては不向きだが，照明用や装飾用として用いられている。

解説 入射角と屈折角

光が物質Aから物質Bに進むとき，入射角と屈折角のどちらが大きくなるか，入射角に対して屈折角がどの程度変化するかは，物質Aと物質Bがどのような物質であるかによる。

気体から液体や固体，液体から固体へ光が進むときは，ふつう，屈折角は入射角より小さくなる。

また，光が進む向きが反対になると，屈折角は入射角より大きくなる。

テストによく出る
重要用語等

□白色光

テストによく出る
器具・薬品等

□プリズム

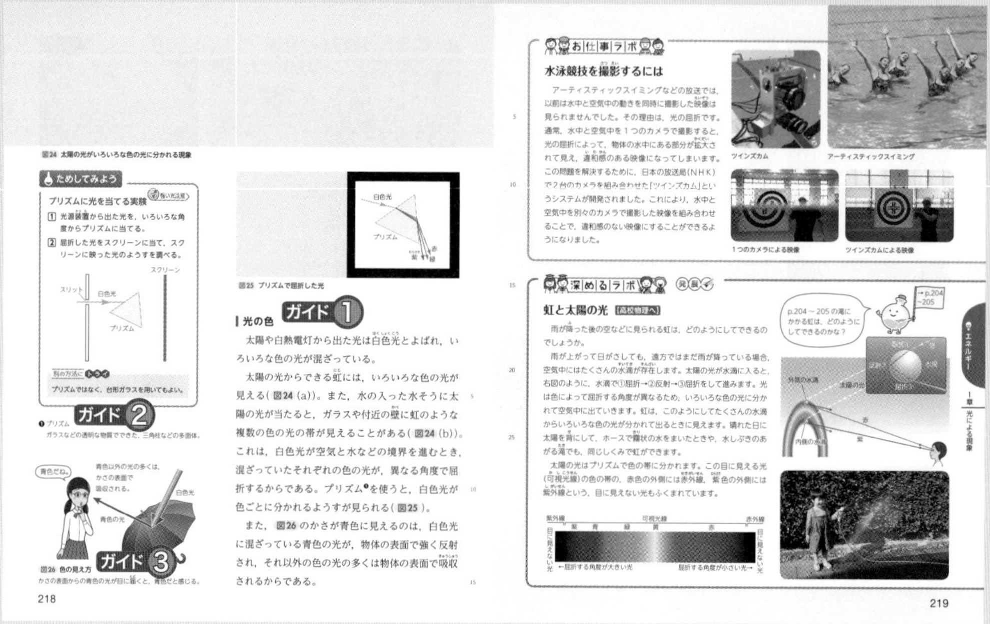
図24 太陽の光がいろいろな色の光に分かれる現象

ためしてみよう

プリズムに光を当てる実験　強い光注意

1 光源装置から出た光を，いろいろな角度からプリズムに当てる。
2 屈折した光をスクリーンに当て，スクリーンに映った光のようすを調べる。

別の方法にトライ
プリズムではなく，台形ガラスを用いてもよい。

ガイド 2

❶プリズム
ガラスなどの透明な物質でできた，三角柱などの多面体。

ガイド 3

図26 色の見え方
かさの表面からの青色の光が目に届くと，青色だと感じる。

図25 プリズムで屈折した光

光の色　ガイド 1

太陽や白熱電灯から出た光は白色光とよばれ，いろいろな色の光が混ざっている。

太陽の光からできる虹には，いろいろな色の光が見える（図24 (a)）。また，水の入った水そうに太陽の光が当たると，ガラスや付近の壁に虹のような複数の色の光の帯が見えることがある（図24 (b)）。これは，白色光が空気と水などの境界を進むとき，混ざっていたそれぞれの色の光が，異なる角度で屈折するからである。プリズム❶を使うと，白色光が色ごとに分かれるようすが見られる（図25）。

また，図26 のかさが青色に見えるのは，白色光に混ざっている青色の光が，物体の表面で強く反射され，それ以外の色の光の多くは物体の表面で吸収されるからである。

218

お仕事ラボ

水泳競技を撮影するには

アーティスティックスイミングなどの放送では，以前は水中と空気中の動きを同時に撮影した映像は見られませんでした。その理由は，光の屈折です。通常，水中と空気中を1つのカメラで撮影すると，光の屈折によって，物体の水中にある部分が拡大されて見え，違和感のある映像になってしまいます。この問題を解決するために，日本の放送局（NHK）で2台のカメラを組み合わせた「ツインズカム」というシステムが開発されました。これにより，水中と空気中を別々のカメラで撮影した映像を組み合わせることで，違和感のない映像にすることができるようになりました。

ツインズカム　アーティスティックスイミング
1つのカメラによる映像　ツインズカムによる映像

深めるラボ　発展

虹と太陽の光【高校物理へ】

雨が降った後の空などに見られる虹は，どのようにしてできるのでしょうか。

雨が上がって日がさしても，遠方ではまだ雨が降っている場合，空気中にはたくさんの水滴が存在します。太陽の光が水滴に入ると，右図のように，水滴で①屈折→②反射→③屈折をして進みます。光は色によって屈折する角度が異なるため，いろいろな色の光に分かれて空気中に出ていきます。虹は，このようにしてたくさんの水滴からいろいろな色の光が分かれて出るときに見えます。晴れた日に太陽を背にして，ホースで霧状の水をまいたときや，水しぶきのあがる滝でも，同じしくみで虹ができます。

太陽の光はプリズムで色の帯に分かれます。この目に見える光（可視光線）の色の帯の，赤色の外側には赤外線，紫色の外側には紫外線という，目に見えない光もふくまれています。

219

ガイド 1　光の色

太陽や白熱電球から出た光は白色光とよばれている。絵具などで色を混ぜ合わせると，だんだんと黒色に近づく。一方，光の場合，さまざまな光を混ぜ合わせるとだんだんと白色に近づく。白色光は実際に白い光であるわけではなく，太陽光のように色を感じさせない無色の光のことを指す。白色光は，わたしたちの目には無色の光として感じられるが，実際は無数の色の光の混ざったものである。

ガイド 2　プリズム

プリズムをつかうと，白色光を無数の色に分けることができる。下の図のように，プリズムに白色光が入ると，空気からプリズムの境界，プリズムから空気への境界で計2回屈折する。光がどの程度屈折するのかは，その光の色によって異なる。よって，プリズムを用いることで，無数の色が混ざった白色光を，それぞれの色の種類によって分けることができる。

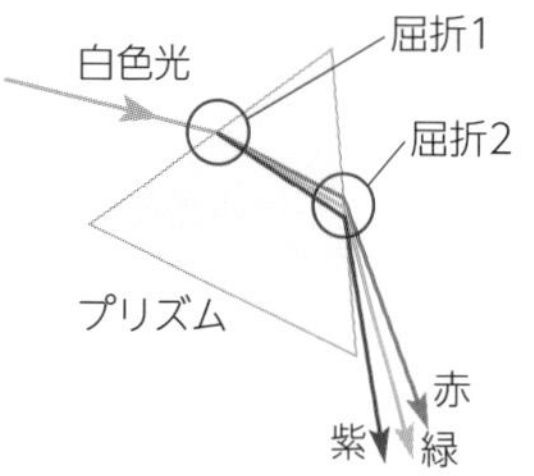

ガイド 3　色の見え方

教科書 p.211 で学習したように，物体が見えるためには，光源から出た光や物体で反射した光が目に届く必要がある。光源からの光が物体を照らすと，物体の表面ではその光の一部を吸収し，残りの光を反射する。反射された光がわたしたちの目に入ると，それが情報として脳に伝わり，その情報を受けとることで，はじめてわたしたちは「ものを見た」と感じることができる。

物体の色の見え方は，物体を照らした光のうちどの光が吸収され，どの光が反射したかに関係している。たとえば，木や植物の葉が緑色に見えるのは，植物の葉が赤色や青色の光を吸収し，緑色の光を反射しているからである。紅葉すると，植物の葉が赤色や黄色に見えるのは，植物の葉が，赤色や黄色の光を反射するようになるからである。

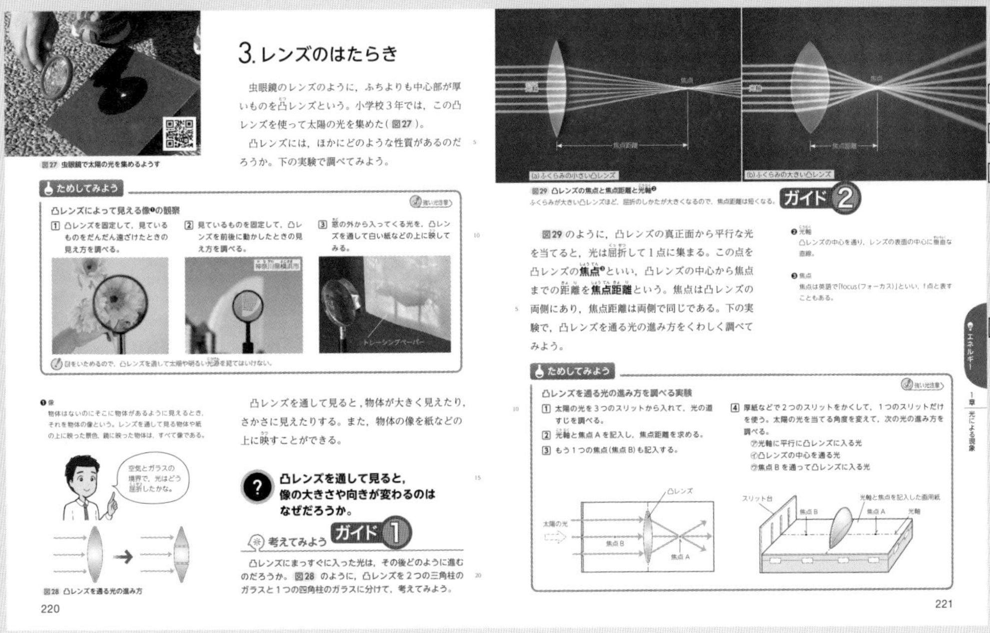
3. レンズのはたらき

虫眼鏡のレンズのように，ふちよりも中心部が厚いものを凸レンズという。小学校３年では，この凸レンズを使って太陽の光を集めた（図27）。

凸レンズには，ほかにどのような性質があるのだろうか。下の実験で調べてみよう。

図27 虫眼鏡で太陽の光を集めるようす

ためしてみよう

凸レンズによって見える像❶の観察

1 凸レンズを固定して，見ているものをだんだん遠ざけたときの見え方を調べる。

2 見ているものを固定して，凸レンズを前後に動かしたときの見え方を調べる。

3 窓の外から入ってくる光を，凸レンズを通して白い紙などの上に映してみる。

神奈川県横浜市

トレーシングペーパー

目をいためるので，凸レンズを通して太陽や明るい光源を見てはいけない。

❶像
物体はないのにそこに物体があるように見えるとき，それを物体の像という。レンズを通して見る物体や紙の上に映った景色，鏡に映った物体は，すべて像である。

凸レンズを通して見ると，物体が大きく見えたり，さかさに見えたりする。また，物体の像を紙などの上に映すことができる。

空気とガラスの境界で，光はどう屈折したかな。

? 凸レンズを通して見ると，像の大きさや向きが変わるのはなぜだろうか。

考えてみよう ガイド1

凸レンズにまっすぐに入った光は，その後どのように進むのだろうか。図28のように，凸レンズを２つの三角柱のガラスと１つの四角柱のガラスに分けて，考えてみよう。

図28 凸レンズを通る光の進み方

220

焦点　焦点距離

(a)ふくらみの小さい凸レンズ　(b)ふくらみの大きい凸レンズ

図29 凸レンズの焦点と焦点距離と光軸❷
ふくらみが大きい凸レンズほど，屈折のしかたが大きくなるので，焦点距離は短くなる。 ガイド2

図29のように，凸レンズの真正面から平行な光を当てると，光は屈折して１点に集まる。この点を凸レンズの焦点❸といい，凸レンズの中心から焦点までの距離を焦点距離という。焦点は凸レンズの両側にあり，焦点距離は両側で同じである。下の実験で，凸レンズを通る光の進み方をくわしく調べてみよう。

❷光軸
凸レンズの中心を通り，レンズの表面の中心に垂直な直線。

❸焦点
焦点は英語で「focus（フォーカス）」といい，f点と表すこともある。

ためしてみよう

凸レンズを通る光の進み方を調べる実験

1 太陽の光を３つのスリットから入れて，光の道すじを調べる。

2 光軸と焦点Ａを記入し，焦点距離を求める。

3 もう１つの焦点（焦点Ｂ）も記入する。

4 厚紙などで２つのスリットをかくして，１つのスリットだけを使う。太陽の光を当てる角度を変えて，次の光の進み方を調べる。
㋐光軸に平行に凸レンズに入る光
㋑凸レンズの中心を通る光
㋒焦点Ｂを通って凸レンズに入る光

凸レンズ　太陽の光　焦点Ｂ　焦点Ａ

スリット台　焦点Ｂ　光軸と焦点を記入した画用紙　焦点Ａ　光軸

221

テストによく出る
重要用語等

□焦点
□光軸
□焦点距離

テストによく出る
器具・薬品等

□凸レンズ

ガイド1 考えてみよう

凸レンズの中央を通る光ｂはまっすぐ進む。凸レンズ縁の近くを通る光ａ，ｃは，凸レンズに入るときと，凸レンズから出るときに屈折し，光は内側のほうへ折れ曲がって進む。そして，光ａ，ｂ，ｃは１つの点（焦点）に集まる。

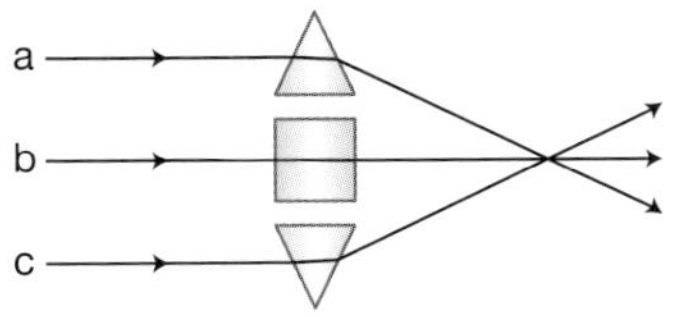

ガイド2 凸レンズの焦点と焦点距離

凸レンズの中心を通り，レンズの中心の表面に垂直な直線を光軸という。光軸に平行な光は，凸レンズを通過するとき屈折して光軸上の１点に集まる。この点を凸レンズの焦点という。また，レンズの中心から焦点までの距離を焦点距離という。焦点距離は，レンズのふくらみ具合によって異なる。一般に，レンズの材質が同じであれば，レンズのふくらみが大きいほど焦点距離が短くなる。

レンズの逆方向から光軸に平行な光を当てても，同じように焦点が見つかる。そして，その焦点距離は先に書いた焦点距離と同じである。つまり，凸レンズには，レンズの前後に焦点があり，その焦点距離は等しい。

テストによく出る

- **像**　物体はないのにそこに物体があるように見えるとき，それを物体の像という。
- **焦点**　凸レンズの真正面から平行な光を当てたときに，屈折した光が集まる１点のこと。
- **光軸**　凸レンズの中心を通り，レンズの中心の表面に垂直な直線のこと。
- **焦点距離**　凸レンズの中心から焦点までの距離のこと。

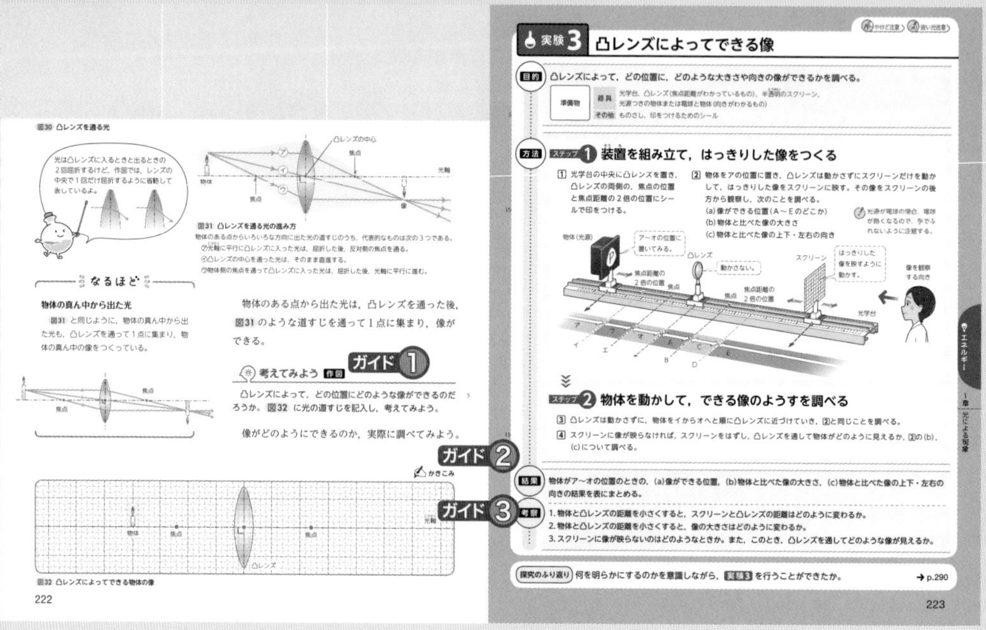

ガイド 1 考えてみよう

物体から出た光は，凸(とつ)レンズを通って1点に集まり，凸レンズの反対側に物体と上下(と左右)が反対の像ができる。光の道すじをかいてみると，物体と凸レンズの距離(きょり)によって，像と凸レンズの距離が変わり，像の大きさも変わると考えられる。

焦点(しょうてん)距離の2倍よりも物体と凸レンズの距離が小さいと，像と凸レンズの距離は大きくなり，像の大きさも大きくなる。焦点距離の2倍よりも物体と凸レンズの距離が大きいと，像と凸レンズの距離は小さくなり，像の大きさは小さくなる。

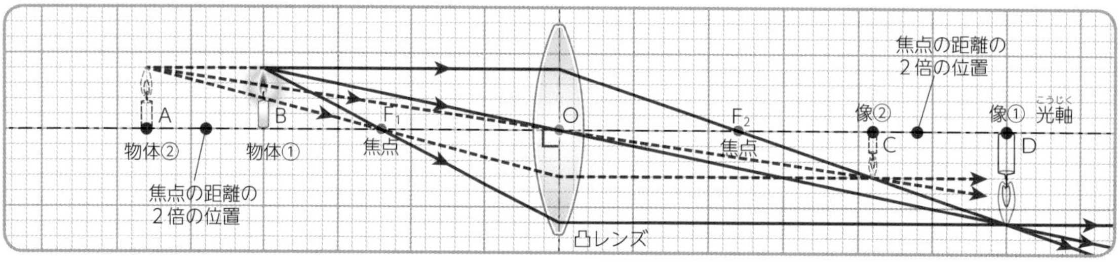

凸レンズによってできる物体の像

ガイド 2 結果

焦点距離が10 cmの凸レンズの例

物体の位置	(a)	(b)	(c)
ア	30 cm	物体より小さい	上下・左右逆向き
イ	20 cm	物体と同じ大きさ	上下・左右逆向き
ウ	15 cm	物体より大きい	上下・左右逆向き
エ	像は映らない	—	—
オ	像は映らない 凸レンズを通して像が見える	物体より大きい	上下・左右同じ向き

ガイド 3 考察

1. 物体と凸レンズとの距離を小さくすると，スクリーンと凸レンズの距離は大きくなる。
2. 物体と凸レンズとの距離を小さくすると，像の大きさは大きくなる。
3. 物体が焦点の位置にあるとき，スクリーンに像は映(うつ)らない。凸レンズを通しても像は見られない。物体が焦点よりも凸レンズに近い位置にあるときも，スクリーンに像は映らない。このときは，凸レンズを通して，物体よりも大きく，上下・左右がそのままの像が見られる。

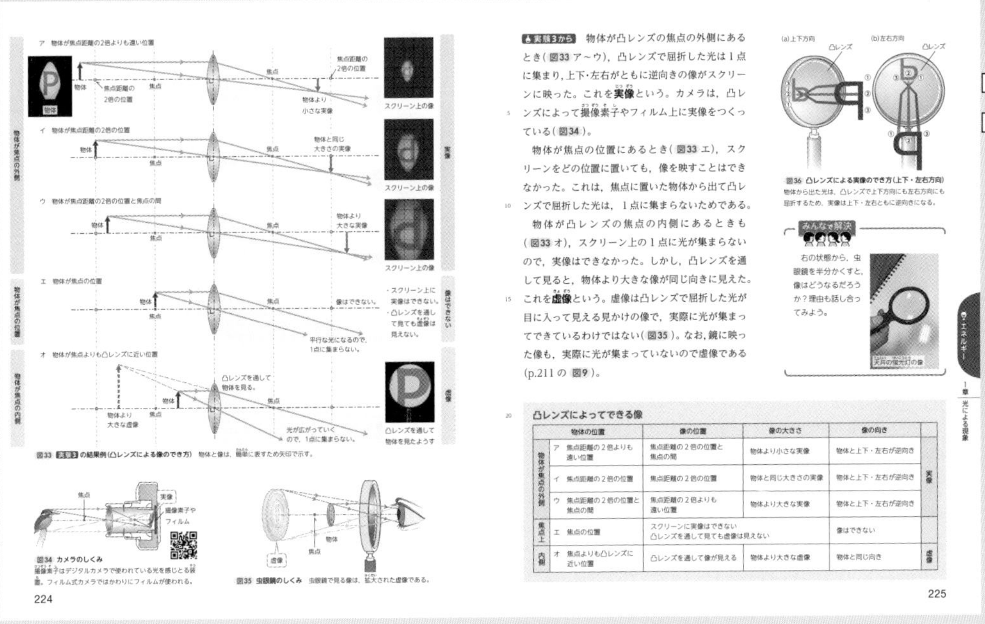

実験3から　物体が凸レンズの焦点の外側にあるとき(図33 ア〜ウ)，凸レンズで屈折した光は1点に集まり，上下・左右がともに逆向きの像がスクリーンに映った。これを**実像**という。カメラは，凸レンズによって撮像素子やフィルム上に実像をつくっている(図34)。

物体が焦点の位置にあるとき(図33 エ)，スクリーンをどの位置に置いても，像を映すことはできなかった。これは，焦点に置いた物体から出て凸レンズで屈折した光は，1点に集まらないためである。

物体が凸レンズの焦点の内側にあるときも(図33 オ)，スクリーン上の1点に光が集まらないので，実像はできなかった。しかし，凸レンズを通して見ると，物体より大きな像が同じ向きに見えた。これを**虚像**という。虚像は凸レンズで屈折した光が目に入って見える見かけの像で，実際に光が集まってできているわけではない(図35)。なお，鏡に映った像も，実際に光が集まっていないので虚像である(p.211の図9)。

凸レンズによってできる像

物体の位置		像の位置	像の大きさ	像の向き	
物体が焦点の外側	ア　焦点距離の2倍よりも遠い位置	焦点距離の2倍の位置と焦点の間	物体より小さな実像	物体と上下・左右が逆向き	実像
	イ　焦点距離の2倍の位置	焦点距離の2倍の位置	物体と同じ大きさの実像	物体と上下・左右が逆向き	
	ウ　焦点距離の2倍の位置と焦点の間	焦点距離の2倍よりも遠い位置	物体より大きな実像	物体と上下・左右が逆向き	
焦点上	エ　焦点の位置	スクリーンに実像はできない 凸レンズを通して見ても虚像は見えない		像はできない	
内側	オ　焦点よりも凸レンズに近い位置	凸レンズを通して像が見える	物体より大きな虚像	物体と同じ向き	虚像

テストによく出る
重要用語等

□実像
□虚像

テストによく出る

- **実像**　実像とは，物体を凸(とつ)レンズの焦点(しょうてん)の外側に置いたときにできる像のことをいう。実像は，スクリーンに映(うつ)すことができ，実際の物体とは上下・左右が逆の向きになる特徴(とくちょう)がある。
- **虚像**(きょぞう)　虚像とは，物体を凸レンズの焦点の内側に置いたときにできる像のことをいう。虚像は凸レンズを通して見ることができるが，スクリーンに映すことができず，実際の物体と同じ向きで，実際の物体よりも大きくみえる特徴がある。

解説　凸レンズによってできる像

凸レンズによってできる像で，スクリーンに映すことのできる像を実像といい，映すことのできない像を虚像という。物体を置く位置により，凸レンズによってできる像は次のように変化する。

(a)　焦点距離の2倍よりも遠い位置にあるとき
　レンズの反対側で，焦点距離の2倍の位置と焦点との間の位置に，物体より小さく，物体とは上下・左右逆向きの実像ができる。

(b)　焦点距離の2倍の位置にあるとき
　レンズの反対側で，焦点距離の2倍の位置に，物体と同じ大きさで，物体とは上下・左右逆向きの実像ができる。

(c)　焦点距離の2倍の位置と焦点との間の位置にあるとき
　レンズの反対側で，焦点距離の2倍の位置より遠い位置に，物体より大きく，物体とは上下・左右逆向きの実像ができる。

(d)　焦点の位置にあるとき
　実像も虚像もできない。

(e)　焦点より内側の位置にあるとき
　レンズの同じ側で，焦点より遠い位置に，物体より大きく，物体と上下・左右同じ向きの虚像ができる。

エネルギー

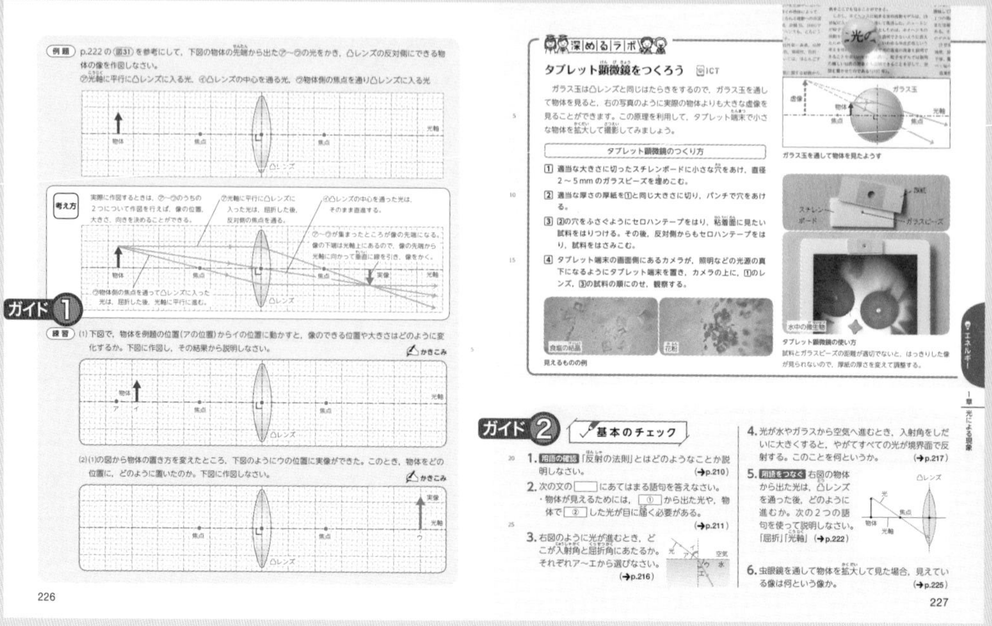

例題 p.222の 図31 を参考にして，下図の物体の先端から出た㋐〜㋒の光をかき，凸レンズの反対側にできる物体の像を作図しなさい。
㋐光軸に平行に凸レンズに入る光，㋑凸レンズの中心を通る光，㋒物体側の焦点を通り凸レンズに入る光

考え方 実際に作図するときは，㋐〜㋒のうちの2つについて作図を行えば，像の位置，大きさ，向きを決めることができる。
㋐光軸に平行に凸レンズに入った光は，屈折した後，反対側の焦点を通る。
㋑凸レンズの中心を通った光は，そのまま直進する。
㋐〜㋒が集まったところが像の先端になる。像の下端は光軸上にあるので，像の先端から光軸に向かって垂直に線を引き，像をかく。
㋒物体側の焦点を通って凸レンズに入った光は，屈折した後，光軸に平行に進む。

ガイド 1

練習 (1) 下図で，物体を例題の位置（アの位置）からイの位置に動かすと，像のできる位置や大きさはどのように変化するか。下図に作図し，その結果から説明しなさい。 かきこみ

(2) (1)の図から物体の置き方を変えたところ，下図のようにウの位置に実像ができた。このとき，物体をどの位置に，どのように置いたのか。下図に作図しなさい。 かきこみ

226

深める ラボ

タブレット顕微鏡をつくろう ICT

ガラス玉は凸レンズと同じはたらきをするので，ガラス玉を通して物体を見ると，右の写真のように実際の物体よりも大きな虚像を見ることができます。この原理を利用して，タブレット端末で小さな物体を拡大して撮影してみましょう。

タブレット顕微鏡のつくり方

1 適当な大きさに切ったスチレンボードに小さな穴をあけ，直径2〜5 mmのガラスビーズを埋めこむ。
2 適当な厚さの厚紙を1と同じ大きさに切り，パンチで穴をあける。
3 2の穴をふさぐようにセロハンテープをはり，粘着面に見たい試料をはりつける。その後，反対側からもセロハンテープをはり，試料をはさみこむ。
4 タブレット端末の画面側にあるカメラが，照明などの光源の真下になるようにタブレット端末を置き，カメラの上に，1のレンズ，3の試料の順にのせ，観察する。

見えるものの例

ガラス玉を通して物体を見たようす

タブレット顕微鏡の使い方
試料とガラスビーズの距離が適切でないと，はっきりした像が見られないので，厚紙の厚さを変えて調整する。

ガイド 2 基本のチェック

1. 用語の確認 「反射の法則」とはどのようなことか説明しなさい。 （→p.210）
2. 次の文の［ ］にあてはまる語句を答えなさい。
・物体が見えるためには，［ ① ］から出た光や，物体で［ ② ］した光が目に届く必要がある。 （→p.211）
3. 右図のように光が進むとき，どこが入射角と屈折角にあたるか。それぞれア〜エから選びなさい。 （→p.216）

4. 光が水やガラスから空気へ進むとき，入射角をしだいに大きくすると，やがてすべての光が境界面で反射する。このことを何というか。 （→p.217）
5. 用語をつなぐ 右図の物体から出た光は，凸レンズを通った後，どのように進むか。次の2つの語句を使って説明しなさい。「屈折」「光軸」 （→p.222）

6. 虫眼鏡を通して物体を拡大して見た場合，見えている像は何という像か。 （→p.225）

227

ガイド 1 練習

(1) 物体が，焦点距離の2倍の位置にあるので，像は焦点距離の2倍の位置にでき，物体と同じ大きさの実像ができる。

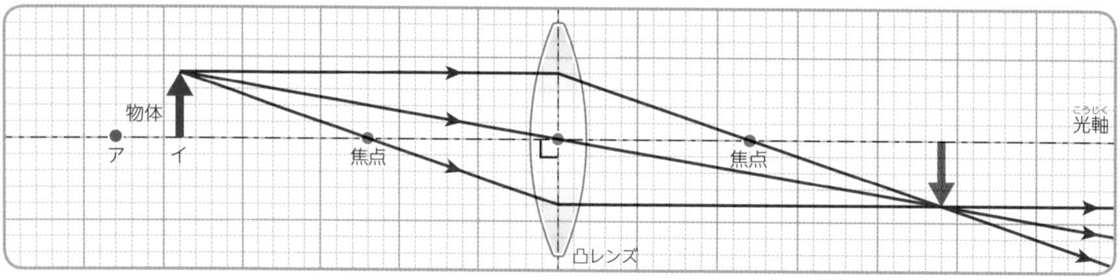

(2) 光の道すじの逆を作図すればよいので下図のようになる。物体は焦点距離の2倍と焦点の間の位置に，実像とは上下（左右も）逆向きに置いたと考えられる。

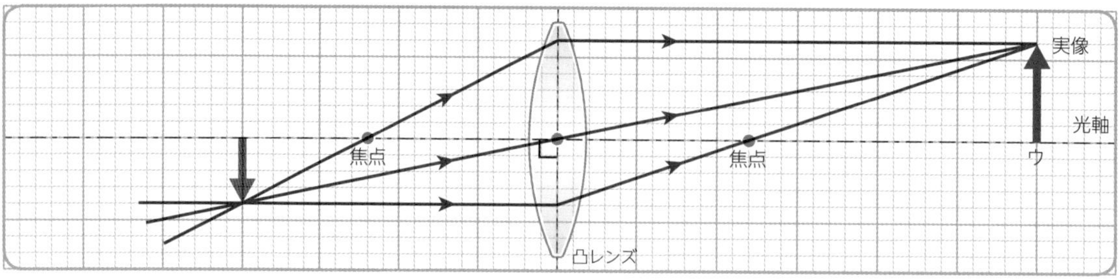

ガイド 2 基本のチェック

1. （例）光が反射するとき，入射角と反射角はいつも等しいという法則。
2. ①光源　②反射
3. 入射角…イ，屈折角…エ
4. 全反射
5. （例）物体側の焦点を通って凸レンズに入った光は，屈折した後，光軸に平行に進む。
6. 虚像

2章 音による現象

さまざまな楽器が活躍する吹奏楽の演奏。どのようにして音が出て，わたしたちの耳に届くのだろうか。
また，音の大きさや高さは何と関係するのだろうか。

マーチングバンドの演奏（広島県広島市）

228

(a)たいこの上に置いた紙片

図37 音の出ている物体のようす　ガイド 2

1. 音の伝わり方

たたいたたいこの上に置いた紙片や，音の出ているスピーカーの上に置いた発泡ポリスチレン球がはずむようすなどから（図37），音が出ているとき，物体はふるえている（振動している）ことがわかる。

音を発生しているものを**音源**，または**発音体**という。音は，音源となる物体が振動することによって生じる。

図39 のように，同じ高さの音を出す2つの音さ（共鳴音さ）を用意し，Aの音さをたたいて音を鳴らすと，Bの音さも鳴りはじめる。このとき，Bの音さにふれると振動していることがわかる。

音の振動は，どのようにしてまわりに伝わるのだろうか。ガイド 1

話し合ってみよう 計画・予想 ガイド 3

図39 のAの音さの振動は，どのようにしてBの音さに伝わったのだろうか。また，それはどのような実験をすれば確かめられるだろうか。

図38 声を出しているようす
声が出るのは，のどのおくにある声帯が振動するからである。声を出しながらのどをさわってみると，振動を感じる。声を出すのをやめると，音源である声帯の振動も止まる。

間に板を入れたときと比較すると，板を入れないときのほうが音が大きくなる。

図39 音さの振動が別の音さに伝わることを調べる実験

p.226（練習）の解答 p.286 参照。

229

テストによく出る
重要用語等

□音源（発音体）

テストによく出る
器具・薬品等

□音さ

ガイド 1 学習の課題

バイオリンやギターをひくと，弦が振動している。うちわであおぐと，パタパタと音がする。

コンクリートやアスファルトの粉砕をするとき，ハンドブレーカーは大きく振動し，大きな音を発生する。

これらは日常よく見られる現象である。これらの現象から，ものが振動すると音が発生すると考えられる。このような音の振動が，どのようにまわりに伝わり，耳にどとくのかについて考える。

ガイド 2 音の出ている物体のようす

(a) たいこをたたくと，たいこの上に置いた紙片はまい上がる。このとき，たいこの皮が細かく振動していることが観察できる。たいこを強くたたくと，紙片はより高くまい上がり，皮の振動も大きくなる。

(b) スピーカーから音を出すと，スピーカーの上に置いた発泡ポリスチレン球は細かく振動する。スピーカーから出る音が高くなればなるほど，発泡ポリスチレンはより細かく振動するようになる。

ガイド 3 話し合ってみよう

Bの音さはAの音さが振動してから，だんだんと振動し始めた。また，間に板を入れたとき，Aの音さからBの音さへと振動は伝わりにくくなった。このことから，Aの音さの振動は，Bの音さとの間にある空気に伝わり，空気からBの音さに伝わったのだと考えられる。これは，空気がないところ（真空）で音が聞こえるかどうかを実験することで確かめられる。

解説 音源

音を発生しているものを音源，または発音体という。

音は，音源となる物体が振動することによって発生する。したがって，音源の振動を止めると，音は聞こえなくなる。

チョークで黒板に字を書くとき，いやな音を発することがある。これは，チョークと黒板の間で生じた摩擦が原因であるが，摩擦のときも，くわしく見ると，細かな振動が起きている。

なお，日常で音源というと，CD，DVD などの音楽記憶媒体をさすことも多いが，これらは実際に音そのものを発生しているわけではないので，理科の立場からは音源とは言わない。音源は，音楽を再生する音響機器のオーディオプレーヤー，その中でもスピーカーである。

エネルギー

テストによく出る
重要用語等

□波

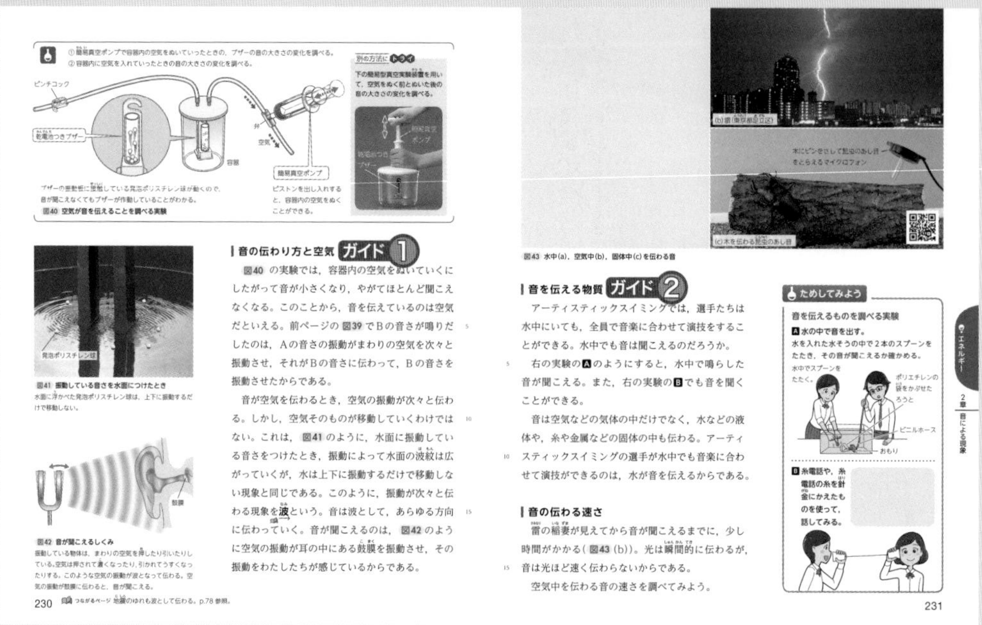
図40 空気が音を伝えることを調べる実験

音の伝わり方と空気 ガイド1

図40 の実験では，容器内の空気をぬいていくにしたがって音が小さくなり，やがてほとんど聞こえなくなる。このことから，音を伝えているのは空気だといえる。前ページの 図39 でBの音さが鳴りだしたのは，Aの音さの振動がまわりの空気を次々と振動させ，それがBの音さに伝わって，Bの音さを振動させたからである。

音が空気を伝わるとき，空気の振動が次々と伝わる。しかし，空気そのものが移動していくわけではない。これは，図41 のように，水面に振動している音さをつけたとき，振動によって水面の波紋は広がっていくが，水は上下に振動するだけで移動しない現象と同じである。このように，振動が次々と伝わる現象を波という。音は波として，あらゆる方向に伝わっていく。音が聞こえるのは，図42 のように空気の振動が耳の中にある鼓膜を振動させ，その振動をわたしたちが感じているからである。

図41 振動している音さを水面につけたとき

図42 音が聞こえるしくみ

図43 水中(a)，空気中(b)，固体中(c)を伝わる音

音を伝える物質 ガイド2

アーティスティックスイミングでは，選手たちは水中にいても，全員で音楽に合わせて演技をすることができる。水中でも音は聞こえるのだろうか。

右の実験のAのようにすると，水中で鳴らした音が聞こえる。また，右の実験のBでも音を聞くことができる。

音は空気などの気体の中だけでなく，水などの液体や，糸や金属などの固体の中も伝わる。アーティスティックスイミングの選手が水中でも音楽に合わせて演技ができるのは，水が音を伝えるからである。

音の伝わる速さ

雷の稲妻が見えてから音が聞こえるまでに，少し時間がかかる(図43 (b))。光は瞬間的に伝わるが，音は光ほど速く伝わらないからである。

空気中を伝わる音の速さを調べてみよう。

230　231

ガイド1　音の伝わり方と空気

容器内にブザーを入れて密閉し，ブザーを作動させる。次に，真空ポンプを用いて容器内の空気をぬいていくと，ブザーの音はしだいに小さくなり，やがて聞こえなくなってしまう。

このことから，空気が音を伝えていることがわかる。

音が空気中を伝わるとき，音源の振動がまわりの空気を振動させ，その空気の振動が伝わるのであって，空気そのものが移動しているわけではない。

このように，振動が次々と伝わる現象を波という。音は波の一種であり，音波とも呼ばれる。

音が私たちに聞こえるのは，音源から伝わってきた空気の振動が，耳の中の鼓膜を振動させ，その振動が電気信号に変えられ脳にとどき，音として感じるからである。

ガイド2　音を伝える物質

空気は窒素や酸素などの無数の粒子の集まりであり，これらの粒子は自由に飛びまわっている。音源が振動すると，そのまわりの粒子は押されてほかの粒子にぶつかる。ぶつかった粒子は，別の粒子にぶつかり，はね返される。

このようにして，音源の振動が四方八方へと広がって音が伝わるので，空気以外の気体中でも音は伝わる。

同様のことが，液体や固体中の粒子でも起こるので，音は液体の中も，固体の中も伝わる。水中で音が聞こえるのは，液体の水が音を伝えるからである。

となりの部屋の話し声が聞こえるのは，固体の壁が音を伝えることを示している。となりの部屋の話し声の振動が空気を振動させ，空気の振動が壁を振動させ，壁の振動が部屋の空気を振動させ，空気の振動が耳の鼓膜を振動させる。このようにして，話し声が伝わってくるのである。

音以外の波も，音と同様に気体，液体，固体の中を伝わる。地震波のP波，S波は固体である岩石中を伝わってくる。

音の一種である超音波は，海水中を長距離まで伝わることができ，魚群探知機や海の深さの測量などに利用されている。

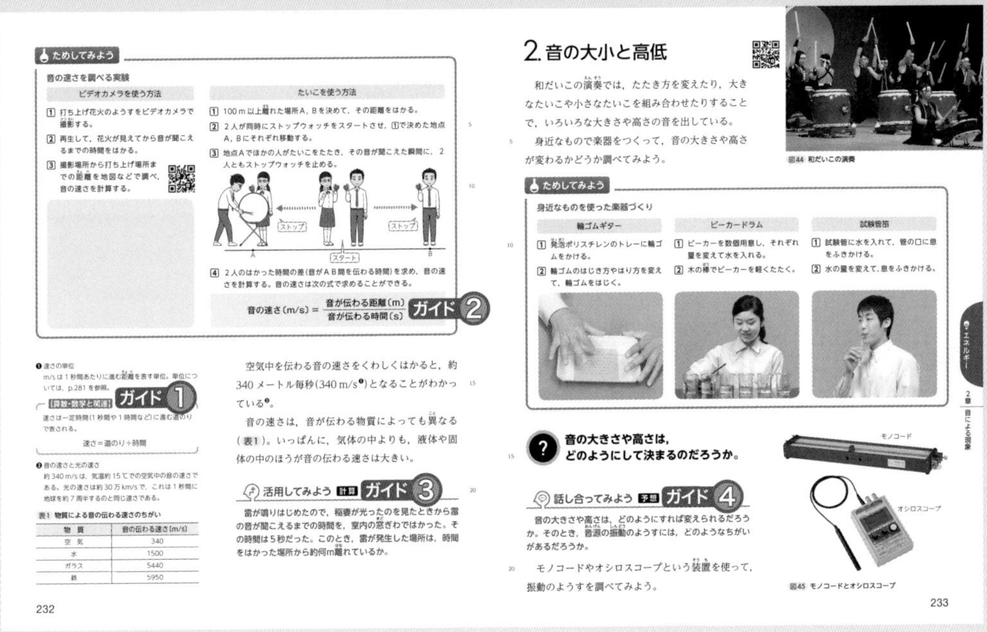

ためしてみよう

音の速さを調べる実験

ビデオカメラを使う方法

1 打ち上げ花火のようすをビデオカメラで撮影する。
2 再生して，花火が見えてから音が聞こえるまでの時間をはかる。
3 撮影場所から打ち上げ場所までの距離を地図などで調べ，音の速さを計算する。

たいこを使う方法

1 100 m 以上離れた場所A，Bを決めて，その距離をはかる。
2 2人が同時にストップウォッチをスタートさせ，1で決めた地点A，Bにそれぞれ移動する。
3 地点Aでほかの人がたいこをたたき，その音が聞こえた瞬間に，2人ともストップウォッチを止める。

4 2人のはかった時間の差(音がAB間を伝わる時間)を求め，音の速さを計算する。音の速さは次の式で求めることができる。

$$音の速さ〔m/s〕= \frac{音が伝わる距離〔m〕}{音が伝わる時間〔s〕}$$ ガイド2

空気中を伝わる音の速さをくわしくはかると，約340メートル毎秒(340 m/s[1])となることがわかっている[2]。

音の速さは，音が伝わる物質によっても異なる(表1)。いっぱんに，気体の中よりも，液体や固体の中のほうが音の伝わる速さは大きい。

❶速さの単位
m/sは1秒間あたりに進む距離を表す単位。単位については，p.281を参照。ガイド1

〔算数・数学と関連〕
速さは一定時間(1秒間や1時間など)に進む道のりで表される。

速さ＝道のり÷時間

❷音の速さと光の速さ
約340 m/sは，気温約15℃での空気中の音の速さである。光の速さは約30万km/sで，これは1秒間に地球を約7周半するのと同じ速さである。

表1 物質による音の伝わる速さのちがい

物質	音の伝わる速さ〔m/s〕
空気	340
水	1500
ガラス	5440
鉄	5950

活用してみよう 計算 ガイド3

雷が鳴りはじめたので，稲妻が光ったのを見たときから雷の音が聞こえるまでの時間を，室内の窓ぎわではかった。その時間は5秒だった。このとき，雷が発生した場所は，時間をはかった場所から約何m離れているか。

232

2. 音の大小と高低

和だいこの演奏では，たたき方を変えたり，大きなたいこや小さなたいこを組み合わせたりすることで，いろいろな大きさや高さの音を出している。

身近なもので楽器をつくって，音の大きさや高さが変わるかどうか調べてみよう。

図44 和だいこの演奏

ためしてみよう

身近なものを使った楽器づくり

輪ゴムギター

1 発泡ポリスチレンのトレーに輪ゴムをかける。
2 輪ゴムのはじき方やはり方を変えて，輪ゴムをはじく。

ビーカードラム

1 ビーカーを数個用意し，それぞれ量を変えて水を入れる。
2 木の棒でビーカーを軽くたたく。

試験管笛

1 試験管に水を入れて，管の口に息をふきかける。
2 水の量を変えて，息をふきかける。

? 音の大きさや高さは，どのようにして決まるのだろうか。

話し合ってみよう 予想 ガイド4

音の大きさや高さは，どのようにすれば変えられるだろうか。そのとき，音源の振動のようすには，どのようなちがいがあるだろうか。

モノコードやオシロスコープという装置を使って，振動のようすを調べてみよう。

図45 モノコードとオシロスコープ

233

ガイド1 算数・数学と関連

速さは一定時間(1秒間や1時間など)に進む道のりで表される。速さの単位はm/s(メートル毎秒)などである。

速さ＝道のり÷時間

ガイド2 音の速さ

空気中を伝わる音の速さは，気温が約15℃のとき，340 m/sである。

空気中の音の速さは，一般に気温が高いほうが速くなる。

なお，光の速さは約30万km/sである。くわしくは，真空中の光の速さは299792458 m/sである。

また，長さの単位のメートルは，正式には，光の速さを基準に定められており，299792458分の1秒間に光が真空中を進む距離が1 mである。

ガイド3 活用してみよう

光の速さは非常に大きいので，稲妻は一瞬のうちに伝わったものと考えられる。したがって，雷が発生した場所で鳴った時刻と光った時刻は同時で，時間をはかった場所に音が伝わるのに5秒かかったと考えられる。そこで，音の速さを340 m/sとして，計算する。

道のり＝速さ×時間であるから，

340 m/s×5 s＝1700 m

したがって，約1700 m離れていると考えられる。

テストによく出る

音の速さ

$$音の速さ〔m/s〕= \frac{音が伝わる距離〔m〕}{音が伝わる時間〔s〕}$$

ガイド4 話し合ってみよう

たいこをたたいたときの皮の振動のようすを観察すると，強くたたいたときは，弱くたたいたときよりも皮が大きく振動していた。このことから，音源が大きく振動すると大きな音が発生すると考えられる。

大小のたいこで音を聞き比べると，大きなたいこの音は低く，小さなたいこの音は高かった。大きなたいこの皮はゆっくり振動し，小さなたいこの皮は速く振動していた。このことから，音源が速く振動するほど，音が高くなると考えられる。

テストによく出る
器具・薬品等

□モノコード
□オシロスコープ
□マイクロフォン

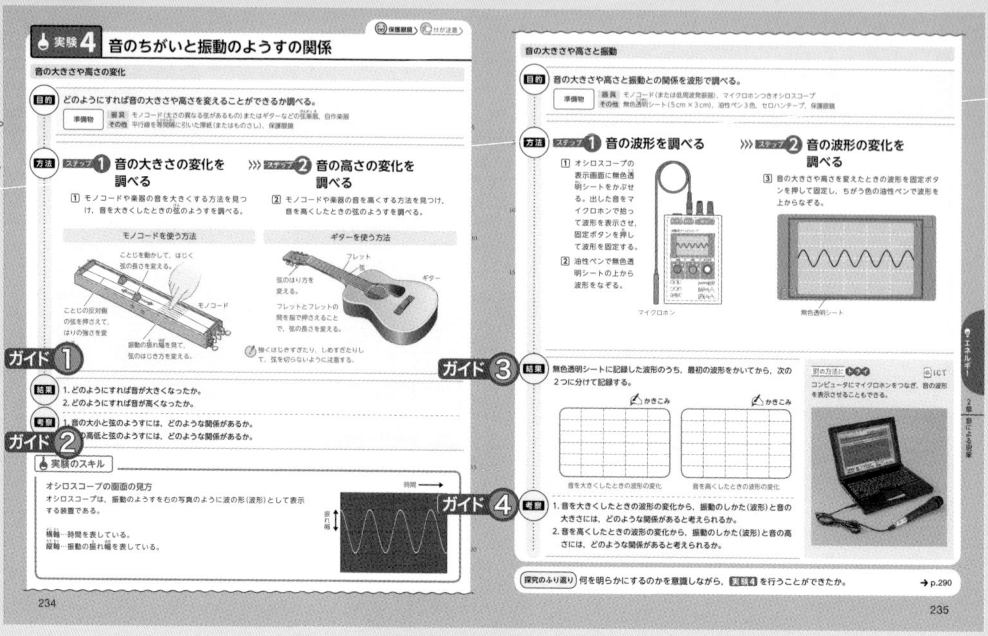
実験4 音のちがいと振動のようすの関係

音の大きさや高さの変化

目的 どのようにすれば音の大きさや高さを変えることができるか調べる。

方法 ステップ1 音の大きさの変化を調べる

1 モノコードや楽器の音を大きくする方法を見つけ，音を大きくしたときの弦のようすを調べる。

ステップ2 音の高さの変化を調べる

2 モノコードや楽器の音を高くする方法を見つけ，音を高くしたときの弦のようすを調べる。

モノコードを使う方法

ギターを使う方法

結果 1. どのようにすれば音が大きくなったか。
2. どのようにすれば音が高くなったか。

考察 1. 音の大小と弦のようすには，どのような関係があるか。
2. 音の高低と弦のようすには，どのような関係があるか。

実験のスキル

オシロスコープの画面の見方

オシロスコープは，振動のようすを右の写真のように波の形（波形）として表示する装置である。

横軸…時間を表している。
縦軸…振動の振れ幅を表している。

音の大きさや高さと振動

目的 音の大きさや高さと振動との関係を波形で調べる。

方法 ステップ1 音の波形を調べる

ステップ2 音の波形の変化を調べる

結果 無色透明シートに記録した波形のうち，最初の波形をかいてから，次の2つに分けて記録する。

考察 1. 音を大きくしたときの波形の変化から，振動のしかた（波形）と音の大きさには，どのような関係があると考えられるか。
2. 音を高くしたときの波形の変化から，振動のしかた（波形）と音の高さには，どのような関係があると考えられるか。

探究のふり返り 何を明らかにするのかを意識しながら，実験4を行うことができたか。 →p.290

234　235

ガイド1 結果

1. 弦(げん)を強くはじく。
2. 弦を強くはる。または，弦を短くする。

ガイド2 考察

1. 弦を強くはじいて弦の振動(しんどう)の幅(はば)を大きくすると，発生する音が大きくなる。振動の幅を小さくすると，音は小さくなる。
2. 弦を強くはるほど，音は高くなり，弱くはるほど，音は低くなる。また，弦の長さが短いほど，音は高くなり，長いほど，音は低くなる。

解説 ギターのしくみ

ギターには細いものから太いものまで6本の弦があり，フレットとよばれるしきりを指で押(お)さえることで，弦の長さが変わり，音の高さを変えることができる。

また，糸巻(いとまき)(ペグ)を回して弦のはり方を強めたり弱めたりすると音の高さが変わる。

6本の弦のはりの強さを同じにして，弦をはじくと，細い弦は高い音，太い弦は低い音になる。

ガイド3 結果(例)

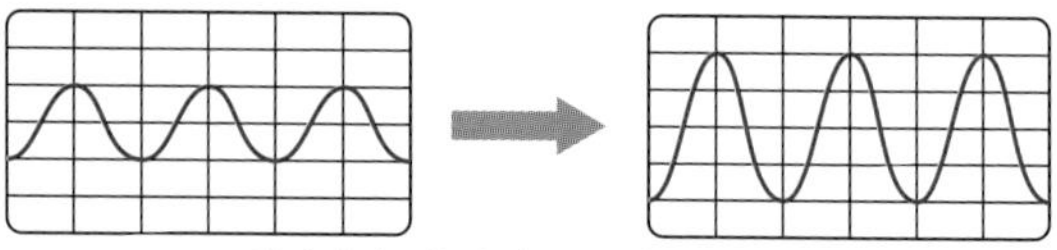
音を大きくしたときの波形の変化

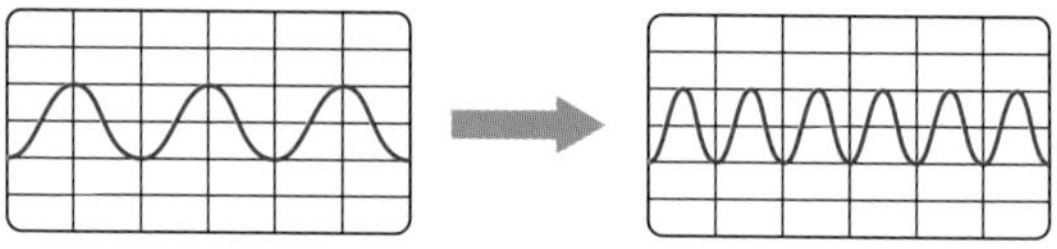
音を高くしたときの波形の変化

ガイド4 考察

1. 振動の幅が大きいほど，音は大きくなる。
2. 振動の回数が多いほど，音は高くなる。

解説 音の大きさ・高さ

音の大きさは，音を発生する物体の振動の幅が大きいほど大きくなる。たとえば，弦ならば，強くはじき，大きく振動させると音も大きくなる。

音の高さは，振動が速いほど高くなる。

これはモーターの回転音が，回転が速いほど高くなることからもわかる。

弦では，短く，強くはったほうが振動が速くなるので音も高くなる。ピアノやハープの弦を見れば，高いほうの弦が短いことがよくわかる。

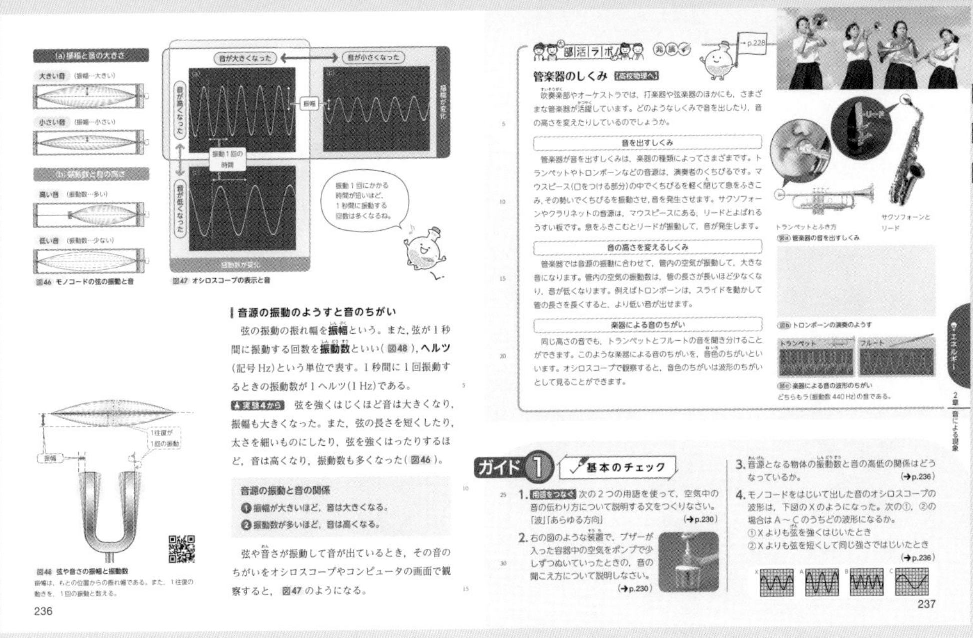
■音源の振動のようすと音のちがい
弦の振動の振れ幅を振幅という。また，弦が1秒間に振動する回数を振動数といい(図48)，ヘルツ(記号Hz)という単位で表す。1秒間に1回振動するときの振動数が1ヘルツ(1 Hz)である。
実験4から　弦を強くはじくほど音は大きくなり，振幅も大きくなった。また，弦の長さを短くしたり，太さを細いものにしたり，弦を強くはったりするほど，音は高くなり，振動数も多くなった(図46)。
音源の振動と音の関係
❶振幅が大きいほど，音は大きくなる。
❷振動数が多いほど，音は高くなる。
弦や音さが振動して音が出ているとき，その音のちがいをオシロスコープやコンピュータの画面で観察すると，図47のようになる。
図46 モノコードの弦の振動と音　図47 オシロスコープの表示と音　図48 弦や音さの振幅と振動数

ガイド1 基本のチェック
1. 用語をつなぐ 次の2つの用語を使って，空気中の音の伝わり方について説明する文をつくりなさい。「波」「あらゆる方向」(➔p.230)
2. 右の図のような装置で，ブザーが入った容器中の空気をポンプで少しずつぬいていったときの，音の聞こえ方について説明しなさい。(➔p.230)
3. 音源となる物体の振動数と音の高低の関係はどうなっているか。(➔p.236)
4. モノコードをはじいて出した音のオシロスコープの波形は，下図のXのようになった。次の①，②の場合はA～Cのうちどの波形になるか。
①Xよりも弦を強くはじいたとき
②Xよりも弦を短くして同じ強さではじいたとき(➔p.236)

テストによく出る
重要用語等
□振幅
□振動数
□ヘルツ(Hz)

テストによく出る

振幅　弦などの物体が振動しているとき，もとの位置から最大にふれた位置までの振れ幅を振幅という。

振動数　弦などの物体が振動しているとき，1秒間に往復する回数を振動数といい，ヘルツ(記号Hz)という単位で表す。

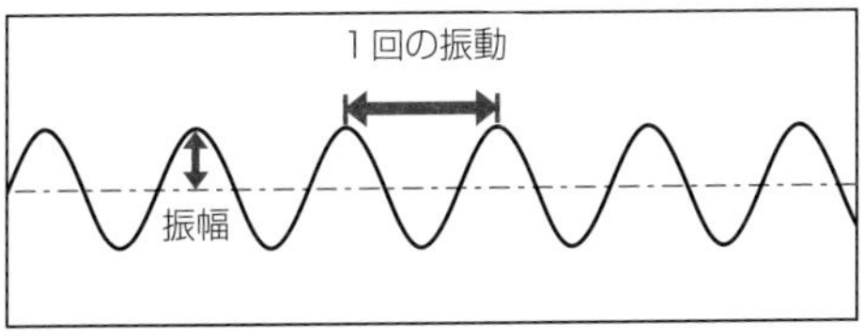

振動と音の関係
①振幅が大きいほど，音は大きくなる。
②振動数が多いほど，音は高くなる。

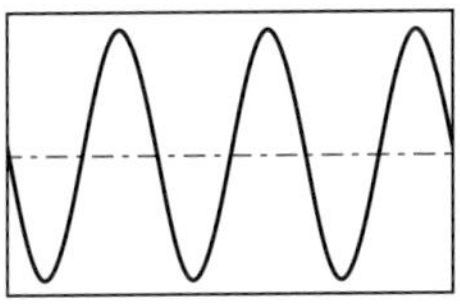
大きい音＝振幅が大きい。

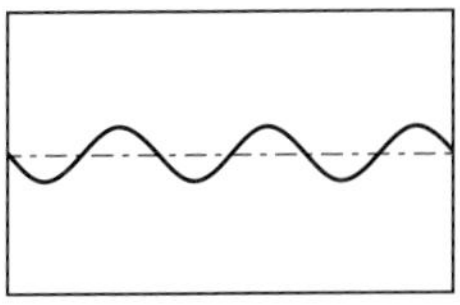
小さい音＝振幅が小さい。

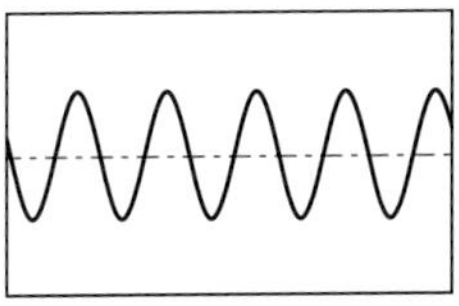
高い音＝振動数が多い。

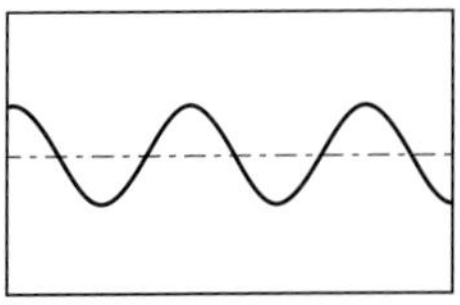
低い音＝振動数が少ない。

ガイド1 基本のチェック

1. (例)音が空気を伝わるときは，空気の振動が波としてあらゆる方向に伝わっていく。
2. (例)容器中の空気をぬいていくにしたがって音が小さくなり，やがてほとんど聞こえなくなる。
3. (例)音源の振動数が多いほど，音は高くなる。
4. ①A
②B

3章 力による現象

オリンピックやパラリンピックの競技では，
さまざまな力を見つけることができる。

走りだす陸上選手

ガイド1 つながる学び

1 風やゴムの力で物を動かすことができる。［小3］
2 磁石の2つの極どうしを近づけると，しりぞけ合ったり，引き合ったりする。［小3］
3 体積が同じ物でも，重さがちがう場合がある。［小3］
4 てこに力を加える位置や，力の大きさを変えると，てこを傾けるはたらきが変わる。［小6］

238

(b)加速する自転車

(c)しなる棒高とびの棒

1.力のはたらき ガイド2

オリンピックやパラリンピックの競技では，選手は道具などさまざまな物体に力を加えている。

？ 物体に力がはたらくと，物体はどのようになるだろうか。

身近なものを使って力のはたらきを調べてみよう。

(f)静止している重量あげのバーベル

図49 力がはたらいているようす

ためしてみよう

力がはたらいている物体はどれかな？

身近なものでオリンピック

1 下の競技で物体に力をはたらかせ，物体がどうなるか調べる。 机から飛び出さないよう，力を加減する。
2 図49 などの競技のようすから，物体に力がはたらくと物体のようすがどのようになるか話し合う。

輪ゴムでアーチェリー

① 紙に的をかき，輪ゴムを紙にテープでとめる。
② 消しゴムに輪ゴムをかけて引く。
③ 手を離して消しゴムをすべらせ，的で止める。

割り箸で野球

① 投手が消しゴムを指ではじく。
② 打者はすべってきた消しゴムに割り箸を当て，的で止める。

239

ガイド1 つながる学び

1 風をうける車は，風が強ければ強いほど，動いた距離(きょり)は長くなることを学んだ。また，ゴムで動く車は，ゴムを長くのばせばのばすほど，動いた距離(きょり)は長くなることを学んだ。

2 磁石にはN極とS極があることを学習した。磁石は，同じ極どうしを近づけるとしりぞけ合い，ちがう極どうしを近づけると引き合うことを学んだ。

3 ねん土の形を変えるなど，ものの形が変わっても重さは変わらないことを学習した。また，同じ体積でも，金属やガラス，木などものの種類がちがうと重さがちがうことも学んだ。

4 てこには，支点(てこを支えている点)・力点(てこに力を加えている点)・作用点(てこがモノにふれて力をはたらかせている点)という3つの点があることを学んだ。また，てこのうでが水平になってつり合っているとき，左右のうででおもりの重さとうでの長さの積が等しいことを学習した。

ガイド2 力のはたらき

オリンピックやパラリンピックでは，さまざまな競技で，力のはたらきを見ることができる。

(a) 体操選手は，自分の体を2本の腕(うで)で支えている。力のはたらきというと，何らかの動作をともなうもののように考えてしまいがちだが，物体を支えるのも，力のはたらきであるといえる。

(b) 自転車をこぐ選手は，ペダルに力を加えてペダルを回転させ，自転車が前に進む力を生み出している。このとき，ペダルに力を加えれば加えただけ，自転車は加速していく。

(c) 棒高(ぼうたか)とびの選手は，たわんだ棒がもとにもどろうとする力を利用して，より高く跳べるようにする。棒をしならせることで，棒に力がたまるようになり，その力を利用することで選手はより高くとぶための力を手に入れる。

(d) 走り幅(はば)とびの選手が着地すると，地面は変形し，選手がとんだあとが残る。このように，力には，物体を変形させるはたらきがあることがわかる。

(e) バッターが打つと，ボールの動きの速さも向きも大きく変化する。どのような力が加わったかによって，ボールの速さや向きも変わってくる。

(f) 重量あげの選手は，体操選手と同じようにバーベルを支えている。

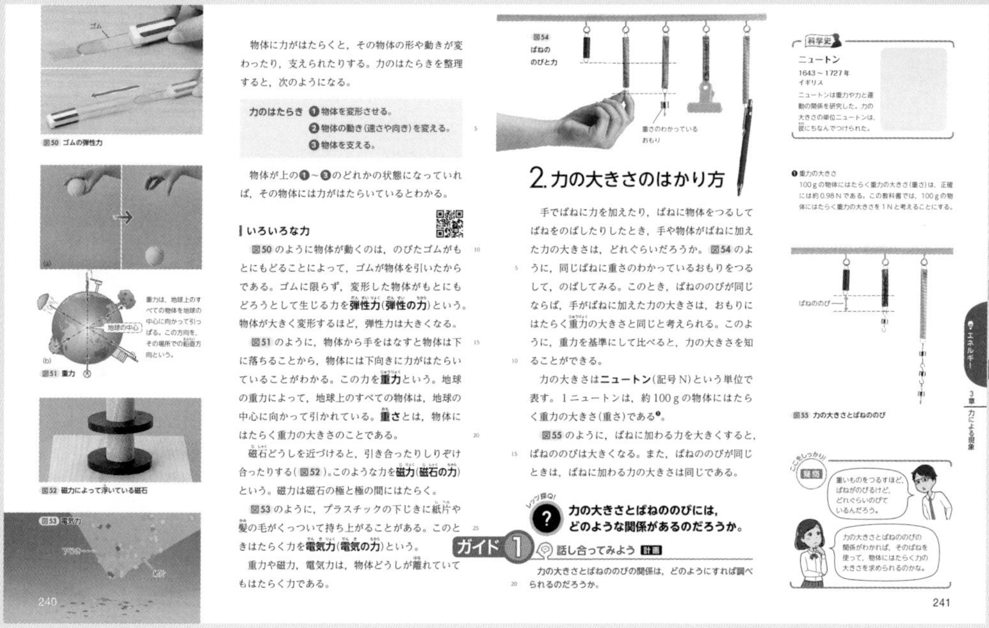
物体に力がはたらくと，その物体の形や動きが変わったり，支えられたりする。力のはたらきを整理すると，次のようになる。

力のはたらき ❶物体を変形させる。
❷物体の動き（速さや向き）を変える。
❸物体を支える。

物体が上の❶〜❸のどれかの状態になっていれば，その物体には力がはたらいているとわかる。

いろいろな力

図50 のように物体が動くのは，のびたゴムがもとにもどることによって，ゴムが物体を引いたからである。ゴムに限らず，変形した物体がもとにもどろうとして生じる力を**弾性力**（**弾性の力**）という。物体が大きく変形するほど，弾性力は大きくなる。

図51 のように，物体から手をはなすと物体は下に落ちることから，物体には下向きに力がはたらいていることがわかる。この力を**重力**という。地球の重力によって，地球上のすべての物体は，地球の中心に向かって引かれている。**重さ**とは，物体にはたらく重力の大きさのことである。

磁石どうしを近づけると，引き合ったりしりぞけ合ったりする（図52）。このような力を**磁力**（**磁石の力**）という。磁力は磁石の極と極の間にはたらく。

図53 のように，プラスチックの下じきに紙片や髪の毛がくっついて持ち上がることがある。このときはたらく力を**電気力**（**電気の力**）という。

重力や磁力，電気力は，物体どうしが離れていてもはたらく力である。

図50 ゴムの弾性力

重力は，地球上のすべての物体を地球の中心に向かって引っぱる。この方向を，その場所での鉛直方向という。

図51 重力

図52 磁力によって浮いている磁石

図53 電気力

240

2. 力の大きさのはかり方

手でばねに力を加えたり，ばねに物体をつるしてばねをのばしたりしたとき，手や物体がばねに加えた力の大きさは，どれぐらいだろうか。図54 のように，同じばねに重さのわかっているおもりをつるして，のばしてみる。このとき，ばねののびが同じならば，手がばねに加えた力の大きさは，おもりにはたらく重力の大きさと同じと考えられる。このように，重力を基準にして比べると，力の大きさを知ることができる。

力の大きさは**ニュートン**（記号N）という単位で表す。1ニュートンは，約100 gの物体にはたらく重力の大きさ（重さ）である❶。

図55 のように，ばねに加わる力を大きくすると，ばねののびは大きくなる。また，ばねののびが同じときは，ばねに加わる力の大きさは同じである。

レッツ探Q！ 力の大きさとばねののびには，どのような関係があるのだろうか。

ガイド1 話し合ってみよう 計画

力の大きさとばねののびの関係は，どのようにすれば調べられるのだろうか。

図54 ばねののびと力

重さのわかっているおもり

科学史 ニュートン 1643〜1727年 イギリス
ニュートンは重力や力と運動の関係を研究した。力の大きさの単位ニュートンは，彼にちなんでつけられた。

❶重力の大きさ
100 gの物体にはたらく重力の大きさ（重さ）は，正確には約0.98 Nである。この教科書では，100 gの物体にはたらく重力の大きさを1Nと考えることにする。

ばねののび

図55 力の大きさとばねののび

ここをしっかり！ 疑問
重いものをつるすほど，ばねがのびるけど，どれぐらいのびているんだろう。
力の大きさとばねののびの関係がわかれば，そのばねを使って，物体にはたらく力の大きさを求められるのかな。

241

テストによく出る
重要用語等

□弾性力（弾性の力）
□重力
□重さ
□磁力（磁石の力）
□電気力（電気の力）
□ニュートン（N）

テストによく出る

力のはたらき

① 物体を変形させる。
② 物体の動き（速さや向き）を変える。
③ 物体を支える。

弾性力（弾性の力） ばねやゴムをのばすと，もとにもどろうとする力がはたらく。このように，変形したものがもとにもどろうとして生じる力を，弾性力（弾性の力）という。

重力 地球が物体を地球の中心に向かって引く力を重力という。この力は，地球上の物体すべてにはたらく。

重さ 物体にはたらく重力の大きさを重さという。質量が約100 gの物体にはたらく重力の大きさ（重さ）を1ニュートン（記号N）という。

磁力（磁石の力） 磁石にはN極とS極の2つの極がある。N極とS極を近づけると引き合い，N極とN極，S極とS極を近づけるとしりぞけ合う。この力を，磁力（磁石の力）という。

電気力（電気の力） 静電気の間にはしりぞけ合う力や引き合う力がはたらく。この力を，電気力（電気の力）という。

ガイド 1 話し合ってみよう

ばねに力を加えてばねをのばすとき，より大きな力を加えるとばねはより長くのびる。このように，ばねに加える力の大きさとばねののびにはなんらかの関係がある。

その関係を調べるためには，実験の際に，ばねに加えた力の大きさがわかる必要がある。ばねを手でのばしたとき，ばねにどの程度の力が加えられているかを数値で表すことはできず，工夫が必要である。このとき，ばねに重さのわかっているおもりをつるす方法がある。教科書 p.241 図 54 にあるように，ばねののびが同じならば，手がばねに加えた力の大きさが，おもりにはたらく重力の大きさと同じと考えられる。つまり，おもりを用いることで，ばねにどの程度の力が加えられているのかを，おもりの重さや個数で表すことが可能になる。

よって，関係を調べるためには，ばねと重さの分かっているおもりを用いればよい。ばねにつるしたおもりの個数（ばねに加わる力の大きさ）と，ばねののびの関係を記録し，考察する。性質（ばねののびぐあい）の異なる複数のばねを用いることもできる。これにより，ばねに加わる力の大きさとばねののびとの関係性について，より深く考察をすることが可能となる。

エネルギー

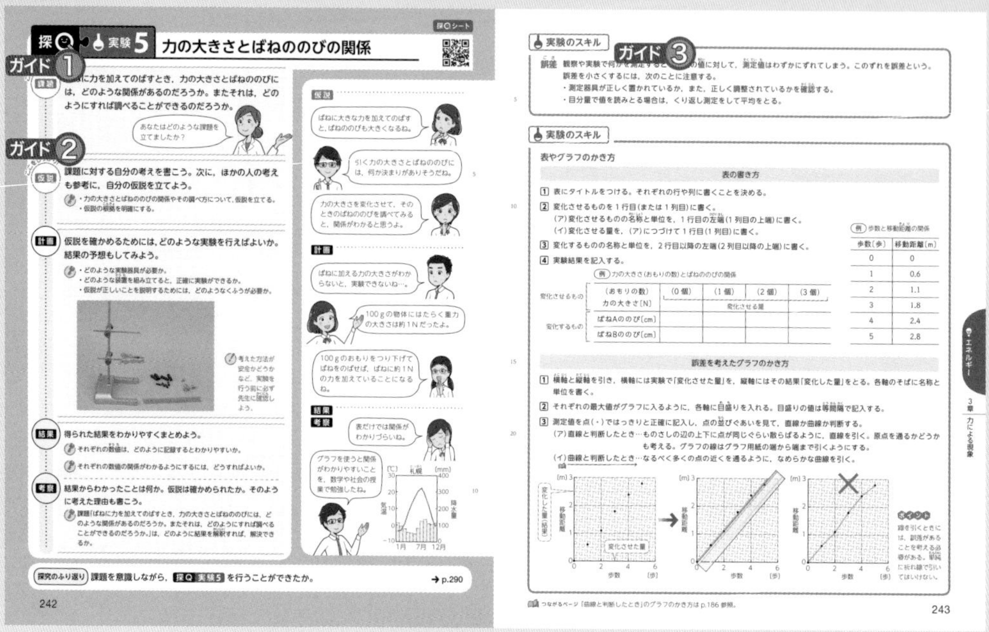

探Q 実験5 力の大きさとばねののびの関係

探Qシート

ガイド1

課題 …に力を加えてのばすとき，力の大きさとばねののびには，どのような関係があるのだろうか。またそれは，どのようにすれば調べることができるのだろうか。

あなたはどのような課題を立てましたか？

ガイド2

仮説 課題に対する自分の考えを書こう。次に，ほかの人の考えも参考に，自分の仮説を立てよう。

・力の大きさとばねののびの関係やその調べ方について，仮説を立てる。
・仮説の根拠を明確にする。

計画 仮説を確かめるためには，どのような実験を行えばよいか。結果の予想もしてみよう。

・どのような実験器具が必要か。
・どのような装置を組み立てると，正確に実験ができるか。
・仮説が正しいことを説明するためには，どのようなくふうが必要か。

考えた方法が安全かどうかなど，実験を行う前に必ず先生に確認しよう。

結果 得られた結果をわかりやすくまとめよう。

それぞれの数値は，どのように記録するとわかりやすいか。

それぞれの数値の関係がわかるようにするには，どうすればよいか。

考察 結果からわかったことは何か。仮説は確かめられたか。そのように考えた理由も書こう。

課題「ばねに力を加えてのばすとき，力の大きさとばねののびには，どのような関係があるのだろうか。またそれは，どのようにすれば調べることができるのだろうか。」は，どのように結果を解釈すれば，解決できるか。

仮説

ばねに大きな力を加えてのばすと，ばねののびも大きくなるね。

引く力の大きさとばねののびには，何か決まりがありそうだね。

力の大きさを変化させて，そのときのばねののびを調べてみると，関係がわかると思うよ。

計画

ばねに加える力の大きさがわからないと，実験できないね…。

100 gの物体にはたらく重力の大きさは約1 Nだったよ。

100 gのおもりをつり下げてばねをのばせば，ばねに約1 Nの力を加えていることになるね。

結果 考察

表だけでは関係がわかりづらいね。

グラフを使うと関係がわかりやすいことを，数学や社会の授業で勉強したね。

探究のふり返り 課題を意識しながら，探Q 実験5 を行うことができたか。 → p.290

242

実験のスキル

ガイド3

誤差 観察や実験で何か…の値に対して，測定値はわずかにずれてしまう。このずれを誤差という。
誤差を小さくするには，次のことに注意する。
・測定器具が正しく置かれているか，また，正しく調整されているかを確認する。
・目分量で値を読みとる場合は，くり返し測定をして平均をとる。

実験のスキル

表やグラフのかき方

表の書き方

1 表にタイトルをつける。それぞれの行や列に書くことを決める。
2 変化させるものを1行目(または1列目)に書く。
(ア)変化させるものの名称と単位を，1行目の左端(1列目の上端)に書く。
(イ)変化させる量を，(ア)につづけて1行目(1列目)に書く。
3 変化するものの名称と単位を，2行目以降の左端(2列目以降の上端)に書く。
4 実験結果を記入する。

例 力の大きさ(おもりの数)とばねののびの関係

変化させるもの	(おもりの数) 力の大きさ[N]	(0個)	(1個)	(2個)	(3個)
			変化させる量		
変化するもの	ばねAののび[cm]				
	ばねBののび[cm]				

例 歩数と移動距離の関係

歩数[歩]	移動距離[m]
0	0
1	0.6
2	1.1
3	1.8
4	2.4
5	2.8

誤差を考えたグラフのかき方

1 横軸と縦軸を引き，横軸には実験で「変化させた量」を，縦軸にはその結果「変化した量」をとる。各軸のそばに名称と単位を書く。
2 それぞれの最大値がグラフに入るように，各軸に目盛りを入れる。目盛りの値は等間隔で記入する。
3 測定値を点(・)ではっきりと正確に記入し，点の並びぐあいを見て，直線か曲線か判断する。
(ア)直線と判断したとき…ものさしの辺の上下に点が同じぐらい散らばるように，直線を引く。原点を通るかどうかも考える。グラフの線はグラフ用紙の端から端まで引くようにする。
(イ)曲線と判断したとき…なるべく多くの点の近くを通るように，なめらかな曲線を引く。

ポイント 線を引くときには，誤差があることを考える必要がある。単純に折れ線で引いてはいけない。

つながるページ「曲線と判断したとき」のグラフのかき方は p.186 参照。

243

ガイド1 課題

(課題) 例1

ばねに力を加えてのばすとき，力の大きさとばねののびには，どのような関係があるのだろうか。

(課題) 例2

ばねに重いものをつるすほど，ばねはのびる。おもりによって，ばねがどれぐらいのびているのかは，どのようにして求めたらよいだろうか。

ガイド2 仮説

(わたしの仮説) 例

ばねに加わる力の大きさを2倍，3倍にすると，ばねののびも2倍，3倍になっていくのではないか。

(根拠) 例

ばねに加わる力の大きさが大きくなるとばねののびはその分だけ長くなっているように見えた。ばねに加えた力の分だけ，ばねののびも大きくなるのではないかと考えた。

ガイド3 測定値の誤差とグラフ

観察や実験で得られた測定値は，真の値とはかぎらず，真の値とはずれがあるのがふつうである。このずれを誤差(測定誤差)という。

測定値はふつう，目盛りの10分の1まで読んで求めるので，測定値の最下位の数値が誤差をふくんでいると考えられる。例えば，測定値が4.3 cmであれば，真の値は4.25 cmと4.35 cmの間にあると考えられる。また，測定値が5.20 kgであれば，真の値は5.195 kgと5.205 kgの間にあると考えられる。

このように，測定値は誤差をふくんでいると考えられるのだから，測定の結果をグラフに表すとき，測定値を表す点を折れ線で結んでも意味がないことがわかるであろう。

- 点が直線上にあると考えられるときは，原点を通るかどうかも考え，ものさしの辺の上下に散らばる点が同じくらいになるように直線を引く。この作業のため，ものさしは透明なものを用いるとよい。
- 点が曲線上にあると考えられるときは，原点を通るかどうかも考え，なるべく多くの点やその近くを通るようになめらかな曲線を引く。雲形定規のような曲線定規を用いて曲線を引いてもよい。

いずれの場合でも，グラフの線はグラフ用紙の端から端まで引くようにし，途中では止めない。

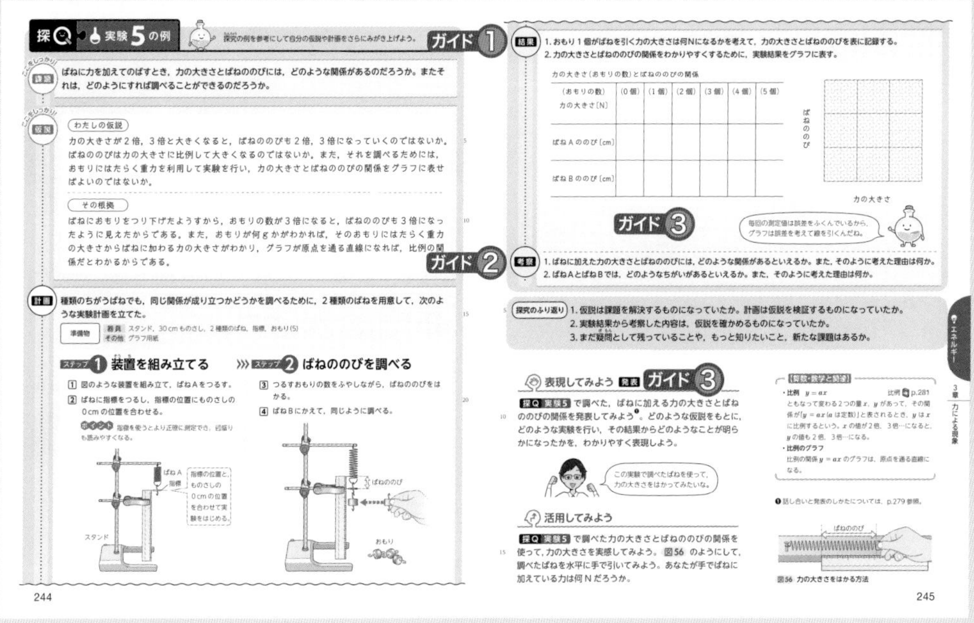

探Q 実験5の例

探究の例を参考にして自分の仮説や計画をさらにみがき上げよう。

ガイド1

課題　ばねに力を加えてのばすとき，力の大きさとばねののびには，どのような関係があるのだろうか。またそれは，どのようにすれば調べることができるのだろうか。

仮説　わたしの仮説

力の大きさが2倍，3倍と大きくなると，ばねののびも2倍，3倍になっていくのではないか。ばねののびは力の大きさに比例して大きくなるのではないか。また，それを調べるためには，おもりにはたらく重力を利用して実験を行い，力の大きさとばねののびの関係をグラフに表せばよいのではないか。

その根拠

ばねにおもりをつり下げたようすから，おもりの数が3倍になると，ばねののびも3倍になったように見えたからである。また，おもりが何gかがわかれば，そのおもりにはたらく重力の大きさからばねに加わる力の大きさがわかり，グラフが原点を通る直線になれば，比例の関係だとわかるからである。

ガイド2

計画　種類のちがうばねでも，同じ関係が成り立つかどうかを調べるために，2種類のばねを用意して，次のような実験計画を立てた。

準備物　器具　スタンド，30 cmものさし，2種類のばね，指標，おもり(5)　その他　グラフ用紙

ステップ1 装置を組み立てる　》》ステップ2 ばねののびを調べる

1 図のような装置を組み立て，ばねAをつるす。

2 ばねに指標をつるし，指標の位置にものさしの0cmの位置を合わせる。

ポイント　指標を使うとより正確に測定でき，目盛りも読みやすくなる。

3 つるすおもりの数をふやしながら，ばねののびをはかる。

4 ばねBにかえて，同じように調べる。

244

結果　1. おもり1個がばねを引く力の大きさは何Nになるかを考えて，力の大きさとばねののびを表に記録する。
2. 力の大きさとばねののびの関係をわかりやすくするために，実験結果をグラフに表す。

力の大きさ(おもりの数)とばねののびの関係

(おもりの数) 力の大きさ〔N〕	(0個)	(1個)	(2個)	(3個)	(4個)	(5個)
ばねAののび〔cm〕						
ばねBののび〔cm〕						

ガイド3

考察　1. ばねに加えた力の大きさとばねののびには，どのような関係があるといえるか。また，そのように考えた理由は何か。
2. ばねAとばねBでは，どのようなちがいがあるといえるか。また，そのように考えた理由は何か。

探究のふり返り　1. 仮説は課題を解決するものになっていたか。計画は仮説を検証するものになっていたか。
2. 実験結果から考察した内容は，仮説を確かめるものになっていたか。
3. まだ疑問として残っていることや，もっと知りたいこと，新たな課題はあるか。

表現してみよう　発表　ガイド3

探Q 実験5 で調べた，ばねに加える力の大きさとばねののびの関係を発表してみよう❶。どのような仮説をもとに，どのような実験を行い，その結果からどのようなことが明らかになったかを，わかりやすく表現しよう。

活用してみよう

探Q 実験5 で調べた力の大きさとばねののびの関係を使って，力の大きさを実感してみよう。図56 のようにして，調べたばねを水平に手で引いてみよう。あなたが手でばねに加えている力は何Nだろうか。

【算数・数学と関連】

・比例　$y = ax$　比例 p.281

ともなって変わる2つの量 x，y があって，その関係が「$y = ax$ (a は定数)」と表されるとき，y は x に比例するという。x の値が2倍，3倍…になると，y の値も2倍，3倍…になる。

・比例のグラフ

比例の関係 $y = ax$ のグラフは，原点を通る直線になる。

❶話し合いと発表のしかたについては，p.279 参照。

図56 力の大きさをはかる方法

245

ガイド1 結果(例)

おもりの数〔個〕	0	1	2	3	4	5
力の大きさ〔N〕	0	0.1	0.2	0.3	0.4	0.5
ばねAののび〔cm〕	0	5.2	10.3	15.5	20.7	25.9
ばねBののび〔cm〕	0	1.4	2.9	4.3	5.7	7.1

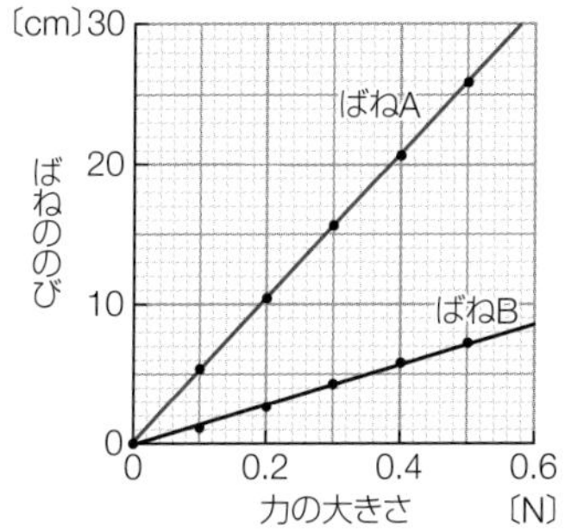

ガイド2 考察

1.　ばねののびは加えた力の大きさに比例する。ばねAでもばねBでも，それぞれ原点を通る直線が引けるからである。

2.　同じ力を加えても，ばねののびは，つねにばねAのほうがばねBより大きい。つまり，ばねBは，ばねAよりのびにくく，ばねAと同じだけのばすには，より大きな力を必要とするといえる。

ガイド3 表現してみよう(例)

(仮説)

ばねに加わる力の大きさが2倍，3倍になると，ばねののびも2倍，3倍になるという仮説を立てた。ばねに加わる力の大きさが大きくなるとばねののびはその分だけ長くなっているように見えた。ばねに加えた力の分だけ，ばねののびも大きくなるのではないかと考えたからである。

(計画)

教科書p.244のような実験装置(そうち)を組み立て，ばねに加える力の大きさ(ばねにつるすおもりの数)とばねののびとの関係を調べた。種類のちがうばねではどうなるかを調べるために，ばねAとばねBを用いた。

(結果)

結果はこのようになった(ガイド①参照)。

(考察)

ばねに加えた力の大きさとばねののびとのグラフから，ばねののびは，加えた力の大きさに比例することがわかった。また，ばねAとばねBでは，比例の関係になるのは同じであったが，同じ力を加えたときのばねののびが異(こと)なっていた。よって，ばねの種類によって，ばねののびやすさは異なることがわかった。

テストによく出る
重要用語等

□フック の法則
□質量

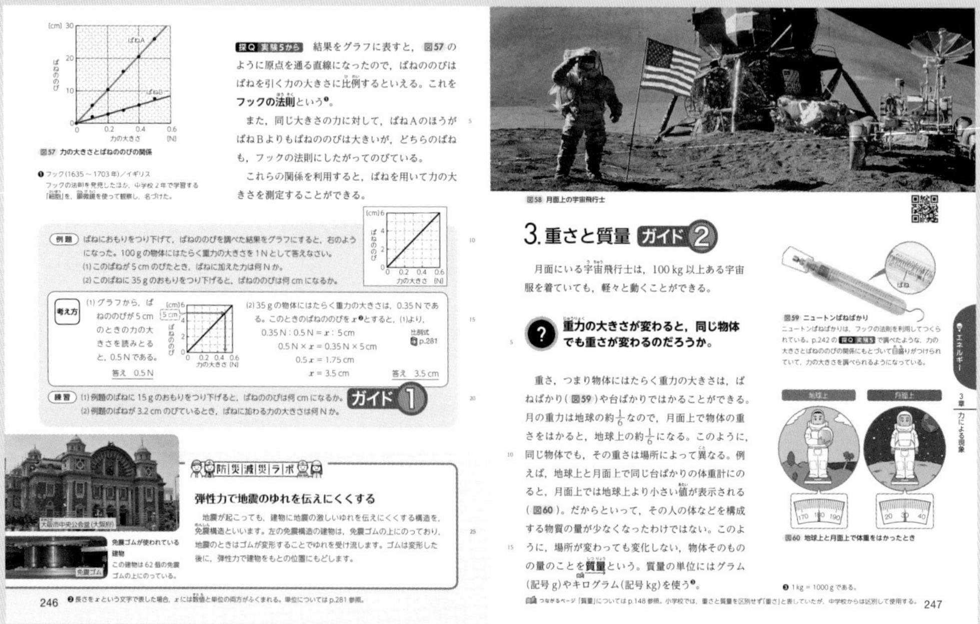

テストによく出る

フックの法則 ばねののびはばねを引く力の大きさに比例する。これをフックの法則という。例えば，1cmのばすのに2Nの力が必要なばねならば，x〔cm〕のばすのに必要な力の大きさをy〔N〕とすると，$y=2x$ と表すことができる。

ガイド 1 練習

(1) 15gの物体にはたらく重力の大きさは，0.15Nである。このときのばねののびをxとすると，

$$0.15\,\text{N}:0.5\,\text{N}=x:5\,\text{cm}$$
$$0.5\,\text{N}\times x=0.15\,\text{N}\times 5\,\text{cm}$$
$$0.5x=0.75\,\text{cm}$$
$$x=1.5\,\text{cm}$$

答え 1.5cm

(2) ばねに加わる力の大きさをxとすると，

$$x:0.5\,\text{N}=3.2\,\text{cm}:5\,\text{cm}$$
$$5\,\text{cm}\times x=3.2\,\text{cm}\times 0.5\,\text{N}$$
$$5x=1.6\,\text{N}$$
$$x=0.32\,\text{N}$$

答え 0.32N

ガイド 2 重さと質量のちがい

ばねを利用したはかりを用いて，東京ではかると100.0kgの重さの金塊を，南極の昭和基地で，同じはかりを用いて重さをはかると100.4kgになる。

このように重さが変わるのは，物体にはたらく重力の大きさが場所によって異なるからである。

しかし，てんびんばかりを用いると，東京でも南極でも同じ値を示す。てんびんばかりでは，基準となる分銅とつり合わせることではかる。

このように，てんびんばかりを用いてはかった量を，重さではなく，質量という。

解説 1kgの定義

1kgの定義は，最初は水1Lの質量であった。しかし，水の密度は温度によって変わることなどもあり，何回か改正された後，1889年からは国際キログラム原器の質量を1kgとした。この国際キログラム原器は，白金とイリジウムの合金の金属製で半永久的に質量が変わらないものとして1kgの定義に利用されてきた。しかし，実際にはキログラム原器は年々わずかに質量が変動していることが明らかになり，2019年からは新しい基準が使われている。

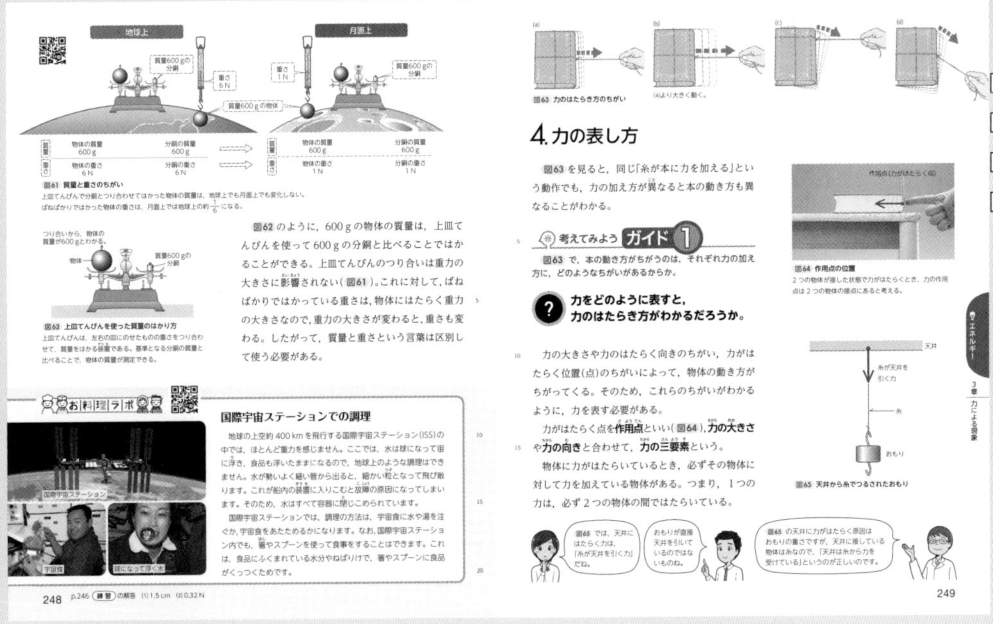

図61 質量と重さのちがい
上皿てんびんで分銅とつり合わせてはかった物体の質量は，地球上でも月面上でも変化しない。
ばねばかりではかった物体の重さは，月面上では地球上の約 $\frac{1}{6}$ になる。

図62 上皿てんびんを使った質量のはかり方
上皿てんびんは，左右の皿にのせたものの重さをつり合わせて，質量をはかる装置である。基準となる分銅の質量と比べることで，物体の質量が測定できる。

図62 のように，600 g の物体の質量は，上皿てんびんを使って 600 g の分銅と比べることではかることができる。上皿てんびんのつり合いは重力の大きさに影響されない（図61）。これに対して，ばねばかりではかっている重さは，物体にはたらく重力の大きさなので，重力の大きさが変わると，重さも変わる。したがって，質量と重さという言葉は区別して使う必要がある。

お料理ラボ

国際宇宙ステーションでの調理

地球の上空約 400 km を飛行する国際宇宙ステーション(ISS)の中では，ほとんど重力を感じません。ここでは，水は球になって宙に浮き，食品も浮いたままになるので，地球上のような調理はできません。水が勢いよく細い管から出ると，細かい粒となって飛び散ります。これが船内の装置に入りこむと故障の原因になってしまいます。そのため，水はすべて容器に閉じこめられています。

国際宇宙ステーションでは，調理の方法は，宇宙食に水や湯を注ぐか，宇宙食をあたためるかになります。なお，国際宇宙ステーション内でも，箸やスプーンを使って食事をすることはできます。これは，食品にふくまれている水分やねばりけで，箸やスプーンに食品がくっつくためです。

248　p.246 練習 の解答　(1) 1.5 cm　(2) 0.32 N

図63 力のはたらき方のちがい　(a)より大きく動く。

4. 力の表し方

図63 を見ると，同じ「糸が本に力を加える」という動作でも，力の加え方が異なると本の動き方も異なることがわかる。

考えてみよう ガイド 1

図63 で，本の動き方がちがうのは，それぞれ力の加え方に，どのようなちがいがあるからか。

? 力をどのように表すと，力のはたらき方がわかるだろうか。

力の大きさや力のはたらく向きのちがい，力がはたらく位置(点)のちがいによって，物体の動き方がちがってくる。そのため，これらのちがいがわかるように，力を表す必要がある。

力がはたらく点を**作用点**といい（図64），**力の大きさ**や**力の向き**と合わせて，**力の三要素**という。

物体に力がはたらいているとき，必ずその物体に対して力を加えている物体がある。つまり，1つの力は，必ず2つの物体の間ではたらいている。

図64 作用点の位置
2つの物体が接した状態で力がはたらくとき，力の作用点は2つの物体の接点にあると考える。

図65 天井から糸でつるされたおもり

249

テストによく出る
重要用語等

- □作用点
- □力の大きさ
- □力の向き
- □力の三要素

解説 重力の大きさの単位

物体にはたらく重力の大きさは，さまざまな要因により，場所によって異なる。例えば，質量 100 g の物体にはたらく重力の大きさは，南極の昭和基地では 0.9835 N，シンガポールでは 0.9781 N であり，北海道では 0.9805 N，鹿児島では 0.9795 N である。

一方で，中学理科では質量 100 g の物体にはたらく重力の大きさを 1 N として考えることが多い。これは，わかりやすい基準を用いることで，計算を簡単にするためである。

解説 重力の正体

重力の正体は，地球が(地球上のあらゆる)物体を引く力である。ただし，上で書いているように，同じ地球上でも場所によって重力の大きさは異なり，向きも異なる。これは地球が完全な球体ではないことや，緯度によってはたらく力に多少のちがいがあることなどが原因である。月面上で物体の重さが地球上の約 $\frac{1}{6}$ になるのは，月が物体を引く力(月の重力)が地球上の約 $\frac{1}{6}$ になるからである。しかし，物体そのものがもつ質量については，地球でも月でも変化することはない。いうならば，物体の重さは見かけの質量であり，物体にかかっている重力の大きさによって変化するものである。

ガイド 1 考えてみよう

(a)を基準にして，(b)～(d)を考える。(b)では，力を加える向きや力がはたらく点は(a)と同じだが，力の大きさが異なる。同じように考えると，(c)では，力がはたらく点が，(d)では力を加える向きが(a)とは異なっていることがわかる。このように，力の大きさや力の向きのちがい，力がはたらく位置(点)のちがいによって，本の動き方がちがってくると考えられる。

テストによく出る

力の三要素　力のはたらきは，力がどこにはたらくか，どの向きにはたらくか，どれくらいの大きさかによってちがってくる。これらの力のはたらく点(作用点)，力の向き，力の大きさの3つを力の三要素という。

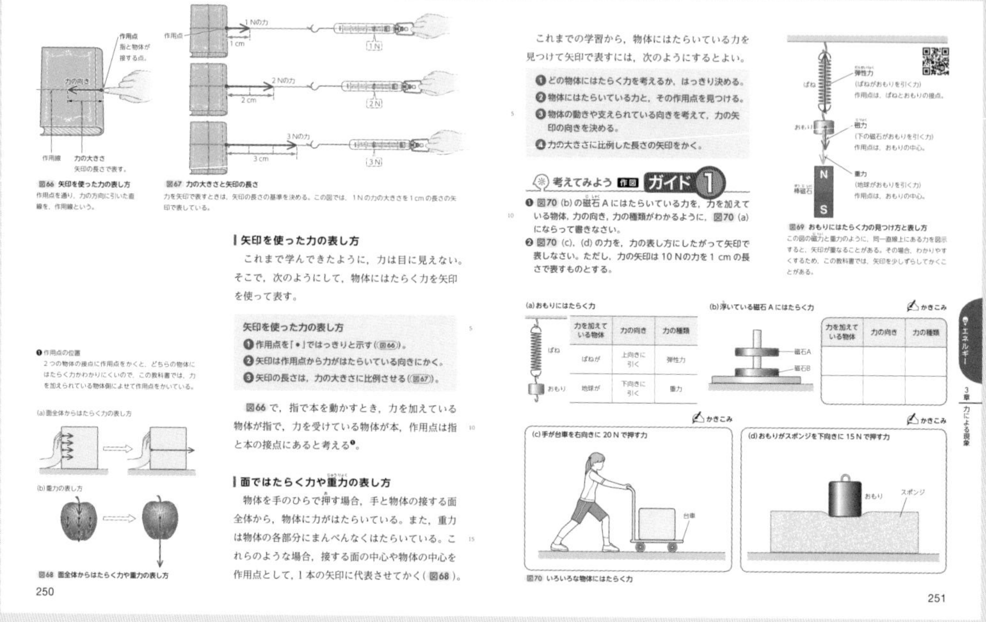

図66 矢印を使った力の表し方
作用点を通り，力の方向に引いた直線を，作用線という。

図67 力の大きさと矢印の長さ
力を矢印で表すときは，矢印の長さの基準を決める。この図では，1Nの力の大きさを1cmの長さの矢印で表している。

矢印を使った力の表し方

これまで学んできたように，力は目に見えない。そこで，次のようにして，物体にはたらく力を矢印を使って表す。

矢印を使った力の表し方
❶作用点を「•」ではっきりと示す（図66）。
❷矢印は作用点から力がはたらいている向きにかく。
❸矢印の長さは，力の大きさに比例させる（図67）。

図66で，指で本を動かすとき，力を加えている物体が指で，力を受けている物体が本，作用点は指と本の接点にあると考える❶。

❶作用点の位置
2つの物体の接点に作用点をかくと，どちらの物体にはたらく力かわかりにくいので，この教科書では，力を加えられている物体側によせて作用点をかいている。

(a) 面全体からはたらく力の表し方
(b) 重力の表し方
図68 面全体からはたらく力や重力の表し方

面ではたらく力や重力の表し方

物体を手のひらで押す場合，手と物体の接する面全体から，物体に力がはたらいている。また，重力は物体の各部分にまんべんなくはたらいている。これらのような場合，接する面の中心や物体の中心を作用点として，1本の矢印に代表させてかく（図68）。

250

これまでの学習から，物体にはたらいている力を見つけて矢印で表すには，次のようにするとよい。
❶どの物体にはたらく力を考えるか，はっきり決める。
❷物体にはたらいている力と，その作用点を見つける。
❸物体の動きや支えられている向きを考えて，力の矢印の向きを決める。
❹力の大きさに比例した長さの矢印をかく。

考えてみよう 作図 ガイド 1
❶ 図70 (b)の磁石Aにはたらいている力を，力を加えている物体，力の向き，力の種類がわかるように，図70 (a)にならって書きなさい。
❷ 図70 (c)，(d)の力を，力の表し方にしたがって矢印で表しなさい。ただし，力の矢印は10Nの力を1cmの長さで表すものとする。

(a) おもりにはたらく力

力を加えている物体	力の向き	力の種類
ばねが	上向きに引く	弾性力
地球が	下向きに引く	重力

(b) 浮いている磁石Aにはたらく力

力を加えている物体	力の向き	力の種類

(c) 手が台車を右向きに20Nで押す力
(d) おもりがスポンジを下向きに15Nで押す力

図70 いろいろな物体にはたらく力

弾性力
(ばねがおもりを引く力)
作用点は，ばねとおもりの接点。
磁力
(下の磁石がおもりを引く力)
作用点は，おもりの中心。
重力
(地球がおもりを引く力)
作用点は，おもりの中心。

図69 おもりにはたらく力の見つけ方と表し方
この図の磁力と重力のように，同一直線上にある力を図示すると，矢印が重なることがある。その場合，わかりやすくするため，この教科書では，矢印を少しずらしてかくことがある。

251

テストによく出る

矢印を使った力の表し方 力の三要素(作用点，力の向き，力の大きさ)をもれなくはっきりかき表す。

①作用点を「•」ではっきり示す。

②矢印は，作用点から力がはたらいている向きにかく。

③矢印の長さは，力の大きさに比例させてかく。

物体にはたらいている重力を作図するときには，重力の作用点は物体の中心にあると考える。この作用点を示して矢印の始点とする。重力がはたらく向きは下向きなので，矢印の向きは下向きになる。

物体に加える力の向きと物体の運動の向きとが異なる場合もあるので，運動の向きを，加えた力の向きと混同しないように注意する。いくつかの力の矢印が重なって見にくくなってしまうこともある。そのようなときは，矢印を少しずらしてかいてもよい。

ガイド 1 考えてみよう

❶

力を加えている物体	力の向き	力の種類
磁石Bが	上向きに押す	磁力
地球が	下向きに引く	重力

❷

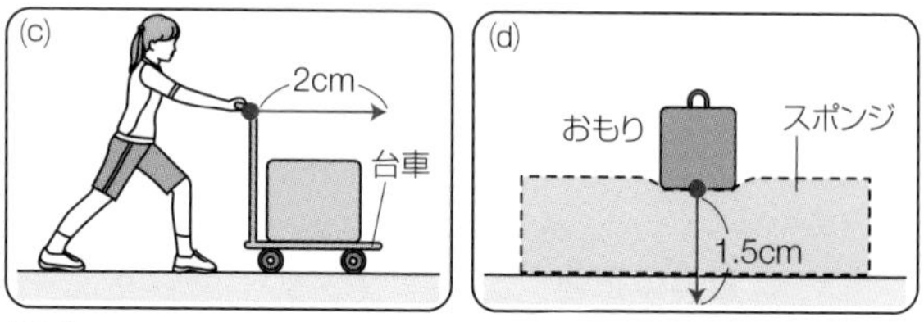

【注】 2 cm や 1.5 cm の寸法はかく必要がない。

(c) 台車を持つ手が作用点で，矢印の向きは右向き。矢印の長さは 10 N で 1 cm だから 20 N では 2 cm になる。力を加える向きは，くわしくは台車のとっ手をつかんでいる腕のひじから手首の向きになるが，ここでは地面に平行な向きにかいてある。

(d) おもりの中心を矢印の始点とするのは誤り。おもりは，スポンジとの接触面でスポンジを押しているからである。おもりとスポンジの接触面全体に力は作用しているが，へこみの中心に力の作用点があるものとして，下向きの矢印を1本だけかく。矢印の長さは 1.5 cm になる。

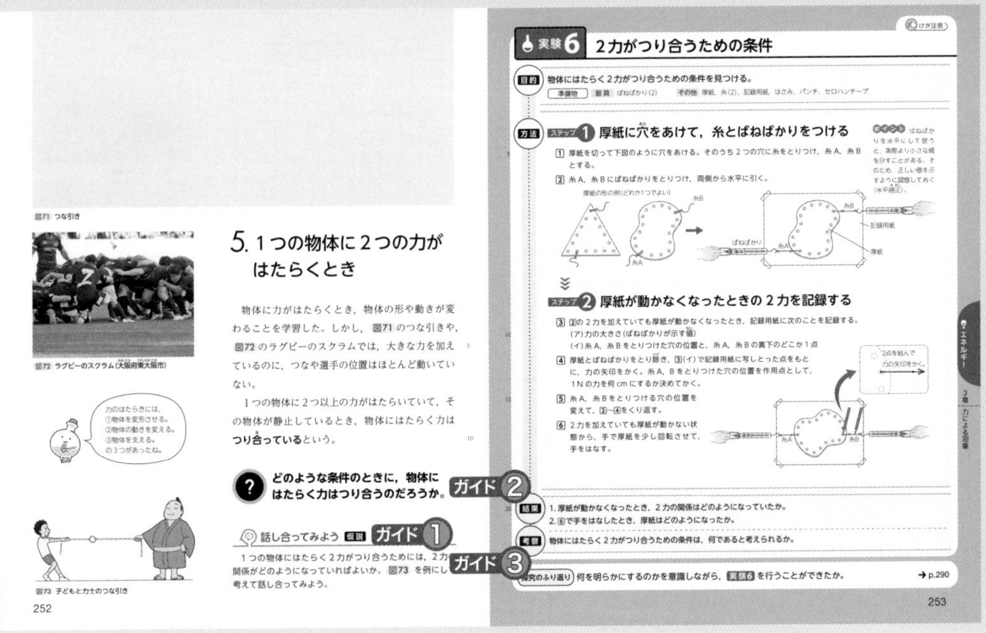
図71 つな引き

図72 ラグビーのスクラム(大阪府東大阪市)

力のはたらきには，
①物体を変形させる。
②物体の動きを変える。
③物体を支える。
の3つがあったね。

図73 子どもと力士のつな引き

5. 1つの物体に2つの力がはたらくとき

物体に力がはたらくとき，物体の形や動きが変わることを学習した。しかし，図71 のつな引きや，図72 のラグビーのスクラムでは，大きな力を加えているのに，つなや選手の位置はほとんど動いていない。

1つの物体に2つ以上の力がはたらいていて，その物体が静止しているとき，物体にはたらく力は**つり合っている**という。

どのような条件のときに，物体にはたらく力はつり合うのだろうか。ガイド2

話し合ってみよう 仮説 ガイド1

1つの物体にはたらく2力がつり合うためには，2力の関係がどのようになっていればよいか。図73 を例にして考えて話し合ってみよう。ガイド3

252

実験6 2力がつり合うための条件　けが注意

目的 物体にはたらく2力がつり合うための条件を見つける。

準備物 器具 ばねばかり(2)　その他 厚紙，糸(2)，記録用紙，はさみ，パンチ，セロハンテープ

方法 ステップ1 厚紙に穴をあけて，糸とばねばかりをつける

1 厚紙を切って下図のように穴をあける。そのうち2つの穴に糸をとりつけ，糸A，糸Bとする。

2 糸A，糸Bにばねばかりをとりつけ，両側から水平に引く。

ポイント ばねばかりを水平にして使うと，実際より小さな値を示すことがある。そのため，正しい値を示すように調整しておく(水平補正)。

厚紙の形の例(どれか1つでよい)　糸A　糸B　ばねばかり　記録用紙　厚紙

ステップ2 厚紙が動かなくなったときの2力を記録する

3 2の2力を加えていても厚紙が動かなくなったとき，記録用紙に次のことを記録する。
(ア)力の大きさ(ばねばかりが示す値)
(イ)糸A，糸Bをとりつけた穴の位置と，糸A，糸Bの真下のどこか1点

4 厚紙とばねばかりをとり除き，3(イ)で記録用紙に写しとった点をもとに，力の矢印をかく。糸A，Bをとりつけた穴の位置を作用点として，1Nの力を何cmにするか決めてかく。

5 糸A，糸Bをとりつける穴の位置を変えて，2〜4をくり返す。

6 2力を加えていても厚紙が動かない状態から，手で厚紙を少し回転させて，手をはなす。

2点を結んで力の矢印をかく。

結果 1. 厚紙が動かなくなったとき，2力の関係はどのようになっていたか。
2. 6で手をはなしたとき，厚紙はどのようになったか。

考察 物体にはたらく2力がつり合うための条件は，何であると考えられるか。

探究のふり返り 何を明らかにするのかを意識しながら，実験6 を行うことができたか。 → p.290

253

ガイド1 話し合ってみよう

教科書 p.252 図 73 では，つなに対して 2 つの力がはたらいている。1つは子どもがつなを引く力であり，もう1つは力士がつなを引く力である。この 2つの力は，反対向きで同一直線上にあることがわかる。また，力がつり合っていることから，2つの力の大きさは等しいことがわかる，

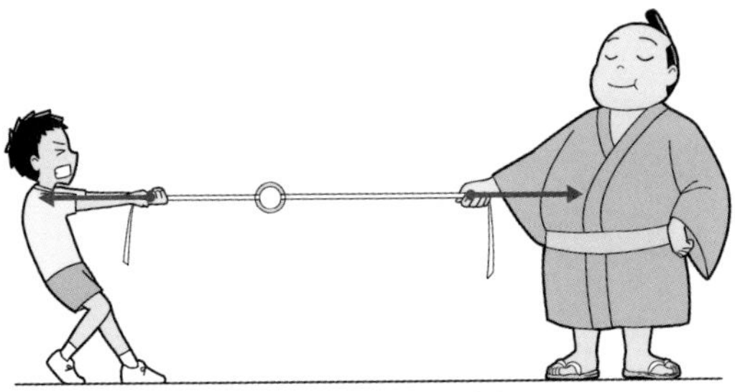
子どもと力士のつな引き

ガイド2 結果

1. 力を加えると，厚紙は回転し，糸Aと糸Bは一直線に並(なら)んで厚紙が動かなくなった。また，力の大きさ(ばねばかりが示す値)はほとんど同じだった。
2. 手で厚紙を回転させてからはなすと，すぐにもとにもどり，再び糸Aと糸Bは一直線上になった。

ガイド3 考察

① 2力がつり合うとき，2力の大きさは等しい。
② 2力の向きはたがいに反対向きである。
③ 2力がはたらく向きは一直線上にある。

解説 ばねばかり

ばねばかりは，つるまきばねののびが，つるした物体の重さに比例することを利用している。

つるまきばね自体にも重さがあり，その分だけばねはのびる。そののびを考慮(こうりょ)して，0の目盛(めも)りが調整されている。したがって，ばねばかりを水平方向で用いる場合は，0点調節ねじを回して，0の目盛りを調節することが必要になる。

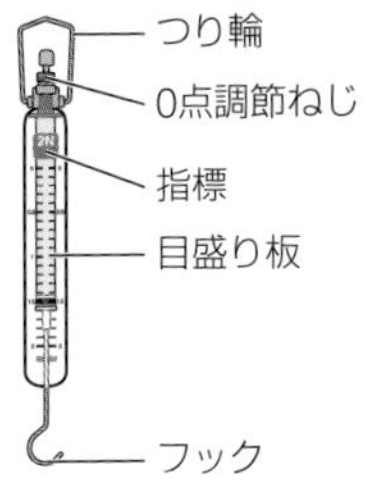

テストによく出る
重要用語等

□摩擦力
□垂直抗力

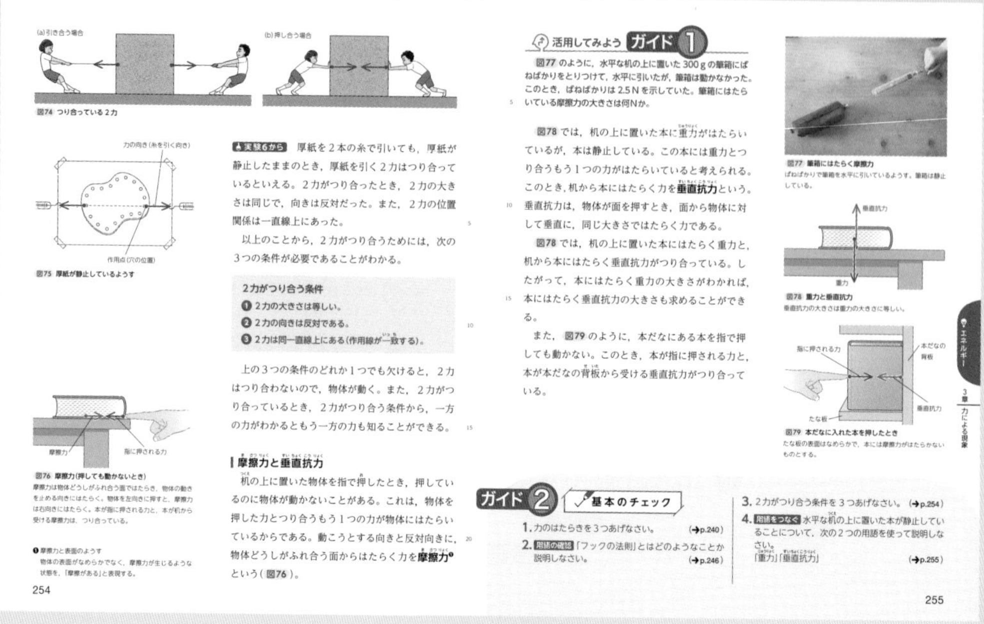
(a)引き合う場合
(b)押し合う場合

図74 つり合っている2力

図75 厚紙が静止しているようす

実験6から 厚紙を2本の糸で引いても，厚紙が静止したままのとき，厚紙を引く2力はつり合っているといえる。2力がつり合ったとき，2力の大きさは同じで，向きは反対だった。また，2力の位置関係は一直線上にあった。

以上のことから，2力がつり合うためには，次の3つの条件が必要であることがわかる。

2力がつり合う条件
❶ 2力の大きさは等しい。
❷ 2力の向きは反対である。
❸ 2力は同一直線上にある(作用線が一致する)。

上の3つの条件のどれか1つでも欠けると，2力はつり合わないので，物体が動く。また，2力がつり合っているとき，2力がつり合う条件から，一方の力がわかるともう一方の力も知ることができる。

図76 摩擦力(押しても動かないとき)
摩擦力は物体どうしがふれ合う面ではたらき，物体の動きを止める向きにはたらく。物体を左向きに押すと，摩擦力は右向きにはたらく。本が指に押される力と，本が机から受ける摩擦力は，つり合っている。

摩擦力と垂直抗力

机の上に置いた物体を指で押したとき，押しているのに物体が動かないことがある。これは，物体を押した力とつり合うもう1つの力が物体にはたらいているからである。動こうとする向きと反対向きに，物体どうしがふれ合う面からはたらく力を**摩擦力**[1]という(図76)。

[1] 摩擦力と表面のようす
物体の表面がなめらかでなく，摩擦力が生じるような状態を，「摩擦がある」と表現する。

254

活用してみよう ガイド1
図77のように，水平な机の上に置いた300gの筆箱にばねばかりをとりつけて，水平に引いたが，筆箱は動かなかった。このとき，ばねばかりは2.5Nを示していた。筆箱にはたらいている摩擦力の大きさは何Nか。

図77 筆箱にはたらく摩擦力
ばねばかりで筆箱を水平に引いているようす。筆箱は静止している。

図78では，机の上に置いた本に重力がはたらいているが，本は静止している。この本には重力とつり合うもう1つの力がはたらいていると考えられる。このとき，机から本にはたらく力を**垂直抗力**という。垂直抗力は，物体が面を押すとき，面から物体に対して垂直に，同じ大きさではたらく力である。

図78では，机の上に置いた本にはたらく重力と，机から本にはたらく垂直抗力がつり合っている。したがって，本にはたらく重力の大きさがわかれば，本にはたらく垂直抗力の大きさも求めることができる。

また，図79のように，本だなにある本を指で押しても動かない。このとき，本が指に押される力と，本が本だなの背板から受ける垂直抗力がつり合っている。

図78 重力と垂直抗力
垂直抗力の大きさは重力の大きさに等しい。

図79 本だなに入れた本を押したとき
たな板の表面はなめらかで，本には摩擦力がはたらかないものとする。

エネルギー 3章 力による現象

ガイド2 基本のチェック
1. 力のはたらきを3つあげなさい。(→p.240)
2. 用語の確認 「フックの法則」とはどのようなことか説明しなさい。(→p.246)
3. 2力がつり合う条件を3つあげなさい。(→p.254)
4. 用語をつなぐ 水平な机の上に置いた本が静止していることについて，次の2つの用語を使って説明しなさい。
「重力」「垂直抗力」(→p.255)

255

テストによく出る

- **2力がつり合う条件**
  ① 2力の大きさは等しい。
  ② 2力の向きは反対である。
  ③ 2力は同一直線上にある(作用線が一致する)。
- **摩擦力** 他の物体にふれている物体を，ふれている面にそって動かそうとしたとき，それをさまたげようとして，動かそうとした向きとは逆向きに物体にはたらく力を摩擦力という。
- **垂直抗力** 物体が他の物体を押しているとき，押された物体の面に対して垂直に，押した物体を押し返そうとする力を垂直抗力という。

ガイド1 活用してみよう

筆箱にはたらいている力は下図のようになる。

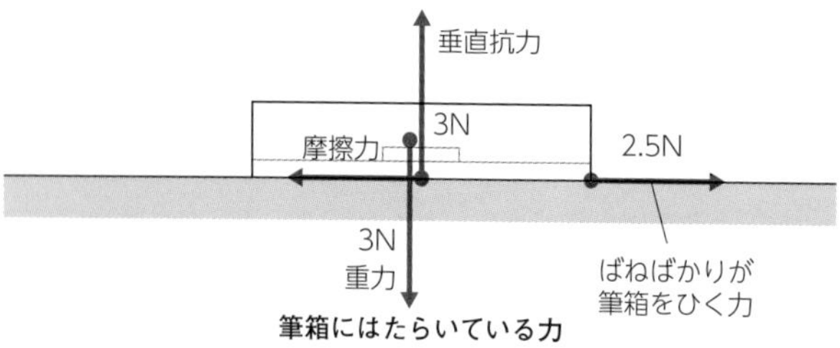

筆箱にはたらいている力

この図から，ここでは2力のつり合いが2種類起こっていることがわかる。2力がつり合うのは，2力の向きが反対で同一直線上にあるときである。よって，1つ目は，重力と垂直抗力(机が筆箱を押す力)である。2つ目は，ばねばかりが筆箱を引く力と摩擦力である。ここで，つり合っている2力の大きさは等しいので，ばねばかりが筆箱を引く力と摩擦力は大きさが等しい。ここから，筆箱にはたらいている摩擦力の大きさは2.5Nである。

ガイド2 基本のチェック

1. ① 物体を変形させる。
   ② 物体の動き(速さや向き)を変える。
   ③ 物体を支える。
2. ばねののびはばねを引く力の大きさに比例するという法則。
3. ① 2力の大きさは等しい。
   ② 2力の向きは反対である。
   ③ 2力は同一直線上にある(作用線が一致する)。
4. 机の上に置いた本にはたらく重力と机から本にはたらく垂直抗力がつり合っているため，本が静止している。

1 里香さんは，鏡で見える像から，光が鏡ではね返るときの進み方について調べることにした。次の問いに答えなさい。

手順1 発泡ポリスチレンの板に，一定の間隔で垂直に交わる線をかく。

手順2 板に接するように鏡を垂直に立てる。

手順3 A〜E につまようじを垂直にさす。

図1は 手順1 〜 手順3 でできたものを示し，図2はそのようすを真上から見たものである。

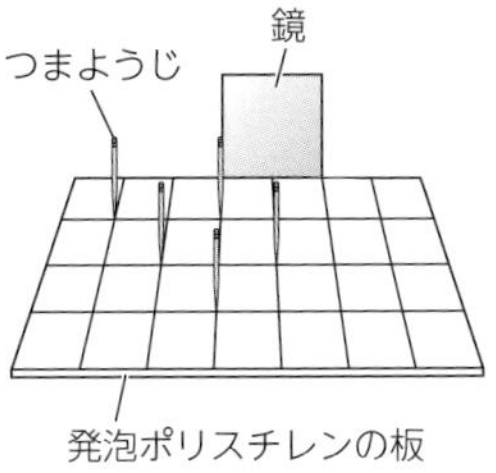

図1

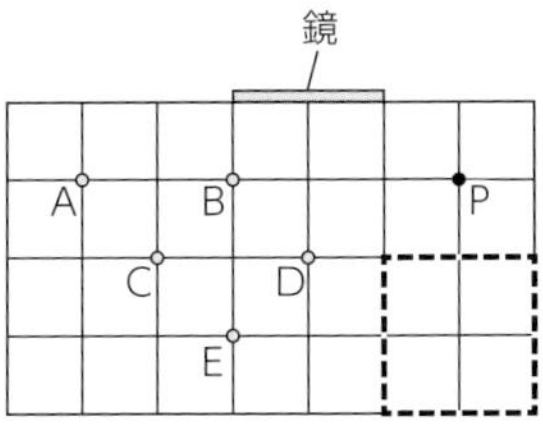

図2

【解答・解説】

(1)

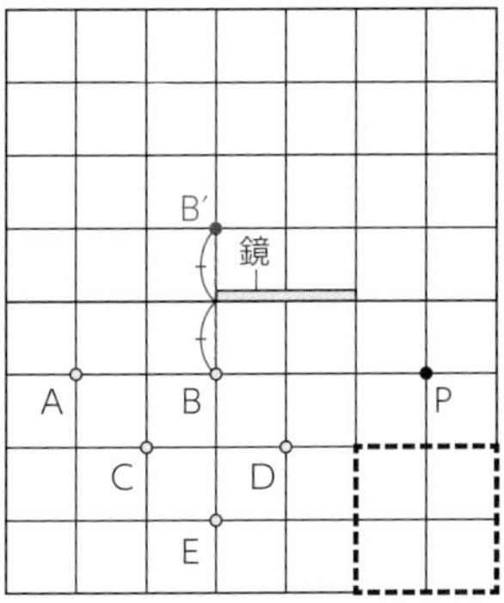

像の見かけの位置は，鏡をはさんで物体に対し線対称の位置にあるように見える。

よって，Bの像B′は上の位置になる。

(2)

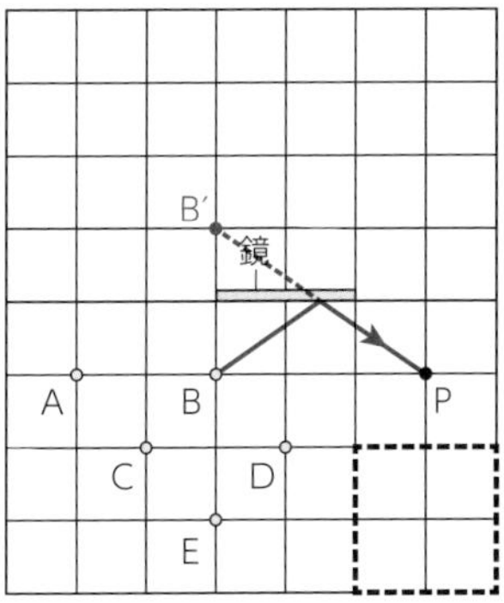

Bの像B′からPに向かって引いた直線と鏡の交点がBから出た光が鏡で反射した点になる。よって，Bと交点，次に交点とPを結んだ線がBから出た光の道すじとなる。

〔物体から出た光の道すじのかき方〕

① 鏡をはさんで物体に対し線対称の位置に像をかく。

② 像と目を結ぶ線をかく。この線と鏡の交点がこの光が鏡で反射した点になる。

③ 物体と交点，交点と目をそれぞれ直線で結ぶ。

(3) D，E

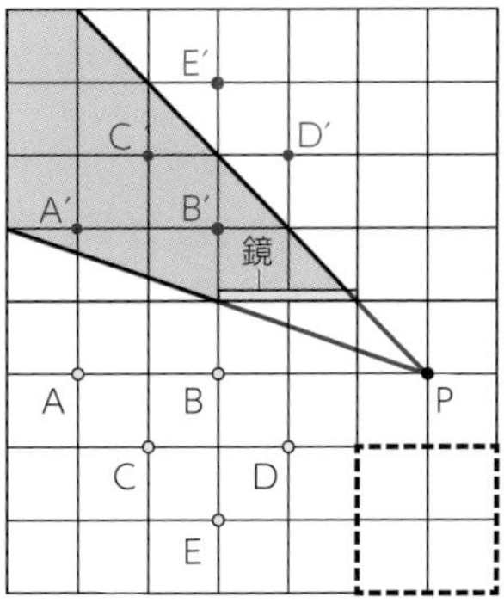

(1)，(2)と同様に考えて，つまようじ A〜E の像の見かけの位置を像 A′〜E′ とする。点Pから鏡を見たとき，鏡に映って見えるのは，点Pと像を結んだ直線上に鏡があるときである。したがって，点Pから鏡を見たとき，鏡に映って見える範囲は，点Pと鏡の両端を結ぶ2本の直線の内側になる。このため，その範囲は，上の図の色をぬった部分である。像D′とE′は，これにふくまれない。

よって，点Pから，鏡に映って見えないつまようじはD，Eである。

(4)

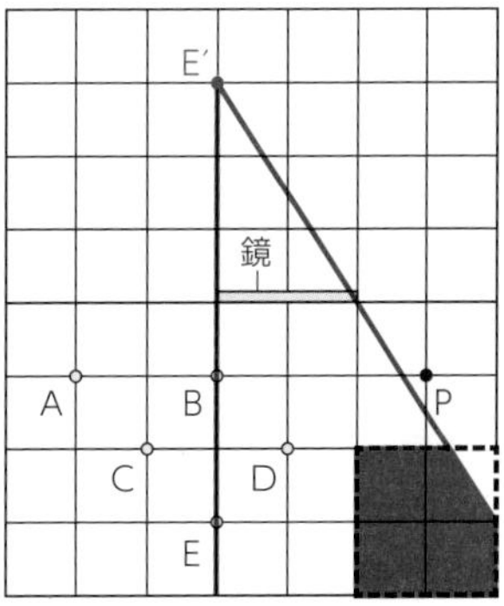

Eの像をE′とする。像E′が鏡に映って見えるのは，見る位置と像E′を結ぶ直線が鏡の両端の内側にある範囲である。このうち，点線のわくの中にあるのは，上の図の色をぬった部分であり，この部分があてはまる範囲となる。

(5) (例)物体で反射した光が目に届くから。

太陽やろうそくなどみずから光を発するものを光源とよぶ。私たちが物体を見るとき，光源から出る光が直接目に届く場合と，光源から出る光が物体の表面で反射して目に届く場合がある。つまようじは光源ではないが，太陽や照明器具の光がつまようじに反射し，これがつまようじからの光となって，目に見える。

(6)　反射の法則

乱反射のときも各部分では，反射の法則が成り立っている。

2健太さんは，水が入ったコップにストローを入れたとき，図1のようにストローが折れ曲がって見えることに気がついた。そこで，空気と水の境界を進む光について調べることにした。

【解答・解説】

(1)

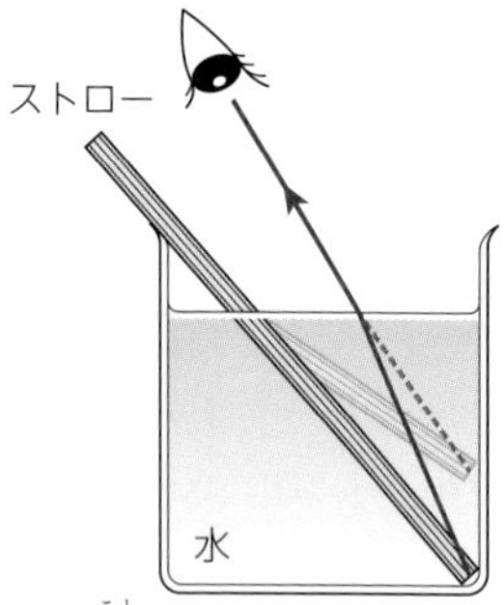

光が異なる物質の間を進むとき，光の道すじは境界の面で折れ曲がる。このため，空気中から水中にあるストローを見ると，図1のようにストローが折れ曲がって浮き上がったように見える。ストローの先端が，図2のうすい色でかかれた部分のような位置にあるように見えるのは，目に入る光の道すじが，この方向から赤の破線のように進んできたように見えるからである。光は同じ物質中では直進するため，空気中の光の道すじは，赤い破線と水面の交点から目までを結ぶ赤い実線のようになる。また，水中にある間も光は直進するため，実際のストローの先端を出た光は，水中にかいた赤い実線のように，水面の交点と実際のストローの先端を結ぶ直線上を直進する。したがって，赤い実線のように，水中を進んできた光は，水と空気の境界面で折れ曲がって，空中へ進んだということになる。

(2)　屈折

光が，空気中から水中へ進むとき，屈折角は入射角より小さくなる。一方，光が水中から空気中に進むときは，屈折角は入射角より大きくなる。

ただし，入射角が0°(垂直に光が入る)であれば，屈折角も0°である。よって，光の道すじは曲がらず光は直進する。

3さとしさんは，光学用水そうを使って，水から空気に向かう光の道すじについて調べた。次の問いに答えなさい。

【解答・解説】

(1)　直進

光が水面に垂直に当たるとき光は直進する。

(2)　ウ

水中から空気中に光が進むとき，入射角より屈折角の方が大きくなる。

(3)　全反射

入射角が大きくなると，屈折角は90°に近づき，やがて，空気中に出てゆかなくなる。

(4)　光ファイバー

通信ケーブルや医療用の内視鏡に利用される。

4凸レンズによってできる像について調べた実験について，次の問いに答えなさい。

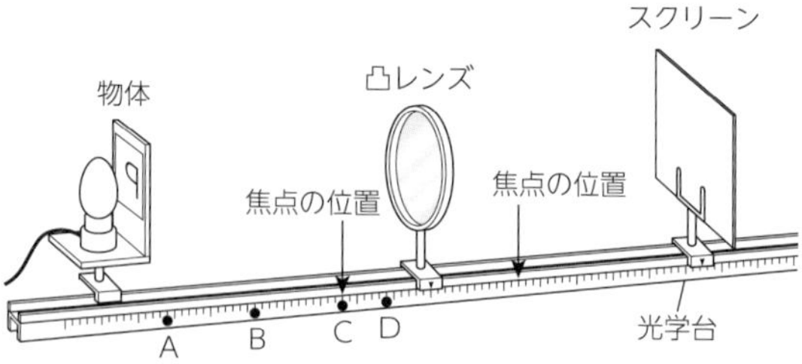

図1

手順1 図1のように，光学台に凸レンズ，スクリーン，電球をとりつけた物体を置く。

手順2 物体の位置を図1のA～Dに変え，凸レンズと像の距離，像の大きさや向きを調べる。

【解答・解説】

(1)　A　大きさ…物体より小さい
向き…上下・左右とも逆向き
B　大きさ…物体と同じ
向き…上下・左右とも逆向き

像は物体の位置により次のように変わる。

- 物体を焦点距離の2倍より遠い位置に置く
  →物体より小さく，上下左右が逆向きの実像
- 焦点距離の2倍の位置に置く
  →物体と同じ大きさで，上下左右が逆向きの実像
- 焦点距離の2倍の位置と焦点の間に置く

→物体より大きく，上下左右が逆向きの実像
- 焦点上に置く
→像はできない
- 焦点とレンズの間に置く
→物体より大きく，上下左右が同じ向きの虚像

⑵
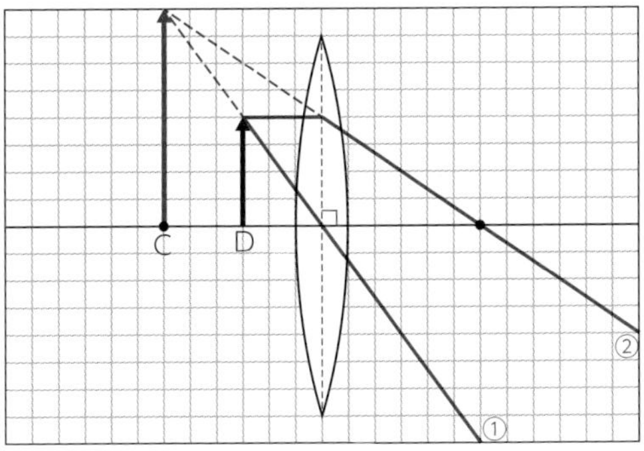

物体の先端(せんたん)とレンズの中心を結んだ直線の延長(①)と，物体の先端から軸(じく)と平行に進んだ光が，レンズで屈折(くっせつ)して焦点を通過する直線の延長(②)との交点が物体の先端にあたる像の位置になる。このとき，凸(とつ)レンズを通して見ると，光が①，②のような道すじで目に届くので，物体より大きな像が物体と同じ向きに見える。この像を虚像(きょぞう)といい，光は集っていないので，実際の像ができているわけではない。

⑶　**A…実像　D…虚像**
Aは物体を焦点距離の2倍より遠い位置に置いているため実像が見える。またDは物体を焦点と凸レンズの間に置いているため虚像が見える。

⑷　**ウ**
凸レンズの上半分を布でかくすと，レンズを通る光の量が減るので像は暗くなる。しかし，物体から出た光はレンズ全体を通るため，像の一部が欠けたり像の大きさが変わったりすることはない。

5 夏菜さんは，ロケットの打ち上げを見学に行った。発射(はっしゃ)台と見学場所との距離はかなり離(はな)れていた。いよいよ打ち上げとなったとき，ロケットのエンジンから，ふき出す炎(ほのお)が見えた。そして，少し時間がたってからゴーッというごう音が聞こえた。次の問いに答えなさい。

【解答・解説】

⑴　**(例)音は光ほど速く伝わらないから。**
炎がふき出すと，光はすぐに夏菜さんの目に届く。音は光ほど速く伝わらないので，夏菜さんの耳に届くまでに，少し時間がかかる。

⑵　**3026 m**
光の速さは非常に速いので光ったのとほぼ同時に私たちの目に届く。よって，光が見えてから，音が聞こえるまでの時間は，音が伝わるのにかかった時間としてあつかってよい。
音は1秒間で340 m進む(音が伝わる)速さで8.9秒進んでいるため，
$340\ \mathrm{m/s} \times 8.9\ \mathrm{s} = 3026\ \mathrm{m}$
より3026 m進んでいるとわかる。よって発射台から見学場所までの距離は3026 mである。

6 桜さんは，モノコードの弦(げん)をはじいて音を出し，音の大きさや高さを聞き比べた。さらに，オシロスコープを使って，出した音の波形を調べた。次の問いに答えなさい。

【解答・解説】

⑴　**ウ**
弦の音の大きさを変えるには，弦をはじく強さを変えれば良い。弦を強くはじけば，弦の振(ふ)れ幅(はば)が大きくなり，振幅(しんぷく)が大きくなるため，大きな音が出る。弦の長さや太さ，弦のはり方を変えると，音の高さが変わる。

⑵　**イ，オ**
弦の音を高くするには，より細い弦を使い，はり方を強くすればよい。細い弦や強くはった弦は振動数(しんどうすう)(1秒間に振動する回数)が多くなり，高い音が出る。

⑶　**短いほう**
弦の長さを短くすると，振動数(1秒間に振動する回数)が多くなり，高い音が出る。したがって，ことじをさし入れた左右の弦のうち，短いほうの弦をはじいたときに高い音が聞こえる。

⑷　① **250 Hz**

弦の振動の振れ幅を振幅といい，弦が1秒間に振動する回数を振動数とよぶ。これは，ヘルツ[Hz]という単位で示される。

弦は0.004秒に1回振動するので，弦の1秒間に振動する回数は，

1÷0.004＝250

により求めることができる。よって，振動数は250 Hzとなる。

② ア

オシロスコープは横軸を時間，縦軸を振幅として音を波形で表現する機器である。音が大きくなると縦軸の振幅が大きくなり，音が高くなると波の数がふえる。

基準より音が大きくなっているのは，アとエ。また，基準より音が高いのは，アとイとウ。よって振幅が大きく，波の数もふえているアが正解となる。

7 里香さんと健太さんは，次の3種類のスポーツのある瞬間の写真を見て，どのような力がはたらいているか考えた。次の問いに答えなさい。

【卓球】 【重量あげ】 【弓道】

里　香：a力のはたらきは，3つにまとめられたよね。
健　太：卓球の場合は，球に力がはたらいたんだね。弓道は，b大きく曲がった弓がもとにもどろうとして生じる力を利用して矢を飛ばすわけか。
里　香：力のはたらきを学習して，スポーツの見方が少し変わった気がするよ。

【解答・解説】

(1) A…**変形**
B…**動き**
C…**支える**

［力のはたらき］

力のはたらきには，次の3つがある。

1. 物体を変形させる
ばねに力を加えるとばねがのびる。ゴムを引っぱるとのびて形が変わる。このように物体に力が加わると，その物体は変形するが，変形のしかたは力を加える向きや力の大きさによってちがう。
2. 物体の動きを変える
静止している車を押すと動き出す。飛んできたボールをバットで打つと，ボールの動く向きが変わる。このように物体に力がはたらくと，物体の運動の向きや速さが変わる。止まっている物体も速さが0の物体がある速さで動き出したと考え，物体の速さを変化させるはたらきのひとつと考える。
3. 物体を支える
重い荷物を持って立っているにも力が必要である。しかし，この場合，物体を変形させてはいないし，速さを変えているわけでもない。このように，物体に見かけの変化がない場合でも，力がはたらいている場合がある。物体を支える力は，ある力(重力など)が物体にはたらいていて，その力を止めるために力がはたらいていると考えればよい。

(2) **弾性力**

ゴムやばねなどがもつ変形した物体がもとにもどろうとする性質を弾性，これによって生じる力を弾性力という。物体が大きく変形するほど，弾性力は大きくなる。

(3) **離れていても**

［離れていてもはたらく力］

重力	地球の中心に向かってはたらく力
磁力	磁石が引き合ったり反発したりする力
電気力	物体をこすり合わせてできた電気が引き合ったり反発したりする力

［ふれ合ってはたらく力］

弾性力	変形した物体がもとにもどろうとしてはたらく力
摩擦力	物体の運動をさまたげるように，進む方向とは逆にはたらく力

(4) **(例)月面上での重力は，地球上の重力の約 $\frac{1}{6}$ しかないから。**

月面上での重力の大きさは地球上の約 $\frac{1}{6}$ である。よって，90 kgのバーベルの重力の大きさは地球上では約900 Nだが月面上では約150 Nになる。

8 下のグラフは，2本のばねA，Bについて，ばねを引く力の大きさとばねののびの関係を示している。

【解答・解説】

(1) **ばねA…2 cm**
ばねB…6 cm

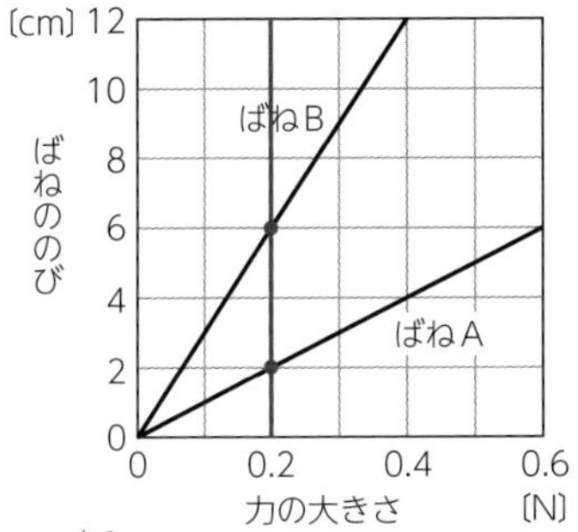

グラフを縦（たて）に読むと，0.2 N の力を加えたときのそれぞれのばねののびの大きさがわかる。

(2) **ばねA…0.3 N**
ばねB…0.1 N

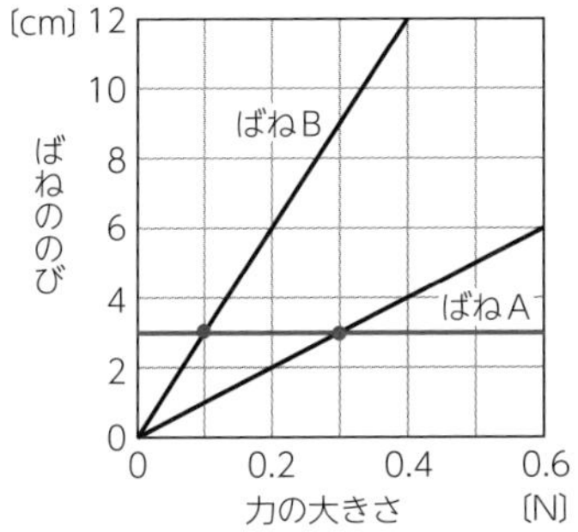

グラフを横に読むと，3 cm のばすのに必要な力の大きさがそれぞれわかる。

(3) **フックの法則**

ばねののびがばねを引く力の大きさに比例することを，フックの法則という。この法則を利用して，ばねを用いて力の大きさをはかることができる。

9 (1)，(2)の力を，それぞれ矢印で示しなさい。ただし，方眼の1目盛（めも）りは2Nを，●は力の作用点を表すものとする。また，100 g の物体にはたらく重力の大きさを1Nとする。

【解答・解説】

(1)

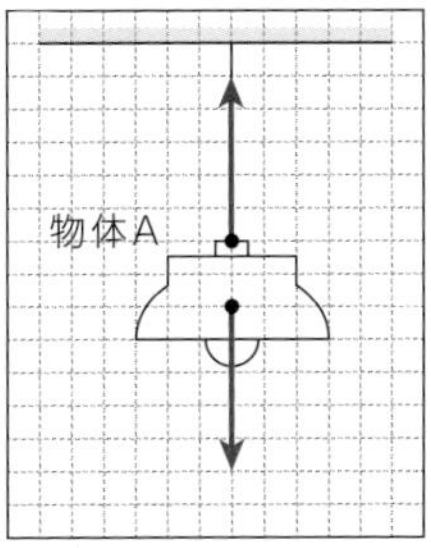

力のはたらきは，同じ大きさでも，どこにはたらくか，どの向きにはたらくかによってちがってくる。これらの力のはたらく点(作用点)，力の向き，力の大きさの3つを力の三要素という。力の矢印はこの3要素を一度に表すことができる。

1 kg の物体Aにはたらく重力の大きさは 10 N である。1つの物体に2つの力がはたらき物体が静止しているとき，力はつり合っている。よって物体Aにはたらく重力とひもが物体Aを引く力の大きさは等しく，向きは反対になる。

(2)

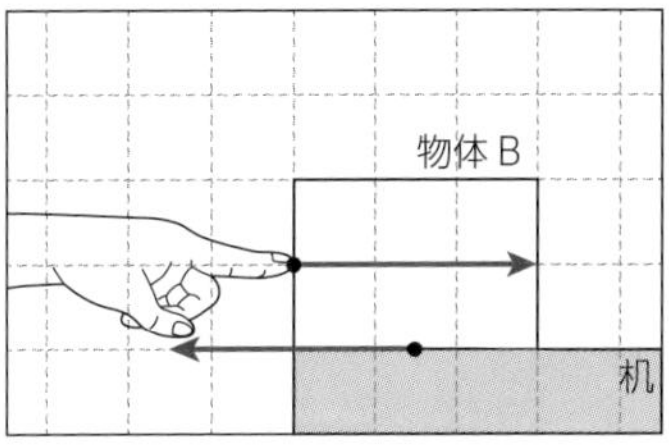

6 N の力で押（お）しても物体Bが動かないとき，摩擦力（まさつりょく）は物体Bを押す力とは反対向きに等しい 6 N の大きさではたらいている。

10 思考力UP 陽太さんは，自分の日常生活の中で見られる光の進み方に関連する現象について考えた。次の問いに答えなさい。

現象1 陽太さんは，髪の毛が長くなりすぎたかなと気になり，洗面所の壁の鏡と小型の鏡を使って，自分で後頭部を見た。

現象2 陽太さんが，祖父の家に遊びに行くと，居間に金魚のいる水そうと円柱の置物が前後に並べて置いてあった。横から水そうを通して円柱の置物を見ると，実物と異なって見えた。また，水そうに近づいて，少し下から水そうの壁ごしにななめに水面を見上げると，水面に金魚のすがたが映っていた。

【解答・解説】

(1)

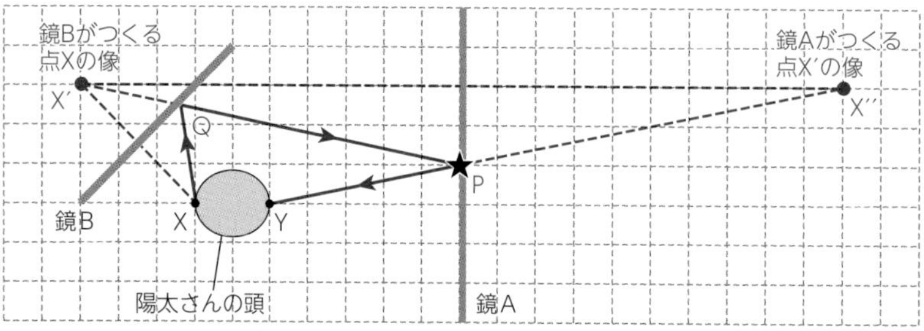

［作図の仕方］

① まずXは鏡Bで反射する。像は，鏡をはさんで物体に対し線対称の位置にあるように見えるので，鏡BがつくるXの像X′は上の位置になる。次に，鏡AでX′が反射しX′の像X″ができる。

② 像X″からYに向かって引いた直線と鏡Aの交点(★)が鏡Aで反射した点になる。この点をPとする。像X′からPに向かって引いた直線と鏡Bとの交点が鏡Bで反射した点になる。この点をQとする。

③ XからQ，QからP，PからYをそれぞれ結んだ線が求めたい光の道すじとなる。

［物体から出た光の道すじのかき方］

① 鏡をはさんで物体に対し線対称の位置に像をかく。

② 像と目を結ぶ線をかく。この線と鏡の交点がこの光が鏡で反射した点になる。

③ 物体と交点，交点と目を直線で結ぶ。

(2) ① ア　② カ

光が空気中から水中を通ると屈折する。空気中から水中に光が進むとき，屈折角より入射角の方が大きくなり，水中から空気中に光が進むとき，入射角より屈折角の方が大きくなる。よってカのように光は進む。

また，円柱は屈折光の延長線上に見えるため，円柱はアのように実際より左にずれた位置にあるように見える。

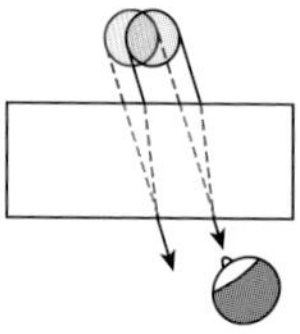

(3)

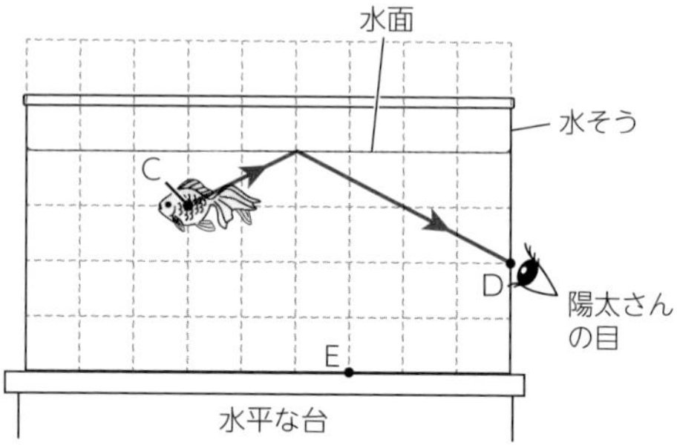

光が水中から空気中に出ることなく水面で反射するとき，これを全反射といい入射角と反射角の大きさは等しくなる。よって，求めたい光の道すじは上のようになる。

(4) (例)点Eから出て水面で反射し，点Dに届いた光は，点Dで全反射をして水そうの外に出なかったから。

全反射は入射角がある一定の大きさ以上にならないと起きない現象である。点Eにある石から出る光が水面に届くとき，その入射角は小さいため全反射が生じず光の多くは空気中に出る。そのため陽太さんの目には光が届かず石は水面に映って見えない。

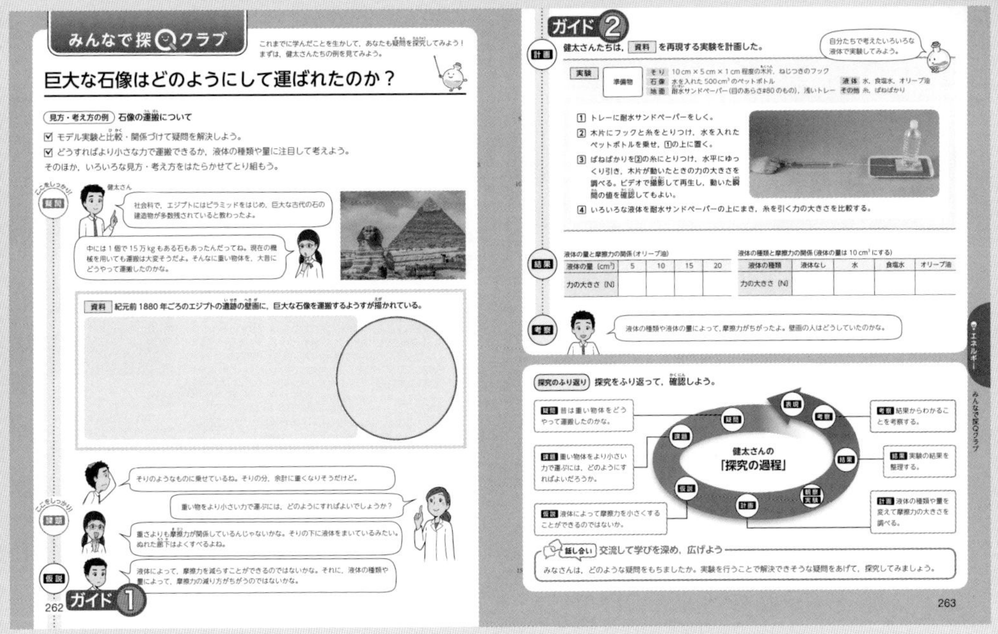

みんなで探Qクラブ

これまでに学んだことを生かして，あなたも疑問を探究してみよう！
まずは，健太さんたちの例を見てみよう。

巨大な石像はどのようにして運ばれたのか？

見方・考え方の例　石像の運搬について

☑ モデル実験と比較・関係づけて疑問を解決しよう。
☑ どうすればより小さな力で運搬できるか，液体の種類や量に注目して考えよう。
そのほか，いろいろな見方・考え方をはたらかせてとり組もう。

資料　紀元前1880年ごろのエジプトの遺跡の壁画に，巨大な石像を運搬するようすが描かれている。

ガイド1

262

ガイド2

計画　健太さんたちは，資料を再現する実験を計画した。

実験　準備物
そり　10 cm × 5 cm × 1 cm 程度の木片，ねじつきのフック
石像　水を入れた 500 cm³ のペットボトル
地面　耐水サンドペーパー（目のあらさ#80のもの），浅いトレー
液体　水，食塩水，オリーブ油
その他　糸，ばねばかり

1 トレーに耐水サンドペーパーをしく。
2 木片にフックと糸をとりつけ，水を入れたペットボトルを乗せ，1の上に置く。
3 ばねばかりを2の糸にとりつけ，水平にゆっくり引き，木片が動いたときの力の大きさを調べる。ビデオで撮影して再生し，動いた瞬間の値を確認してもよい。
4 いろいろな液体を耐水サンドペーパーの上にまき，糸を引く力の大きさを比較する。

結果

液体の量と摩擦力の関係（オリーブ油）

液体の量〔cm³〕	5	10	15	20
力の大きさ〔N〕				

液体の種類と摩擦力の関係（液体の量は 10 cm³ にする）

液体の種類	液体なし	水	食塩水	オリーブ油
力の大きさ〔N〕				

考察

探究のふり返り　探究をふり返って，確認しよう。

話し合い　交流して学びを深め，広げよう
みなさんは，どのような疑問をもちましたか。実験を行うことで解決できそうな疑問をあげて，探究してみましょう。

263

ガイド1　仮説

健太さんが発言しているように，古代エジプトの人々は，ピラミッドをはじめとする石でできた大型建造物を数多く残している。大型の機器も無かった時代に人々はどのようにして巨大な石を運んだのだろうか。このような疑問もわくだろう。

資料を見てほしい。巨大な石像がそりに乗せられている。そして多くの人がこのそりを引っぱっている。拡大してみると，そりの先に乗っている人が地面に液体をまいている。

重いものを引いて運ぶときには，重さのほかに摩擦力も重要である。摩擦力とは，物体が動こうとする向きとは反対向きに，物体どうしがふれあう面からはたらく力である（教科書 p.254 を参照）。ものを引くときには，摩擦力より大きい力で引かなければならないので，重い石像を運ぶ上で，摩擦力を小さくすることが重要であると考えられる。

そこで，そりからまいている液体が手がかりになりそうである。ぬれている廊下や床がすべりやすいことはイメージしやすいだろう。同じように，液体がまかれることで，摩擦力が小さくなり，石像を乗せたそりも動きやすくなったのではないだろうか。また，液体の種類や量が変わると，摩擦力の減り方も変わるのではないだろうか。ここからは，この仮説を確かめていこう。

ガイド2　計画・結果・考察

仮説を確かめるために実験を行う必要があるが，今回の実験では古代エジプトの人々が石像を運んだ，資料のような状況を再現してみよう。

実験ではトレーを用意して，その上で，ものを引く。ただし，当時の人々はおそらく地面で石像を運んだと思われるので，トレーの上には耐水のサンドペーパーを引く。石像の代わりに水を入れたペットボトルを，そりの代わりに木片を，それぞれ用意して再現する。ここでは液体として，水，食塩水，オリーブ油を使うが，自分たちで考えたさまざまな液体を追加することで，新たな発見が得られるのかもしれない。以下が実験結果の例である。

（例）

液体の量と摩擦力の関係（オリーブ油）

液体の量〔cm³〕	5	10	15	20
力の大きさ〔N〕	0.7	0.5	0.4	0.4

液体の種類と摩擦力の関係（液体の量は 10 cm³ にする）

液体の種類	液体なし	水	食塩水	オリーブ油
力の大きさ〔N〕	1.2	0.8	0.8	0.5

以上の結果から，液体を使うことで摩擦力を小さくすることができること，液体の種類や量が変われば摩擦力の減り方も変わることの2点を確かめることができた。壁画の人は，水または油をまいていたのではないかと考えられる。

光・音・力による現象 ひろがる世界

自動運転を支える光と音の科学

安全運転に欠かせないセンサー技術

自動車に乗りこんで行き先を伝えれば，あとは自動車が自分で運転してくれる。そんな夢のような自動運転車が現実のものになりつつあります。自動運転車は，交通事故の減少や渋滞の緩和をもたらし，より多くの人々に移動手段を提供してくれるでしょう。

自動運転車が安全に自動運転をするには，センサー❶でまわりを走るほかの車や，道路の状況をとらえる必要があります。それを可能にするのは，この単元で学習した光や音を使った技術です。

ガイド 1

音を使って知る

コウモリが暗い洞くつで壁などにぶつからずに飛べたり，イルカが海中で魚を見つけたりできるのは，超音波というヒトの耳には聞こえない高い音(振動数が多い音)を利用しているからです。コウモリやイルカは，超音波を出し，周囲から反射してきた超音波から，位置などのさまざまな情報を得ます。これをエコーロケーションとよびます。

自動運転のセンサーには，超音波を周囲に出すことで，周囲の障害物を検知するものもあります。おもに走行中の車線に入ってくるほかの車を検知する役割を果たしますが，駐車時のサポートとして機能することもあります。超音波のセンサーは，ヒトの目では感知できない物体の位置まで知ることができます。

264　❶センサー　周囲の音や光，温度などの状態をはかり，信号に変える装置。

自動運転車の車内(イメージ)

ガイド 2 光を使って知る 発展

太陽の光をプリズムでいろいろな色に分けると，目には見えませんが，赤色の外側には赤外線が，そのさらに外側には電波があります。これらは目に見える光(可視光線)と同じ電磁波の一種です(下図)。

自動運転のセンサーには，赤外線を使うものがあります。ライダー(LiDAR)というセンサーは，赤外線のレーザー(ほとんど広がらずまっすぐ進む電磁波)を物体に当てて，それがはね返ってくるまでの時間をはかり，物体までの距離や方向を求めます。ほかに，電波を使うセンサー(ミリ波レーダーなど)もあり，雨や霧などで視界が悪いときでも周囲の物体を検知できます。電波の種類により，検知できる物体や距離が異なります。

電磁波の種類

赤外線を使ったセンサー(ライダー)でとらえた画像

レーザーをいろいろな方向に照射することで立体的な観測ができ，周囲の障害物などの位置や形を正確に検知することができる。

お仕事ラボ

自動運転車を街で走らせる

将来の無人タクシー実現に向けて，実験が行われています。2017年12月には，無人の自動運転車が東京都の道路150 mを数回にわたって走りました。センサーやカメラなどで，走行位置やほかの交通を認識するしくみが用いられました。2018年8月～9月には，実際に乗客を乗せて東京都内を約5.3 km走る実験も行われました。このときは，緊急時に備えて運転席と助手席に人が乗っていましたが，運転は自動でした。

自動運転車の公道走行実験(2017年12月，東京都江東区)

エネルギー　ひろがる世界

265

ガイド 1 センサーの種類

センサーは仕組みによって，さまざまな種類に分けられる。そして，種類によって得意，不得意も変わってくるといわれている。

- **光電センサー**

光を使ったセンサーである。可視光線(人の目に見える光)，赤外線(人の目には見えない)などの光を用いる。投光部とよばれる装置から光を出し，受光部とよばれる別の装置が光を受けとる。物体などが通って光をさえぎるなどして，受光部が受けとる光の量が変化することで，センサーが感知するしくみである。中には，投光部と受光部が同じ装置にあるもの(その場合は光を反射してはね返らせる)もみられる。

- **超音波センサー**

超音波を使って位置や距離をはかるセンサーである。装置から対象物に向かって超音波を出し，対象物から反射してくる超音波を受けとる仕組みである。そのため，超音波を出すところも受けとるところも，同じ装置にある。

超音波は，ガラスや液体の表面といった透明な物体でも反射する。そのため，透明なものの検出にも用いられる。

- **画像判別センサー**

カメラでとった映像を使って，対象物があるかどうか，あるいは対象物のちがいを確かめるセンサーである。ほかのセンサーとはちがい，1つでできることが多く，形のちがいと色のちがいを同時に確かめることもできる。

ここで挙げたもの以外にも，さまざまなセンサーがつくられている。もし日常生活でセンサーを使っている場面にあったら，どのような仕組みを使っているのか，考えてみるのもよいだろう。

ガイド 2 電磁波と可視光線

目に見える光を可視光線という。可視光線も，目に見えない赤外線や電波なども電磁波の1つであり，波のつくりをしている。波には，山と谷があるが，山と山の間，あるいは谷と谷の間の長さを波長という。この波長がかぎられた範囲にあるものが，可視光線にあたる。

可視光線を色で表すと，波長が短いものから，紫，藍，青，緑，黄，橙，赤の7色，つまり虹の7色となる。また，赤色より波長が長いものを「赤外線」，紫色より波長が短いものを「紫外線」という。これらは可視光線の範囲から見たよび方である。

1

(1) **(例)上皿てんびんで立方体の組み合わせをかえて質量を比べることで，質量が大きい順がわかる。**

3つの立方体は体積が同じなので，密度の大きい順と質量が大きい順は同じになるから。

【解答・解説】

ここでは，ひろとさんの発言にある「A・B・Cと同じ大きさの立方体が」の部分が1つ目のポイントとなる。細かい値がわかっていなくても，「体積(大きさ)が同じである」ということは重要な手がかりである。

金属の種類がちがうので，体積が同じということは，質量はちがうということである。上皿てんびんを使うと，質量の大きい順がわかる。それでは，なぜ密度の大きい順と密度の大きい順が同じになるのだろうか。

教科書 p.149 で学んだように，密度とは，物質1 cm^3 あたりの「質量」である。そのため，密度(g/cm^3)に体積(cm^3)をかけることで，その物質の質量(g)が求められる。この問題では，A・B・Cの体積はわからないが，同じである。体積が 10 cm^3 であれ，1000 cm^3 であれ，質量を求めるのにかける値(体積)は変わらない。したがって，密度の大きい順がそのまま質量の大きい順になるのである。ここが2つ目のポイントである。

以上の2つのポイントを押さえておけば，立方体の大きさが同じという条件から，質量と密度の大きさの順番で金属の種類がわかる。

(2) **(例)熱をよく伝える性質があるから。**

【解答・解説】

やかんやなべなどによく使われる理由なので，熱をよく伝える性質をもつ材料のほうが，つごうがよいということがわかるだろう。この性質は，鉄，アルミニウム，銅にかぎらず，金属が共通してもっている性質の1つであり，熱伝導性ともいう。

金属が共通してもっている性質は以下の4つである。いっしょに復習しておこう。(教科書 p.147)

① 電気をよく通す(電気伝導性)。

② 熱をよく伝える(熱伝導性)。

③ みがくと特有の光沢が出る(金属光沢)。

④ たたいて広げたり(展性)，引きのばしたり(延性)することができる。

(3) **右上図(鏡をぬった部分)**

【解答・解説】

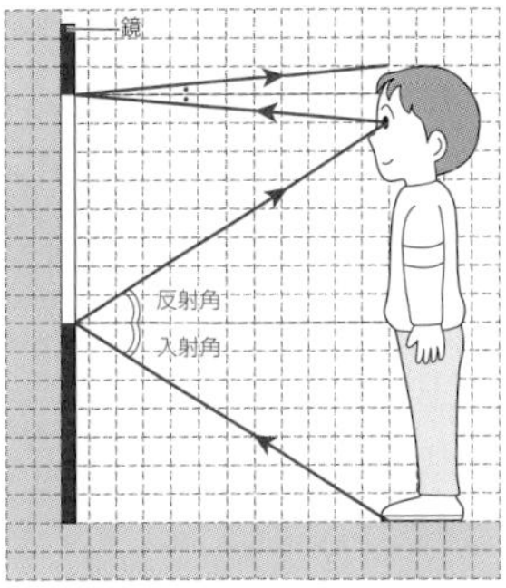

この問題を解くうえで，ポイントとなるのは，

- 光が鏡に当たって反射するときに，入射角と反射角は等しくなる。
- 鏡に，頭のてっぺんからつま先までが映って見えるということは，頭のてっぺんから出た光もつま先から出た光も目に届いているということ。

これら2つである。

まずは，反射について復習しよう。光が鏡などに当たってはね返ることを反射といい，鏡に入ってくる光を入射光，反射して出ていく光を反射光という。

鏡の面に垂直な直線と入射光，反射光との間の角を，それぞれ入射角と反射角という。(鏡の面と光の間の角ではないので，注意しよう。)頭のてっぺんから出た光が反射して目に届くとき，上の図のようになる。

これら反射のしくみをふまえたうえで作図していこう。入射角と反射角が等しくなるように，目，鏡，頭のてっぺん(つま先)の3点を結ぶ。方眼を参考にていねいに線をかこう。

頭のてっぺんからつま先まで見えるようにするには，それぞれから出た光が鏡に当たる点をおおわないようにすればよい。したがって，布でかくしてよい部分は答えのようになる。

関連する教科書のページ：p.210〜211

(4) **77 cm**

【解答・解説】

頭のてっぺんから出た光とつま先から出た光のそれぞれが，目に入るために反射する位置を考えると，身長の半分の上下の長さがあれば，全身を映すことができるとわかる。(3)の解説図1も参考にしよう。

(5) **①名称…サンヨウチュウ**
地質年代…古生代
②ウ　③示準化石

【解答・解説】

①②地質年代ごとに現れた生物が異なる。年代と生

物をあわせて覚えていこう。

- 古生代

(時期)　約5億4100万〜約2億5200万年前

(生物)　フズリナ，サンヨウチュウ

※後半には，陸上でシダ植物の大森林が形成された。

- 中生代

(時期)　約2億5200万〜約6600年前

(生物)　恐竜類，アンモナイト

- 新生代

(時期)　約6600年前〜

(生物)　デスモスチルス，マンモス，アケボノゾウ，インカクジラ，ビカリア

化石の形は，教科書 p.108〜109 もあわせて確認しよう。

③示相化石とまちがえないようにしよう。示相化石は「環境」に着目し，示準化石は「時代(期間)」に着目している。以下の表も参考にしよう。

	示相化石	示準化石
条件	ある限られた環境で生存する。	ある限られた時代(年代)だけに生存した。
わかること	その化石をふくむ地層ができた当時の環境。	その化石をふくむ地層ができた時代。

サンヨウチュウの化石は，ある限られた時代(古生代)だけに生存した化石であり，その地層ができた時代(が古生代であること)を推測するのに役立つ，示準化石である。

関連する教科書のページ：p.107〜108

(6)　①海底だった。　②800万年

【解答・解説】

①貝などの化石は，大昔その場所が海であったことを示す手がかりである。また，石灰岩は水にとけていた物質や，その物質をもとに体がつくられていた生物の遺骸が，水中に堆積して固まったものである。同じように形成される岩石には，チャートもある。水中に堆積したものなので，その場所が海底だったことを示す手がかりとして考えてよい。

石灰岩にうすい塩酸をかけると二酸化炭素が発生する。

関連する教科書のページ：p.106

②単位に注意しよう。

1 m＝100 cm＝1000 mm(1 cm＝10 mm)

8000×1000＝8000000(800万)だから，

8000 m＝800万 mm　1年間で1 mm 隆起するので，8000 m の高さになるまでの時間は，

800 万(mm)÷1(mm/年)＝800万(年)より，800万年である。

2

(1)　A…マツ　B…ウメ　C…タケ

【解答・解説】

種子をつくってなかまをふやす植物を種子植物という。種子植物は，つくりによっていくつかの種類に分類される。

種子はもともと胚珠という粒であり，受粉することで種子になる。この胚珠が子房とよばれる部分の中にあれば，その植物は被子植物に分類される。一方で，子房がなく，胚珠がむきだしになっていれば，その植物は裸子植物に分類される。

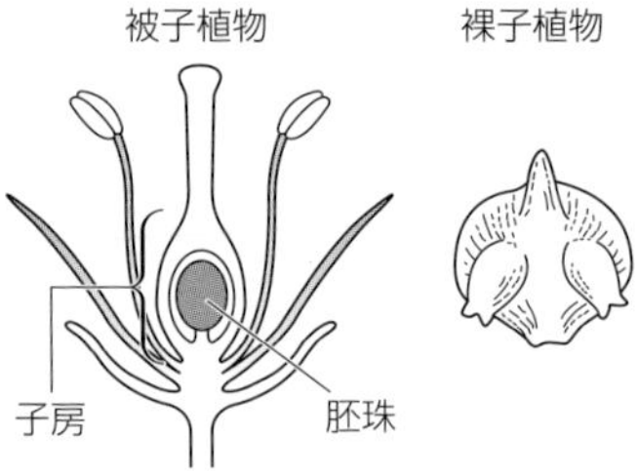

裸子植物には，この問題に出てきたマツのほかに，スギやイチョウ，ソテツなどがある。被子植物には，ウメやタケのほかに，サクラ，アサガオ，ツツジ，タンポポなどがある。この問題のマツは裸子植物の代表例なので覚えておこう。

被子植物は，子葉が1枚のなかまである単子葉類と，子葉が2枚のなかまである双子葉類に分けることができる。単子葉類にはツユクサやトウモロコシなどが，双子葉類にはアサガオやタンポポなどがふくまれる。今回，ウメについては，「サクラと同じなかま」という先生の発言が手がかりになるだろう。

単子葉類と双子葉類のちがいは次のようになる。

- 単子葉類…子葉は1枚，葉脈は平行脈，根はひげ根
- 双子葉類…子葉は2枚，葉脈は網状脈，根は主根と側根からなる。

(2)　エ

【解答・解説】

地中にある茎のことを地下茎という。タケとは別に，シダ植物の多くに見られる体のつくりである。

以上の特徴から，この問題では選択肢の中からシダ植物にあたるものを選べばよい。ユリやアブラナ

は種子植物であり，茎が地上にあることは教科書にあるさまざまな図や絵からもわかるだろう。ゼニゴケはコケ植物である。コケ植物には，そもそも葉，茎，根の区別がない。残るイヌワラビがシダ植物であり，地下茎をもつ植物である。

なお，わたしたちがふだん食べているジャガイモのいもの部分も，地下茎である。

⑶ イ，エ

【解答・解説】

脊椎動物を分類するための特徴は以下の 4 つである。教科書 p.46 をふり返ってみよう。

- 生活の場所
- 呼吸のしかた
- 体表のようす
- なかまのふやし方

この問題の選択肢をもう一度確認して，上の 4 つの項目のどれにあてはまるのかを考えよう。

- 「卵生か胎生か」は，なかまのふやし方に関わる特徴である。したがって，分類のための特徴である。
- 「肉食動物か草食動物か」は，食べるものに関する項目だが，上の 4 つのどれにもあてはまらない。そのため，分類のための特徴ではない。
- 「生活場所はどのようなところか」は，文字通り生活場所に関わる項目である。よって，脊椎動物の分類のための特徴である。
- 「外とう膜があるかないか」は，体のしくみに関する項目であるが，上の 4 つのどれにも当てはまらない。よって，分類のための特徴ではない。
- 「肺呼吸かえら呼吸か」は，呼吸のしかたに関わる項目である。したがって，分類のための特徴である。
- 「どのような体表か」は，体表のようすに関わる項目である。よって，分類のための特徴である。

以上より，分類のための特徴にならないのは，記号で答えると，イ，エの 2 つである。

⑷ ①結晶　② 180 g

【解答・解説】

①純粋な物質であり，規則正しい形をした固体を結晶という。また，物質をいったん水などの溶媒にとかし，温度を下げたり溶媒を蒸発させたりして再び結晶としてとり出す操作のことを，再結晶という。

一定量の水にとける物質の量には限度があり，とける物質によっては，温度が変わることでとける限度も変化する場合がある。再結晶で，温度を下げれば結晶をとり出せるのは，この性質を利用したものである。

ここで，ゆりえさんのお母さんの発言を見てみよう。「あたためた水に砂糖をとかせるだけとかして，その後ゆっくり冷やす」とある。これは，温度を上げることで砂糖がとける限度を大きくして，限度いっぱいに砂糖をとかす。そして，ゆっくり冷やすことでとける限度が小さくなり，一度とけた砂糖の一部が結晶となる，ということを示している。つまり，ゆりえさんのお母さんが話した氷砂糖のつくり方は，再結晶の操作であることがわかる。

②とける砂糖の質量を x とすると，

$$\frac{x}{100\,\mathrm{g}+x}\times 100=64$$

これより，$x=177.7\cdots\mathrm{g}$

⑸ 摩擦力

【解答・解説】

摩擦力とは，動こうとする向きと反対向きに，物体どうしがふれ合う面からはたらく力のことである。この問題のように，スポーツや楽器の演奏で，手指がすべらないようにしたり，楽器のふれる部分にはたらく力を大きくしてよりよい音を出したりするために，摩擦力を大きくする工夫を行う場合もある。

また，教科書 p.262〜263 のように，摩擦力を小さくする工夫を考える場合もある。重いものを引いて運ぶときには，摩擦力がはたらかない方が，引く力も小さくて楽である。こうしたときに，どのような工夫ができるか，考えてみよう。

⑹ 長い尺八

【解答・解説】

音の大きさや高さはどのようにして決まるのか，思い出してみよう。弦や音さといった音源が振動して，音が出る。このとき，音源の振動の振れ幅を振幅といい，音源が 1 秒間に振動する回数を振動数という。

音源の振動と音の関係には以下の2つがある。

- 振幅が大きいほど，音は大きくなる。
- 振動数が多いほど，音は高くなる。

問題では，管楽器は管が長くなることで振動数が少なくなる。これは，管が長いと音が低くなることを意味している。よって，長い尺八の方が音が低い。

関連する教科書のページ：p.233〜237

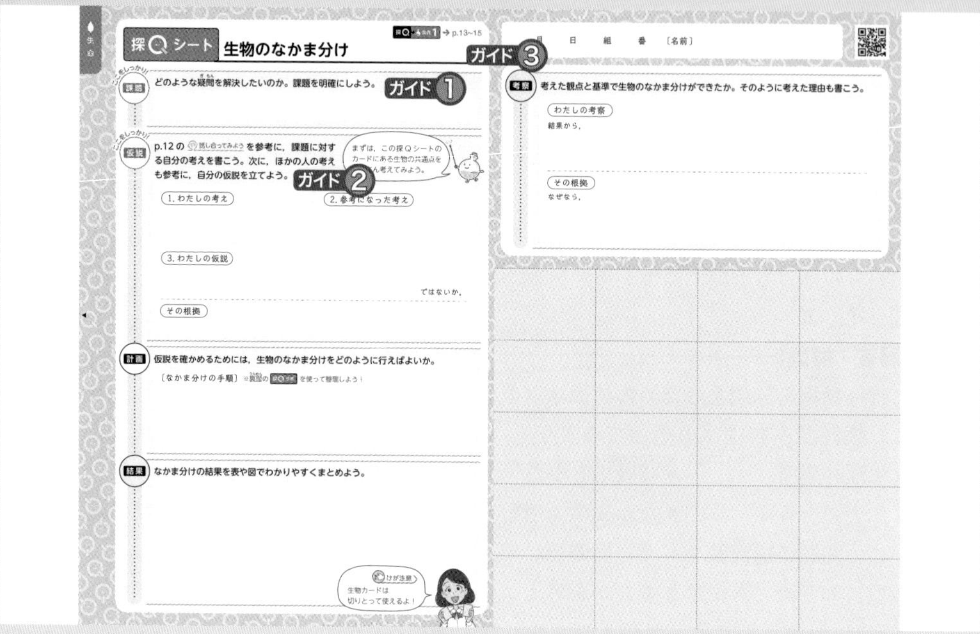

ガイド1 課題

● 疑問

今回のテーマは「生物のなかま分け」である。生物に限らず，なかま分けをするには，分けるための観点と基準が必要になる。しかし，生物にはいろいろな種類があり，どの観点から考えればよいかはすぐには分からない。そこで，「生物をなかま分けするには，どのような観点と基準を考えればよいのか」が疑問となるだろう。

ガイド2 仮説

まずは，探Qシートのカードにある生物を見て，共通点を考えてみよう。子孫(なかま)を残す，動物と植物のどちらかに分かれる，どこか決まった場所に生活している，といったことに気がつく人もいるだろう。ここでは，例として「どこか決まった場所に生活している」という気づきを取り上げてみる。

生物が生活する場所は種類によってさまざまである。そのため，生物をなかま分けする上で1つの観点になると考えることができる。このように，自分の考えを整理して「わたしの考え」に書き入れよう。

分け方については，教科書 p.13 に「水中か・水中でないか」あるいは「川・海・陸上」という基準が考えられる，という意見が挙げられている。こうした意見を参考に，基準を決めていこう。

ここでは，さきほどの意見を参考に，基準は「陸上」，「川」，「海」の3つとしておく。あくまで1つの例なので，「水中か・水中でないか(陸上か)」という基準の分け方でも問題ない。(ただし，細かく分けすぎるような基準は，かえってなかま分けが上手くいかない場合もあるので，避けた方がよいだろう。)

こうして，「生物は，生活する場所によって，陸上，川，海のそれぞれで生活するものに分けられるのではないか。」という仮説が立てられる。その根拠としては，陸上，川，海を常に行き来して生活する生物はあまりいないからということが考えられるだろう。(子は水中で，親は陸上で生活する両生類もいるが，行き来しているわけではない。)

ガイド3 考察

なかま分けの計画や結果については，p.153 で説明する。ここでは，考察の記入例を挙げる。

さきほど挙げた仮説のように，生活する場所によって生物をなかま分けすることができる。仮説が正しいことを確かめることができたので，考察の書き方は「結果から，生物は，生活する場所によって，陸上，川，海のそれぞれで生活するものに分けられるといえる。」となる。

探Qラボ　生物のなかま分け　ガイド1

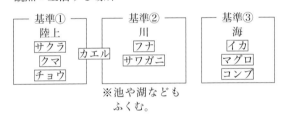

生物カードの使い方　けが注意

1. はさみやカッターナイフなどで，切りとり線にそっていねいに切りとる。
2. 切りとったカードは，ノートや机の上で自由に移動させて，なかま分けの作業に活用する。
3. 使い終わったら，裏面にのりをぬり，ノートなどにはって保存する。

はさみやカッターナイフで手を切らないよう，じゅうぶんに注意する。

メモ欄

1 観点と基準を自由に書いて，なかま分けをためしてみる観点を1つ決めよう。

2 生物カードを使って，1で決めた観点と基準でなかま分けをしてみよう。

3 結果を記録したら，1で考えた，ほかの観点と基準でなかま分けをしてみよう。

なかま分けの観点	基準			
例 生活する場所	例 陸上			

探究のふり返り　課題を意識しながら，探Q実習1を行うことができたか。
実習を通して気づいたこと，新たな課題などを書こう。

ガイド1　生物のなかま分け

ここでは，探Qシートの「計画」と「結果」にあたる，実際に生物をなかま分けする部分について説明する。

1　観点と基準を自由に書いて，なかま分けをためしてみる視点を１つ決める。

ここでは，「ためしてみる観点」が，検証すべき仮説にあたる。例えば，「生活する場所」を観点に選んだ場合，基準は例の「陸上」のほかに，「川」と「海」を挙げることができる。人によっては，「川」と「海」を，「水中」という１つの基準にまとめることもあるだろう。

2　生物カードを使って，①で決めた観点と基準でなかま分けをしてみよう。

観点を１つ決めることができたら，実際になかま分けをしてみよう。教科書や図鑑（ずかん）などを使って，それぞれの生物の特徴（とくちょう）について調べてなかま分けをしていくのが確実である。中には，両生類のように，子と親でまったく異なる特徴をもつ生物もいる。この場合，１つの生物としてあつかったうえで，書き方を工夫しよう。例として，「生活する場所」をもとになかま分けすると，以下のように表すこともできる。

観点：生活する場所

基準①　陸上：サクラ，クマ，チョウ
基準②　川：フナ，サワガニ
基準①と基準②にまたがる：カエル
基準③　海：イカ，マグロ，コンブ

※池や湖などもふくむ。

3　結果を記録したら，1で考えたが，2では用いなかった，ほかの観点と基準でなかま分けをしてみよう。

ほかの観点からなかま分けをしてみることで，１つ目の観点だけでは分からなかったことに気づくことができる場合もある。

例えば，「子孫(なかま)のふやし方」の場合，卵を産む「卵生（らんせい）」，子を子宮のなかである程度育ててから産む「胎生（たいせい）」，種子をつくるもの，胞子（ほうし）をつくるもの，というようになかま分けをすることができる。

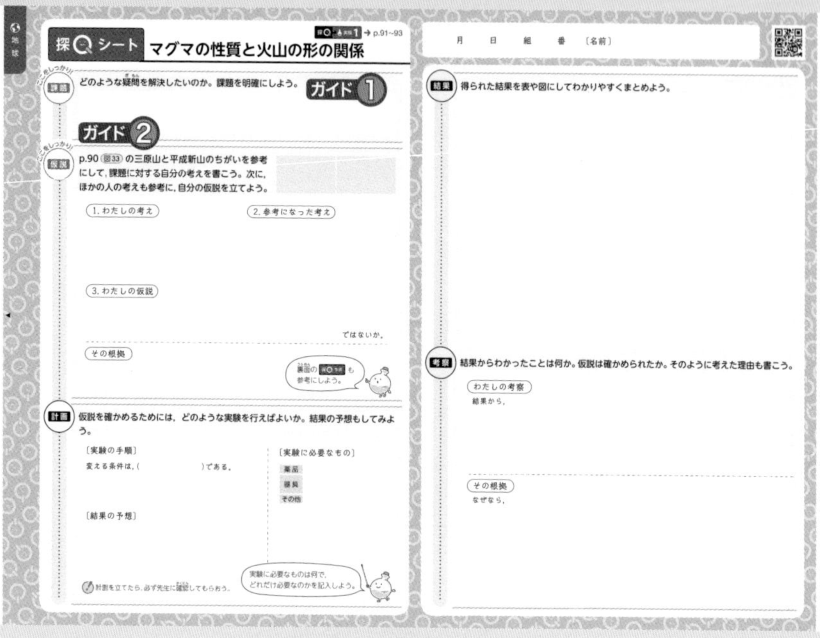
探Qシート　マグマの性質と火山の形の関係　→ p.91~93

月　日　組　番　〔名前〕

課題　どのような疑問を解決したいのか。課題を明確にしよう。　ガイド1

ガイド2

仮説　p.90 図33 の三原山と平成新山のちがいを参考にして，課題に対する自分の考えを書こう。次に，ほかの人の考えも参考に，自分の仮説を立てよう。

1. わたしの考え　2. 参考になった考え

3. わたしの仮説

ではないか。

その根拠

裏面の探Qラボも参考にしよう。

計画　仮説を確かめるためには，どのような実験を行えばよいか。結果の予想もしてみよう。

〔実験の手順〕　変える条件は，(　　　)である。

〔結果の予想〕

〔実験に必要なもの〕　薬品　器具　その他

計画を立てたら，必ず先生に確認してもらおう。

実験に必要なものは何で，どれだけ必要なのかを記入しよう。

結果　得られた結果を表や図にしてわかりやすくまとめよう。

考察　結果からわかったことは何か。仮説は確かめられたか。そのように考えた理由も書こう。

わたしの考察　結果から，

その根拠　なぜなら，

ガイド1 課題

ここでは，タイトルにもあるように，「マグマの性質と火山の形には，どのような関係があるのだろうか」という疑問を解決していくことになる。

ガイド2 仮説

ここでは，マグマの性質と火山の形の間にある関係について，自分で仮説を立てる。そのために，形の異なる2つの火山を比較して，気づいたことや考えたことを整理しておこう。探Qシートの裏面の探Qラボを見てほしい。

ガイド3 探Qラボ（裏面探Qラボ）

A 火山の形を比べて，ちがいを見つける。

今回は教科書 p.90 にも取り上げられている，三原山と，平成新山をふくむ雲仙岳を比較する。最初に，2つの火山の形について，断面図を作って比較しよう。

完成させた断面図からは，三原山は傾斜がゆるやかであるのに対して，雲仙岳は傾斜が急で盛り上がった形になっていることがわかる。

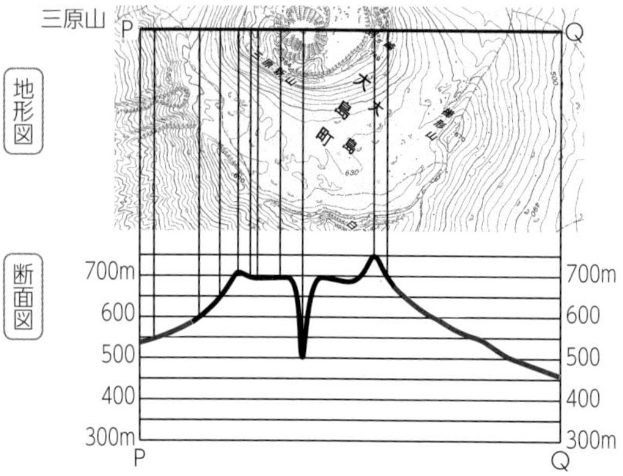

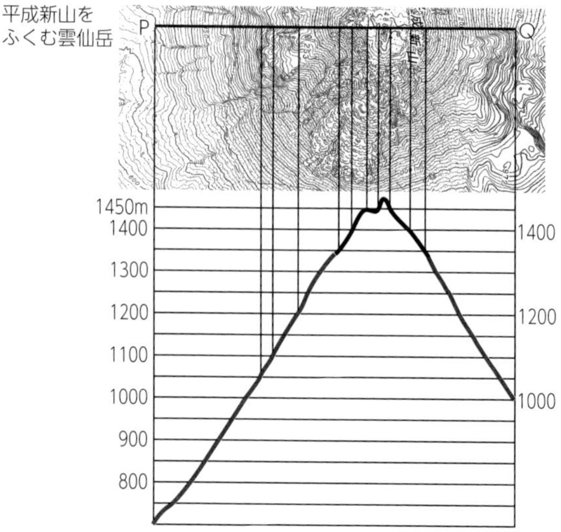

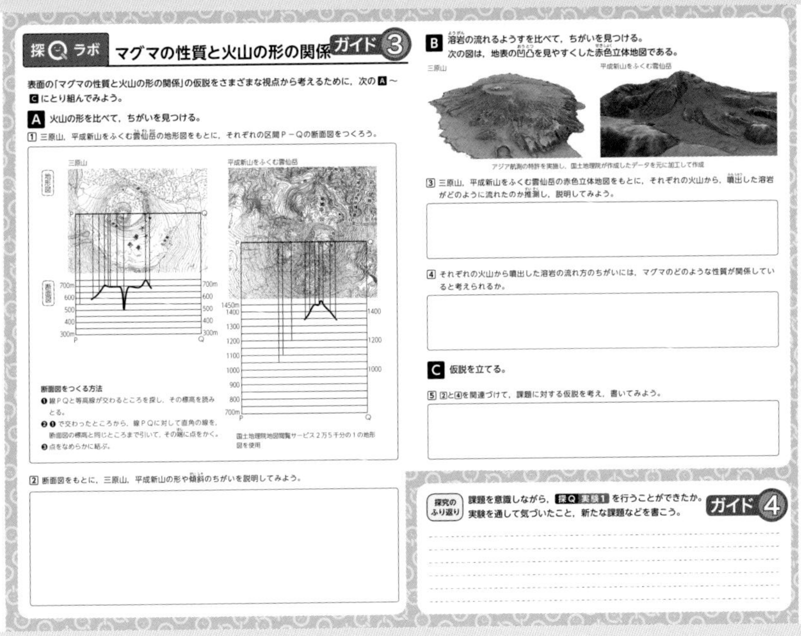

探Qラボ　マグマの性質と火山の形の関係　ガイド3

表面の「マグマの性質と火山の形の関係」の仮説をさまざまな視点から考えるために，次のA～Cにとり組んでみよう。

A　火山の形を比べて，ちがいを見つける。

1　三原山，平成新山をふくむ雲仙岳の地形図をもとに，それぞれの区間P－Qの断面図をつくろう。

断面図をつくる方法

❶線PQと等高線が交わるところを探し，その標高を読みとる。

❷❶で交わったところから，線PQに対して直角の線を，断面図の標高と同じところまで引いて，その端に点をかく。

❸点をなめらかに結ぶ。

国土地理院地図閲覧サービス2万5千分の1の地形図を使用

2　断面図をもとに，三原山，平成新山の形や傾斜のちがいを説明してみよう。

B　溶岩の流れるようすを比べて，ちがいを見つける。
次の図は，地表の凹凸を見やすくした赤色立体地図である。

アジア航測の特許を実施し，国土地理院が作成したデータを元に加工して作成

3　三原山，平成新山をふくむ雲仙岳の赤色立体地図をもとに，それぞれの火山から，噴出した溶岩がどのように流れたのか推測し，説明してみよう。

4　それぞれの火山から噴出した溶岩の流れ方のちがいには，マグマのどのような性質が関係していると考えられるか。

C　仮説を立てる。

5　2と4を関連づけて，課題に対する仮説を考え，書いてみよう。

探究のふり返り　課題を意識しながら，探Q実験1を行うことができたか。実験を通して気づいたこと，新たな課題などを書こう。　ガイド4

B　溶岩の流れるようすを比べて，ちがいを見つける。

噴出した溶岩が流れ出て，冷えて固まることで火山が形づくられていく。そのため，今ある火山の形を見ることで，これまで溶岩がどのように流れ出たのかを推測することができる。

赤色立体地図では，地表に凹凸がある部分に赤色がついている。このことをふまえると，三原山は傾斜がゆるやかであること，平らな面が広がっていることがわかるので，溶岩が広い範囲に流れていったと考えられる。一方，雲仙岳は傾斜が急で，平らな部分はほとんどないので，溶岩が流れ出た範囲はせまく，頂上のあたりに積み上がっていったと考えられる。

このことから，マグマの性質は，三原山の方がねばりけが小さく，雲仙岳の方がねばりけが大きいと考えられる。ねばりけが小さいほど，より広い範囲に溶岩が流れ出るからである。

C　仮説を立てる。

Aで確認したそれぞれの火山の形と，Bで考えたマグマの性質のちがいを結びつけて考える。すると，「マグマのねばりけが小さい火山は傾斜がゆるやかであり，マグマのねばりけが大きい火山は傾斜が急であるのではないか。」という仮説が立てられる。根拠として，三原山と雲仙岳のちがいをあげておこう。

ガイド4　仮説を確かめてみよう

- 実験の計画を立てる

「マグマのねばりけが小さい火山は傾斜がゆるやかであり，マグマのねばりけが大きい火山は傾斜が急であるのではないか。」

この仮説を確かめるためには，マグマのねばりけが変わることで，火山の形も変わるということを確かめなければならない。したがって，実験で変える条件は，マグマのねばりけである。

実験に必要なものについては，本物のマグマを使うわけにはいかないので，別のもので再現しなければならない。例えば，教科書p.93のようにスライムをマグマ代わりに使う方法が考えられる。（教科書p.92のように型取り剤を使う方法もある。ねばりけのある物質を使うのがポイントである。）

実験で再現した火山では，マグマ(スライム)のねばりけが小さいと，マグマが広い範囲に流れ出て，なだらかな形になっているのに対して，マグマのねばりけが大きいと，マグマは頂上のあたりにとどまって，傾斜が急になるという結果が得られた。

この結果から，マグマのねばりけが小さい火山は傾斜がゆるやかになり，マグマのねばりけが大きい火山は傾斜が急になると考えられる。

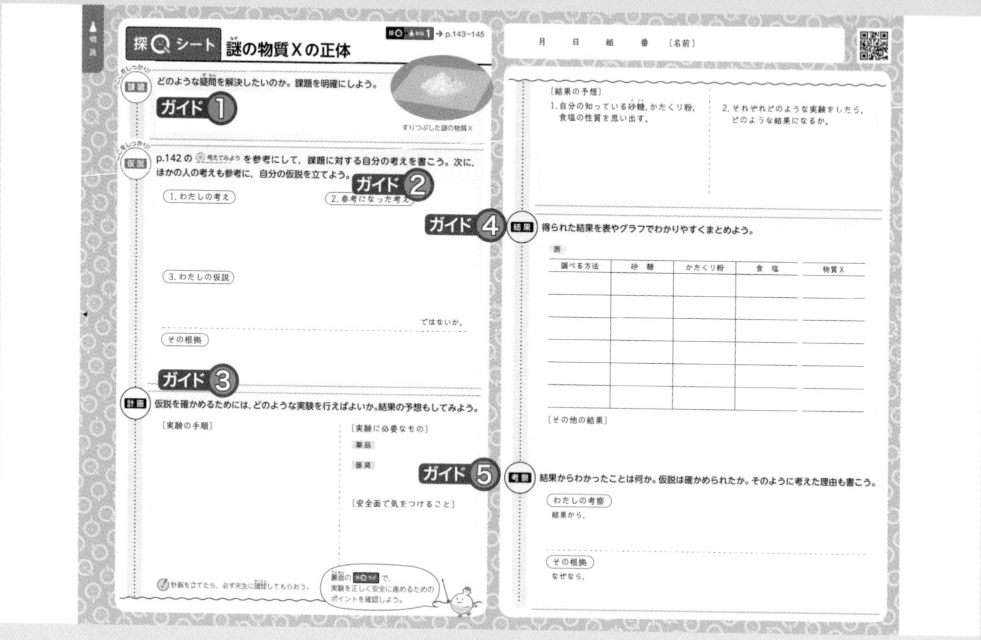
探Qシート　謎の物質Xの正体
p.143~145
課題　どのような疑問を解決したいのか。課題を明確にしよう。
ガイド1
すりつぶした謎の物質X
仮説　p.142の 考えてみよう を参考にして，課題に対する自分の考えを書こう。次に，ほかの人の考えも参考に，自分の仮説を立てよう。
ガイド2
1. わたしの考え
2. 参考になった考え
3. わたしの仮説
ではないか。
その根拠
ガイド3
計画　仮説を確かめるためには，どのような実験を行えばよいか。結果の予想もしてみよう。
〔実験の手順〕
〔実験に必要なもの〕
薬品
器具
〔安全面で気をつけること〕
計画を立てたら，必ず先生に確認してもらおう。
裏面の 探Qラボ で，実験を正しく安全に進めるためのポイントを確認しよう。
月　日　組　番　〔名前〕
〔結果の予想〕
1. 自分の知っている砂糖，かたくり粉，食塩の性質を思い出す。
2. それぞれどのような実験をしたら，どのような結果になるか。
ガイド4
結果　得られた結果を表やグラフでわかりやすくまとめよう。
表
調べる方法	砂糖	かたくり粉	食塩	物質X
〔その他の結果〕
ガイド5
考察　結果からわかったことは何か。仮説は確かめられたか。そのように考えた理由も書こう。
わたしの考察
結果から，
その根拠
なぜなら，

ガイド1　課題

どのようにすれば，謎の物質Xの正体を明らかにすることができるだろうか。

ガイド2　仮説

【わたしの仮説】
謎の物質Xは砂糖，かたくり粉，食塩のどれかであるから，それぞれの粉の性質を調べて物質Xと同じ結果になるものを見つければよい。

【その根拠】
物質にはそれぞれ特有の性質があり，それらを調べることによって物質を区別することができるから。

ガイド3　計画

〔実験の手順〕
砂糖・かたくり粉・食塩・物質Xについて，それぞれ以下のことを調べて表に結果をまとめる。
① 色やにおい，手ざわりを調べる。
② 水に入れたときのようすを調べる。
③ 加熱したときのようすを調べる。

〔安全面で気をつけること〕
- 加熱するときには，保護眼鏡をかける。
- 味を調べるために，食べたりなめたりしてはいけない。

ガイド4　結果

調べる方法	砂糖	かたくり粉	食塩	物質X
色	白色	白色	白色	白色
におい	ほとんどなし	なし	なし	なし
手ざわり	さらさら	キュッと音がした	さらさら	キュッと音がした
水に入れたときのようす	とけ残りがない	ほとんどとけ残った	少しとけ残った	ほとんどとけ残った
加熱したときのようす	とけた後燃えて，炭になった	燃えて炭になった	燃えずに白い粉が残った	燃えて炭になった
石灰水のようす	白くにごる	白くにごる	変化なし	白くにごる

ガイド5　考察

【わたしの考察】
結果から，物質Xはかたくり粉であると思う。

【その根拠】
なぜなら，色やにおいではわからなかったが，手ざわりや水に入れたときのようす，加熱したときのようす(物質の性質)，石灰水のようすが，かたくり粉のものと同じだからである。

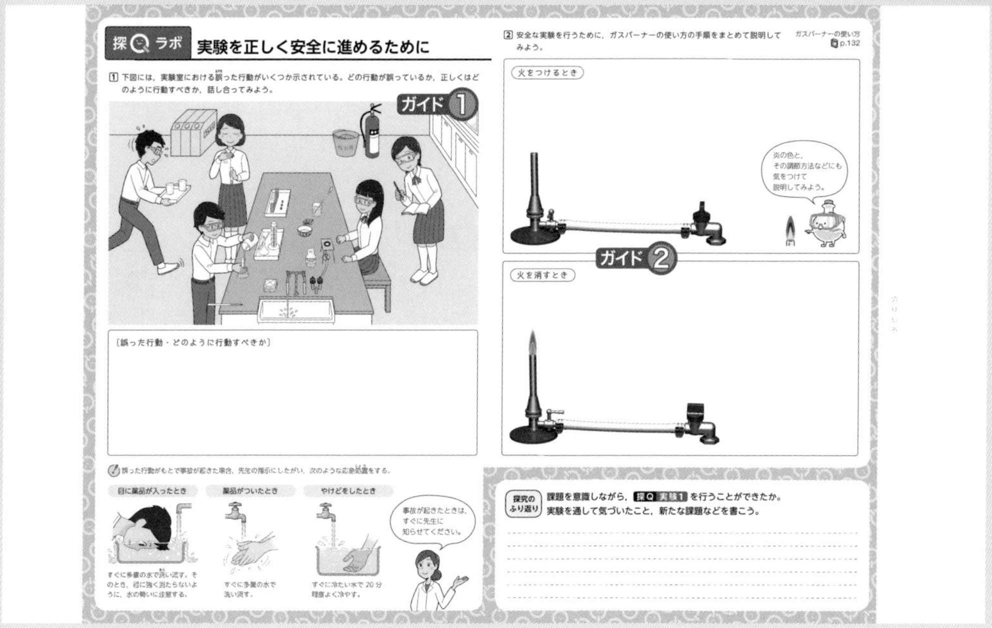

探Qラボ　実験を正しく安全に進めるために

1 下図には，実験室における誤った行動がいくつか示されている。どの行動が誤っているか，正しくはどのように行動すべきか，話し合ってみよう。

ガイド1

〔誤った行動・どのように行動すべきか〕

誤った行動がもとで事故が起きた場合，先生の指示にしたがい，次のような応急処置をする。

目に薬品が入ったとき
すぐに多量の水で洗い流す。そのとき，目に強く当たらないように，水の勢いに注意する。

薬品がついたとき
すぐに多量の水で洗い流す。

やけどをしたとき
すぐに冷たい水で20分程度よく冷やす。

事故が起きたときは，すぐに先生に知らせてください。

2 安全な実験を行うために，ガスバーナーの使い方の手順をまとめて説明してみよう。　ガスバーナーの使い方 p.132

火をつけるとき

炎の色と，その調節方法などにも気をつけて説明してみよう。

ガイド2

火を消すとき

探究のふり返り　課題を意識しながら，探Q 実験1 を行うことができたか。実験を通して気づいたこと，新たな課題などを書こう。

ガイド1　誤った行動⇒どのように行動すべきか

(1)　ビーカーをトレーにのせ，不安定な状態で運んでいる。
⇒ビーカーは手で直接持ち，ていねいにあつかう。

(2)　保護眼鏡をかけずに実験している。
⇒実験中は，保護眼鏡を必ずかける。

(3)　温度計が実験台の端に置いてある。
⇒実験器具を落として割らないように，実験台の端ではなく，なるべく内側に器具を置く。

(4)　容器からフラスコに，薬品を直接注いでいる。
⇒薬品を注ぐときはラベルを上にして，ガラス棒を伝わらせて，少しずつ入れる。

(5)　水道の蛇口が開いたままになっている。
⇒使わないときは，水道の蛇口はしめる。

(6)　ガスバーナーのそばに，エタノールが置いてある。
⇒エタノールなどのアルコール類は，引火するおそれがあるので，ガスバーナーなど火の元には近づけない。

(7)　実験中に座っている。
⇒実験中は急な危険に備えるために，いすをかたづけて立って実験を行う。

(8)　こまごめピペットをビーカーの中に放置したままにしている。
⇒ガラス器具を不安定な状態で放置しない。

ガイド2　ガスバーナーの使い方

【火をつけるとき】

①　ガス調節ねじ，空気調節ねじが軽くしまっている状態にしておく。
②　元栓を開ける。
③　コックを開けて，ガスライター（マッチ）に火をつける。
④　ななめ下から火を近づけ，ガス調節ねじをゆるめてガスに火をつける。
⑤　ガス調節ねじを回して，ガスの量を調節し，炎の大きさを10 cmくらいにする。
⑥　ガス調節ねじを動かさないようにして，空気調節ねじをゆるめ，空気の量を調節して青い炎にする。

【火を消すとき】

①　空気調節ねじをしめて空気を止める。
②　ガス調節ねじをしめてガスを止める。
③　コックを閉じる。
④　元栓を閉じる。

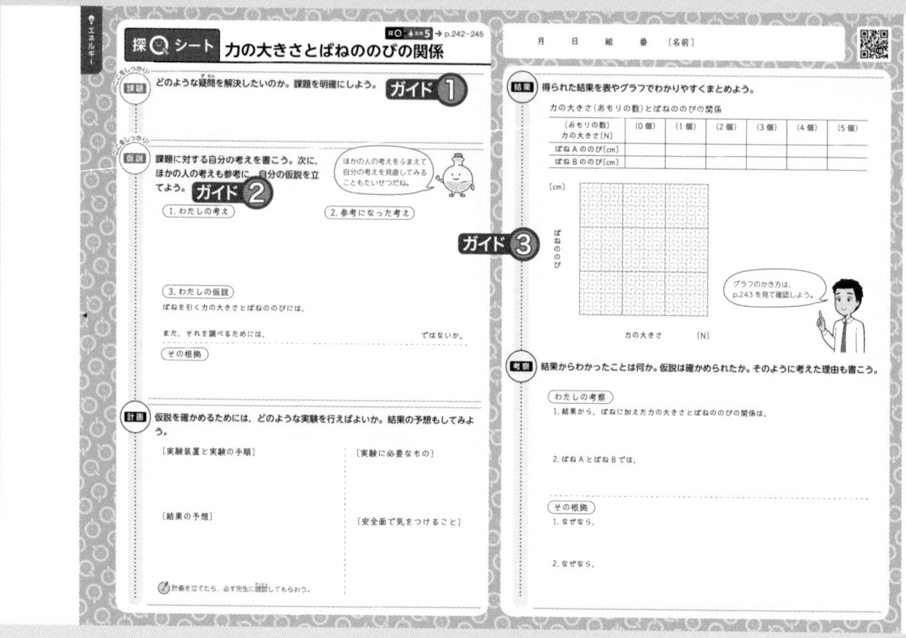

ガイド1 課題

ばねに力を加えると，力を加えた分だけばねがのびる。加えた力の大きさとばねののびには何か関係があるのだろうか。そして，このことはどのように調べればよいのだろうか。今回は，この疑問(ぎもん)について考える。もし，関係があることをつき止められたら，ばねののびから加えた力の大きさを考えることができる。

ガイド2 仮説

力の大きさとばねののびに関係があるのではないか，という仮説では抽象的(ちゅうしょうてき)なので，もう少し具体的に考えてみよう。例えば，力の大きさが2倍，3倍になった場合を考えてみよう。加える力が大きくなるほど，ばねののびが大きくなるとすれば，ばねののびも同じように2倍，3倍になっていくのではないだろうか。

また，どのように調べるのかという方法については，実際に加える力を2倍，3倍と変えてみることで，ばねののびをはかって確かめる方法が考えられる。加えた力の大きさとばねののびを横軸と縦軸(たてじく)にそれぞれとって，グラフにしてみて，原点からの一直線で表すことができれば，仮説通りである。

ガイド3 結果・考察

実験では，装置(そうち)を組み立てて，ばねにおもりをつり下げることで，ばねに力を加えていく。力の大きさとばねののびの関係が，どのようなばねにもいえるかどうかを確かめるために，ちがう種類のばねも使う点に注意しておきたい。

以下が，実験結果の例である。表にまとめて，グラフにして整理しよう。グラフにするとき，それぞれの点が一直線上に並(なら)ばないこともある。しかし，実験するときには多少の誤差(ごさ)がありうるので，近くを通るように直線を引けば問題ない。

力の大きさ(おもりの数)とばねののびの関係(例)

(おもりの数) 力の大きさ〔N〕	(0 個) 0	(1 個) 0.2	(2 個) 0.4	(3 個) 0.6	(4 個) 0.8	(5 個) 1.0
ばねAののび〔cm〕	0	0.6	1.1	1.8	2.5	3.0
ばねBののび〔cm〕	0	1.2	2.3	3.6	4.8	6.0

以上の結果から，ばねA，ばねBともに，力の大きさが2倍，3倍になると，ばねののびも2倍，3倍になること(比例の関係があること)が確かめられた。

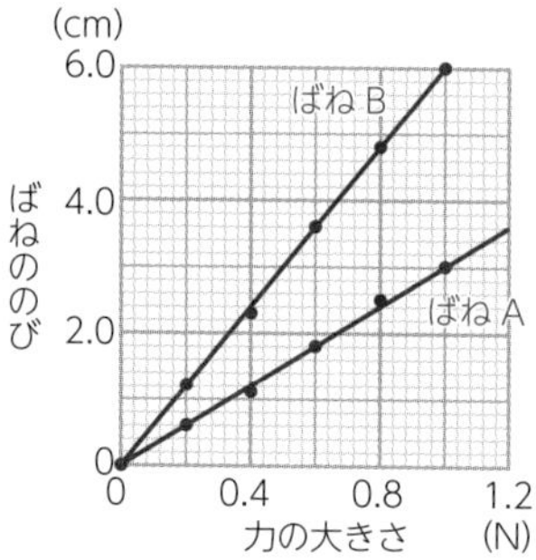

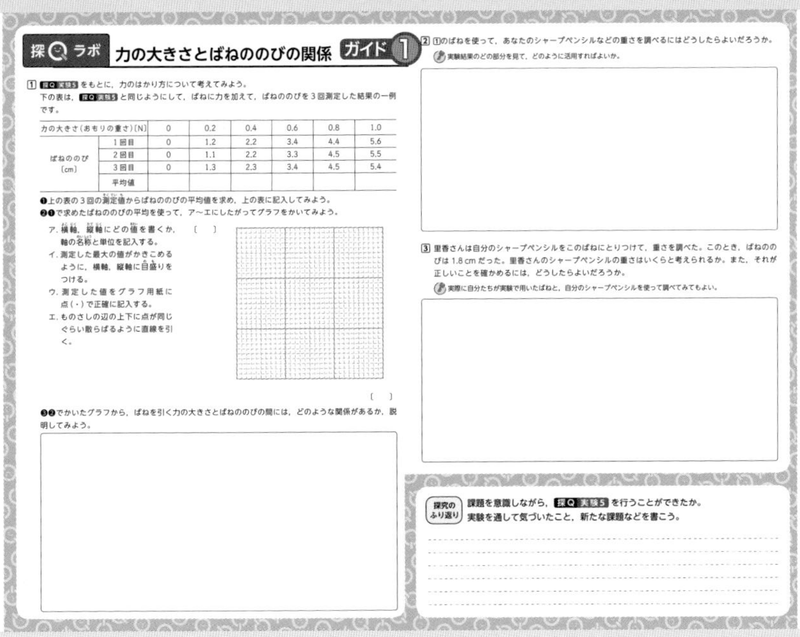

探Qラボ　力の大きさとばねののびの関係　ガイド1

1 探Q 実験5 をもとに，力のはかり方について考えてみよう。
下の表は，探Q 実験5 と同じようにして，ばねに力を加えて，ばねののびを３回測定した結果の一例です。

力の大きさ(おもりの重さ)〔N〕		0	0.2	0.4	0.6	0.8	1.0
ばねののび〔cm〕	1回目	0	1.2	2.2	3.4	4.4	5.6
	2回目	0	1.1	2.2	3.3	4.5	5.5
	3回目	0	1.3	2.3	3.4	4.5	5.4
	平均値						

❶上の表の３回の測定値からばねののびの平均値を求め，上の表に記入してみよう。
❷❶で求めたばねののびの平均を使って，ア～エにしたがってグラフをかいてみよう。
ア．横軸，縦軸にどの値を書くか，軸の名称と単位を記入する。〔　〕
イ．測定した最大の値がかきこめるように，横軸，縦軸に目盛りをつける。
ウ．測定した値をグラフ用紙に点(・)で正確に記入する。
エ．ものさしの辺の上下に点が同じぐらい散らばるように直線を引く。
〔　〕
❸❷でかいたグラフから，ばねを引く力の大きさとばねののびの間には，どのような関係があるか，説明してみよう。

2 1のばねを使って，あなたのシャープペンシルなどの重さを調べるにはどうしたらよいだろうか。
実験結果のどの部分を見て，どのように活用すればよいか。

3 里香さんは自分のシャープペンシルをこのばねにとりつけて，重さを調べた。このとき，ばねののびは 1.8 cm だった。里香さんのシャープペンシルの重さはいくらと考えられるか。また，それが正しいことを確かめるには，どうしたらよいだろうか。
実際に自分たちが実験で用いたばねと，自分のシャープペンシルを使って調べてみてもよい。

探究のふり返り　課題を意識しながら，探Q 実験5 を行うことができたか。
実験を通して気づいたこと，新たな課題などを書こう。

ガイド1　探Qラボ

探Qシートで行った実験とは別のばねで，力の大きさとばねののびの関係をもう一度調べてみよう。ここでは，実験で分かった関係を，ものの重さをはかるときに使えないか，試してみる。

1　ばねののびを力の大きさごとに測定し，その結果をまとめ，力の大きさとばねののびの関係を考えよう。

実験の方法は探Qシートで行ったものと似ているが，今回は誤差(ごさ)を小さくするために，３回測定してその平均値(へいきんち)を求めるやり方をとっている。平均値は，小数第２位を四捨五入(ししゃごにゅう)して求めている。結果をまとめると，以下のようになる。

力の大きさ(おもりの重さ)〔N〕		0	0.2	0.4	0.6	0.8	1.0
ばねののび〔cm〕	1回目	0	1.2	2.2	3.4	4.4	5.6
	2回目	0	1.1	2.2	3.3	4.5	5.5
	3回目	0	1.3	2.3	3.4	4.5	5.4
	平均値	0	1.2	2.2	3.4	4.5	5.5

以上の結果から，力の大きさとばねののびの間には，比例の関係があると考えられる。

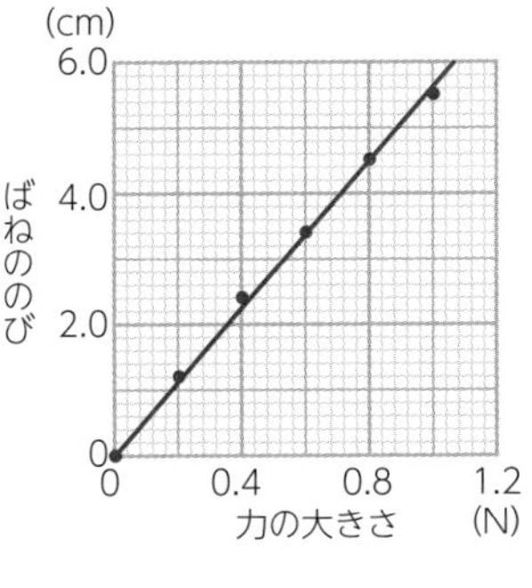

2　実験で使ったばねを利用して，あなたのシャープペンシルなどの重さを調べるには，どうすればよいだろうか。

実験では，力の大きさとばねののびの間に比例の関係が見られることを確かめた。このことは，ばねののびが分かれば，力の大きさ，つまりつり下げたものの重さ(重力の大きさ)も分かるということである。

したがって，実験で使ったばねに，重さをはかりたいものをつり下げて，ばねののびを測定し，グラフに当てはめることで，重さを調べることができる。

3　里香さんのシャープペンシルの重さはいくらか。それが正しいことを確かめられるだろうか。

1の実験結果からつくったグラフに当てはめると，里香さんのシャープペンシルは約 0.3 N(約 30 g)と分かる。これが正しいことを確かめるには，同じ重さのおもりをつり下げる方法や，シャープペンシル自体を電子天びんで調べる方法がある。

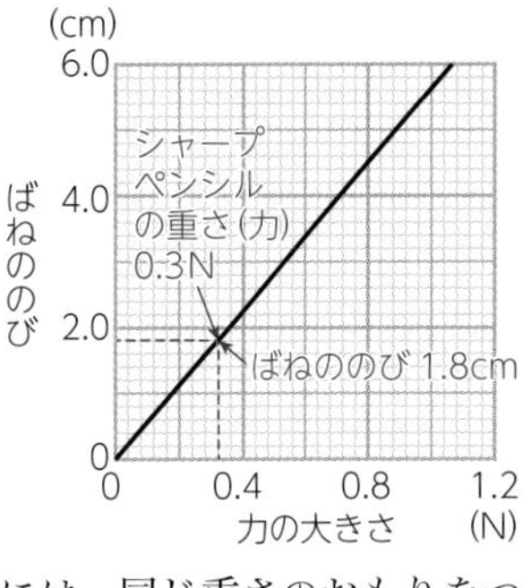